U0256532

饲用天然活性物质在反刍动物上的应用研究进展

蒋林树　敖长金◎著

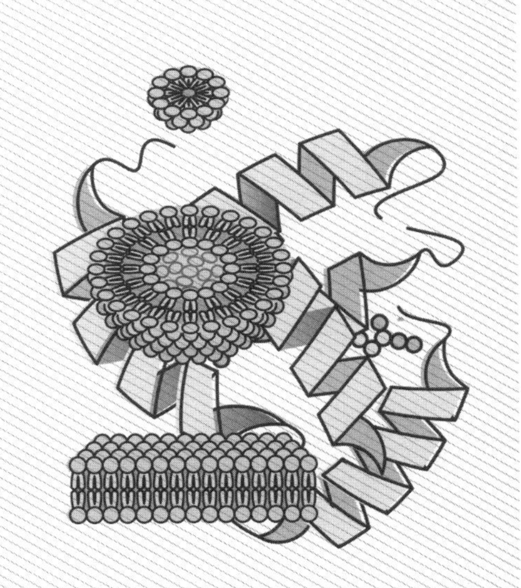

SIYONG TIANRAN HUOXING WUZHI ZAI
FANCHU DONGWU SHANG DE YINGYONG YANJIU JINZHAN

中国农业出版社
北　京

本书成果总结自 2022 年北京市教委分类发展项目

(2022 Beijing Municipal Education Commission Classification Development Project)

ORDER

序

近40年来，我国奶牛、肉牛、肉羊养殖规模化、集约化程度不断提升，促进了我国畜禽产品的消费结构发生重大转型升级，牛羊肉及乳制品消费在国民饮食结构中的占比越来越大。反刍动物养殖在农业现代化进程中的飞速发展，得益于畜牧科技在遗传育种、繁殖、营养与饲料、牧场管理、疫病防控等领域的一系列突破性进展。

联合国粮食及农业组织预计，到2050年全球人口将超过100亿，粮食需求将增加59%～98%。相应地，牲畜存栏量将需要扩大70%。人口的激增加剧了人们对反刍动物生产系统可持续发展的担忧，主要体现在三个方面：一是如何提高饲料利用效率与降低牧场碳足迹。反刍动物能量与蛋白质利用效率明显低于单胃动物，且反刍动物瘤胃内甲烷生成导致大量饲料能量浪费。据估计，全球畜牧业造成的温室气体占总人为温室气体排放的14.5%，而反刍动物占其中最大份额，约81%。二是如何平衡养殖效益与动物健康之间的关系。长期以来，由于高投入、高产出的养殖模式，动物长期处于亚健康状态，营养代谢疾病高发、多发，威胁反刍动物的可持续发展。因此，迫切需要采取新技术、新策略调控和改善反刍动物重要器官、组织的免疫与代谢稳态。三是如何提升反刍动物畜产品质量，满足人们日益增长的对美好生活的需要。畜牧业中抗生素大量使用、饲料原料重金属超标、饲料霉变等，易造成有毒有害物质蓄积于畜产品中。同时，反刍动物产品富含共轭亚油酸等优质有益脂肪酸，如何进一步提高共轭亚油酸比例是营养学界关注的热点。因此，解决以上问题，必须建立高效、健康、优质、绿色的反刍动物生产体系。

天然植物的开发与应用是突破反刍动物养殖可持续发展瓶颈的重要手段。中国是全球植物多样性最丰富的国家之一，也是天然植物提取物生产大国。植物提取物在畜禽养殖方面取得显著的应用成效。天然植物富含多酚、多糖、萜类、黄酮、生物碱、精油等多种生物活性物质，具有抗炎、抗氧化、抑菌、抗病毒等丰富的生物活性。围绕反刍动物饲料效率、生产性能、机体免疫、氧化还原平衡、瘤胃甲烷减排、胃肠道菌群平衡、环境应激等一系列研究热点，国内外学者应用植物提取物开展了大量科学研究，证明了天然植物中富含的活性物质的巨大潜力，如柑橘提取物可以提高奶牛泌乳性能、降低奶牛乳体细胞数、缓解肉牛高精饲料饲喂导致的瘤胃炎症；金银花提取物、竹叶提取物可以缓解奶牛热应激；植物单宁、精油、皂苷在降低氮排放、抑制瘤胃甲烷生成方面展现出明显优势；沙葱提取物可以降低羊肉膻味；富含植物多酚的植物提取物可以提高肉奶产品的抗氧化能力、提升共轭亚油酸比例，延长货架期。因此，天然植物活性物质是解决当前甚至未来反刍动物养殖可持续发展瓶颈的重要技术策略。

如何充分发挥天然植物在反刍动物养殖提质增效和保障质量安全方面的优势，是实现我国反刍动物养殖高质量发展和竞争力提升的关键。虽然我国动物营养学界围绕天然植物提取物做了大量的基础应用研究，但这些研究仍然存在提取物选择碎片化、动物指标体系不系统、示范推广价值不高、配套方案不完善等特点。加之天然植物提取物来源广泛、活性物质结构复杂多元、体内外功效不一，尚无完备有效的制备标准与应用技术规程可循，阻碍了天然植物活性物质在反刍动物营养中的应用。针对这些问题，以北京农学院动物科技学院蒋林树教授与内蒙古农业大学敖长金教授为代表的反刍动物营养学者，长期专注于饲用天然植物提取物开发与应用研究，建立了饲用活性物质组学理论，在天然植物提取物制备、体内外功能验证、构效关系模型构建、产品创制方面取得突出成果，构建了一套全流程、全要素、标准化的创新研究体系，对推动饲用天然植物活性物质在反刍动物养殖中的应用做出了突出贡献。

饲用天然植物活性物质的理论与技术将在提升动物生产水平、保障动物健康、改善畜产品品质、助力“双碳”目标实现等方面发挥不可替代的重要作用。《饲用天然活性物质在反刍动物上的应用研究进展》汇集了蒋林树教授和敖长金教授多年来的研究成果，是我国首部系统介绍天然植物在反刍动物上应用研究的科技专著，对于传播天然活性物质组学创新成果、促进天然植物开发应用、推动我国反刍动物高质量发展具有重要的现实指导意义。

院士

2023 年 7 月 16 日

FOREWORD 前言

我国是反刍动物养殖大国，2021 年末奶牛存栏量为 930 万头，肉牛存栏量为 9 817 万头，羊存栏量为 319 690 万只；2021 年肉牛出栏量为 4 707 万头，羊出栏量为 330 450 万只。随着经济的快速增长，城乡居民的收入水平不断提高，食品文化和饮食结构逐渐改善，牛奶、牛肉、羊肉等反刍动物产品的消费需求逐年增加。如何在满足人们日益增长的畜产品需求的同时，减少动物疫病发生、改善动物机体健康、提高畜产品质量，是实现反刍动物健康养殖与可持续发展需要解决的重大国计民生问题。

植物提取物含有大量天然活性物质，因其具有无残留、无抗药性、无毒副作用等优点而作为新型绿色饲料添加剂广泛应用于畜禽养殖中，在畜禽健康、安全生产以及为人类提供优质畜产品方面起到了重要作用。2019 年 7 月 10 日，农业农村部发布 194 号公告，要求 2020 年 7 月 1 日起，饲料生产企业停止生产含有促生长药物饲料添加剂的商品饲料，旨在减少滥用抗生素造成的危害，维护动物源食品安全和公共卫生安全。而我国拥有丰富的天然植物资源和悠久的中草药发展历史，这为我国植物提取物添加剂替代抗生素的应用研究提供了充分的条件。

目前，应用于畜禽养殖的植物提取物主要包括多酚、黄酮、生物碱、多糖、精油、苷类和有机酸等。近年来，北京农学院奶牛营养学北京市重点实验室、内蒙古农业大学动物科学学院等围绕饲用植物功能组分在反刍动物养殖中的开发与应用，开展了大量研究工作，形成了以简单提取物-组分提取物-纯化提取物为基础的应用研究体系，目前取得了阶段性理论研究和适用技术的进步。本书汇集了蒋林树、敖长金等团队的研究成果，作为一个阶段性总结，供从事饲用天然植物功能组分开发与应用研究的同行参考。

感谢为本研究做出贡献的所有师生。由于时间紧迫，编者水平有限，尽管我们付出很大努力，书中不足之处在所难免，敬请广大读者批评指正。

CONTENTS 目录

四、多糖 …… 191

五、其他 …… 217

CHAPTER 1

酚类与黄酮

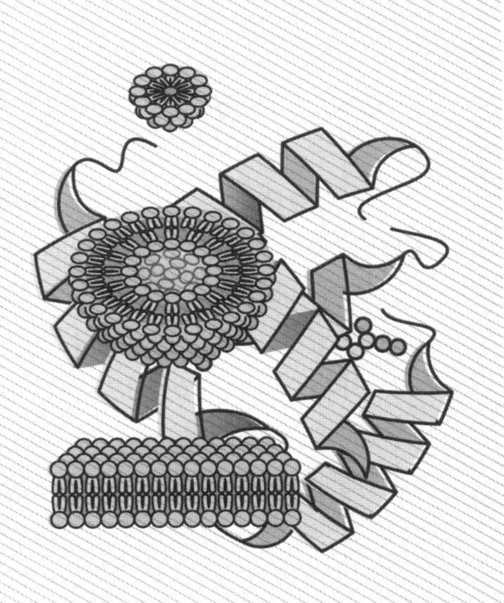

沙葱黄酮对肉羊生产性能及其肉品质的影响

沙葱是一种非常规蛋白饲料，在肉羊的养殖应用上具有较好的效果，可以研发作为饲料添加使用，前景广阔。在肉羊日粮中添加沙葱及油料籽实，可以提高肉羊对日粮干物质、粗蛋白、纤维素的消化率；对于日粮总氮和消化氮的利用率有提高作用，进而提高了肉羊对于能量的消化和利用率。添加一定浓度的沙葱、沙葱＋籽实对于绵羊瘤胃的影响具有正面意义，可使瘤胃中 pH、脂酶活性和菌体蛋白浓度显著上升，对降低瘤胃的氨氮浓度和纤毛虫数量有显著影响。同时可以提高羊肉的嫩度，对羊肉中的蛋白质含量也有所提高，并改善了羊肉的色泽。同时添加沙葱和油料籽实可以显著提高羊肉的嫩度，提高了必需脂肪酸的含量，起到了改善肉品质的作用。沙葱和油籽的互作效应可以使羊肉的鲜味强化，提高了羊肉中肌苷酸（IMP）的含量。添加沙葱和油籽后，显著提高了绵羊外周血中的单核细胞和淋巴细胞的数量，提高了绵羊机体的非特异性免疫和细胞免疫机能。

沙葱及其提取物作为饲料添加剂可提高动物生长性能，降低生产成本，提高养殖的经济效益，深入探究沙葱对肉羊生产性能及其肉品质的影响将会推动沙葱在畜牧生产上的应用。

1 试验材料与方法

本试验选取经检疫合格、体重相近的 6 月龄小尾寒羊羯羊 75 只，随机分为 5 组。试验开始前，对羊舍进行统一消毒处理，每圈饲喂 15 只。预饲期 15 d，试验期 60 d。预饲期让试验羊自由采食，以估测试验羊每天的采食量，为试验期确定试验日粮的供给量提供依据。日饲喂 2 次，即每天 7:00 和 18:00 各饲喂一次，先饲喂粗饲料后饲喂精饲料，自由饮水。每天早晚试验羊进食完成后及时收集剩料，并称量剩余料量，得出试验羊的采食量。试验期开始后，记录每组试验羊每天的采食量，并在第 0、15、30、45、60 天的清晨对试验羊进行空腹称重，根据体重的变化来计算各试验阶段肉羊的平均日增重和料重比。试验期结束后，在每个试验组中随机选取 3 只试验羊，经兽医检疫合格后进行屠宰。取背最长肌肉样，对羊的产肉能力和羊肉常规营养成分及羊肉品质进行测定。后期对肉样进行脂肪酸、氨基酸和肌苷酸含量和组成的测定。

本试验采用单因素完全随机区组设计，日粮为唯一的试验因素，共分为 5 个处理，即 1 个对照组，4 个试验组。分别饲喂基础日粮（对照组）、基础日粮＋沙葱粉（20 g/d，按 1 只羊计）、基础日粮＋11 mg/kg 沙葱黄酮（黄酮低浓度组）、基础日粮＋22 mg/kg 沙葱黄酮（黄酮中浓度组）、基础日粮＋33 mg/kg 沙葱黄酮（黄酮高浓度组）。记录每组试验羊每天的精饲料和粗饲料添加量及剩料量，计算干物质采食量。在试验期开始后每隔 15 d，对各组试验羊空腹称重一次，用以计算各组试验羊各阶段的平均日增重和料重比。试验结束时，在宰前 24 h 不再给试验羊喂料，屠宰前 2h 停止饮水，称量待宰羊体重。

2 试验结果与分析

从表 1 可以看出，各组试验羊在初始体重方面基本接近，相差不超过 1.06%。第 0～15 天，各组试验羊的平均日增重差异不显著（$P>0.05$）；黄酮低浓度组肉羊的平均日增重最高，黄酮高浓度组的最低。第 15～30 天，黄酮中浓度组肉羊的平均日增重最高，对照组肉羊的平均日增重最低，两组相差 28.83%；与对照组相比，各试验组肉羊的平均日增重分别提高了 19.23%、16.50%、28.83%和 23.34%；各试验组肉羊的平均日增重与对照组肉羊相比均有显著差异（$P<0.05$）；各试验组之间无明显差异（$P>0.05$）。第 30～45 天，各试验组肉羊的平均日增重均高于对照组，分别提高了 32.93%、18.70%、27.85%和 40.65%；黄酮高浓度组肉羊的平均日增重最高，显著高于对照组（$P<0.05$），与沙葱组、黄酮低浓度组和中浓度组相比，均无显著差异（$P>0.05$）；沙葱组、黄酮低浓度组和中浓度组肉羊的平均日增重高于对照组，但差异不显著（$P>0.05$）。第 45～60 天，黄酮中浓度组肉羊的平均日增重最高，对照组肉羊的平均日增重最低，与对照组相比，各试验组肉羊的平均日增重分别提高了 36.15%、37.72%、40.67%和 27.90%；各试验组肉羊的平均日增重差异不显著（$P>0.05$），但与对照组相比，均有显著增加（$P<0.05$）。

表 1 沙葱黄酮对肉羊平均日增重的影响

组别	初始重（kg）	平均日增重（g）			
		第 0～15 天	第 15～30 天	第 30～45 天	第 45～60 天
对照组	42.37±3.25	150.67±56.77	194.22±82.37^{c}	218.67±169.43^{b}	226.22±67.48^{c}
沙葱组	42.36±4.44	144.44±82.22	231.56±77.99^{ab}	290.67±58.11^{ab}	308.00±120.13^{ab}
黄酮低浓度组	42.48±4.39	156.89±50.35	226.67±65.37^{ab}	259.56±50.92^{ab}	311.56±60.56^{ab}
黄酮中浓度组	42.70±5.59	126.22±52.69	250.22±75.60^{a}	279.56±74.34^{ab}	318.22±61.61^{a}
黄酮高浓度组	42.81±2.95	117.33±53.65	239.56±63.73^{ab}	307.56±119.45^{a}	289.33±47.44^{ab}

注：同列数据肩标不同小写字母表示差异显著（$P<0.05$），相同小写字母表示差异不显著（$P>0.05$）。下同。

从表 2 可以看出，第 0～15 天，各组肉羊的平均日采食量没有明显的差异（$P>0.05$）。第 15～30 天，黄酮高浓度组肉羊的平均日采食量最高，显著高于对照组和其他 3 个试验组（$P<0.05$）；黄酮低浓度组肉羊的平均日采食量最低，与其余各组相比，有明显的差异（$P<0.05$）；第 30～45 天，沙葱组肉羊的平均日采食量最高，对照组肉羊的平均日采食量最低，与对照组相比，各试验组肉羊的平均日采食量分别提高了 9.97%、5.14%、4.98%和 7.48%；沙葱组肉羊的平均日采食量与对照组相比，显著升高（$P<0.05$）。但与黄酮各浓度组之间差异不大（$P>0.05$）。第 45～60 天，黄酮高浓度组肉羊的平均日采食量最高，对照组肉羊平均日采食量最低，与对照组相比，各试验组肉羊的平均日采食量分别提高了 10.43%、10.93%、10.15%和 13.06%；对照组肉羊的平均日采食量与各试验组差异较大，显著低于各试验组（$P<0.05$）；各试验组肉羊之间差异不显著（$P>0.05$）。

表 2　沙葱黄酮对肉羊平均日采食量的影响（g）

组别	平均日采食量			
	第 0～15 天	第 15～30 天	第 30～45 天	第 45～60 天
对照组	1 149±50.36	1 148±42.64[b]	1 244±87.79[b]	1 409±103.07[c]
沙葱组	1 181±41.88	1 155±37.10[b]	1 368±128.51[a]	1 556±68.94[ab]
黄酮低浓度组	1 151±43.50	1 107±45.79[c]	1 308±146.97[ab]	1 563±53.91[ab]
黄酮中浓度组	1 157±40.48	1 139±42.89[b]	1 306±122.38[a]b	1 552±68.14[ab]
黄酮高浓度组	1 184±57.95	1 192±40.99[a]	1 337±157.64[ab]	1 593±64.06[a]

从表 3 可以看出，第 0～15 天，各组肉羊之间的料重比相近，均无明显差异（$P>0.05$）。第 15～30 天，对照组肉羊的料重比最高，显著高于沙葱组和黄酮各浓度组（$P<0.05$）；沙葱组和黄酮高浓度组肉羊的料重比显著高于黄酮低浓度组和中浓度组（$P<0.05$）；与对照组相比，各试验组肉羊的料重比分别降低了 23.28%、24.09%、27.71%和 13.07%。第 30～45 天，对照组肉羊的料重比最高，明显高于沙葱组和黄酮各试验组（$P<0.05$）；黄酮中浓度组肉羊的料重比最低，与其余各组相比，有明显的降低（$P<0.05$）；与对照组相比，各试验组肉羊的料重比分别降低了 18.57%、21.02%、29.85%和 18.86%。第 45～60 天，对照组肉羊的料重比最高，明显高于各试验组（$P<0.05$）；黄酮高浓度组肉羊的料重比最低，与其余各组相比，差异显著（$P<0.05$）；与对照组相比，各试验组肉羊的料重比分别降低了 20.85%、12.80%、21.78%和 30.77%。

表 3　沙葱黄酮对肉羊料重比的影响

组别	料重比			
	第 0～15 天	第 15～30 天	第 30～45 天	第 45～60 天
对照组	8.058±0.701	6.227±0.472[a]	5.912±0.227[a]	5.686±0.416[a]
沙葱组	8.164±0.309	5.051±0.232[b]	4.986±0.166[b]	4.705±0.458[bc]
黄酮低浓度组	8.392±0.333	5.018±0.179[c]	4.885±0.209[b]	5.041±0.586[b]
黄酮中浓度组	8.379±0.788	4.876±0.222[c]	4.553±0.177[c]	4.669±0.453[bc]
黄酮高浓度组	8.307±0.688	5.507±0.229[b]	4.974±0.177[b]	4.348±0.531[c]

从表 4 可以看出，黄酮高浓度组屠宰率最高，达到了 50.91%，明显高于对照组和沙葱组（$P<0.05$），分别提高了 5.36 和 5.78 个百分点，与黄酮低浓度组和中浓度组相比差异不显著（$P>0.05$）；对照组和沙葱组、黄酮低浓度组、黄酮中浓度组之间屠宰率没有明显差异（$P>0.05$）。沙葱组和黄酮各浓度组的眼肌面积均高于对照组，分别提高了 11.30%、23.97%、20.40%和 33.33%；黄酮高浓度组明显高于对照组（$P<0.05$），提高了 33.33%，其余各组之间没有太大变化（$P>0.05$）；黄酮低浓度组与对照组相比，眼肌面积有升高的趋势。沙葱组和黄酮各浓度组的胴体脂肪含量值（GR）均高于对照组，分别提高了 1.57%、24.19%、15.34%和 27.14%；黄酮高浓度组与低浓度组之间 GR 相差不大

（$P>0.05$），与对照组、沙葱组和黄酮中浓度组差异显著（$P<0.05$）；黄酮中浓度组GR显著高于对照组和沙葱组，和黄酮低浓度组没有明显差异（$P>0.05$）。

表4　沙葱黄酮对肉羊产肉能力的影响

组别	屠宰率（%）	眼肌面积（cm^2）	GR（cm）
对照组	45.55 ± 0.75^{b}	19.02 ± 2.40^{b}	10.17 ± 0.46^{c}
沙葱组	45.13 ± 0.65^{b}	21.17 ± 2.35^{ab}	10.33 ± 0.53^{c}
黄酮低浓度组	47.83 ± 0.78^{ab}	23.58 ± 2.73^{ab}	12.63 ± 0.12^{ab}
黄酮中浓度组	47.13 ± 0.35^{ab}	22.90 ± 2.25^{ab}	11.73 ± 0.42^{b}
黄酮高浓度组	50.91 ± 0.54^{ab}	25.36 ± 0.95^{a}	12.93 ± 0.65^{a}

从表5可以看出，对照组与各试验组水分含量相近，差异不显著（$P>0.05$）。各试验组羊肉的粗脂肪含量均高于对照组，分别提高了43.09%、39.18%、27.63%和26.39%；沙葱组羊肉的粗脂肪含量明显高于对照组（$P<0.05$）；黄酮各浓度组粗脂肪含量高于对照组，但差异不大（$P>0.05$）；沙葱组与黄酮各浓度组相比粗脂肪含量差异不明显（$P>0.05$）。对照组与各试验组在灰分含量上基本相同（$P>0.05$）。对照组钙含量低于各试验组，但差异不大（$P>0.05$）。在磷含量方面，对照组低于各试验组；沙葱组和黄酮高浓度组明显高于对照组（$P<0.05$）；黄酮低浓度组和中浓度组与对照组相比差异不显著（$P>0.05$）。

表5　沙葱黄酮对肉羊羊肉常规营养成分含量的影响（%）

组别	水分	粗蛋白	粗脂肪	灰分	钙	磷
对照组	72.28 ± 1.59	21.71 ± 1.39	4.85 ± 1.69^{b}	1.08 ± 0.07	0.03 ± 0.01	0.07 ± 0.01^{c}
沙葱组	72.15 ± 2.71	19.09 ± 0.78	6.94 ± 1.37^{a}	1.06 ± 0.10	0.05 ± 0.05	0.16 ± 0.03^{b}
黄酮低浓度组	71.19 ± 1.83	19.64 ± 1.29	6.75 ± 0.22^{ab}	1.07 ± 0.11	0.05 ± 0.02	0.13 ± 0.06^{abc}
黄酮中浓度组	72.40 ± 0.91	19.86 ± 0.83	6.19 ± 0.05^{ab}	1.12 ± 0.09	0.05 ± 0.02	0.12 ± 0.01^{abc}
黄酮高浓度组	72.50 ± 1.63	20.08 ± 1.11	6.13 ± 0.63^{ab}	1.23 ± 0.10	0.05 ± 0.02	0.18 ± 0.01^{a}

从表6可以看出，各组羊肉的初始pH和宰后24h pH均差距不大（$P>0.05$），但宰后24h pH均低于初始pH，说明有一定的排酸效果。对照组失水率高于各试验组，分别提高了80.46%、34.40%、51.60%和28.57%，说明对照组羊肉保持水分的能力要低于各试验组；对照组失水率明显高于沙葱组和黄酮中浓度组（$P<0.05$），与黄酮低浓度组和高浓度组相比差异不明显（$P>0.05$）；沙葱组失水率与黄酮各浓度组相差不大（$P>0.05$）；黄酮各浓度组之间相比失水率没有太大变化（$P>0.05$）。各试验组的熟肉率均高于对照组，与对照组相比，分别提高了1.92%、3.75%、6.10%和4.66%；黄酮中浓度组的熟肉率明显高于对照组（$P<0.05$），沙葱组与黄酮各浓度组之间差异不大（$P>0.05$）；黄酮各浓度组之间熟肉率无太大变化（$P>0.05$）。各试验组羊肉的剪切力均低于对照组，分别降低了64.05%、16.94%、16.00%和63.71%；对照组的羊肉剪切力高于沙葱组（$P<0.05$），黄

酮高浓度组和对照组相比有降低的趋势；黄酮各浓度组之间羊肉剪切力差异不明显（$P>0.05$）。

表 6 沙葱黄酮对羊肉肉品质的影响

组别	pH	pH_{24}	失水率（%）	熟肉率（%）	剪切力（N）
对照组	6.07±0.14	5.86±0.11	7.11±1.54^{a}	56.25±0.32^{b}	70.69±1.54^{a}
沙葱组	6.15±0.21	5.87±0.14	3.94±0.91^{b}	57.33±0.71^{ab}	43.09±3.33^{c}
黄酮低浓度组	5.92±0.11	5.76±0.08	5.29±0.13^{ab}	58.36±0.16^{ab}	60.45±1.42^{ac}
黄酮中浓度组	6.12±0.09	5.73±0.01	4.69±0.15^{b}	59.68±0.85^{a}	60.94±1.72^{ab}
黄酮高浓度组	6.09±0.03	5.67±0.03	5.53±0.22^{ab}	58.87±0.29^{ab}	43.18±1.58^{ac}

注："pH_{24}"表示宰后 24h 的羊肉 pH。

从表 7 可以看出，沙葱组和黄酮各浓度组羊肉背最长肌总氨基酸含量均高于对照组，分别提高了 10.67%、1.85%、8.80%和 11.34%，但没有明显差异（$P>0.05$）。各试验组必需氨基酸含量均高于对照组，分别提高了 10.26%、0.62%、11.81%和 11.76%，但显著性差异不明显（$P>0.05$）。鲜味氨基酸包括谷氨酸和天门冬氨酸，各试验组的鲜味氨基酸含量均高于对照组，分别提高了 16.82%、10.65%、15.15%和 13.86%。除个别氨基酸外，其余各氨基酸含量均高于对照组，但没有明显差异（$P>0.05$）。沙葱组的丝氨酸含量显著高于黄酮低浓度组和中浓度组（$P<0.05$）。对照组的酪氨酸含量最高，显著高于黄酮中浓度组和高浓度组（$P<0.05$）。

表 7 沙葱黄酮对羊肉背最长肌氨基酸含量的影响（mg，按 100 mg 样品计）

氨基酸名称	简写	对照组	沙葱组	黄酮低浓度组	黄酮中浓度组	黄酮高浓度组	SEM	P 值
天门冬氨酸	Asp	2.02	2.54	2.22	2.30	2.31	0.245	0.679
苏氨酸	Thr	1.55	1.72	1.67	1.76	1.88	0.153	0.647
丝氨酸	Ser	1.68^{ab}	1.97^{a}	1.58^{b}	1.58^{b}	1.81^{ab}	0.124	0.197
谷氨酸	Glu	5.77	6.55	6.40	6.67	6.56	0.409	0.566
甘氨酸	Gly	1.27	1.19	1.18	1.01	1.22	0.137	0.723
丙氨酸	Ala	1.69	1.93	1.85	1.83	2.22	0.292	0.771
缬氨酸	Vla	2.50	2.27	2.29	2.30	2.36	0.204	0.927
蛋氨酸	Met	1.22	1.26	1.27	1.38	1.40	0.099	0.634
异亮氨酸	Ile	1.31	1.61	1.35	1.66	1.51	0.159	0.483
亮氨酸	Leu	2.89	3.16	2.14	2.65	2.60	0.404	0.513
酪氨酸	Tyr	1.00^{a}	0.86^{abc}	0.85^{abc}	0.73^{b}	0.64^{c}	0.059	0.037
苯丙氨酸	Phe	4.83	4.85	5.46	6.06	5.78	1.001	0.869
赖氨酸	Lys	3.36	4.09	3.77	4.03	3.95	0.536	0.871
组氨酸	His	1.64	2.33	1.47	1.74	2.08	0.432	0.641
精氨酸	Arg	1.60	1.82	1.82	1.98	2.16	0.207	0.443

（续）

氨基酸名称	简写	对照组	沙葱组	黄酮低浓度组	黄酮中浓度组	黄酮高浓度组	SEM	P 值
脯氨酸	Pro	3.05	3.22	2.75	3.00	3.13	0.225	0.653
必需氨基酸	EAA	19.30	21.28	19.42	21.58	21.57	1.684	0.750
非必需氨基酸	NEAA	18.09	20.09	18.65	19.10	20.06	1.506	0.845
鲜味氨基酸	—	7.79	9.10	8.62	8.97	8.87	0.624	0.610
总氨基酸	TAA	37.38	41.37	38.07	40.67	41.62	3.025	0.791

从表 8 可以看出，对照组、沙葱组、黄酮低浓度组、黄酮中浓度组和黄酮高浓度组中肉羊背最长肌总脂肪酸含量分别为 20.292、20.750、13.823、15.067 和 17.523mg/g；沙葱组总脂肪酸含量最高，与黄酮低浓度组相比差异显著（$P<0.05$），与黄酮中浓度组相比有升高的趋势；对照组总脂肪酸含量显著高于黄酮低浓度组（$P<0.05$），与黄酮中浓度组相比有升高的趋势；黄酮各浓度组之间总脂肪酸含量差异不显著（$P>0.05$）。沙葱组饱和脂肪酸含量最高，显著高于黄酮低浓度组和黄酮中浓度组（$P<0.05$）；对照组饱和脂肪酸含量显著高于黄酮低浓度组（$P<0.05$），与黄酮中浓度组相比有升高的趋势；黄酮各浓度组之间饱和脂肪酸含量无显著差异（$P>0.05$）。黄酮高浓度组多不饱和脂肪酸含量最高，黄酮低浓度组含量最低；黄酮低浓度组极显著低于高浓度组和对照组（$P<0.01$），显著低于沙葱组和黄酮中浓度组（$P<0.05$）。各试验组的单不饱和脂肪酸含量之间变化不大（$P>0.05$）。在日粮中添加沙葱黄酮后，肉羊背最长肌脂肪酸中的癸酸、肉豆蔻酸、肉豆蔻脑酸、棕榈烯酸、十七烷酸、顺-10-十七碳烯酸、油酸、γ-亚麻酸、α-亚麻酸、二十一烷酸和二十二碳六烯酸（DHA）含量均无显著差异（$P>0.05$）。对照组的棕榈酸含量高于黄酮各浓度组，硬脂酸含量也高于黄酮各浓度组，且显著高于黄酮低浓度组和中浓度组（$P<0.05$）。黄酮高浓度组的花生四烯酸含量最高，显著高于沙葱组和黄酮低浓度组（$P<0.05$）。对照组的二十碳五烯酸（EPA）含量最低，黄酮高浓度组最高，沙葱组和黄酮高浓度组的 EPA 含量与对照组相比，明显升高（$P<0.05$）。

表 8 沙葱黄酮对肉羊背最长肌脂肪酸含量的影响（mg/g）

脂肪酸名称	分子式	对照组	沙葱组	黄酮低浓度组	黄酮中浓度组	黄酮高浓度组	SEM	P 值
癸酸	C10:0	0.050	0.053	0.050	0.040	0.050	0.006	0.668
月桂酸	C12:0	0.050^{ab}	0.067^{a}	0.053^{ab}	0.043^{b}	0.053^{ab}	0.006	0.166
肉豆蔻酸	C14:0	0.563	0.680	0.547	0.490	0.570	0.067	0.421
肉豆蔻脑酸	C14:1	0.033	0.027	0.027	0.027	0.027	0.010	0.985
十五烷酸	C15:0	0.097^{a}	0.093^{ab}	0.063^{c}	0.070^{abc}	0.073^{abc}	0.009	0.095
棕榈酸	C16:0	5.220^{ab}	5.450^{a}	3.637^{b}	3.617^{b}	4.590^{ab}	0.524	0.093
棕榈烯酸	C16:1	0.443	0.480	0.383	0.423	0.433	0.067	0.890
十七烷酸	C17:0	0.200	0.193	0.143	0.157	0.150	0.020	0.244

（续）

脂肪酸名称	分子式	对照组	沙葱组	黄酮低浓度组	黄酮中浓度组	黄酮高浓度组	SEM	P 值
顺-10-十七碳烯酸	C17:1	0.163	0.130	0.093	0.207	0.143	0.043	0.469
硬脂酸	C18:0	3.587[ab]	3.730[a]	1.983[c]	2.537[bc]	2.693[abc]	0.338	0.021
反油酸	C18:1n9t	0.510[ab]	0.577[a]	0.440[ab]	0.387[b]	0.370[b]	0.060	0.156
油酸	C18:1n9c	7.453	7.383	5.200	5.370	6.350	0.728	0.148
亚油酸	C18:2n6c	1.380[a]	1.327[ab]	0.847[c]	1.140[abc]	1.360[ab]	0.106	0.025
花生酸	C20:0	0.030[a]	0.030[a]	0.010[b]	0.020[c]	0.020[c]	0.003	0.001
γ-亚麻酸	C18:3n6	0.020	0.020	0.020	0.020	0.020	—	—
α-亚麻酸	C18:3n3	0.087	0.103	0.063	0.103	0.087	0.014	0.284
二十一烷酸	C21:0	0.067	0.087	0.077	0.060	0.057	0.010	0.250
花生四烯酸	C20:4	0.317[ab]	0.210[bc]	0.110[c]	0.250[ab]	0.347[a]	0.036	0.006
EPA	C20:5	0.002[c]	0.090[ab]	0.057[ac]	0.087[ac]	0.110[a]	0.021	0.009
DHA	C22:6	0.020	0.020	0.020	0.020	0.020	—	—
SFA		9.863[ab]	10.383[a]	6.563[c]	7.033[bc]	8.256[ac]	0.915	0.053
PUFA		1.825[ab]	1.770[ab]	1.117[c]	1.620[ab]	1.943[a]	0.149	0.020
MUFA		8.603	8.597	6.143	6.413	7.323	0.847	0.188

注：EPA，二十碳五烯酸；DHA，二十二碳六烯酸；SFA，饱和脂肪酸；PUFA，多不饱和脂肪酸；MUFA，单不饱和脂肪酸。“—”表示未获得试验数据。下同。

从表 9 可以看出，与对照组相比，在日粮中添加沙葱粉和沙葱黄酮后，对肉羊背最长肌肌苷酸含量没有显著影响（$P>0.05$）。

表 9 沙葱黄酮对肉羊背最长肌肌苷酸含量的影响（mg/g）

组别	肌苷酸含量
对照组	1.60±0.11
沙葱组	1.50±0.12
黄酮低浓度组	1.60±0.04
黄酮中浓度组	1.43±0.09
黄酮高浓度组	1.41±0.20

3 结论

在日粮中添加沙葱黄酮能提高肉羊日增重，降低料重比；能提高肉羊屠宰率、眼肌面积和 GR 值；在添加量为 22～33 mg 时，对肉羊的各项生产指标提高效果最佳。日粮中添加沙葱黄酮可以提高肌内脂肪含量，提高羊肉的嫩度。同时，沙葱黄酮可以提高肉羊背最长肌总氨基酸、必需氨基酸、鲜味氨基酸和多不饱和脂肪酸的含量，降低硬脂酸含量，对羊肉风味有一定的改善作用。

竹叶黄酮对奶牛乳腺上皮细胞热应激损伤的保护作用

竹叶黄酮主要存在形式是黄酮苷，以碳苷类黄酮为主，如异荭草苷（Homoorientin）、荭草苷（Orientin）、异牡荆苷（Isoviextin）和牡荆苷（Vitexin）等功能性成分黄酮碳苷，是一种重要的抗氧化剂，参与抗衰老、抗肿瘤、清除自由基、增强免疫力、阻断亚硝化、调节血脂和血糖等生物调节过程。竹叶黄酮来源广泛、安全性高、提取成分稳定，并且具有良好的保健功能。从竹叶中提取的竹叶黄酮，因其天然活性成分在畜禽机体内残留少、无耐药性，并且具有抗炎、抗氧化、提高机体免疫力等多种生物学功能，在畜禽的生产中具有广阔的应用前景。

竹叶黄酮在奶牛生产中具有积极的调节作用。饲粮中添加一定剂量的竹叶提取物可以使机体抗氧化能力和免疫能力提高，能够有效地改善奶牛的免疫力及抗氧化力，增加奶牛的产奶量，并且可以降低奶牛体细胞数，降低热应激条件下奶牛的呼吸频率和直肠温度，减少热应激条件下的损伤。竹叶黄酮在提高奶牛产奶性能、抗氧化、提高机体免疫力、减缓热应激损伤的过程中具有重要的作用。竹叶黄酮作为优质的黄酮类资源对奶牛养殖业的发展具有广泛的应用潜力，探究不同提取方法对竹叶黄酮提取效率及有效成分含量的影响；探讨竹叶黄酮对奶牛乳腺上皮细胞热应激损伤的影响；联合应用多种分子生物学技术，阐明竹叶黄酮对奶牛乳腺上皮细胞热应激损伤的保护作用及其机制，可以为竹叶黄酮在奶牛生产中的应用提供理论依据。

1　基于代谢组学技术评估不同竹叶黄酮的提取方法

1.1　试验材料与方法

竹叶选购自陕西森弗天然制品有限公司；甲醇、氯仿（均为色谱纯）选购自国药集团化学试剂有限公司；乙腈（色谱纯）选购自默克化工技术（上海）有限公司；甲酸（色谱纯）选购自日本东京化成工业株式会社。将自然晒干的竹叶用高速粉碎机粉碎，烘干再经过 60 目筛，取得竹叶粉备用。称取竹叶粉 20 g 加入回流瓶中，参照张英等（2002）方法操作，按料液比 1∶15，加 50%乙醇 300 mL，加热回流提取 1 h，提取液浓缩后物理去杂，再进行萃取，萃取液减压浓缩回收溶剂后，加少量水转溶，收样用于后续试验。

准确称取 20 g 竹叶粉末，放入 50 mL 容量瓶中，浸润 30 min 后，将容量瓶放入 1 000 mL 大烧杯中加入一定量水，放入超声池中，采用 200 kW 提取功率，按料液比 1∶25 加 50%乙醇 500 mL，超声提取 40 min 的条件下进行试验，超声后得到的提取液和残质进行减压抽滤，滤液取样用于后续试验。称取 20 g 竹叶粉末，烧杯中浸润 1 h 后，参照曹亚兰等

(2019) 方法操作，按料液比 1∶20 加 50%乙醇 400 mL，加热回流提取 2 次，一煎 2 h，过滤，滤渣进行二煎 1.5 h，过滤，滤渣弃去，将两次滤液合并、浓缩、干燥，收样用于后续试验。称取 20 g 竹叶粉末，烧杯中浸润 1 h 后，参照曹亚兰等 (2019) 方法操作，按料液比 1∶20 加水 400 mL，加热回流提取 2 次，第 1 次一煎 2 h，过滤，滤渣进行二煎 1.5 h，过滤，滤渣弃去，将两次滤液合并、浓缩、干燥，收样用于后续试验。

样本冰上解冻，涡旋 30 s，4 ℃，12 000 r/min 离心 15 min；小心地取出 2 000 μL 上清液，氮吹干燥；用 1 000 μL 提取液 B (50%甲醇含 0.1%甲酸，含内标) 复溶；涡旋 30 s 后冰水浴超声 15 min，4 ℃，12 000 r/min 离心 15 min；上清液过 0.22 μm 滤膜，稀释 20 倍后小心地取于 2 mL 进样瓶；色谱柱为 Waters 的 UPLC BEH C18 色谱柱 (1.7 μm，2.1 mm×150 mm)，柱温为 40 ℃，进样器温度为 8 ℃，进样体积为 2 μL。流动相 A 为 0.1%甲酸水，B 为乙腈。梯度洗脱条件为：0～0.5 min，90% A；0.5～15 min，90%～40% A；15～16.01 min，40%～2%A；16.01～18 min，2%A；18～18.01 min，2%～90%A；18.01～20 min，90% A，体积流量为 300 μL/min。

使用装备 AJS-ESI 离子源的 Agilent 6490 三重四极杆质谱仪，以多反应监测 (MRM) 模式进行质谱分析。离子源参数为：毛细管电压+5 000 V/−45 000 V，气体 (N_2) 温度 220 ℃，气体 (N_2) 流量 16 L/min，鞘层气体 (N_2) 温度 500 ℃，鞘层气体流量12 L/min，雾化器 240 kPa。数据采集时按质量范围 (m/z) 进行分段，50～300、290～600、590～900、890～1 500，从而扩大二级谱图的采集率。每个方法每段采集 4 个重复。所采集的数据，分别使用 BiotreeDB 数据库及 MAPS 软件进行数据分析。将母离子与二级谱中的子离子组合成离子对建成 MRM 数据库。然后再在三重四极杆质谱仪上对所有样品进行 MRM 数据采集。

1.2 试验结果与分析

图 1 (彩图 1) 将四组鉴定出的 56 种黄酮代谢物绘制热图进行聚类分析，以直观地显示代谢物在不同组别中表达量的差异情况。热回流法和醇提法提取竹叶黄酮两组的荭草苷、牡荆素、异荭草苷等代谢物含量相对较高，因此选择这两种方法再进行比较，选择最佳提取方法用于后续试验。

通过 OPLS-DA 模型获取的变量投影重要度 (variable importance in the projection，VIP) >1 结合变异倍数分析 (fold change analysis，FC) >1 或 FC<−1，基于这两个标准绘制火山图来筛选两组间的差异代谢物，结果如图 2 所示，两种不同方法提取的竹叶黄酮中显著差异代谢物有 40 个，其中显著上调差异代谢物有 26 个，显著下调有 14 个。

根据火山图分析的结果，最终鉴定出 40 种差异代谢物，并采用聚类热图对这两种不同方法提取的竹叶黄酮中的差异代谢物进行分析 (图 3、彩图 2)。热回流法提取的竹叶黄酮中的荭草苷、牡荆素、香叶木素、木犀草素、圣草酚、芹菜素、芒柄花苷、槲皮素、芦丁、山奈酚、牡荆素鼠李糖苷、异鼠李素、夏佛塔苷、异槲皮苷、染料木素、橙皮苷、大豆苷、甘草苷、芸香柚皮苷异鼠李素-3-O-新橙皮苷和染料木苷等代谢物含量相较于醇提法含量更高。

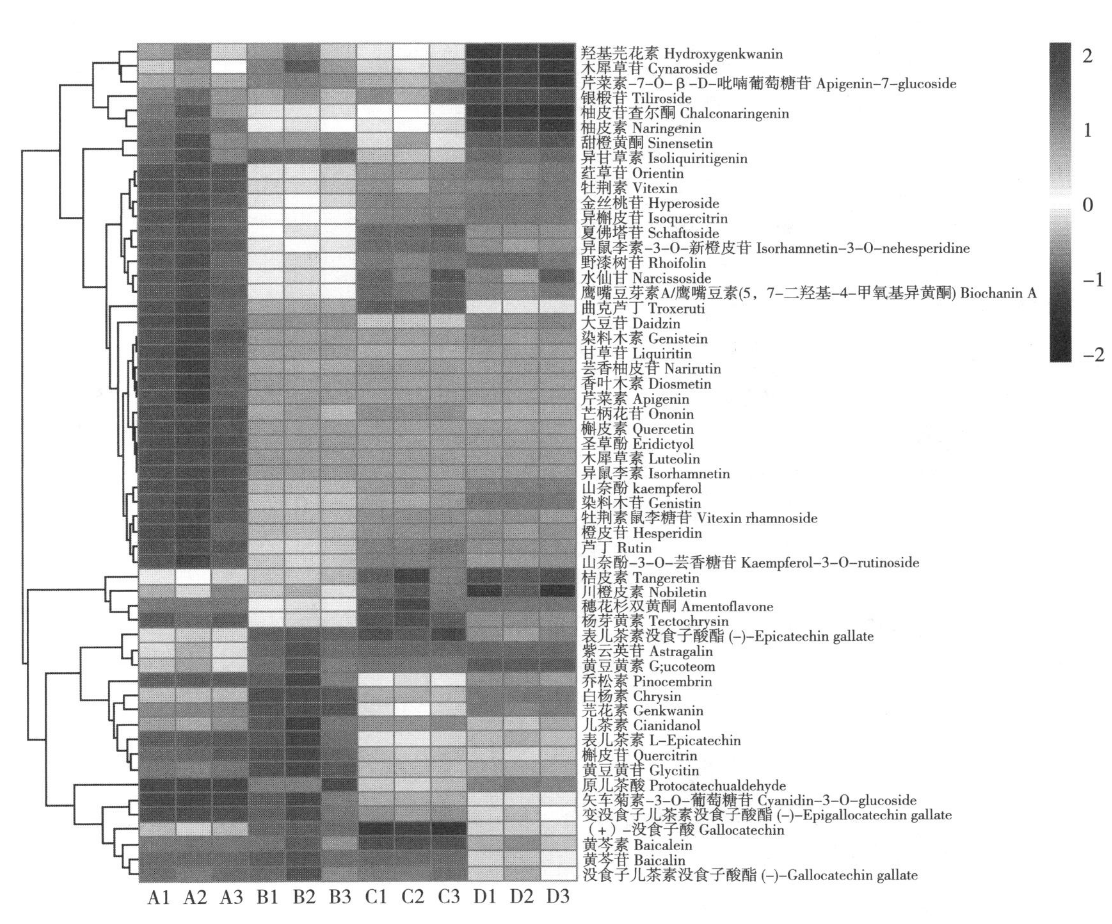

图 1 不同提取方法的竹叶黄酮中代谢物的层次聚类热图

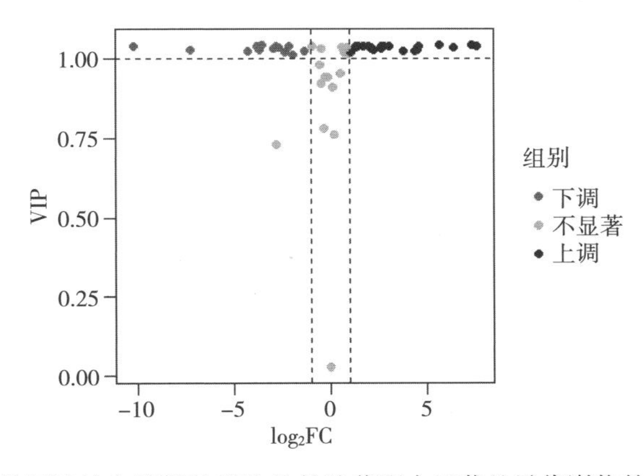

图 2 热回流法和醇提法提取的竹叶黄酮中显著差异代谢物的火山图

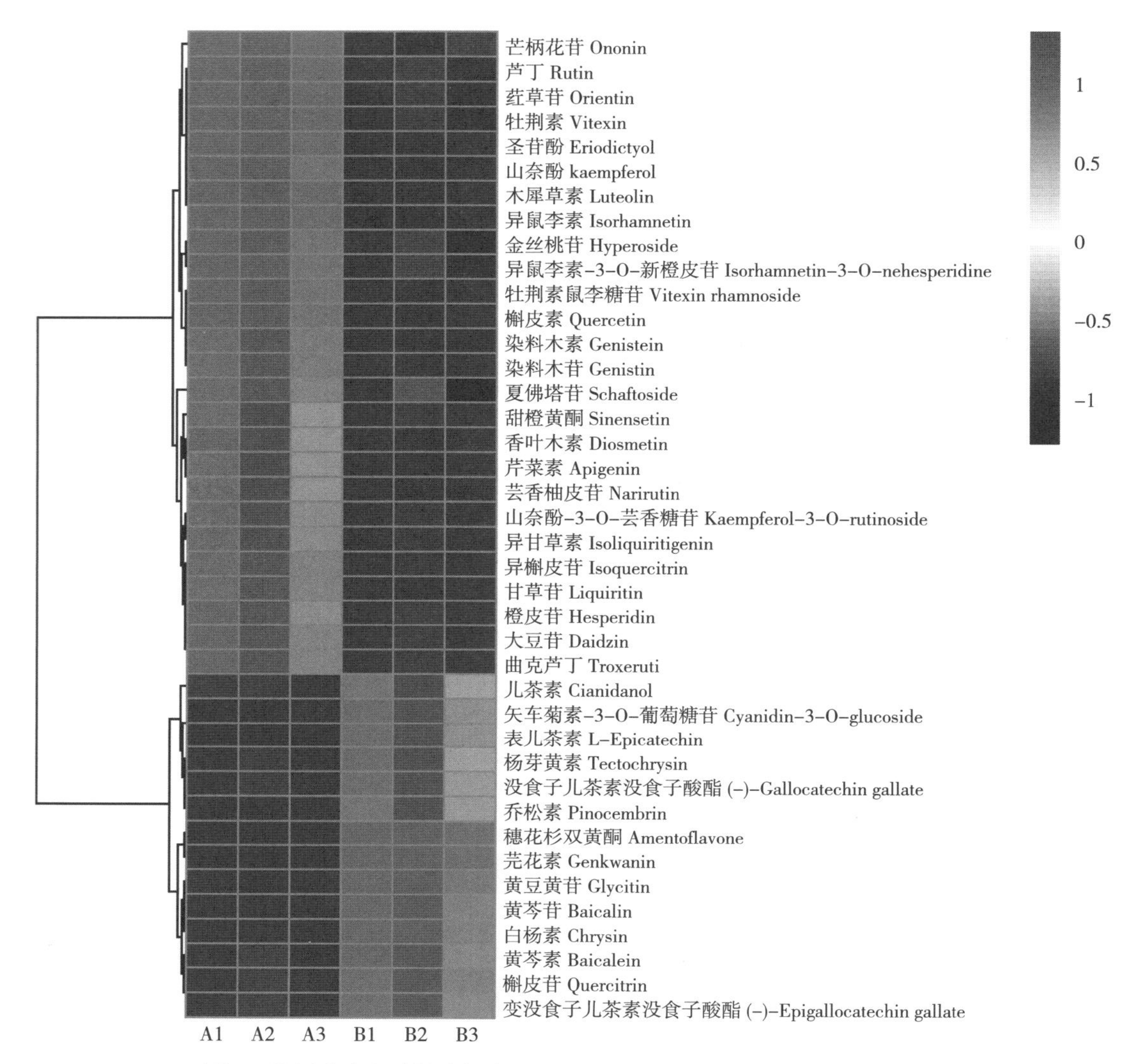

图 3 热回流法和醇提法提取的竹叶黄酮中差异代谢物的层次聚类热图

1.3 小结

热回流法和醇提法提取的竹叶黄酮中的差异代谢物有 40 个，其中显著上调差异代谢物有 26 个，显著下调有 14 个。荭草苷、牡荆素、木犀草素等代谢物在热回流法提取的竹叶黄酮中含量更高。与醇提法相比，热回流法提取竹叶黄酮效果更佳。

2 竹叶黄酮对热应激奶牛乳腺上皮细胞凋亡、抗氧化能力的影响

2.1 试验材料与方法

试验按照 3、6、12、24 和 48 h 这 5 个时间点进行试验分组，分为对照组（CON）和

添加不同浓度（0.5、1、5、10、20、60 和 100 μg/mL）的竹叶黄酮（BLF）试验组，每次试验平行复孔 6 个，重复试验 3 次。使用 CCK-8 试剂盒检测竹叶黄酮对奶牛乳腺上皮细胞活性的影响；使用噻唑蓝（MTT）试剂盒检测竹叶黄酮对奶牛乳腺上皮细胞活性的影响。竹叶黄酮对奶牛乳腺上皮细胞凋亡的影响使用 Annexin V-FITC 凋亡试剂盒进行检测。竹叶黄酮对热应激奶牛乳腺上皮细胞活性氧生成的影响使用活性氧分析试剂盒进行检测。竹叶黄酮对热应激奶牛乳腺上皮细胞线粒体膜电位的影响使用 JC-1 线粒体膜电位分析试剂盒进行检测。竹叶黄酮对热应激奶牛乳腺上皮细胞抗氧化酶活性的影响使用总超氧化物歧化酶（T-SOD）、谷胱甘肽过氧化物酶（GSH-Px）和丙二醛（MDA）试剂盒进行检测。

收集细胞爬片，吸取各培养孔上清液，PBS 冲洗（5 min×3），4%多聚甲醛固定 20 min，晾干后用；取出细胞爬片，贴于载玻片上，用 PBS（5 min×3）冲洗后，加入 2% BSA 封闭抗原 30 min；滴加用 PBS 稀释（1∶100）的一抗，湿盒内 4 ℃孵育过夜；翌日用 PBS（5 min×3）冲洗后，滴加用 PBS 稀释（1∶1 000）的 FITC 标记的羊抗兔/鼠二抗，37 ℃孵育 60 min；用 PBS（5 min×3）冲洗后，滴加 DAPI-抗荧光淬灭封片液；激光共聚焦显微镜拍照。

将奶牛乳腺上皮细胞接种于 6 孔板中，待 6 孔板中细胞密度达到 80%～90%，吸出细胞完全培养液，PBS 洗 2 遍，每孔加入 2 mL 含有不同浓度竹叶黄酮（0、1、5 和 10 μg/mL）的细胞培养液。在 37 ℃、5% CO_2条件下培养 12 h 后，42.5 ℃热应激 1 h，恢复 12 h。弃去培养液，用预冷的 PBS 洗涤 2 次，每孔加入总 RNA 提取试剂 Trizol 500 μL，充分吹打后转移至 1.5 mL 的 EP 管中；加入 0.1 mL 的氯仿，用力振荡混匀，室温静置 2 min，4 ℃，12 000 *g* 离心 15 min；取无色上层的水相加入另一 EP 管中，加入等体积冰冷的异丙醇，混匀，室温静置 10 min；4 ℃，12 000 r/min 离心 10 min，弃去上清液，75%的乙醇洗涤 2 次，4 ℃，7 500 *g* 离心 5 min，去上清液，室温干燥 3～5 min；加 50 μL DEPC 水溶解，获得总 RNA，－80 ℃保存。取出适量的 RNA，通过 OD260/OD280 的值范围判断 RNA 的质量，提取的 RNA 的 OD 值在 1.8～2.0，则可用于后续试验分析。依据 TAKARA BIO NIC cDNA 试剂盒将 RNA 反转录成 cDNA。利用 qRT-CR 检测基因的表达量，以 GAPDH 作为内参并用 $2^{-\Delta\Delta Ct}$计算基因的 mRNA 相对表达量。

2.2 试验结果与分析

用激光共聚焦显微镜观察奶牛乳腺上皮细胞的形态。由图 4（彩图 3）可知，显微镜下细胞表现出典型的“鹅卵石样”形态和典型的上皮细胞特征。同时，用角蛋白 18 免疫荧光法进行细胞鉴定。细胞质里角蛋白 18 被染成绿色的为阳性细胞；细胞核被 DAPI 染色，呈蓝色。结果表明，该细胞为奶牛乳腺上皮细胞。

如图 5 所示，与对照组相比，不同浓度的竹叶黄酮与奶牛乳腺上皮细胞（bMECs）共培养 3 h 时，细胞活性无明显变化。与 bMECs 共培养 6、12、24 h 后，除了添加 100 μg/mL 的竹叶黄酮抑制 bMECs 的活性，其他不同浓度的竹叶黄酮均显著提高 bMECs 的活性

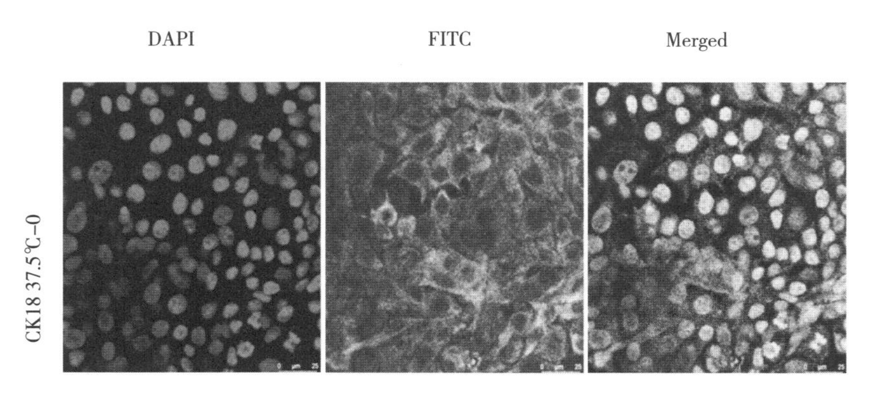

图 4 奶牛乳腺上皮细胞鉴定

（$P<0.05$），其中竹叶黄酮浓度为 1、5、10 μg/mL 时极显著提高了 bMECs 的细胞活性（$P<0.01$），效果最好。与 bMECs 共培养 48 h 后，除了添加 60 和 100 μg/mL 的竹叶黄酮抑制 bMECs 的活性，其他不同浓度的竹叶黄酮均显著提高 bMECs 的活性（$P<0.05$）。

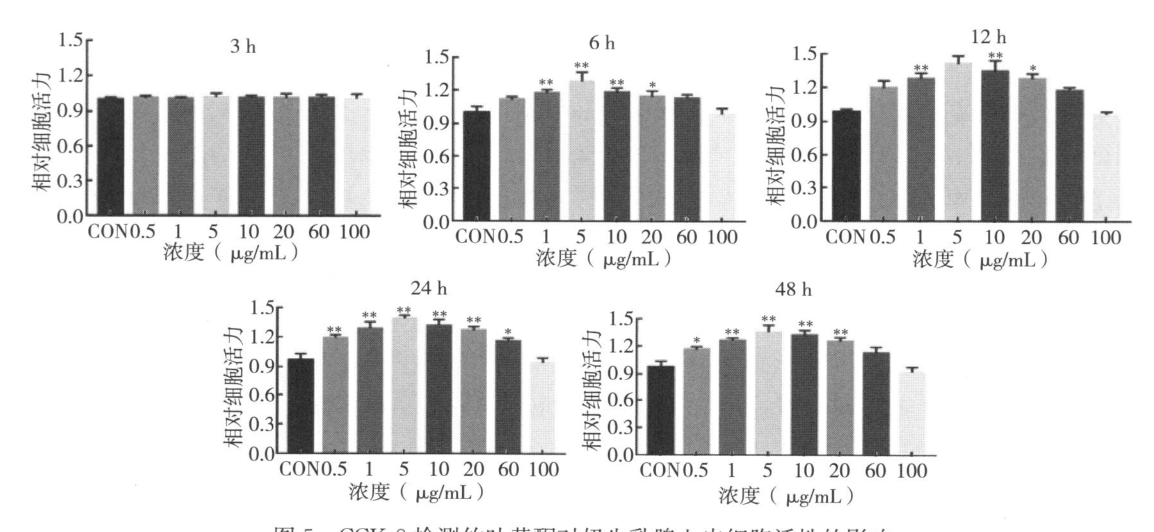

图 5 CCK-8 检测竹叶黄酮对奶牛乳腺上皮细胞活性的影响

注：与对照组（CON）比较，“*”表示差异显著，$P<0.05$；“**”表示差异极显著，$P<0.01$。下同

从图 6 可以看出，与对照组相比，不同浓度的竹叶黄酮与 bMECs 共培养 3 h 时，细胞活性无明显变化。与 bMECs 共培养 6、12、24 h 后，添加 100 μg/mL 的竹叶黄酮抑制 bMECs 的活性，浓度为 0.5、1、5、10、20 和 60 μg/mL 的竹叶黄酮均能够显著提高 bMECs 的活性（$P<0.05$），其中竹叶黄酮的浓度为 1、5、10 μg/mL 极显著提高了 bMECs 的细胞活性（$P<0.01$），且效果最好。

由图 7 可知，37.5 ℃组细胞活力均高于 42 ℃组，组间差异显著（$P<0.05$）。37.5 ℃组中，添加不同浓度竹叶黄酮后，5 μg/mL 竹叶黄酮组细胞活力最高。42 ℃组中添加 1、5、10 μg/mL 竹叶黄酮极显著提高细胞活力（$P<0.01$），其中 5 μg/mL 竹叶黄酮组细胞活力最高。

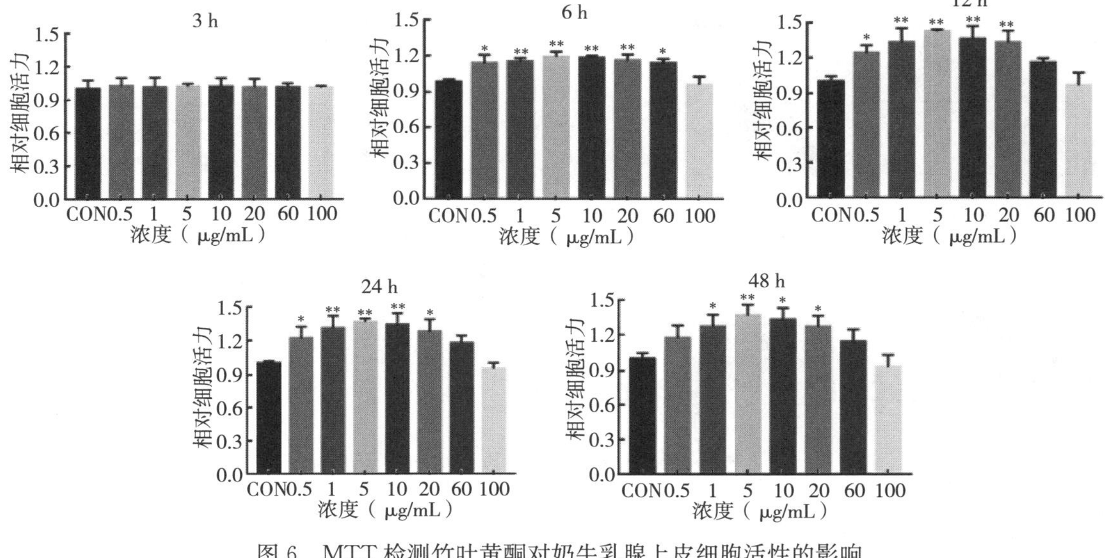

图 6　MTT 检测竹叶黄酮对奶牛乳腺上皮细胞活性的影响

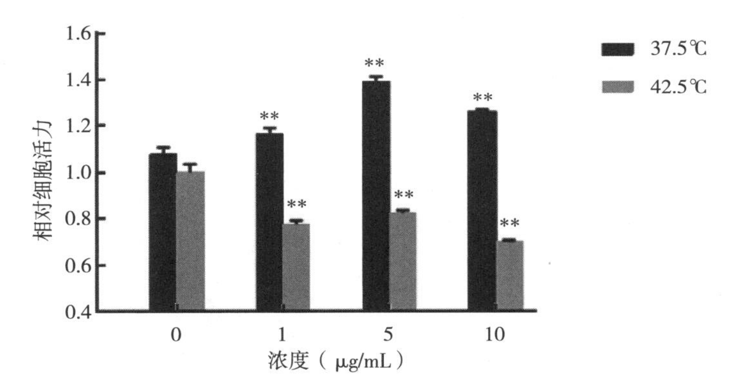

图 7　CCK8 检测竹叶黄酮对热应激奶牛乳腺上皮细胞毒性的影响

Annexin V 和 PI 双重染色将细胞分为三类：活细胞（Annexin V 和 PI 阴性）、早期凋亡细胞（Annexin V 阳性，PI 阴性）和晚期凋亡/坏死细胞（Annexin V 和 PI 阳性）。图 8（彩图 4）表明，在 37.5 ℃条件下添加 5、10 μg/mL 竹叶黄酮与 bMECs 共培养，和 0 μg/mL 竹叶黄酮组相比较，细胞早期凋亡率、晚期凋亡/坏死率极显著下降（$P<0.01$）。添加浓度为 1、5 和 10 μg/mL 的竹叶黄酮极显著降低总凋亡率（$P<0.01$）。

如图 9（彩图 5）所示，热应激后，细胞凋亡率显著升高（$P<0.05$）。与对照组相比，添加 1、5 和 10 μg/mL 竹叶黄酮能够极显著降低早期凋亡率和总凋亡率（$P<0.01$），表明竹叶黄酮可能通过抗凋亡作用对热应激 bMECs 产生保护作用。

ROS 的产生是细胞氧化损伤的主要因素，因此对热应激 bMECs 中的 ROS 水平进行检测，发现热应激显著增加了 ROS 的产生（$P<0.05$）；添加 1、5 和 10 μg/mL 的竹叶黄酮与 bMECs 共培养在热应激条件下极显著减少了细胞内 ROS 的产生（$P<0.01$）（图 10）。

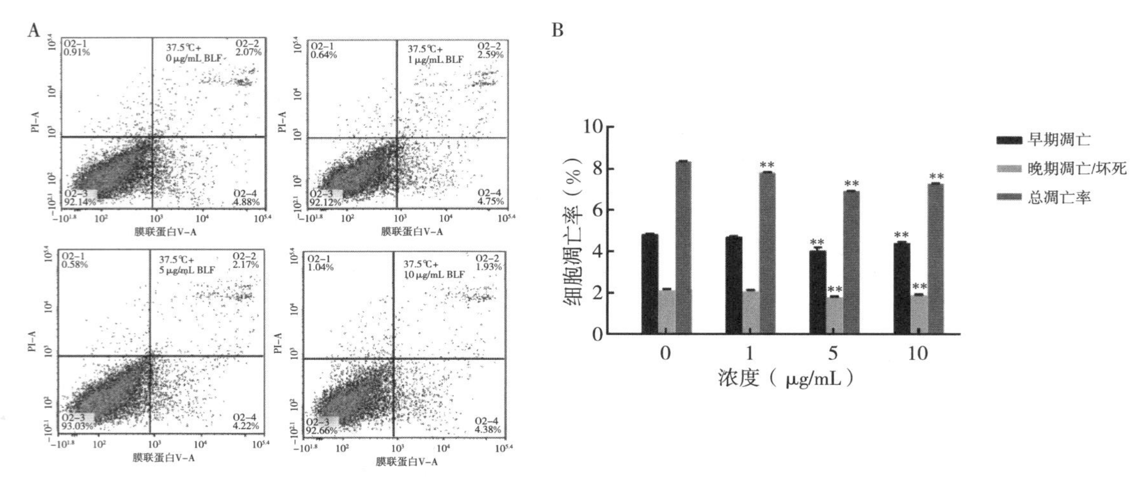

图 8　竹叶黄酮对奶牛乳腺上皮细胞凋亡的影响

A. 流式细胞图　B. 细胞凋亡率图

注：与 37.5℃，0 μg/mL 组的早期凋亡率比较，"**"表示差异极显著，$P<0.01$；与 37.5℃，0 μg/mL 组的晚期凋亡率比较，"**"表示差异极显著，$P<0.01$；与 37.5℃，0 μg/mL 组的总凋亡率比较，"**"表示差异极显著，$P<0.01$。下同

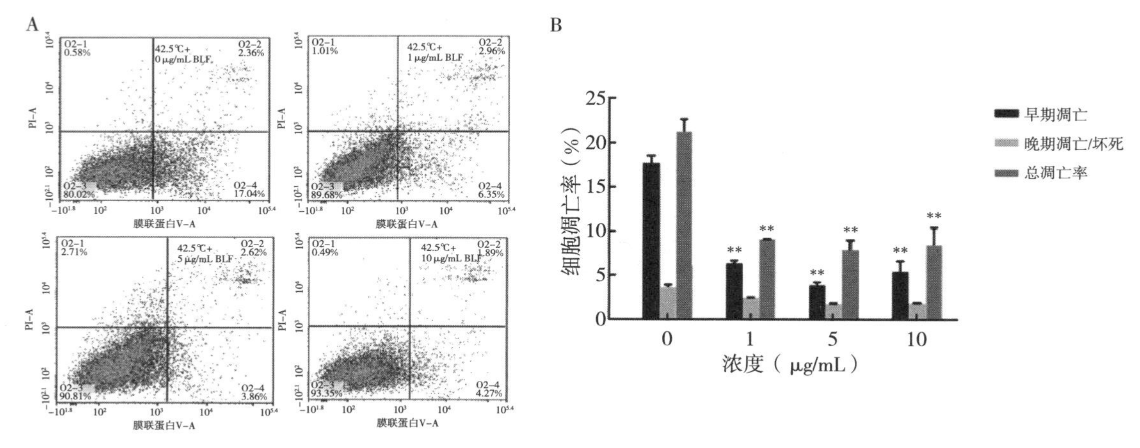

图 9　竹叶黄酮对热应激奶牛乳腺上皮细胞凋亡的影响

A. 流式细胞图　B. 细胞凋亡率图

如图 11（彩图 6）所示，热应激显著增加了 bMECs 的 MMP 下降的比例（$P<0.05$）；添加 5 μg/mL 的竹叶黄酮与 bMECs 共培养在热应激条件下极显著降低了 MMP 下降的比例（$P<0.01$）。

热应激与 MDA 含量降低以及 SOD、GSH-Px 活性升高密切相关，从而导致氧化损伤。图 12 表明，与 37.5 ℃对照组相比，42.5 ℃组添加竹叶黄酮的 bMECs 中 SOD、GSH-Px 活性极显著降低（$P<0.01$），MDA 活性极显著升高（$P<0.01$）。因此，竹叶黄酮的细胞保护作用是通过诱导抗氧化酶起作用的，证明竹叶黄酮可以提高细胞的抗氧化能力，减轻热应激诱导的氧化应激损伤。

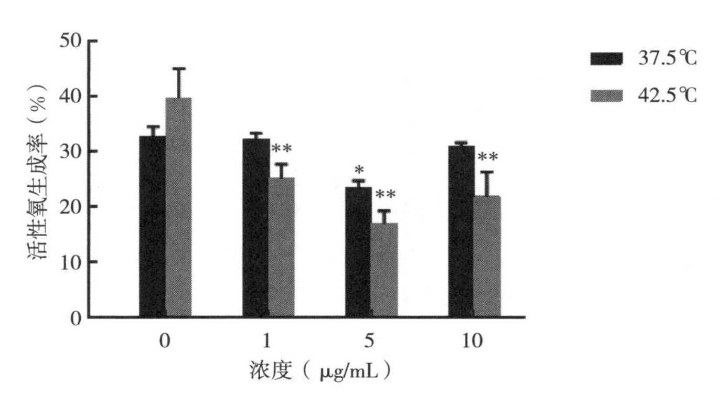

图 10　竹叶黄酮对热应激奶牛乳腺上皮细胞活性氧的影响

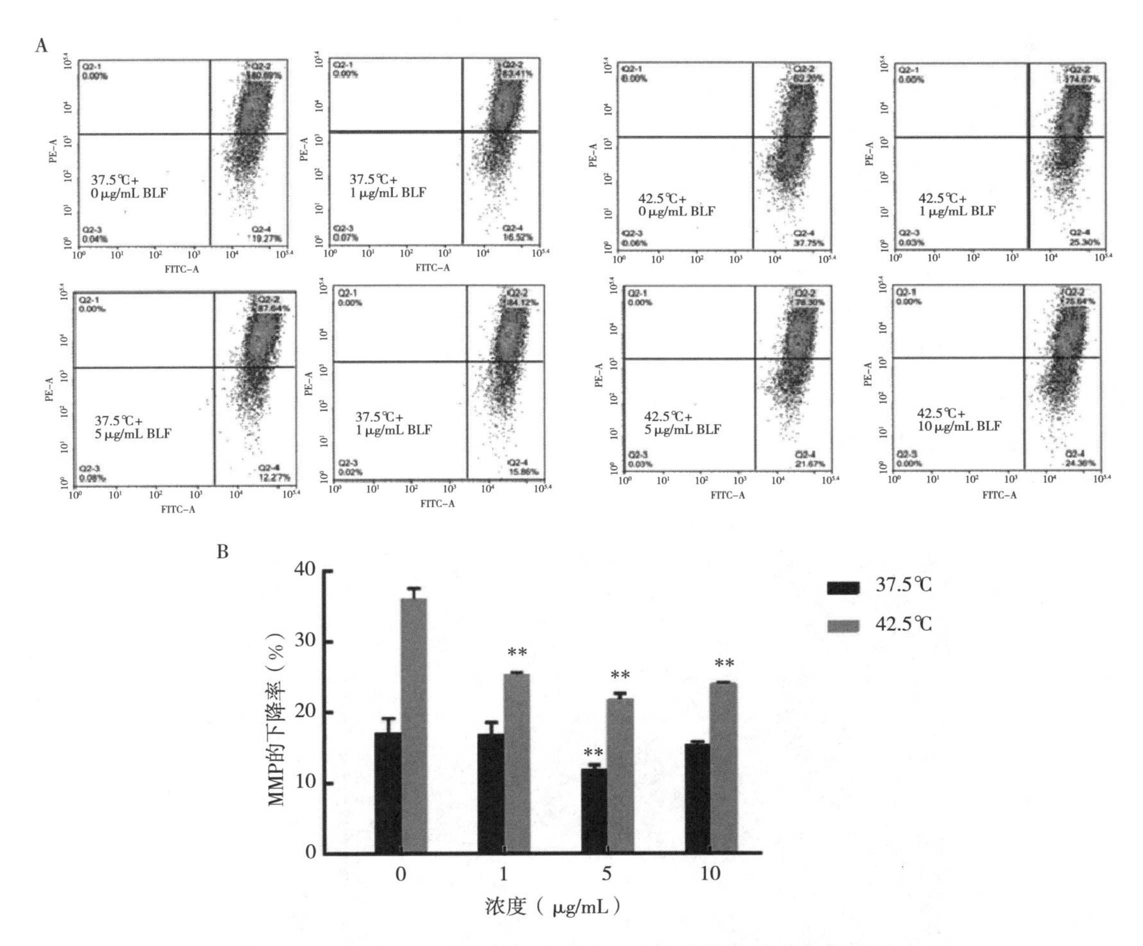

图 11　竹叶黄酮对热应激奶牛乳腺上皮细胞线粒体膜电位的影响
A. 流式细胞图　B. 线粒体膜电位柱状图

细胞的热应激反应是应对高温的适应性机制，对细胞在热应激条件下的生存非常重要。热休克蛋白（HSPs）的产生是细胞在热应激过程中最公认的反应。由图 13 可知，42 ℃组与 37.5 ℃组相比，*HSF*-1、*HSP*70 和 *HSP*90 mRNA 水平表达极显著增加（$P<0.01$），

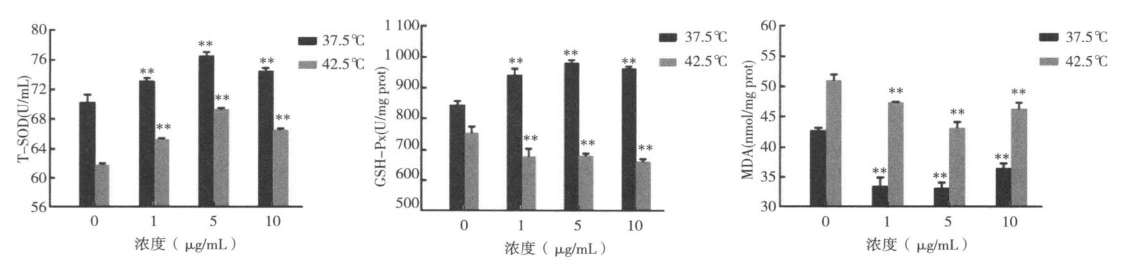

图 12　竹叶黄酮对热应激奶牛乳腺上皮细胞 T-SOD 活性、GSH-Px 酶活力和 MDA 含量的影响

添加 1、5 和 10 μg/mL 竹叶黄酮组在热应激条件下与 42.5 ℃ 0 μg/mL 相比，*HSF*-1、*HSP*70 和 *HSP*90 mRNA 表达量极显著降低（$P<0.01$）。

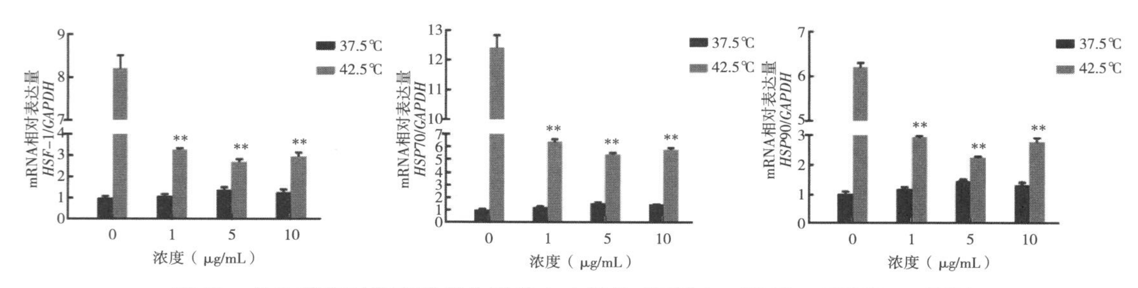

图 13　竹叶黄酮对热应激奶牛乳腺上皮细胞 *HSF*-1 mRNA、*HSP*70 mRNA 和 *HSP*90 mRNA 表达的影响

由图 14（彩图 7）可知，用激光共聚焦显微镜观察，热应激诱导了 HSP70 易位到 MAC-T 细胞核中，用竹叶黄酮处理 MAC-T 细胞 12 h 后，HSP70 的细胞核进一步明显转移。结果表明，竹叶黄酮处理显著增加了 HSP70 核蛋白水平，竹叶黄酮处理可以保护由热应激引起的细胞损伤。

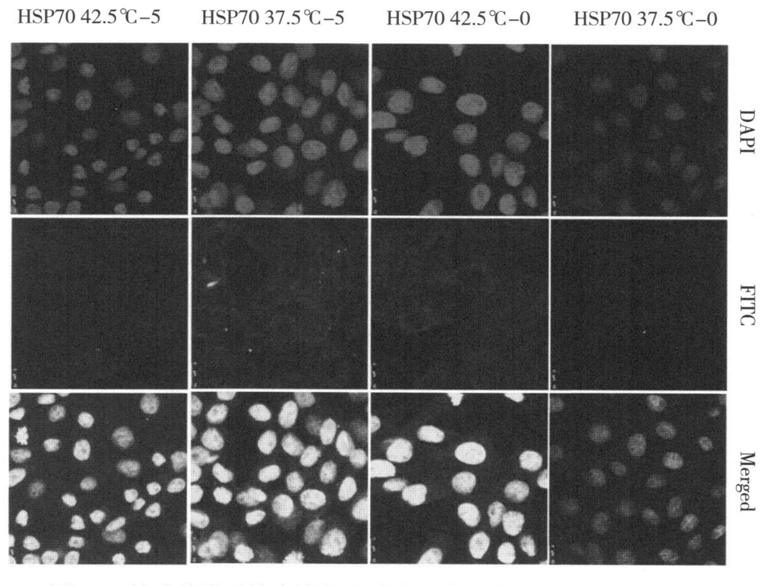

图 14　竹叶黄酮对热应激奶牛乳腺上皮细胞 HSP70 激活的影响

本研究结果表明，高温诱导了 *Bcl*-2 家族 mRNA 水平的变化，可能介导了线粒体途径诱导的细胞凋亡。添加竹叶黄酮在热应激条件下，bMECs 中 *Bax* 的 mRNA 表达和 *Bax*/*Bcl*-2 的比值与对照组相比，极显著降低（$P<0.01$）。*Bcl*-2 mRNA 表达极显著升高（$P<0.01$），表明降低了细胞凋亡率。添加 5 和 10 μg/mL 竹叶黄酮在热应激条件下 bMECs 中 *COX*-2 和 *Caspase*-3 活性较热应激条件下极显著降低（$P<0.01$）（图 15）。

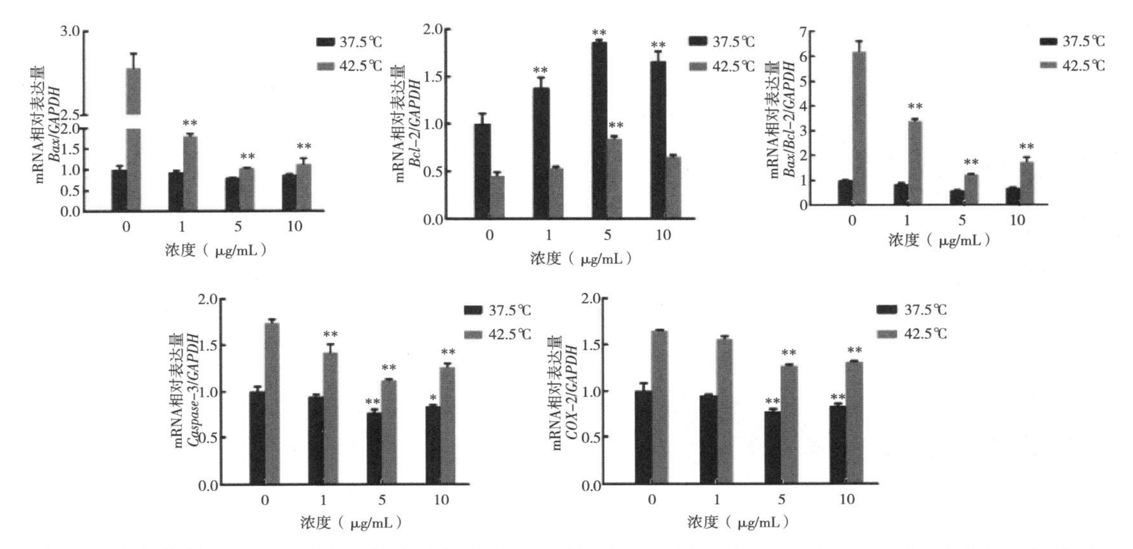

图 15 竹叶黄酮对热应激奶牛乳腺上皮细胞 *Bax* mRNA、*Bcl*-2 mRNA、*Bax*/*Bcl*-2 mRNA、*COX*-2 mRNA 和 *Caspase*-3 mRNA 表达的影响

2.3 小结

添加 1、5 和 10 μg/mL 浓度的竹叶黄酮能够极显著提高 bMECs 的细胞活性。竹叶黄酮能够显著提高 *HSP*70、*HSP*90 和 *HSF*-1 的 mRNA 表达水平来增加细胞的耐热性，对热应激 bMECs 具有保护作用，竹叶黄酮能够显著减少 ROS 的积累和 MMP 下降的比例，提高 bMECs 的细胞存活率，减少细胞凋亡，降低 *Caspase*-3 的水平及 *Bax*/*Bcl*-2 的 mRNA 表达，减轻热应激 bMECs 的细胞凋亡和线粒体损伤。

3 竹叶黄酮对热应激奶牛乳腺上皮细胞 mTOR 和 Nrf2 信号通路的影响

3.1 试验材料与方法

按照 3、6、12、24 和 48 h 这 5 个时间点进行试验分组，分为添加 0 μg/mL 的 BLF 为对照组（CON）和添加不同浓度（0.5、1、5、10、20、60 和 100 μg/mL）的 BLF 试验组，每次试验平行复孔 6 个，重复试验 3 次。收集细胞爬片，吸取各培养孔上清液，磷酸缓冲盐溶液（PBS）冲洗（5 min×3），4%多聚甲醛固定 20 min，晾干后用；取出细胞爬片，贴于载玻片上，用 PBS（5 min×3）冲洗后，加入 2%BSA 封闭 30 min；滴加用 PBS 稀释（1：

100）的一抗，湿盒内 4 ℃孵育过夜；翌日用 PBS（5 min×3）冲洗后，滴加用 PBS 稀释（1∶1 000）的 Cy3 标记的羊抗兔/鼠二抗，37 ℃孵育 60 min（避光）；用 PBS（5 min×3）冲洗后，应用 DAPI-抗荧光淬灭封片液封片，激光共聚焦显微镜观察。将奶牛乳腺上皮细胞接种于 6 孔板中，待 6 孔板中细胞密度达到 80%～90%，吸出细胞完全培养液，PBS 洗 2 次，每孔加 2 mL 含有不同浓度竹叶黄酮（0、0.5、1、5、10、20、60 和 100 μg/mL）的细胞培养液。在 37 ℃、5%CO_2条件下培养 12 h 后，42.5 ℃热应激 1 h，恢复 12 h，弃去培养液，用预冷的 PBS 洗 2 次，使用总 RNA 提取试剂 Trizol 提取细胞总 RNA，然后采用 cDNA 合成试剂盒反转录为 cDNA，采用两步法进行实时荧光定量 PCR 反应。

3.2 试验结果与分析

由图 16 可知，热应激显著降低（$P<0.05$）*mTOR*、*EIF-4EBP1*、*S6K1* 和 *Cyclin D1* mRNA 表达，减少乳蛋白的合成。bMECs 在热应激处理或者没有热应激处理的情况下，添加 5 和 10 μg/mL 的竹叶黄酮均能极显著上调 *EIF-4EBP1* 和 *Cyclin D1* mRNA 表达（$P<0.01$）。37.5 ℃组添加不同浓度（1、5 和 10 μg/mL）的竹叶黄酮极显著升高 *mTOR* 和 *S6K1* 的基因表达（$P<0.01$）。由此说明竹叶黄酮可提高热应激诱导的 mTOR 信号通路关键调控基因的 mRNA 表达水平。

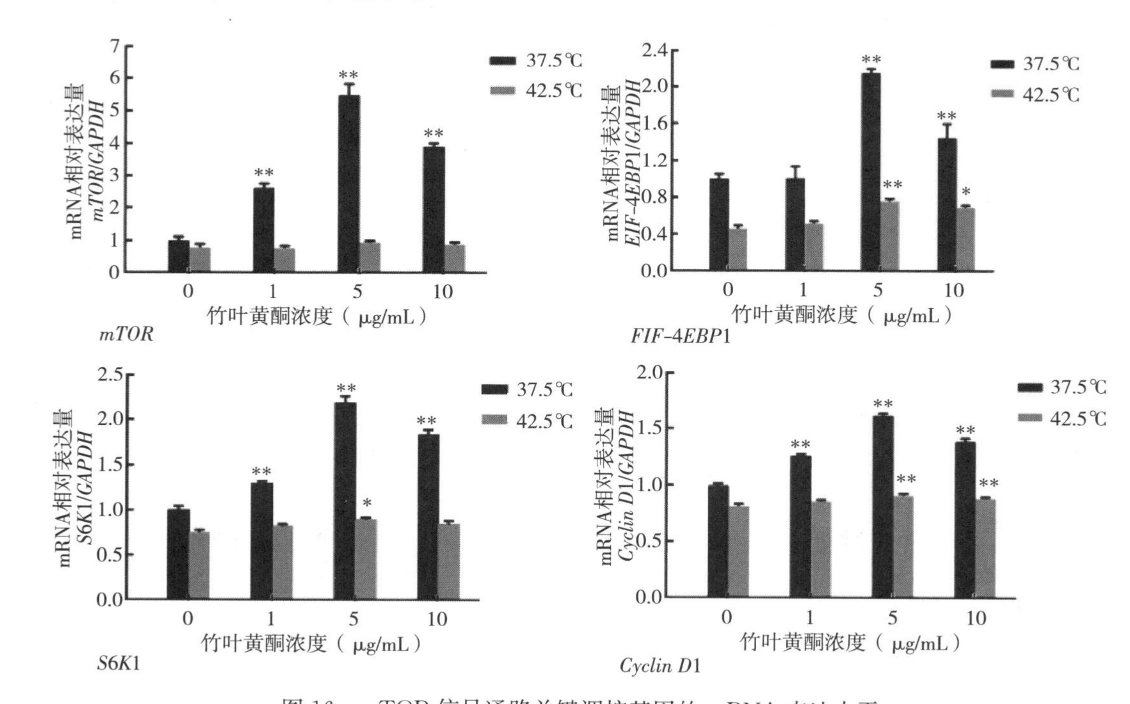

图 16　mTOR 信号通路关键调控基因的 mRNA 表达水平

由图 17（彩图 8）可知，热应激诱导 Nrf2 易位到 MAC-T 细胞核中，用竹叶黄酮处理 MAC-T 细胞 12 h 后，Nrf2 的细胞核进一步明显转移。结果表明，竹叶黄酮显著增加了 Nrf2 核蛋白水平，竹叶黄酮处理可以保护由热应激引起的氧化应激细胞损伤。

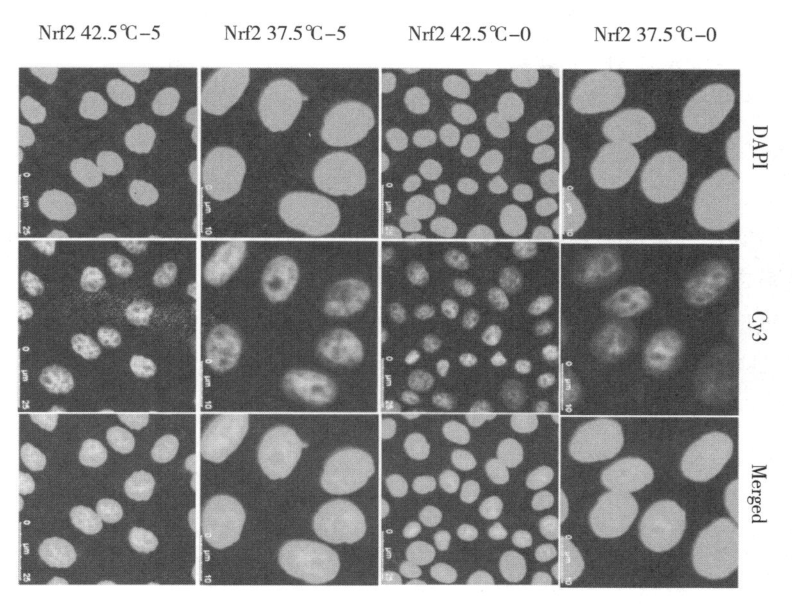

图 17　竹叶黄酮对热应激奶牛乳腺上皮细胞 Nrf2 激活的影响

Nrf2 是细胞内抗氧化系统的调节器，可调节一系列抗氧化酶的表达。通过实时荧光定量 PCR 方法检测氧化应激标志物 *HO*-1 以及相关抗氧化酶 *Txnrd*1、*NQO*-1、*xCT* 的 mRNA 的变化。如图 18 所示，bMECs 在热应激处理或者没有热应激处理的情况下，添加 1、5 和 10 μg/mL 的竹叶黄酮均能极显著上调 *Nrf*2、*HO*-1、*xCT*、*Txnrd*1 和 *NQO*-1 的 mRNA 表达（$P<0.01$）。

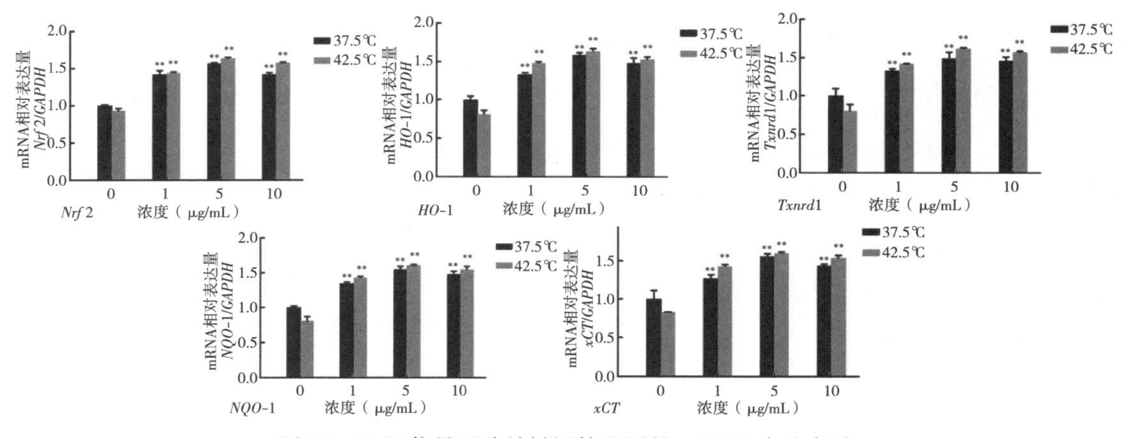

图 18　Nrf2 信号通路关键调控基因的 mRNA 表达水平

3.3　小结

竹叶黄酮显著提高热应激诱导的 bMECs 中 mTOR 信号通路关键调控基因 *mTOR*、*EIF*-4*EBP*1、*S*6*K*1 和 Cy*clin D*1 mRNA 表达水平，抑制热应激减少的乳蛋白的合成，提高热应激诱导的 bMECs 中 Nrf2 信号通路关键调控基因 *Nrf*2、*HO*-1、*Txnrd*1、*NQO*-1、 *xCT* 的 mRNA 表达水平，通过激活 Nrf2/HO-1 信号通路抑制 ROS 形成，从而抑制热应激诱导的 bMECs 氧化应激损伤。

4 结论

热回流法提取竹叶黄酮较醇提法效果更佳，竹叶黄酮能够提高热应激 bMECs 的细胞活性，抑制细胞凋亡和线粒体损伤，增加细胞的耐热性，增强细胞的抗氧化能力，减轻氧化应激损伤，其对热应激 bMECs 的损伤有保护作用，可以通过调控 Nrf2/HO-1 信号通路和 mTOR 信号通路减轻热应激 bMECs 的氧化应激损伤和提高热应激 bMECs 的乳蛋白合成能力。

大豆异黄酮对奶牛乳腺免疫因子的影响研究

营养免疫是反刍动物营养学的研究热点之一。从发育生物学角度研究来源不同的免疫器官受日粮营养素的影响程度，从分子和细胞水平揭示营养对反刍动物免疫机能的影响及调控机制，具有重要的理论和实践意义。

大豆异黄酮是一类具有弱雌激素样作用的非类固醇类物质。异黄酮结构相对稳定，利于和受体蛋白及多种酶相结合。随着对大豆异黄酮作用研究的不断深入，其对动物生理代谢具有广泛有益的调节作用不断被证实。研究表明，异黄酮对免疫机能的调控作用主要通过调节细胞免疫来调控免疫细胞的增殖量、调节免疫因子的表达情况等实现对机体不同组织中免疫细胞的调控作用，并具有一定的抗炎作用。当前对大豆异黄酮的研究主要集中于人体医学。近年来，越来越多的动物营养科技工作者开展将大豆异黄酮应用于动物生产的理论和实践研究，并取得了积极成果。动物营养学家们研究发现，大豆异黄酮主要通过调控动物营养代谢、抗氧化和缓解应激反应等作用提高动物的生产性能。

奶牛乳腺既是优质牛乳的生产部位，更是各种病原菌的易感部位，提高乳腺免疫机能，促进乳腺健康是奶业生产的关键所在。因此，从分子水平和营养免疫学角度系统开展以大豆异黄酮为代表的植物源雌激素类物质对奶牛乳腺免疫功能的影响及作用机制研究的意义非常重大，可以为我国奶业的健康发展提供新的思路和理论依据。

1 大豆异黄酮对奶牛血液及乳中生化指标的影响研究

1.1 试验材料与方法

选择12头胎次、体重［(472.35±37.00) kg］、产奶量［(30±3.25) kg/d］、泌乳天数［(203±5) d］相近的健康的泌乳后期荷斯坦奶牛。试验奶牛饲喂全混合日粮，单槽饲喂，添加大豆异黄酮时与少量基础日粮混合均匀后于早、中、晚添加到供试牛日粮（去大豆及豆粕）中，试验期间奶牛自由饮水，每天挤奶3次。分别于试验的第0、3、7、14、21、28天使用真空采血管进行尾静脉无菌采血，血样于3 000 r/min离心15 min后吸取上清液，制备血清并于−20 ℃冷冻贮藏；同时采集早、中、晚3次奶样，按比例混匀并立即于−20 ℃冷冻贮藏。

乳品分析仪测定乳蛋白率和乳脂率。牛奶和血清中三碘甲腺原氨酸（T3）、甲状腺素（T4）、雌二醇（E2）、催乳素（PRL）、生长激素（GH）和生长抑素（SS）用放射免疫分析法测定，试剂盒购自北京英华生物科技有限公司，并按照药盒说明书进行测定。

1.2 试验结果与分析

由表1可知，奶牛饲粮中添加大豆异黄酮可维持泌乳后期奶牛的泌乳高峰，减少泌乳后期产奶量的下降，与对照组（D组）相比，差异显著（$P<0.05$），但试验组间差异不显著（$P>0.05$）。饲粮中添加大豆异黄酮对乳脂率没有显著影响（$P>0.05$）。B组和C组乳蛋白率显著高于D组（$P<0.05$）。

表1 添加不同水平大豆异黄酮对奶牛产奶量和乳成分的影响

组别	产奶量（kg/d）	乳脂率（%）	乳蛋白率（%）
A组	31.56±3.47[a]	3.37±0.25	3.07±0.15[b]
B组	33.70±2.03[a]	3.43±0.31	3.20±0.17[a]
C组	34.97±1.08[a]	3.33±0.15	3.27±0.15[a]
D组	27.00±1.81[b]	3.60±0.26	2.90±0.10[b]

注：表中同一指标同列数据肩标相邻小写字母表示差异显著（$P<0.05$），相间小写字母表示差异极显著（$P<0.01$）；同行数据相邻大写字母表示差异显著（$P<0.05$），相间大写字母表示差异极显著（$P<0.01$；相同字母或者无肩标表示差异不显著（$P>0.05$）。下同。

从表2中看出，饲粮中添加不同水平大豆异黄酮，能提高乳液和血清中GH的含量，但影响程度各不相同。试验结束时与开始前相比，乳样中，A、B、C组GH分别提高了7.84%（$P>0.05$）、39.08%（$P<0.05$）和47.67%（$P<0.05$）；组间差异不显著（$P>0.05$）。血清组A、B、C组GH分别提高了22.42%（$P>0.05$）、50.34%（$P<0.05$）和30.77%（$P<0.05$）；组间，从第3天开始，A、B组相对于D组差异显著（$P<0.05$）。

表2 饲粮中添加不同水平的大豆异黄酮对奶牛血清及乳样中GH含量的影响（ng/mL）

项目	时间（d）	A组	B组	C组	D组
乳样GH含量	0	1.02±0.25[aA]	0.87±0.13[bA]	0.86±0.09[bA]	0.96±0.11[aA]
	3	1.15±0.31[aA]	0.92±0.04[bA]	1.11±0.13[A]	0.95±0.26[aA]
	7	1.35±0.13[aA]	1.24±0.06[aA]	1.12±0.28[A]	1.17±0.16[aA]
	14	1.13±0.30[aA]	0.87±0.21[bA]	1.12±0.27[A]	1.11±0.15[aA]
	21	1.10±0.21[aA]	1.08±0.18[bA]	1.20±0.24[A]	0.93±0.15[aA]
	28	1.10±0.08[aA]	1.21±0.10[aA]	1.27±0.18[aA]	1.02±0.13[aA]
血清GH含量	0	1.65±0.16[aA]	1.47±0.15[bA]	1.69±0.30[bA]	1.79±0.17[aA]
	3	2.04±0.33[aA]	1.95±0.46[A]	1.58±0.16[bB]	1.66±0.38[aB]
	7	1.64±0.30[aA]	2.27±0.23[aA]	1.58±0.21[bB]	1.57±0.41[aB]
	14	1.88±0.43[aA]	2.10±0.07[A]	1.95±0.17[A]	1.66±0.57[aB]
	21	1.90±0.23[aA]	2.03±0.06[A]	1.99±0.22[aA]	1.58±0.23[aB]
	28	2.02±0.12[aA]	2.21±0.13[aA]	2.21±0.14[aA]	1.54±0.63[aB]

从表3中看出，饲粮中添加不同水平大豆异黄酮，能提高乳液和血清中PRL含量。乳样试验组PRL分别平均提高了14.47%（$P>0.05$）、42.12%（$P<0.05$）和35.99%

(P<0.05)；饲粮添加不同水平大豆异黄酮后，血清试验组 PRL 分别平均提高了 32.16%(P>0.05)、37.68%(P>0.05) 和 36.35%(P<0.05)。

表 3 饲粮中添加不同水平的大豆异黄酮对奶牛血清及乳样中 PRL 含量的影响

项目	时间(d)	A组	B组	C组	D组
乳样 PRL 含量(ng/mL)	0	3.04±0.53^{aA}	3.11±0.05^{bA}	2.89±0.17^{bA}	3.09±0.17^{aA}
	3	3.32±0.66^{aA}	3.16±0.63^{bA}	3.43±0.43^{aA}	3.02±0.27^{aA}
	7	3.18±0.33^{aA}	3.28±0.16^{bA}	3.74±0.48^{aA}	2.81±0.41^{aB}
	14	3.20±0.47^{aA}	3.12±0.01^{bA}	3.56±1.21^{aA}	3.12±0.81^{aA}
	21	3.22±0.79^{aA}	3.74±0.27^{aA}	3.45±0.89^{aA}	3.23±0.61^{aA}
	28	3.48±0.48^{aA}	4.42±0.53^{aA}	3.93±0.66^{aA}	3.09±0.30^{aB}
血清 PRL 含量(ng/mL)	0	12.53±2.46^{aA}	10.59±1.93^{aA}	11.06±1.54^{aA}	10.98±2.01^{aA}
	3	12.88±3.09^{aA}	12.09±0.68^{aA}	12.52±2.70^{aA}	12.67±0.52^{aA}
	7	11.96±2.24^{aA}	11.07±1.25^{aA}	12.68±1.34^{aA}	12.84±1.31^{aA}
	14	14.95±3.10^{A}	14.23±5.60^{bA}	12.95±3.45^{aA}	11.31±3.01^{aA}
	21	14.11±1.74^{A}	17.47±2.04^{cB}	13.92±1.66^{aA}	13.18±1.40^{aA}
	28	16.56±1.37^{bA}	14.58±1.51^{bB}	15.08±0.73^{bB}	10.12±0.94^{aC}

从表 4 中看出，饲粮中添加不同水平大豆异黄酮，能够显著降低 SS 水平，但乳样和血清影响程度各不相同。乳样组中添加不同水平大豆异黄酮后，SS 分别平均降低了 21.35%、19.81%和 8.01%，差异显著(P<0.05)；相反，对照组 SS 含量升高 5.54%，差异不显著(P>0.05)。血清组中添加不同水平大豆异黄酮后，SS 分别平均降低了 20.48%、19.61%和 15.29%，差异显著(P<0.05)。试验第 28 天，对照组的 SS 含量相对于 3 个添加组差异极显著(P<0.01)。

表 4 饲粮中添加不同水平的大豆异黄酮对奶牛血清及乳样中 SS 含量的影响

项目	时间(d)	A组	B组	C组	D组
乳样 SS 含量(pg/mL)	0	21.83±1.96^{aA}	21.76±2.05^{aA}	19.97±1.49^{A}	19.67±1.36^{aA}
	3	20.57±0.86^{a}	20.14±0.84	21.45±1.42^{A}	17.87±2.87^{aB}
	7	20.71±1.78^{aA}	18.27±2.35^{A}	21.50±0.79^{A}	18.37±4.38^{aA}
	14	19.60±3.45^{a}	18.92±0.34	23.40±3.01^{aA}	17.59±2.83^{aB}
	21	18.77±4.21^{aA}	16.30±0.30^{bA}	17.60±2.94^{bA}	19.96±1.91^{aA}
	28	17.17±5.07^{aA}	17.45±2.04^{bA}	18.37±3.48^{bA}	20.76±0.74^{aA}
血清 SS 含量(pg/mL)	0	40.86±1.47^{aA}	39.57±0.42^{aA}	40.58±1.73^{aA}	38.55±3.05^{aA}
	3	37.93±6.24^{A}	35.65±2.32^{A}	37.87±3.23^{A}	36.39±2.68^{aA}
	7	36.38±6.93	30.90±2.29^{bB}	32.92±3.01^{b}	41.95±7.27^{aA}
	14	38.09±3.35^{A}	34.03±2.86^{A}	35.85±5.82^{A}	37.63±4.74^{aA}
	21	35.55±4.87^{A}	32.00±3.77^{bA}	37.01±6.70^{A}	37.37±3.47^{aA}
	28	32.49±2.05^{bC}	31.81±1.63^{bC}	32.08±1.20^{bC}	38.96±1.77^{aA}

由表5中可知，添加不同浓度的大豆异黄酮后，试验各组的奶牛血清中E2始终保持较为平缓的下降趋势，但所测定数值差异不显著（$P>0.05$）。21 d时，A组的E2含量显著高于其他各组（$P<0.05$），且试验组总体极显著（$P<0.01$）高于对照组。而添加不同浓度的大豆异黄酮后，试验各组的奶牛乳样中的E2含量均呈现差异不显著（$P>0.05$）。

表5 日粮中添加不同水平的大豆异黄酮对奶牛血液及乳液中E2含量的影响

项目	时间（d）	A组	B组	C组	D组
乳样E2含量（pg/mL）	0	9.21 ± 0.70^{aA}	8.81 ± 0.38^{aA}	8.32 ± 1.49^{aA}	7.40 ± 0.03^{aA}
	3	9.90 ± 1.57^{aA}	7.04 ± 1.59^{aA}	8.28 ± 1.02^{aA}	7.02 ± 1.62^{aA}
	7	8.40 ± 0.09^{aA}	6.78 ± 0.72^{aA}	6.89 ± 1.24^{aA}	8.27 ± 1.07^{aA}
	14	8.95 ± 0.22^{aA}	7.08 ± 1.92^{aA}	8.48 ± 1.50^{aA}	7.81 ± 0.82^{aA}
	21	7.85 ± 0.41^{aA}	8.87 ± 1.03^{aA}	7.76 ± 0.54^{aA}	7.91 ± 2.10^{aA}
	28	9.19 ± 1.86^{aA}	9.12 ± 1.95^{aA}	7.54 ± 2.14^{aA}	7.24 ± 0.17^{aA}
血清E2含量（pg/mL）	0	67.14 ± 2.01^{aA}	71.10 ± 2.22^{aA}	71.26 ± 1.43^{aA}	57.06 ± 2.44^{bA}
	3	70.69 ± 0.15^{aA}	67.66 ± 3.28^{aA}	62.99 ± 3.28^{aA}	57.85 ± 1.83^{aA}
	7	62.64 ± 2.30^{aA}	76.59 ± 5.54^{aA}	72.61 ± 5.54^{aA}	57.14 ± 6.38^{aA}
	14	62.58 ± 1.83^{aA}	61.88 ± 3.05^{aA}	68.47 ± 3.05^{aA}	66.37 ± 0.00^{aA}
	21	75.40 ± 2.33^{aA}	58.99 ± 2.48^{aB}	63.43 ± 2.48^{aB}	55.51 ± 3.18^{aC}
	28	61.68 ± 2.58^{aA}	59.44 ± 2.62^{aA}	62.30 ± 2.62^{aA}	55.29 ± 2.48^{aA}

由表6可见，添加不同浓度的大豆异黄酮后试验各组的奶牛血清及乳样中T3的含量。血清各组中，除A组外，试验时间内本组内各时间所得数据均差异不显著（$P>0.05$），A组则在添加大豆异黄酮后T3含量始终显著高于（$P<0.05$）添加前。21 d时，A组的T3含量显著高于B、C、D组（$P<0.05$）。而添加不同浓度的大豆异黄酮后，试验各组的奶牛乳样中的T3含量，除C组外其他各组均无显著变化（$P>0.05$），C组添加大豆异黄酮后第14天T3含量极显著高于其他各时间点所取样品（$P<0.01$），3、7、21和28 d则显著高于0 d时的含量（$P<0.05$）。

表6 饲粮中添加不同水平的大豆异黄酮对奶牛血清及乳样中T3含量的影响

项目	时间（d）	A组	B组	C组	D组
乳样T3含量（ng/mL）	0	0.33 ± 0.04^{aA}	0.31 ± 0.03^{aA}	0.27 ± 0.02^{cA}	0.28 ± 0.08^{aA}
	3	0.32 ± 0.02^{aA}	0.28 ± 0.03^{aA}	0.33 ± 0.04^{bA}	0.30 ± 0.06^{aA}
	7	0.21 ± 0.05^{aA}	0.29 ± 0.03^{aA}	0.30 ± 0.02^{bA}	0.32 ± 0.04^{aA}
	14	0.30 ± 0.05^{aA}	0.29 ± 0.07^{aA}	0.32 ± 0.01^{aA}	0.30 ± 0.02^{aA}
	21	0.33 ± 0.12^{aA}	0.26 ± 0.03^{aA}	0.31 ± 0.01^{bA}	0.32 ± 0.05^{aA}
	28	0.30 ± 0.05^{aA}	0.26 ± 0.01^{aA}	0.31 ± 0.02^{bA}	0.31 ± 0.01^{aA}

（续）

项目	时间（d）	A组	B组	C组	D组
血清 T3 含量（ng/mL）	0	1.14±0.01^{bA}	1.02±0.12^{aA}	1.28±0.30^{aA}	1.28±0.09^{aA}
	3	1.27±0.22^{aA}	1.19±0.13^{aA}	1.06±0.03^{aA}	1.02±0.11^{aA}
	7	1.23±0.03^{aA}	1.27±0.06^{aA}	1.25±0.11^{aA}	1.25±0.22^{aA}
	14	1.15±0.03^{aA}	1.27±0.25^{aA}	1.27±0.23^{aA}	1.24±0.12^{aA}
	21	1.43±0.11^{aA}	1.28±0.06^{aB}	1.28±0.01^{aB}	1.07±0.19^{aB}
	28	1.32±0.01^{aA}	1.04±0.01^{aA}	1.34±0.14^{aA}	1.31±0.01^{aA}

由表7可见，添加不同浓度的大豆异黄酮后试验各组的奶牛血清及乳样中T4的含量。血清各组中，除D组外，其他各试验组所得数据均差异不显著（$P>0.05$）。D组第0、7、14天显著低于（$P<0.05$）其他时间所取样品。而添加不同浓度的大豆异黄酮后，试验各组的奶牛乳样中的T4含量，除A组外，试验时间内本组内各时间所得数据均差异不显著（$P>0.05$），A组添加大豆异黄酮后第14天T4含量极显著低于其他各时间点所取样品（$P<0.01$），21 d则显著高于其他各组（$P<0.05$）。14 d时，A、B两组的T4含量显著低于C、D两组（$P<0.05$）。

表7　饲粮中添加不同水平的大豆异黄酮对奶牛血清及乳样中T4含量的影响

项目	时间（d）	A组	B组	C组	D组
乳样 T4 含量（ng/mL）	0	15.46±0.61^{bA}	14.64±0.73^{aA}	13.86±0.68^{aA}	15.73±1.64^{aA}
	3	14.50±0.75^{bA}	15.77±1.91^{aA}	14.91±1.38^{aA}	13.81±2.03^{aA}
	7	14.51±0.48^{bA}	14.61±0.96^{aA}	17.02±3.81^{aA}	13.79±0.47^{aA}
	14	13.91±0.48^{cB}	14.04±0.96^{aB}	17.61±2.04^{aB}	16.15±0.75^{aA}
	21	16.64±0.04^{aA}	15.61±2.31^{aA}	16.61±0.55^{aA}	14.35±2.17^{aA}
	28	14.48±0.27^{bA}	14.29±2.58^{aA}	13.91±0.31^{aA}	15.18±0.97^{aA}
血清 T4 含量（ng/mL）	0	83.80±2.52^{aA}	91.89±1.62^{aA}	90.91±2.78^{aA}	83.80±1.93^{bA}
	3	92.96±2.46^{aA}	88.41±1.76^{aA}	92.19±1.15^{aA}	85.94±0.66^{aA}
	7	86.01±1.30^{aA}	86.49±0.56^{aA}	88.89±2.07^{aA}	81.07±2.57^{bA}
	14	95.35±2.87^{aA}	86.18±2.66^{aA}	91.08±2.98^{aA}	81.55±0.21^{bA}
	21	91.77±1.01^{aA}	92.89±1.49^{aA}	95.17±1.01^{aA}	94.42±1.50^{aA}
	28	97.11±2.42^{aA}	88.09±1.45^{aA}	96.63±0.08^{aA}	90.39±1.30^{aA}

1.3 小结

适宜剂量（20 mg/kg）的大豆异黄酮能够增加泌乳后期奶牛的泌乳性能，并且改善乳品质。饲粮中添加大豆异黄酮，能够调控奶牛体内激素的分泌，提高奶牛泌乳性能，增强奶牛免疫功能。

2 大豆异黄酮对奶牛乳腺组织免疫水平的影响研究

2.1 试验材料与方法

饲养试验结束后，对试验奶牛进行屠宰。屠宰按照试验动物保护条例进行，试验奶牛电击致死后，采集其乳房的不同部位，于液氮中保存。同时取空白对照组奶牛的乳腺组织，于4℃保存，用于乳腺细胞的体外培养。乳腺细胞培养分为4个处理，分别为维持培养液（SI0组）、维持培养液＋大豆异黄酮0.25 mg/mL（SI1组）、维持培养液＋大豆异黄酮0.5 mg/mL（SI2组）、维持培养液＋大豆异黄酮0.75 mg/mL（SI3组）进行培养，每组6个重复。75 cm^3培养瓶内接种5.0×10^6个细胞，以完全培养液培养24 h后进行试验，置37℃，5% CO_2细胞培养箱中孵育，并于24、48 h时，分别收集培养上清液，冷冻保存，用于测定细胞因子含量及mRNA相对表达量。

2.2 试验结果与分析

由表8可知，同一时间所采的各组样品中除21 d时A组、C组与B组、D组（对照组）间差异极显著外（$P<0.01$），其他各试验组所得数据均差异不显著（$P>0.05$）。A组中21 d乳样与同组其他样品为差异极显著（$P<0.01$），C组中21 d乳样与同组其他样品为差异极显著（$P<0.01$）。

表8 饲粮中添加不同水平的大豆异黄酮对奶牛乳样中sIgA含量的影响

时间（d）	乳样sIgA含量（μg/mL）			
	A组	B组	C组	D组
0	0.021 ± 0.010^{bA}	0.036 ± 0.014^{aA}	0.043 ± 0.006^{bA}	0.033 ± 0.013^{aA}
3	0.034 ± 0.006^{bA}	0.026 ± 0.005^{aA}	0.038 ± 0.020^{bA}	0.008 ± 0.005^{aA}
7	0.033 ± 0.018^{bA}	0.029 ± 0.014^{aA}	0.021 ± 0.008^{bA}	0.018 ± 0.011^{aA}
14	0.043 ± 0.006^{bA}	0.049 ± 0.027^{aA}	0.026 ± 0.012^{bA}	0.016 ± 0.005^{aA}
21	0.085 ± 0.012^{aA}	0.047 ± 0.001^{aB}	0.062 ± 0.012^{aA}	0.005 ± 0.001^{aB}
28	0.014 ± 0.000^{cA}	0.008 ± 0.002^{aA}	0.011 ± 0.005^{bA}	0.007 ± 0.002^{aA}

由表9可知，饲粮中添加不同水平大豆异黄酮，能提高血清和乳样中IL-4的含量。A、B和C组血清中IL-4含量试验后分别提高了54.55%（$P<0.05$）、30.43%（$P<0.05$）和33.02%（$P<0.05$），而对照组试验后差异不显著（$P>0.05$）。乳样中IL-4在试验后分别提高62.97%（$P<0.01$）、53.66%（$P<0.05$）和50.00%（$P<0.01$），对照组试验后差异不显著（$P>0.05$）。

表 9 饲粮中添加不同水平大豆异黄酮对血清及乳样中 IL-4 含量的影响

项目	时间（d）	A 组	B 组	C 组	D 组
血清 IL-4 含量（ng/mL）	0	0.88±0.11[bA]	1.15±0.07[bB]	1.06±0.16[bB]	1.16±0.19[aB]
	3	1.05±0.31[aA]	1.16±0.31[bA]	1.00±0.18[bA]	1.17±0.23[aA]
	7	1.15±0.16[aA]	1.18±0.024[b]	1.24±0.092	1.41±0.34[aB]
	14	1.25±0.18[aA]	1.42±0.27[aA]	1.37±0.17[aA]	1.24±0.18[aA]
	21	1.15±0.17[aA]	1.45±0.29[aB]	1.28±0.05	1.05±0.09[aB]
	28	1.36±0.14[a]	1.50±0.18[aA]	1.41±0.12[aA]	1.13±0.15[aB]
乳样 IL-4 含量（ng/mL）	0	0.43±0.01[a]	0.41±0.06[aA]	0.44±0.04[a]	0.55±0.04[B]
	3	0.48±0.08[aA]	0.59±0.14[b]	0.56±0.03	0.65±0.07[aB]
	7	0.50±0.05[aA]	0.55±0.07[bA]	0.50±0.10[A]	0.74±0.19[aB]
	14	0.64±0.05[bA]	0.52±0.02[A]	0.63±0.05[bA]	0.65±0.02[aA]
	21	0.70±0.04[bA]	0.54±0.06[b]	0.59±0.04[b]	0.48±0.05[bB]
	28	0.70±0.07[bA]	0.63±0.035[b]	0.66±0.04[b]	0.55±0.14[B]

由表 10 可以看出，添加 30 mg/kg 大豆异黄酮可以促进机体 IL-4 的分泌与表达，差异显著（$P<0.05$）；且对乳腺中 IL-4 分泌量和表达量影响趋势相近，表达量和分泌量呈一定的正相关。

表 10 饲粮中添加不同水平的大豆异黄酮对奶牛乳腺中 IL-4 分泌量和 mRNA 表达量的影响

组别	IL-4 分泌量（ng/mL）	mRNA 表达量
A	0.55±0.18	0.78±0.44[c]
B	0.41±0.12[b]	1.03±0.31[b]
C	0.68±0.07[a]	1.88±0.35[a]
D	0.50±0.08[b]	1.54±0.49[b]

由表 11 可知，培养 24h 之后，对照组和 SI3 组的 IL-4 分泌量显著低于 SI1 组和 SI2 组（$P<0.05$），对照组和 SI1 组的 mRNA 相对表达量显著高于 SI2 组和 SI3 组（$P<0.05$）。48h 时所有的试验组的 IL-4 分泌量均显著高于对照组（$P<0.05$），mRNA 相对表达量则为 SI3 组显著低于对照组（$P<0.05$），而 SI1 组和 SI2 组高于对照组。

表 11 饲粮中添加不同水平的大豆异黄酮对乳腺细胞培养物 IL-4 分泌量和 mRNA 相对表达量的影响

组别	培养 24 h		培养 48 h	
	IL-4 分泌量（ng/mL）	mRNA 相对表达量	IL-4 分泌量（ng/mL）	mRNA 相对表达量
对照	0.53±0.025[b]	1.00±0.07[a]	0.62±0.023[c]	0.88±0.18[a]
SI1	0.68±0.046[a]	1.15±0.30[a]	0.89±0.013[b]	1.05±0.11[a]
SI2	0.65±0.023[a]	0.76±0.40[b]	1.14±0.090[a]	0.92±0.07[a]
SI3	0.46±0.036[b]	0.69±0.22[b]	0.78±0.016[b]	0.68±0.22[b]

由表 12 可见添加不同浓度的大豆异黄酮后试验各组的奶牛血清及乳样中 TNF-α 的含

量。血清各组中，除28d外，其他各试验组所得数据均差异不显著（$P>0.05$）。28d时，D组TNF-α含量显著高于（$P<0.05$）其他试验组。而添加不同浓度的大豆异黄酮后试验各组的奶牛乳样中，除A组外，试验时间内本组内各时间所得数据均差异不显著（$P>0.05$），A组添加大豆异黄酮后0、3 d TNF-α含量极显著高于其他各时间点所取样品（$P<0.01$）。7 d时D组TNF-α含量极显著高于其他各试验组（$P<0.01$），相同时间不同的浓度组之间D组显著高于其他各试验组（$P<0.05$）。

表12 饲粮中添加不同水平的大豆异黄酮对奶牛血清及乳样中TNF-α含量的影响

项目	时间（d）	A组	B组	C组	D组
血清TNF-α含量（ng/mL）	0	1.21 ± 0.12^{aA}	1.49 ± 0.36^{aA}	1.36 ± 0.45^{aA}	1.43 ± 0.59^{aA}
	3	0.96 ± 0.24^{aA}	1.16 ± 0.32^{bA}	1.27 ± 0.36^{aA}	1.70 ± 0.14^{aA}
	7	0.90 ± 0.41^{aA}	1.25 ± 0.41^{aA}	0.65 ± 0.11^{cA}	1.49 ± 0.49^{aA}
	14	1.10 ± 0.35^{aA}	1.40 ± 0.40^{aA}	0.97 ± 0.01^{bA}	1.60 ± 0.16^{aA}
	21	0.94 ± 0.31^{aA}	1.17 ± 0.44^{A}	1.09 ± 0.21^{aA}	1.41 ± 0.55^{aA}
	28	0.84 ± 0.03^{aB}	0.98 ± 0.24^{bB}	0.92 ± 0.08^{cB}	1.96 ± 0.46^{aA}
乳样TNF-α含量（ng/mL）	0	0.23 ± 0.01^{aA}	0.22 ± 0.09^{aA}	0.20 ± 0.01^{aA}	0.25 ± 0.07^{aA}
	3	0.25 ± 0.01^{aA}	0.21 ± 0.06^{aA}	0.16 ± 0.07^{aA}	0.30 ± 0.05^{aA}
	7	0.16 ± 0.03^{bB}	0.18 ± 0.02^{aB}	0.17 ± 0.01^{aB}	0.27 ± 0.02^{aA}
	14	0.15 ± 0.00^{bB}	0.20 ± 0.06^{aA}	0.15 ± 0.02^{aB}	0.30 ± 0.08^{aA}
	21	0.19 ± 0.04^{bB}	0.17 ± 0.03^{aB}	0.13 ± 0.02^{aB}	0.25 ± 0.02^{aA}
	28	0.15 ± 0.06^{bB}	0.17 ± 0.04^{aB}	0.16 ± 0.04^{aB}	0.28 ± 0.04^{aA}

由表13可知，D组的乳腺组织TNF-α含量及其mRNA表达量极显著高于其他各试验组（$P<0.01$）。添加不同水平的大豆异黄酮，奶牛乳腺分泌的TNF-α与乳腺内TNF-α的mRNA表达量呈一定正相关。

表13 饲粮中添加不同水平的大豆异黄酮对奶牛乳腺中TNF-α含量和mRNA表达量的影响

组别	TNF-α含量（ng/mL）	mRNA表达量
A	0.68 ± 0.21^{b}	0.93 ± 0.11^{b}
B	0.64 ± 0.10^{b}	0.98 ± 0.12^{b}
C	0.45 ± 0.11^{b}	0.32 ± 0.06^{c}
D	0.94 ± 0.08^{a}	1.36 ± 0.26^{a}

由表14可知，乳腺组织培养48 h时，对照组、SI1组和SI2组TNF-α的分泌量显著低于24h的分泌量，而SI3组却高于24 h分泌量，整体变化幅度不大；而试验组48 h的TNF-α mRNA相对表达量极显著低于24 h，对照组也显著低于24 h的TNF-α mRNA相对表达量。

表 14 饲粮中添加不同水平的大豆异黄酮对细胞培养物 TNF-α 分泌量和 mRNA 相对表达量的影响

组别	培养 24 h		培养 48 h	
	TNF-α 分泌量（ng/mL）	mRNA 相对表达量	TNF-α 分泌量（ng/mL）	mRNA 相对表达量
对照	0.53±0.04^{b}	1.00±0.31^{cA}	0.36±0.06^{bB}	0.60±0.30^{cA}
SI1	0.68±0.02^{a}	6.74±0.34^{aC}	0.57±0.04^{bB}	0.91±0.26^{bA}
SI2	0.61±0.05	5.28±0.31^{aC}	0.52±0.04^{bB}	0.51±0.12^{dA}
SI3	0.46±0.13^{bB}	3.26±0.20^{aC}	0.77±0.05^{aA}	1.02±0.16^{aA}

2.3 小结

大豆异黄酮能够增加泌乳后期的奶牛产奶量，同时调控奶牛乳腺免疫，增加防御性免疫因子的分泌量，同时降低致炎因子的表达量。适宜剂量的大豆异黄酮能够调控乳腺 TNF-α 的主要来源之一的肥大细胞，降低 TNF-α 的分泌。这说明大豆异黄酮作为营养补充料能够通过对乳腺免疫因子表达量的调控，增强奶牛的乳腺免疫功能。

3 结论

大豆异黄酮能够调控乳腺增加 GH、PRL 分泌量而降低 SS 分泌量，来缓解泌乳后期奶牛的产奶量下降趋势，提高奶品质，其适宜添加量为 20 mg/kg。大豆异黄酮能够调节奶牛体内激素的分泌，增强其机体免疫功能。添加 10 mg/kg 的大豆异黄酮可以显著调控奶牛乳腺组织对 IL-4 和 TNF-α 的分泌与表达。

沙棘黄酮对泌乳中期荷斯坦奶牛生产性能、乳中生物活性成分及血清抗氧化指标的影响

沙棘（*Hippophae rhamnoides* Linn），胡颓子科沙棘属植物，在我国分布广泛且富含多种营养物质，早在1988年就成为国家首批药食两用植物。研究发现，10个不同产地的沙棘果均具有抗氧化活性，但其活性存在显著差异，其根本原因在于不同产地的沙棘果中黄酮含量不同。沙棘叶黄酮通过调控阿勒泰羊血清甘氨酸、缬氨酸、丙氨酸、棕榈酸、油酸酰胺、胆固醇等代谢物影响氨基酸和脂肪代谢相关途径，调节脂类合成和分解。沙棘黄酮是广泛存在于沙棘果实、种子和叶片中的主要活性成分。临床试验表明，沙棘黄酮具有提高机体抗氧化水平、抑制肿瘤、调节免疫等多种生物学功能。因此，沙棘黄酮可以作为一种天然植物饲料添加剂应用于畜禽生产中，且具有广阔的应用前景。

实验室前期研究表明，大豆异黄酮、竹叶黄酮能够提高荷斯坦奶牛的生产性能，增强机体的抗氧化能力。所以推测沙棘黄酮对泌乳中期荷斯坦奶牛具有与竹叶黄酮、大豆异黄酮类似的作用，但目前沙棘黄酮主要应用于单胃动物且被证实具有提高单胃动物生产性能的作用，对反刍动物研究相对较少，且作用机制尚不清楚。因此，本试验探究了沙棘黄酮对泌乳中期荷斯坦奶牛生产性能、乳中生物活性成分、机体抗氧化能力、瘤胃发酵参数、细菌菌群及代谢物的影响，以期通过瘤胃细菌菌群及代谢物的变化阐述影响奶牛生产性能的原因，旨在为沙棘黄酮在泌乳奶牛中的应用提供科学理论依据。

1 沙棘黄酮对泌乳中期荷斯坦奶牛生产性能及乳中生物活性成分的影响

1.1 试验材料与方法

本试验在北京奶牛中心延庆基地良种场进行，选择30头产奶量［(35.5±3.6) kg/d］、泌乳日龄［(91.0±22.1) d］、胎次［(1.3±0.5) 胎］相近的健康中国荷斯坦奶牛，随机分为对照组（C组）、试验组一（L组）、试验组二（M组），每组10头，在饲喂TMR日粮的基础上C、L、M组分别投喂0、60、100 g/d的沙棘黄酮，试验共计75 d，预饲期15 d，正试期60 d。于正试期第1、15、30、45、60天，分早、中、晚3个时间点进行乳样采集，将乳样按照4∶3∶3的比例混匀，置于DHI专用瓶中，送至北京奶牛中心进行DHI测定。使用ELISA试剂盒（购自江苏雨桐生物技术有限公司）测定乳中生物活性成分（溶菌酶、乳过氧化物酶、β-乳球蛋白、乳铁蛋白）含量，测定方法与步骤详见试剂盒说明书。通过牛场阿菲金管道式挤奶系统记录试验牛每天的产奶量。试验所用沙棘黄酮购自西安瑞尔丽科技有限公司，纯度为40%，相应成分为沙棘多糖20%、灰分20%、粗蛋白10%、水分3%、其他7%。

1.2 试验结果与分析

由表1可知，与C组相比，L组泌乳中期荷斯坦奶牛产奶量、乳脂率、4%乳脂校正乳产量与乳蛋白率显著升高（$P<0.05$），其他乳成分无显著变化（$P>0.05$）；与C组相比，M组泌乳中期荷斯坦奶牛产奶量显著升高（$P<0.05$），其他乳成分无显著变化（$P>0.05$）。

表1 沙棘黄酮对泌乳中期荷斯坦奶牛生产性能的影响

项目	组别			SEM	P 值
	C	L	M		
产奶量（kg/d）	38.431^{b}	39.082^{a}	39.021^{a}	0.071	0.01
乳脂率（%）	3.483^{b}	3.752^{a}	3.535^{b}	0.039	0.01
4%乳脂校正乳产量（kg/d）	20.171^{b}	21.202^{a}	20.820^{ab}	0.211	0.04
乳蛋白率（%）	3.132^{b}	3.220^{a}	3.156^{ab}	0.018	0.04
乳糖率（%）	5.085	5.053	5.112	0.012	0.15
体细胞数（SCC，$\times10^{3}$个/mL）	21.795	26.417	21.468	1.690	0.44

注：C、L、M分别代表沙棘黄酮添加量为0、60、100 g/d；同行数据肩标不同小写字母代表差异显著（$P<0.05$），不同大写字母代表差异极显著（$P<0.01$）。下同。

由表2可知，与C组相比，L、M组泌乳中期荷斯坦奶牛乳中溶菌酶、乳铁蛋白、β-乳球蛋白及乳过氧化物酶含量极显著升高（$P<0.01$）。

表2 沙棘黄酮对泌乳中期荷斯坦奶牛乳中生物活性成分的影响

项目	组别			SEM	P 值
	C	L	M		
溶菌酶（μg/mL）	11.303^{C}	15.044^{B}	16.021^{A}	0.280	<0.01
乳铁蛋白（μg/mL）	190.139^{C}	244.601^{B}	294.566^{A}	7.673	<0.01
β-乳球蛋白（μg/L）	218.002^{C}	293.770^{B}	318.585^{A}	6.556	<0.01
乳过氧化物酶（μg/mL）	20.668^{C}	29.375^{B}	33.297^{A}	0.807	<0.01

1.3 小结

（1）与对照组相比，饲喂60 g/d的沙棘黄酮显著提高了泌乳中期荷斯坦奶牛的产奶量、乳脂率、乳蛋白率及4%乳脂校正乳产量；饲喂100 g/d的沙棘黄酮显著提高了泌乳中期荷斯坦奶牛的产奶量。

（2）与对照组相比，饲喂60、100 g/d的沙棘黄酮显著提高了泌乳中期荷斯坦奶牛乳中生物活性成分（β-乳球蛋白、乳过氧化物酶、乳铁蛋白、溶菌酶）的含量。

2 沙棘黄酮对泌乳中期荷斯坦奶牛血清抗氧化及生化指标的影响

2.1 试验材料与方法

血液采集：在正试期第1、30、60天奶牛晨饲前采集血液。使用10 mL血清分离胶真空采血管（上海康德莱有限公司）于奶牛尾静脉处采集 20 mL 血液，使用 Sorvall MTX 150 型台式离心机（赛默飞世尔科技有限公司），在 4 ℃，3 000 *g* 条件下离心 15 min，将上清液分装到 2 mL 的离心管中，−80 ℃保存。

指标测定：生化指标包括葡萄糖（葡萄糖氧化酶法）、总蛋白（BCA 法）、白蛋白（溴甲酚绿比色法）、总胆固醇（COD-PAP 法）、甘油三酯（GPO-PAP 法）、高密度脂蛋白（直接法）、低密度脂蛋白（直接法）；抗氧化指标包括过氧化氢酶（钼酸铵法）、谷胱甘肽过氧化物酶（二硫代二硝基苯甲酸比色法）、总抗氧化能力（比色法）、丙二醛（TBA 法）及硫氧还蛋白氧化还原酶（分光光度法）。上述指标均使用试剂盒（南京建成生物工程研究所）测定，具体操作步骤详见试剂盒说明书。

2.2 试验结果与分析

由表 3 可知，与 C 组相比，L、M 组泌乳中期荷斯坦奶牛血清中丙二醛含量呈下降趋势（$P=0.09$）；与 C 组相比，L 组泌乳中期荷斯坦奶牛血清中谷胱甘肽过氧化物酶、硫氧还蛋白氧化还原酶活力显著升高（$P<0.05$）。

表 3　沙棘黄酮对泌乳中期荷斯坦奶牛血清抗氧化指标的影响

项目	组别			SEM	*P* 值
	C	L	M		
丙二醛（nmol/mL）	3.323	2.963	2.835	0.118	0.09
过氧化氢酶（U/mL）	1.578	1.803	1.777	0.137	0.78
总抗氧化能力（U/mL）	2.771	2.887	3.059	0.092	0.45
谷胱甘肽过氧化物酶（U/mL）	800.084^{b}	989.374^{a}	824.957^{b}	32.007	0.03
硫氧还蛋白氧化还原酶（U/mL）	25.688^{b}	29.459^{a}	27.117^{ab}	0.749	0.04

由表 4 可知，与 C 组相比，L 组泌乳中期荷斯坦奶牛血清总蛋白及甘油三酯含量显著升高（$P<0.05$），其他指标无显著变化（$P>0.05$）。

表 4　沙棘黄酮对泌乳中期荷斯坦奶牛血清生化指标的影响

项目	组别			SEM	*P* 值
	C	L	M		
白蛋白（g/L）	49.799	50.804	50.229	1.020	0.92
总蛋白（g/L）	86.898^{b}	95.091^{a}	89.703^{ab}	1.612	0.04
葡萄糖（mmol/L）	3.342	3.391	3.335	0.048	0.88
胆固醇（mmol/L）	7.736^{b}	8.442^{a}	7.906^{ab}	0.147	0.04
甘油三酯（mmol/L）	0.305	0.330	0.258	0.015	0.13
高密度脂蛋白（mmol/L）	1.174	1.066	1.175	0.037	0.39
低密度脂蛋白（mmol/L）	4.697	4.798	4.716	0.166	0.96

2.3 小结

饲喂 60 g/d 的沙棘黄酮显著提高了泌乳中期荷斯坦奶牛血清中谷胱甘肽过氧化物酶及硫

氧还蛋白氧化还原酶活力，提高了机体抗氧化水平，同时显著提高了泌乳中期荷斯坦奶牛血清中总蛋白及胆固醇含量，提高了机体免疫力，并为脂质、蛋白质合成提供了更多的前体物质。

3 沙棘黄酮对泌乳中期奶牛瘤胃微生物和代谢物谱的影响

3.1 试验材料与方法

瘤胃液采集：在正试期第 1、15、30、45、60 天于晨饲前 1 h 使用口腔采液器采集瘤胃液。每头奶牛采集 200 mL 瘤胃液，采集的前 50 mL 瘤胃液舍弃（避免奶牛口腔黏液和采液器中的残留液体产生影响），采集后立即用 4 层纱布过滤、测定 pH，将滤液分装到 2 mL 冻存管和 10 mL 离心管（按照瘤胃液体积与 25%偏磷酸体积为 10∶1 的比例加入 25%偏磷酸）。2 mL 冻存管立即置于液氮中，于−80 ℃保存，用于测定瘤胃细菌菌群结构及代谢物；10 mL 离心管置于−20 ℃冰箱中保存，用于测定氨态氮浓度及挥发性脂肪酸含量。选取 C 组、L 组第 30 天瘤胃液样品，每组各 10 个重复，进行微生物和代谢物检测。

3.2 试验结果与分析

α 多样性指数分析是反映微生物群落丰度和多样性的重要分析方法，包括 Chao 1 指数、Simpson 指数、Shannon 指数、Coverage 指数等。由表 5 可知，与 C 组相比，L 组 Chao 1 指数、Shannon 指数无显著差异（$P>0.05$）；Simpson 指数有降低的趋势（$P=0.06$）；Coverage 指数有升高的趋势（$P=0.09$）。

表 5　沙棘黄酮对泌乳中期荷斯坦奶牛瘤胃细菌多样性指数的影响

α 多样性指数	组别		SEM	P 值
	C	L		
Chao 1	4 327.100	4 419.800	61.430	0.47
Shannon	6.721	6.803	0.026	0.12
Simpson	0.005	0.004	<0.01	0.06
Coverage	0.971	0.980	0.001	0.09

由表 6 可知，C 组、L 组瘤胃液中共检测出 24 个细菌菌门，其中拟杆菌门（Bacteroidota）、厚壁菌门（Firmicutes）、变形菌门（Proteobacteria）、螺旋体门（Spirochaetota）及 Patescibacteria 相对丰度>1%；拟杆菌门（Bacteroidota）、厚壁菌门（Firmicutes）的相对丰度占比前二，为门水平上的优势菌门。与 C 组相比，L 组的厚壁菌门（Firmicutes）、Patescibacteria 相对丰度较高，其他菌门相对丰度较低，但差异均不显著（$P>0.05$）。

表 6　沙棘黄酮对泌乳中期荷斯坦奶牛瘤胃细菌相对丰度的影响（门水平）

菌门	组别		SEM	P 值
	C	L		
拟杆菌门 Bacteroidota	0.540	0.522	0.014	0.54

（续）

菌门	组别		SEM	P 值
	C	L		
厚壁菌门 Firmicutes	0.354	0.386	0.012	0.20
帕特西菌门 Patescibacteria	0.021	0.023	0.002	0.49
变形菌门 Proteobacteria	0.039	0.026	0.005	0.22
螺旋菌门 Spirochaetota	0.021	0.018	0.002	0.43

由表7可知，C组、L组瘤胃液中共检测出334个细菌菌属，其中18个菌属的相对丰度>1%；普雷沃氏菌属（*Prevotella*）、琥珀酸菌属（*Succiniclasticum*）和 *Muribaculaceae* _ *norank* 的相对丰度占比前三，为属水平上的优势菌属。与C组相比，L组泌乳中期荷斯坦奶牛瘤胃液中 *Bacteroidales* _ RF16 _ group _ norank、*Rikenellaceae* _ RC9 _ gut _ group 的相对丰度显著增加（$P<0.05$），F082 _ norank 的相对丰度有增加的趋势（$0.05<P<0.1$）；普雷沃氏菌属（*Prevotella*）、琥珀酸菌属（*Succiniclasticum*）、*Muribaculaceae* _ norank 的相对丰度有所下降（$P>0.05$）。

表7 沙棘黄酮对泌乳中期荷斯坦奶牛瘤胃主要细菌丰度的影响（属水平）

菌属	组别		SEM	P 值
	C	L		
未分类隐细菌 *Absconditabacteriales*（SR1）_ norank	0.012	0.011	0.001	0.92
未分类拟杆菌属 _ RF16 组 *Bacteroidales* _ RF16 _ group _ norank	0.012[b]	0.019[a]	0.001	0.02
丁酸弧菌属 *Butyrivibrio*	0.010	0.012	0.001	0.22
克里斯滕森科 _ R-7 组 *Christensenellaceae* _ R-7 _ group	0.027	0.028	0.002	0.79
未分类梭菌属 _ UCG-014 *Clostridia* _ UCG-014 _ norank	0.017	0.018	0.001	0.91
未分类 F082 F082 _ norank	0.043	0.051	0.002	0.08
毛螺菌科 _ NK3A20 组 *Lachnospiraceae* _ NK3A20 _ group	0.012	0.012	0.001	0.84
未分类木杆菌科 *Muribaculaceae* _ norank	0.071	0.063	0.006	0.53
NK4A214 菌群 NK4A214 group	0.026	0.026	0.002	0.99
普雷沃氏菌属 *Prevotella*	0.292	0.256	0.019	0.35

（续）

菌属	组别		SEM	P 值
	C	L		
普雷沃氏菌科 UCG-001 *Prevotellaceae* UCG-001	0.022	0.021	0.001	0.96
普雷沃氏菌科 UCG-003 *Prevotellaceae* UCG-003	0.017	0.017	0.001	0.81
理研菌科 _ RC9 组 *Rikenellaceae* _ RC9 _ gut _ group	0.043[b]	0.053[a]	0.003	0.04
瘤胃球菌属 *Ruminococcus*	0.028	0.027	0.004	0.97
琥珀酸菌属 *Succiniclasticum*	0.071	0.068	0.006	0.80
螺旋弧菌科 UCG-002 *Succinivibrionaceae* UCG-002	0.027	0.014	0.004	0.16
密螺旋体属 *Treponema*	0.021	0.017	0.002	0.42
UCG-005	0.011	0.014	0.001	0.22

由图 1 可知，丰佑菌目（Opitutales）、希瓦氏菌科（Shewanellaceae）、紫红球菌科（Puniceicoccaceae）、*Prevotella* _ 9 及 Psychrobium 这 5 个物种在 C 组中发挥重要作用；无

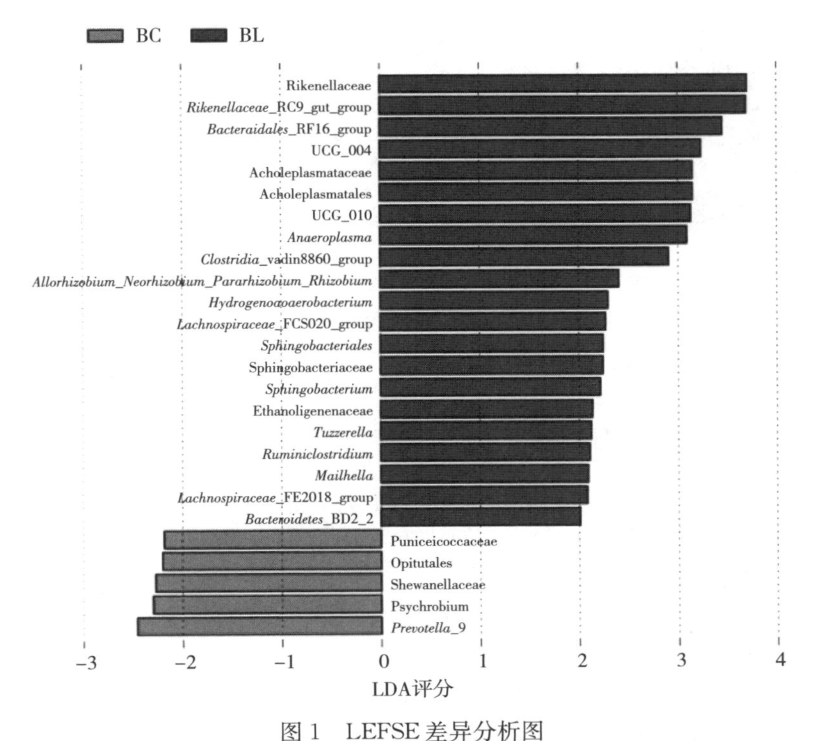

图 1　LEFSE 差异分析图

注：BC 代表在 C 组发挥重要作用的菌群，BL 代表在 L 组发挥重要作用的菌群

胆甾原体目（Acholeplasmatales）、Ethanoligenenaceae、瘤胃梭菌（*Ruminiclostridium*）、梭状芽孢杆菌 _ vadinBB60 _ 菌群（*Clostridia* _ vadinBB60 _ group）、UCG-004、Mailhella、UCG-010、鞘氨醇杆菌科(Sphingobacteriaceae)、厌氧原体属（*Anaeroplasma*）、*Rikenellaceae* _ RC9 _ gut _ group、Rikenellaceae、Acholeplasmataceae、*Bacteroidales* _ RF16 _ group、*Bacteroidetes* _ BD2 _ 2、*Tuzzerella* 、*Sphingobacterium*、*Lachnospiraceae* _ FCS020 _ group、*Sphingobacteriales*、*Hydrogenoanaerobacterium*、*Allorhizobium* _ *Neorhizobium* _ *Pararhizobium* _ *Rhizobium*、*Lachnospiraceae* _ FE2018 _ group，这 18 个物种在 L 组中发挥重要作用。

正交偏最小二乘法判别分析（OPLS-DA）是一种有监督模式识别的多元统计分析方法，是通过提取自变量 X 与因变量 Y 中的成分，计算成分间的相关性的一种方法，其优点在于可以使组间区分最大化，有利于寻找差异代谢物。从图 2 可以看出，C、L 两组之间的分离是较好的，代表组间聚类差异显著。

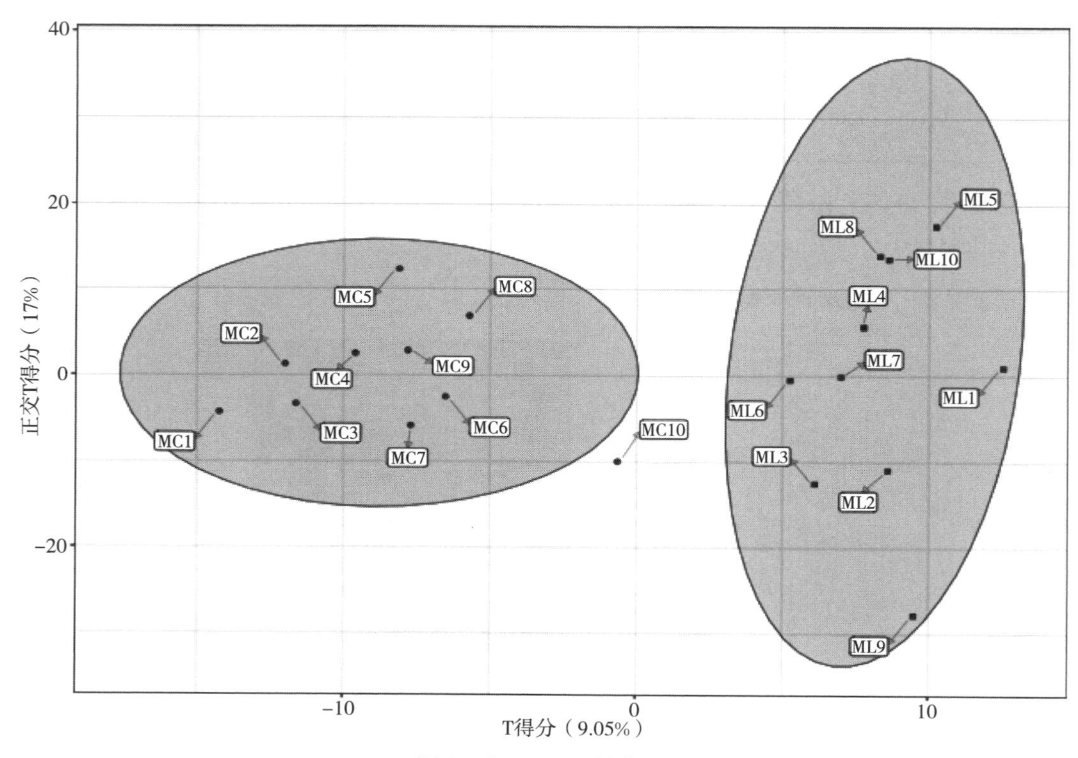

图 2 OPLS-DA 得分图

注：横坐标表示预测成分得分值，横坐标方向可以看出组间的差距；纵坐标表示正交成分得分值，纵坐标方向可以看出组内的差距；百分比表示成分对数据集的解释度

从图 3 与表 8 可知，C、L 两组共筛选出 25 种差异代谢物。与 C 组相比，L 组 6 种差异代谢物表达显著下调，包括（2S）-2-amino-5-oxopentanoic acid、3-dehydroquinic acid、来苏糖、O-phosphohomoserine、5，6-dihydroxycyclohexa-1，3-diene-1-carboxylate 以及 N-acetylpuromycin；19 种差异代谢物显著上调，包括、2，3，7，9-tetrahydroxy-1-methyl-6H-benzo［c］chromen-6-one、芦丁、7，8，4′-trihydroxyisoflavone、西阿尼醇、cis-3，4-

leucopelargonidin、2-hydroxy-2，3-dihydrogenistein、4′-tetrahydroxyisoflavanone、天竺葵色素、苯丙酮酸、邻氨基苯甲酸、岩白菜素、大黄素、烟胺比林、4-[(E) -2-carboxyethenyl]-2，6-dimethoxyphenolate、(2S)-2-azaniumyl-3-[4-(3-methylbut-2-enyl)-1H-indol-3-yl] propanoate2-phenyl-1H-benzimidazole-5-sulfonic acid、2，6，7，2-[[2- (1H-indol-3-yl) acetyl] amino] propanoate 香橙素及黄颜木素。

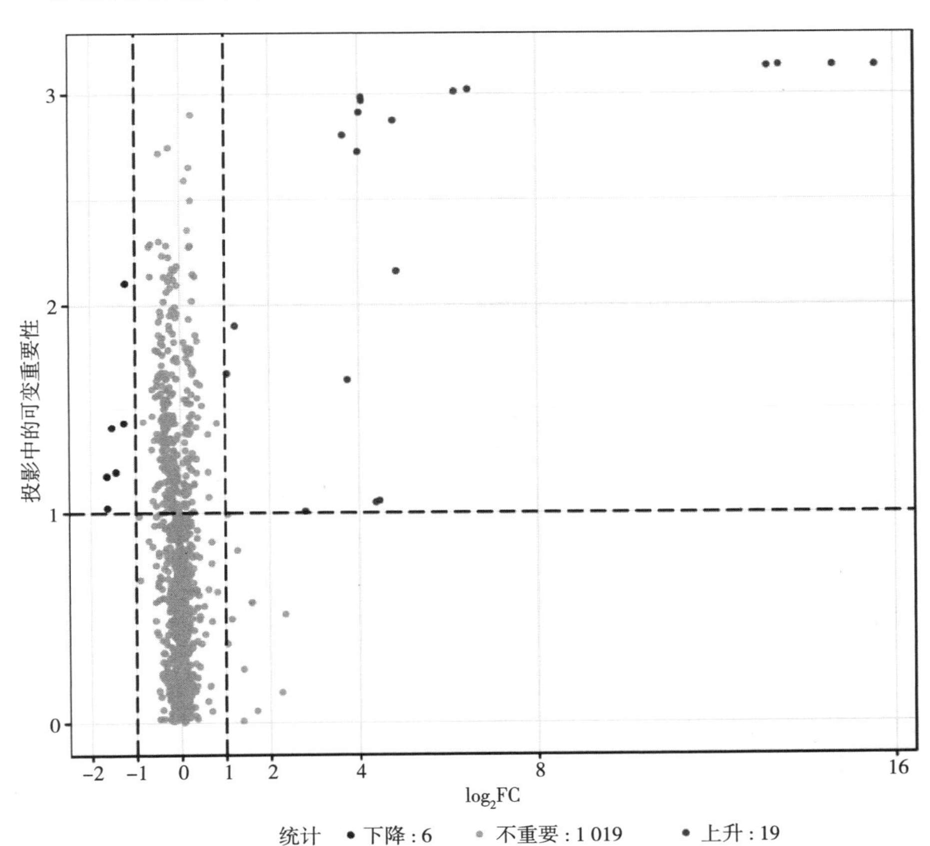

图 3　差异代谢物火山图

表 8　差异代谢物

化合物	重要性	差异倍数	类型
苯丙酮酸 Phenylpyruvic acid	1.64	13.42	上升
氨茴酸 Anthranilic acid	2.16	29.02	上升
矮茶素 Bergenin	3.02	88.31	上升
大黄素 Emodin	1.68	2.07	上升

（续）

化合物	重要性	差异倍数	类型
(2S)-2-氨基-5-氧代戊酸 (2S)-2-amino-5-oxopentanoic acid	1.19	0.37	下降
3-脱氢奎宁酸 3-dehydroquinic acid	1.18	0.32	下降
O-磷酸高丝氨酸 O-phosphohomoserine	1.43	0.42	下降
D-来苏糖 D-lyxose	1.41	0.35	下降
2-苯基-1H-苯并咪唑-5-磺酸 2-phenyl-1H-benzimidazole-5-sulfonic acid	3.13	25 596.44	上升
尼芬那宗 Nifenazone	3.13	11 067.32	上升
2,3,7,9-四羟基-1-甲基-6H-苯并[c]色烯-6-酮 2,3,7,9-tetrahydroxy-1-methyl-6H-benzo[c]chromen-6-one	3.13	49 084.33	上升
7,8,4′-三羟基异黄酮 7,8,4′-trihydroxyisoflavone	1.90	2.36	上升
香橙素 Aromadendrin	2.97	16.99	上升
儿茶素 Cianidanol	2.72	15.94	上升
顺式-3,4-白叶天竺葵素 cis-3,4-leucopelargonidin	2.80	12.63	上升
黄颜木素 Fustin	1.05	20.85	上升
天竺葵色素 Pelargonidin	2.98	16.87	上升
芸香苷 Rutin	1.01	6.94	上升
2,6,7,4′-四羟基异黄酮 2,6,7,4′-tetrahydroxyisoflavanone	2.91	16.30	上升
2-羟基-2,3-二氢染料木素 2-hydroxy-2,3-dihydrogenistein	1.06	22.09	上升
N-乙酰嘌呤霉素 N-acetylpuromycin	2.10	0.43	下降
5,6-二羟基环己烯-1,3-二烯-1-羧酸酯 5,6-dihydroxycyclohexa-1,3-diene-1-carboxylate	1.03	0.32	下降
(2S)-2-氮杂牛氨酰-3-[4-(3-甲基丁-2-烯基)-1H-吲哚-3-基]丙酸酯 (2S)-2-azaniumyl-3-[4-(3-methylbut-2-enyl)-1H-indol-3-yl]propanoate	3.01	71.69	上升
2-[[2-(1H-吲哚-3-基)乙酰基]氨基]丙酸酯 2-[[2-(1H-indol-3-yl)acetyl]amino]propanoat	2.87	27.77	上升
4-[(E)-2-羧基乙烯基]-2,6-二甲氧基苯酚盐 4-[(E)-2-carboxyethenyl]-2,6-dimethoxyphenolate	3.13	9 216.32	上升

差异代谢物在体内相互作用，形成不同的途径。利用 KEGG 数据库对差异代谢物进行注释，KEGG 注释结果见表 9。从图 4、图 5（彩图 9）可知，25 种差异代谢物主要分布在与蛋白质代谢、糖类代谢相关的 9 条代谢途径上，其中代谢产物显著富集在苯丙氨酸、酪氨

酸和色氨酸生物合成途径，氨基酸生物合成途径以及戊糖与葡糖醛酸转化途径中。相比于其他代谢途径，富集在上述3个代谢途径的差异代谢物相对较多，分别为3个、5个和1个。

表9　差异代谢物KEGG注释表

化合物	通路ID	KEGG图谱
苯丙酮酸 Phenylpyruvic acid	C00166	ko00360，ko00400，ko01100，ko01210，ko01230
氨茴酸 Anthranilic acid	C00108	ko00380，ko00400，ko01100，ko01230
矮茶素 Bergenin	C09919	—
大黄素 Emodin	C10343	—
(2S)-2-氨基-5-氧代戊酸 (2S)-2-amino-5-oxopentanoic acid	C01165	ko00330，ko01100，ko01230
3-脱氢奎宁酸 3-dehydroquinic acid	C00944	ko00400，ko01100，ko01230
O-磷酸高丝氨酸 O-phosphohomoserine	C01102	ko00260，ko01100，ko01230
D-来苏糖 D-lyxose	C00476	ko00040
2-苯基-1H-苯并咪唑-5-磺酸 2-phenyl-1H-benzimidazole-5-sulfonic acid	D10005	—
尼芬那宗 Nifenazone	D01437	—
2，3，7，9-四羟基-1-甲基-6H-苯并[c]色烯-6-酮 2，3，7，9-tetrahydroxy-1-methyl-6H-benzo[c]chromen-6-one	—	—
7，8，4′-三羟基异黄酮 7，8，4′-trihydroxyisoflavone	—	—
香橙素 Aromadendrin	C00974	ko01100
儿茶素 Cianidanol	C06562	—
顺式-3，4-白叶天竺葵素 cis-3，4-leucopelargonidin	C03648	ko01100
黄颜木素 Fustin	—	—
天竺葵色素 Pelargonidin	C05904	ko01100
芸香苷 Rutin	C05625	ko01100
2，6，7，4′-四羟基异黄酮 2，6，7，4′-tetrahydroxyisoflavanone	C16233	—
2-羟基-2，3-二氢染料木素 2-hydroxy-2，3-dihydrogenistein	C12631	ko01100

（续）

化合物	通路 ID	KEGG 图谱
N-乙酰嘌呤霉素 N-acetylpuromycin	C07032	ko01100
5,6-二羟基环己烯-1,3-二烯-1-羧酸酯 5,6-dihydroxycyclohexa-1,3-diene-1-carboxylate	—	—
(2S)-2-氮杂牛氨酰-3-[4-(3-甲基丁-2-烯基)-1H-吲哚-3-基]丙酸酯 (2S)-2-azaniumyl-3-[4-(3-methylbut-2-enyl)-1H-indol-3-yl]propanoate	—	—
2-[[2-(1H-吲哚-3-基)乙酰基]氨基]丙酸酯 2-[[2-(1H-indol-3-yl)acetyl]amino]propanoate	—	—
4-[(E)-2-羧基乙烯基]-2,6-二甲氧基苯酚盐 4-[(E)-2-carboxyethenyl]-2,6-dimethoxyphenolate	—	—

注：通路 ID，物质 KEGG 数据库编号；KEGG 图谱，KEGG 数据库信号通路编号。

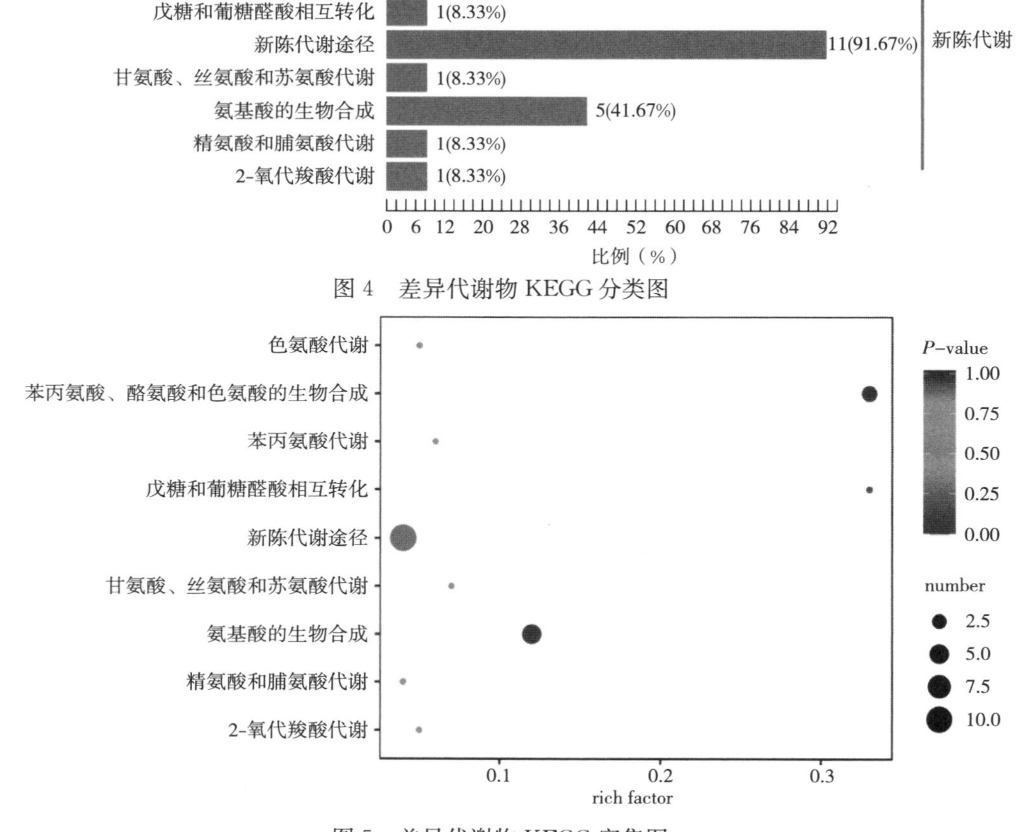

图 4　差异代谢物 KEGG 分类图

图 5　差异代谢物 KEGG 富集图

注：横坐标表示每个通路对应的 rich factor，纵坐标为通路名称；点的颜色为 P-value，越红表示富集越显著；点的大小为 number，代表富集到的差异代谢物的个数多少

3.3 小结

沙棘黄酮提高了泌乳中期荷斯坦奶牛瘤胃中纤维降解菌的相对丰度，提高了乙酸摩尔百分比、乙丙比，降低了戊酸摩尔百分比，为乳脂合成提供了更多的前体物，并且提高了泌乳中期荷斯坦奶牛瘤胃中与苯丙氨酸、酪氨酸和色氨酸生物合成通路以及氨基酸的生物合成通路相关的代谢物含量，为蛋白质、脂质的合成提供了更多的前体物。

4 结论

沙棘黄酮提高了泌乳中期荷斯坦奶牛产奶量、乳常规营养成分及乳中生物活性成分的含量，提高了奶牛的生产性能，改善了乳品质，提高了机体的抗氧化水平；沙棘黄酮通过提高泌乳中期荷斯坦奶牛瘤胃中部分纤维降解菌属的相对丰度，增强了对纤维物质的降解，提高了乙酸的摩尔百分比、降低了戊酸的摩尔百分比，为乳脂合成提供了更多的前体物，提高了泌乳中期荷斯坦奶牛瘤胃中与氨基酸合成相关的代谢物含量，改善了乳品质。

竹叶提取物对热应激奶牛生理指标、生产性能、瘤胃内环境及血清指标的影响

竹叶提取物（BLE）中黄酮类化合物含量丰富，是竹叶提取物的主要活性物质。黄酮类化合物是一类起始于苯丙烷代谢途径的植物次生代谢产物。植物体通过查尔酮合成酶催化反应形成查尔酮，再经过一系列的酶促反应合成各种黄酮类化合物，如花青素、黄酮醇、黄烷酮等。黄酮类化合物在植物界广泛存在，它在植物体内常与糖类结合形成苷类化合物并发挥着重要的作用。竹叶黄酮以碳苷黄酮为主，具有结构稳定、亲水性强的特点。研究表明，竹叶黄酮的功能因子由 4 种黄酮糖苷组成，分别是荭草苷、异荭草苷、牡荆苷、异牡荆苷。

近年来，以黄酮类化合物为主要活性物质的植物提取物被广泛用于反刍动物研究，结果表明，黄酮类化合物普遍具有提高反刍动物生产性能、抗氧化能力和机体免疫功能的作用。研究发现，在全混合日粮（TMR）中添加竹叶提取物（竹叶黄酮含量 40%）提高了奶牛的产奶量，并降低了乳中体细胞数；通过提高抗氧化酶活性和降低丙二醛含量提高了奶牛的抗氧化能力；通过增加免疫细胞和免疫球蛋白含量提高了奶牛的机体免疫功能。然而，竹叶提取物在热应激奶牛上的研究未见报道。本研究探讨竹叶提取物缓解奶牛热应激的潜在价值，以期为植物黄酮在缓解奶牛热应激上的应用提供参考。

1　大豆异黄酮对奶牛血液及乳中生化指标的影响研究

1.1　试验材料与方法

试验选取 24 头胎次为（3.3±0.3）胎、初始体重为（559.2±37.4）kg、产奶量为（37.6±0.8）kg/d、泌乳天数为（185.7±16.9）d 的健康荷斯坦奶牛。每天 07:00、13:00 和 18:00 对奶牛进行投料，自由采食，充足饮水。在挤奶前的 20 min，奶牛被统一赶到挤奶厅进行喷淋降温。使用精准饲喂设备对每一头试验牛进行单槽饲喂，记录试验牛每天的干物质采食量（DMI）。使用阿菲金自动挤奶设备对试验牛每天早、中、晚挤奶 3 次，并记录每天的产奶量。

试验选在 2019 年 7—8 月，于北京周边某牛场进行。试验阶段环境温湿度较高［日平均环境温度为（28.3±0.1）℃，日平均环境湿度为（48.8±0.3）%，日平均温湿度指数（THI）为 75.9±0.5］，奶牛在自然条件下处于热应激状态。通过日平均 THI，分析试验期奶牛的热应激程度及变化趋势。试验牛被随机分为 2 组，每组 12 头。试验牛饲喂相同的 TMR。对照组（CON）饲粮不添加 BLE，试验组每千克饲粮中添加 1.3g/kg（DM）的

BLE。试验期 35 d，其中预饲期 14 d，正试期 21 d。在试验期每天 6：00、14：00、20：00 记录牛舍前、中、后位置的环境温度（Td,℃）和环境相对湿度（RH,%）并计算日平均 THI。在正式试验期第 1、11、21 天使用兽用直肠体温计测定奶牛 6:00、14:00、22:00 的直肠温度，并计算日平均值。在测定直肠温度后，使用秒表和计数器测定 1 min 时间内奶牛的腹部和胸廓起伏次数作为呼吸频率，测定 2 次取平均值。

1.2 试验结果与分析

如图 1 所示，从预饲期第 7 天开始，日平均 THI 均大于 72，即奶牛进入热应激状态。在正试期第 5 天到第 19 天奶牛处于中度热应激状态，且 THI 表现为先增后减的变化趋势，在正试期第 11 天 THI 最高。

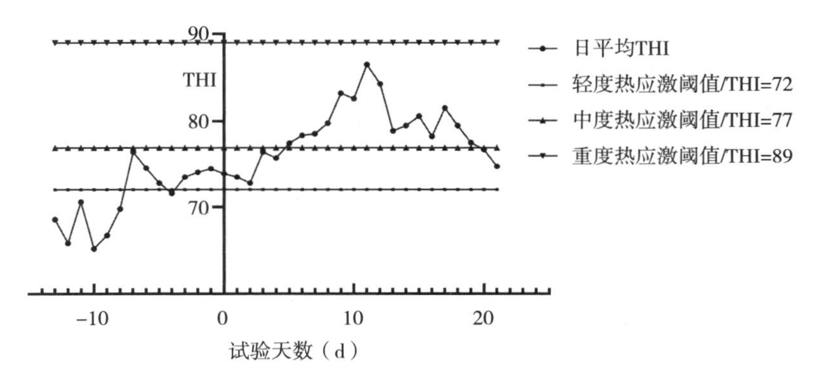

图 1　牛舍温湿度指数变化曲线

由表 1 可知，饲粮中添加 1.3 g/kg（DM）的 BLE 后，热应激奶牛的呼吸频率极显著低于对照组，直肠温度与对照组相比有降低的趋势。随着热应激状态的持续，奶牛在正试期第 11 天的呼吸频率极显著高于正试期第 1 天和第 21 天的呼吸频率。而直肠温度在正试期第 1、11、21 天无显著变化。

表 1　竹叶提取物对热应激奶牛呼吸频率和直肠温度的影响

指标	处理		时间（d）			SEM	*P* 值	
	对照组	试验组	1	11	21		处理	时间
呼吸频率（次/min）	73.47	65.69	61.38^{C}	77.17^{A}	70.21^{B}	1.06	<0.01	<0.01
直肠温度（℃）	38.78	38.58	38.65	38.74	38.64	0.04	0.09	0.50

注：同行数据肩标不同小写字母表示差异显著（$P<0.05$），不同大写字母表示差异极显著（$P<0.01$）。下同。

由表 2 可知，饲粮中添加 1.3 g/kg（DM）的 BLE 后，热应激奶牛的产奶量和乳脂率极显著高于对照组，乳中体细胞数与对照组相比有降低的趋势，但对 DMI、乳蛋白率和乳糖率无显著影响。随着热应激状态的持续，奶牛的 DMI 极显著降低后又极显著升高，产奶量极显著降低，乳脂率显著升高后又恢复正常。乳蛋白率、乳糖率和 SCC 随时间变化不显著。

表 2 竹叶提取物对热应激奶牛生产性能的影响

指标	处理		时间（d）			SEM	P 值	
	对照组	试验组	1	11	21		处理	时间
干物质采食量（kg）	20.6	20.9	22.8[A]	19.4[C]	20.0[B]	0.25	0.27	<0.01
产奶量（kg/d）	34.9	36.0	36.3[A]	35.0[B]	35.1[B]	0.20	<0.01	<0.01
乳脂率（%）	3.35	3.59	3.30[b]	3.59[a]	3.52[ab]	0.05	0.01	0.03
乳蛋白率（%）	3.17	3.09	3.10	3.14	3.15	0.02	0.11	0.59
乳糖率（%）	5.21	5.18	5.19	5.19	5.21	0.01	0.31	0.71
体细胞数（$\times 10^4$个/mL）	22.97	18.36	17.38	23.75	20.88	1.45	0.09	0.16

1.3 小结

饲粮添加 1.3 g/kg（DM）的 BLE 改善了热应激奶牛的呼吸频率和直肠温度，改善了热应激奶牛的健康状态，提高了热应激奶牛的产奶量和乳脂含量，降低了乳中体细胞数。

2 竹叶提取物对热应激奶牛瘤胃发酵参数及细菌群落的影响

2.1 试验材料与方法

在正试期第 21 天，晨饲后 2 h，使用口腔采样器采集瘤胃液。为了减少唾液的污染，弃掉前 250 mL 的瘤胃液。将采集到的瘤胃液经过 4 层纱布过滤。一部分瘤胃液加入稳定剂立即液氮速冻，2 h 后转入−80 ℃冰箱保存，用于瘤胃微生物菌群的测定。另一部分瘤胃液使用便携式 pH 计立即测定每个样品的 pH，然后将瘤胃液分装至 10 mL 冻存管中液氮冻存，2 h 后转入−80 ℃冰箱保存，用于瘤胃液氨态氮（NH_3-N）和挥发性脂肪酸（VFA）浓度的测定。

使用 Power Soil DNA Isolation Kit 试剂盒（MOBIO Laboratories）提取瘤胃液中细菌总 DNA。使用 96 well PCR 仪对细菌 16S rRNA 基因的 V3-V4 区域进行扩增。扩增所需的正向引物序列为 338F（5′-ACTCCTACGGGAGGCAGCAG-3′）、反向引物序列为 806 R（5′-GGACTACHVGGGTWTCTAAT-3′）。利用 Illumina Hiseq 2500 平台（2×250 paired ends）对纯化后的混合样本进行细菌 rRNA 基因的高通量测序分析。根据 QIIME（V1.7.0）质量控制流程，在特定的过滤条件下对原始标签进行质量过滤，获得高质量的洁净标签。然后使用 UCHIME 算法将标记与参考数据库进行比较，检测嵌合序列，并将其去除。其余有用的标签使用 Uparse 软件（Uparse v7.0.1001）进行排序。将相似度大于 97%的序列分配到相同的操作分类单元（operational taxonomic units，OTUs），然后筛选每个 OTU 的代表性序列进行注释。对于每个代表性序列，使用 GreenGene 数据库和核糖体数据库项目（RDP）分类算法对分类信息进行注释。OTUs 的丰度用与序列最少的样本对应的标准序列号进行归一化。使用这些标准化输出数据进行 Alpha 多样性和 Beta 多样性分析。

2.2 试验结果与分析

由表3可知，饲粮中添加1.3 g/kg（DM）的BLE后，热应激奶牛的TVFA、乙酸和丁酸浓度极显著高于对照组，戊酸浓度显著高于对照组，但对pH、乙丙比、丙酸浓度、异戊酸浓度和瘤胃氨态氮浓度无显著影响（$P>0.05$）。

表3 竹叶提取物对热应激奶牛瘤胃发酵指标的影响

项目	对照组	试验组	SEM	*P*值
瘤胃pH	6.68	6.65	0.04	0.66
氨态氮（mg/dL）	15.03	15.07	0.35	0.45
瘤胃挥发性脂肪酸（mmol/L）				
总挥发酸	94.52	109.87	1.86	<0.01
乙酸	56.75	65.82	0.97	<0.01
丙酸	23.40	26.64	0.54	0.21
乙酸/丙酸	2.42	2.47	0.08	0.64
丁酸	10.38	13.20	0.23	<0.01
异丁酸	0.95	0.95	0.03	0.93
戊酸	1.28	1.50	0.11	0.05
异戊酸	1.76	1.77	0.06	0.81

如表4所示，两组的覆盖率在99.7%～99.9%，说明每个样品的检测结果都是饱和的。饲粮中添加1.3 g/kg（DM）的BLE后，热应激奶牛的OTUs、Shannon指数和Chao 1指数与对照组相比有增加的趋势。这表明饲喂BLE增加了热应激奶牛瘤胃菌群的多样性和丰度。

表4 瘤胃细菌菌群的α多样性指数

项目	对照组	试验组	SEM	*P*值
Clean Tags 高质量测序标签	56 970	60 784	58.36	0.54
Good's coverage 覆盖率指数（%）	99.78	99.78	0.06	0.34
Shannon 指数	4.20	4.71	0.33	0.07
Chao 1 指数	853.46	891.55	15.26	0.06

通过α多样性分析，评估不同处理之间菌群结构的差异性。如图2所示，基于非加权距离算法的PCoA分析，PCoA坐标轴1和坐标轴2分别占总变异量的59.73%和12.21%。ANOSIM的*R*值为0.57（$P<0.01$），说明对照组与试验组之间的菌群结构存在极显著差异。

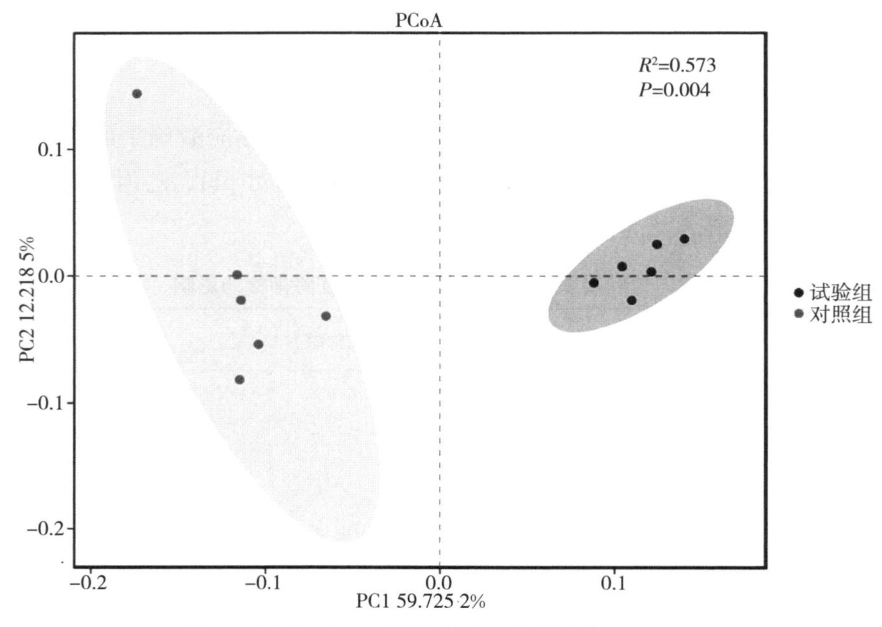

图 2 瘤胃细菌菌群结构的主坐标轴分析（PCoA）

从表 5 可以看出，在门水平上，Firmicutes、Bacteroidetes 和 Proteobacteria 是三个相对丰度最高的细菌门。饲粮中添加 1.3 g/kg（DM）的 BLE 后，热应激奶牛瘤胃中的 Proteobacteria 相对丰度和 Patescibacteria 相对丰度极显著高于对照组，瘤胃中的 Firmicutes 相对丰度极显著低于对照组，瘤胃中 Kiritimatiellaeota 和 Cyanobacteria 的相对丰度与对照组相比有增加的趋势。但瘤胃中的 Bacteroidetes 相对丰度与对照组相比无显著差异（$P>0.05$）。

表 5 竹叶提取物对热应激奶牛瘤胃细菌群门水平相对丰度的影响（%）

项目	对照组	试验组	标准误	P 值
厚壁菌门 Firmicutes	55.57	32.70	5.55	<0.01
拟杆菌门 Bacteroidetes	33.66	40.89	4，21	0.17
变形菌门 Proteobacteria	7.17	17.09	2.92	<0.01
帕特西细菌门 Patescibacteria	2.07	7.40	0.35	<0.01
Kiritimatiellaeota	0.16	0.66	0.12	0.08
螺旋体门 Spirochaetes	0.31	0.44	0.03	0.76
放线菌门 Actinobacteria	0.39	0.29	0.02	0.91
软皮菌门 Tenericutes	0.24	0.28	0.08	0.74

（续）

项目	对照组	试验组	标准误	P 值
蓝藻门 Cyanobacteria	0.18	0.69	0.05	0.07

如表 6 所示，在属水平上，*Prevotella* _ 1、*Weissella* 和 *Succiniclasticum* 最丰富。饲粮中添加 1.3 g/kg（DM）的 BLE 后，热应激奶牛瘤胃中的 *Butyrivibrio* _ 2、*Ruminococcus* _ 2、*Acinetobacter* 和 *Candidatus* _ *Saccharimonas* 的相对丰度极显著高于对照组，瘤胃中的 *Weissella* 相对丰度极显著低于对照组（$P<0.01$），瘤胃中 *Succinivibrionaceae* _ UCG-002 和 *Clostridium* _ *sensu* _ *stricto* _ 1 的相对丰度与对照组相比有增加的趋势（$0.05<P<0.10$）。但瘤胃中的其他细菌属与对照组相比无显著差异。

表 6　竹叶提取物对热应激奶牛瘤胃细菌群属水平相对丰度的影响（%）

项目	对照组	试验组	SEM	P 值
普氏菌属 _ 1 *Prevotella* _ 1	11.58	13.57	1.47	0.63
魏斯氏菌 *Weissella*	25.37	12.69	1.53	<0.01
理研菌科 _ RC9 组 Rikenellaceae _ RC9 _ gut _ group	5.32	5.44	0.16	0.81
琥珀酸菌属 *Succiniclasticum*	6.14	9.83	0.25	0.02
未分类细菌 *uncultured* _ *bacterium* _ *f* _ *Muribaculaceae*	2.29	1.85	0.22	0.11
未分类 f _ F082 细菌 *uncultured* _ *bacterium* _ *f* _ F082	3.42	3.57	0.35	0.11
疣微菌科 NK4A214 组 *Ruminococcaceae* _ NK4A214 _ group	3.89	3.90	0.68	0.91
链球菌属 *Streptococcus*	5.42	5.68	0.69	0.84
丁酸弧菌属 _ 2 *Butyrivibrio* _ 2	1.25	3.08	0.18	<0.01
克里斯滕森科 R-7 组 *Christensenellaceae* _ R-7 _ group	2.86	2.59	0.08	0.36
乳酸杆菌属 *Lactobacillus*	5.77	1.53	0.27	<0.01
不动杆菌属 *Acinetobacter*	0.28	4.05	0.06	<0.01
糖囊藻 _ 糖单胞菌 *Candidatus* _ *Saccharimonas*	1.57	2.93	0.35	<0.01
螺旋弧菌科 UCG-002 *Succinivibrionaceae* _ UCG-002	0.51	0.88	0.02	0.10
疣微菌科 UCG-014 *Ruminococcaceae* _ UCG-014	1.27	1.36	0.04	0.80

（续）

项目	对照组	试验组	SEM	*P* 值
月形单胞菌属 _ 1 *Selenomonas* _ 1	0.08	0.07	0.03	0.33
瘤胃球菌属 _ 2 *Ruminococcus* _ 2	0.51	0.72	0.09	<0.01
狭义梭菌属 1 *Clostridium* _ *sensu* _ *stricto* _ 1	1.39	1.43	0.14	0.10
毛螺菌科 NK3A20 组 *Lachnospiraceae* _ NK3A20 _ group	0.73	0.76	0.16	0.41
未分类 Unclassified	16.13	18.87	0.59	0.11

如图 3（彩图 10）所示，在生产性能方面，Epsilonbacteraeota、Verrucomicrobia 和 Firmicutes 的丰度与 DMI 和产奶量呈负相关，而 Bacteroidetes、Fibrobacteres、Kiritimatiellaeota 和 Spirochaetes 的丰度与 DMI 和产奶量呈正相关。在瘤胃发酵参数方面，TVFA、乙酸和丙酸

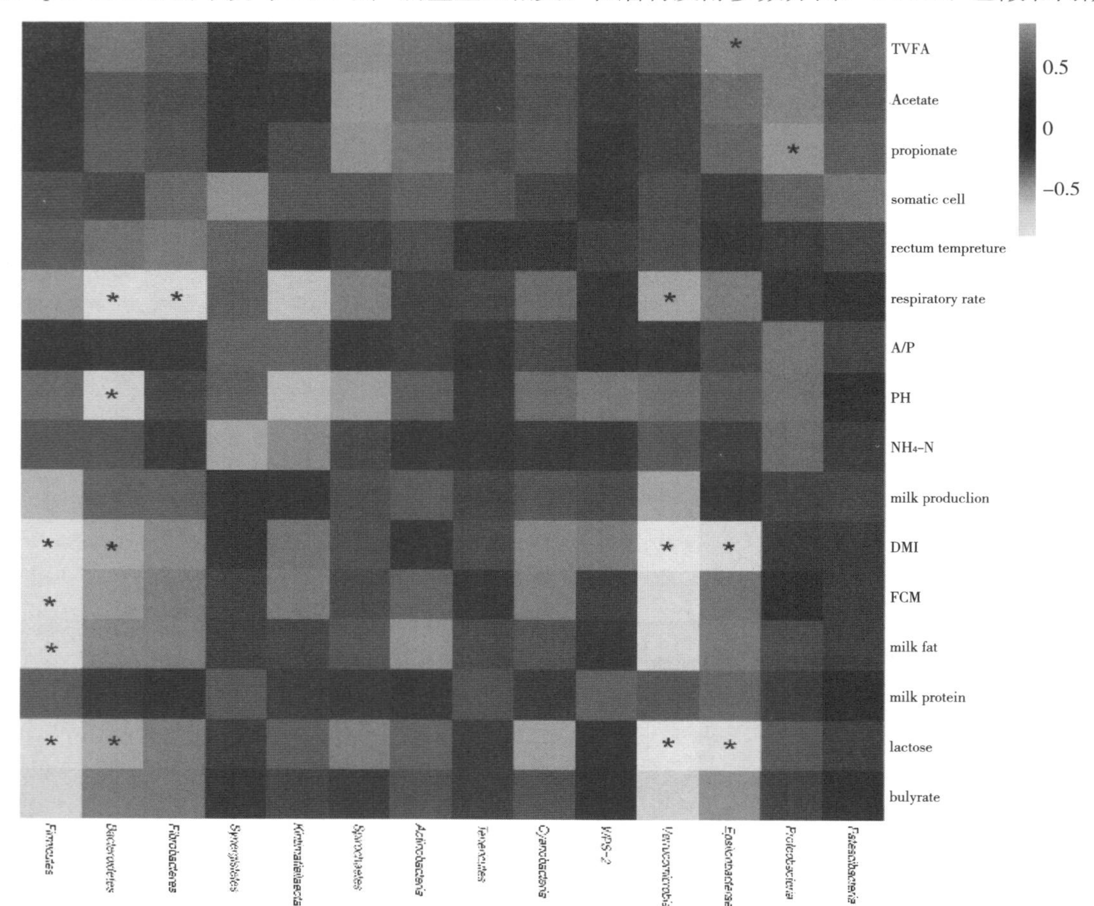

图 3 瘤胃门水平菌群丰度与奶牛生产性能和瘤胃发酵指标的相关性分析

与 Spirochaetes 和 Actinobacteria 的丰度呈负相关，与 Patescibacteria、Epsilonbacteraeota 和 Proteobacteria 的丰度呈正相关关系。

2.3 小结

竹叶提取物提高了热应激奶牛瘤胃总挥发酸、乙酸、丁酸、戊酸浓度，改善了热应激奶牛的瘤胃发酵水平；竹叶提取物提高了热应激奶牛瘤胃中 *Butyrivibrio* _ 2、*Ruminococcus* _ 2 和 *Clostridium* _ *sensu* _ *stricto* _ 1 等纤维降解菌丰度，这表明 BLE 有可能对饲粮纤维降解产生积极作用。

3 竹叶提取物对热应激奶牛血清生化、抗氧化、免疫指标及蛋白质组的影响

3.1 试验材料与方法

在正试期第 1、11、21 天奶牛晨饲前 30 min 采集奶牛血样。通过尾静脉采血法将血样采集到规格为 10 mL 的血清分离胶真空采血管（上海康德莱有限公司）中。使用 Sorvall MTX 150 型台式离心机（赛默飞世尔科技有限公司）将采集到的血样在 4 ℃下 3 000 *g* 离心 15 min 得到血清样本。将血清分装到 2 mL 的冻存管中－80 ℃保存备用。采用 TMT 定量蛋白质组学技术对第 21 天的血清样本进行检测分析，在同组试验牛中随机选择 3 头试验牛，将它们的 2 mL 血清样品混合均匀，使每组得到 4 个待测血清样本。

采用放射免疫分析法测定奶牛血清中的三点甲状腺原氨酸（T3）和甲状腺素（T4）含量；使用全自动生化分析仪对乳酸脱氢酶（LDH）、血糖（GLU）、肌酸激酶（CK）和游离脂肪酸（NEFA）浓度进行测定；按照试剂盒操作步骤，采用酶联免疫吸附法（ELISA）对血清中糖皮质激素（GC）、肾上腺素（EPI）和前列腺素-2（PGE-2）的浓度进行测定。按照试剂盒操作步骤对血清中丙二醛（MDA）、超氧化物歧化酶（SOD）、谷胱甘肽过氧化物酶（GSH-Px）和总抗氧化能力（T-AOC）含量进行生化检测。采用 ELISA 试剂盒对血清中干扰素-γ（IFN-γ）、肿瘤坏死因子-α（TNF-α）、白细胞介素-1（IL-1）、白细胞介素-1β（IL-1β）、白细胞介素-2（IL-2）、白细胞介素-6（IL-6）、免疫球蛋白 A（IgA）、免疫球蛋白 G（IgG）和免疫球蛋白 M（IgM）指标进行检测。蛋白质提取与质检操作过程按照说明书进行。

3.2 试验结果与分析

由表 7 可知，饲粮中添加 1.3 g/kg（DM）的 BLE 后，热应激奶牛血清中肾上腺激素含量极显著高于对照组，前列腺素-2 含量显著高于对照组，游离脂肪酸含量与对照组相比有升高的趋势，但对血清中糖皮质激素、三碘甲状腺原氨酸、甲状腺素、乳酸脱氢酶、葡萄糖的含量无显著影响。随着热应激状态的持续，热应激奶牛血清中三碘甲状腺原氨酸、乳酸脱氢酶含量极显著升高，甲状腺素和葡萄糖的含量极显著降低。然而，糖皮质激素、肾上腺激素和游离脂肪酸含量随时间变化不显著。

表 7 竹叶提取物对热应激奶牛血清生化指标的影响

指标	处理		时间（d）			SEM	P 值	
	对照组	试验组	1	11	21		处理	时间
糖皮质激素（pg/mL）	43.11	46.78	44.98	44.21	45.64	1.37	0.20	0.92
肾上腺激素（ng/L）	206.57	272.02	233.93	235.03	248.93	9.11	<0.01	0.72
前列腺素-2（pg/mL）	117.44	142.56	127.76	136.66	125.57	5.76	0.03	0.71
三碘甲状腺原氨酸(ng/mL)	4.63	4.67	3.92[C]	4.45[B]	5.59[A]	0.11	0.79	<0.01
甲状腺素（ng/mL）	165.74	165.71	186.44[A]	169.60[B]	141.14[C]	3.53	1.00	<0.01
乳酸脱氢酶（U/L）	640.53	612.47	547.96[B]	662.21[A]	669.33[A]	16.17	0.36	<0.01
葡萄糖（mmol/L）	5.38	5.42	5.85[A]	5.11[B]	5.24[B]	0.10	0.83	<0.01
游离脂肪酸（μmol/L）	60.40	65.19	64.24	62.29	61.85	1.25	0.06	0.71

由表 8 可知，饲粮中添加 1.3 g/kg（DM）的 BLE 后，热应激奶牛血清中超氧化物歧化酶和谷胱甘肽过氧化物酶活性极显著高于对照组，丙二醛含量极显著低于对照组。随着热应激状态的持续，热应激奶牛血清中超氧化物歧化酶和谷胱甘肽过氧化物酶活性极显著降低，丙二醛含量极显著升高后又极显著降低。

表 8 竹叶提取物对热应激奶牛血清抗氧化指标的影响

指标	处理		时间（d）			SEM	P 值	
	对照组	试验组	1	11	21		处理	时间
丙二醛（nmol/mL）	2.45	1.98	1.69[C]	2.80[A]	2.12[B]	0.09	<0.01	<0.01
超氧化物歧化酶（U/mL）	9.20	11.46	11.47[A]	9.26[B]	10.19[AB]	0.35	<0.01	<0.01
谷胱甘肽过氧化物酶（U/mL）	679.39	788.20	866.03[A]	631.75[B]	673.40[B]	20.05	<0.01	<0.01

由表 9 可知，饲粮中添加 1.3 g/kg（DM）的 BLE 后，热应激奶牛血清中 TNF-α 和 IL-2 含量极显著高于对照组，IL-1 和 IL-1β 含量极显著低于对照组，IgA 含量显著高于对照组，IgG 含量与对照组相比有升高的趋势，但血清中 IFN-γ、IL-6 和 IgM 含量无显著变化。随着热应激状态的持续，热应激奶牛血清中 IFN-γ 和 IL-6 含量极显著升高，IL-2 含量极显著降低，IFN-γ 含量极显著升高后又极显著降低，IL-1 和 IgA 显著升高，TNF-α、IL-1β 和 IgG 有降低的趋势，但对 IgM 无显著影响。

表 9 竹叶提取物对热应激奶牛血清免疫指标的影响

指标	处理		时间（d）			SEM	P 值	
	对照组	试验组	1	11	21		处理	时间
干扰素-γ（pg/mL）	200.09	194.15	175.48[C]	204.36[B]	225.90[A]	3.62	0.46	<0.01
肿瘤坏死因子-α（ng/L）	44.62	47.95	47.73	45.33	45.29	0.54	<0.01	0.06
白细胞介素-1（ng/L）	30.20	27.28	27.54[b]	29.97[a]	28.69[ab]	0.49	<0.01	0.03
白细胞介素-1β（pg/mL）	4.2	3.58	4.14	3.84	3.56	0.11	<0.01	0.09

（续）

指标	处理		时间（d）			SEM	P 值	
	对照组	试验组	1	11	21		处理	时间
白细胞介素-2（ng/L）	25.25	27.63	27.52^{A}	27.12^{AB}	22.91^{B}	0.46	$<$0.01	$<$0.01
白细胞介素-6（ng/L）	0.93	0.96	0.80^{B}	1.05^{A}	1.02^{A}	0.02	0.80	$<$0.01
免疫球蛋白 G（μg/mL）	3.48	3.70	3.62	3.67	3.36	0.05	0.08	0.09
免疫球蛋白 A（ng/mL）	6.88	7.15	6.76^{b}	7.10^{ab}	7.35^{a}	0.08	0.04	0.02
免疫球蛋白 M（ng/mL）	27.87	29.65	28.01	28.93	29.94	0.51	0.11	0.38

如表 10 所示面对提取的 BCA 定量分析，8 个样本的蛋白浓度和总量均满足蛋白质组学后续试验检测标准；每个样本用 20 μg 蛋白进行 SDS-PAGE 电泳分析，结果表明 8 个样品可满足后续蛋白质组学试验检验要求。

表 10　BCA 测定蛋白浓度

序号	样品名称	蛋白浓度（μg/μL）	蛋白总量（μg）	初始体积（μL）
1	CON-1	6.25	437	13.5
2	CON-2	6.22	435	13.5
3	CON-3	5.29	370	13.5
4	CON-4	6.51	456	13.5
5	BLE-1	5.77	404	13.5
6	BLE-2	4.77	334	13.5
7	BLE-3	5.99	419	13.5
8	BLE-4	5.64	395	13.5

本试验在对照组和试验组中共鉴定出 594 个蛋白。使用双尾检验，显著性水平为 $P<0.05$，上调差异倍数为 1.0，下调差异倍数为 0.8 时，鉴定到的差异蛋白表达数目为 26 个。其中试验组中有 12 个蛋白显著上调，14 个蛋白显著下调。差异蛋白见表 11 与表 12，对差异蛋白进行后续的生物学功能分析。

表 11　差异上调的蛋白信息汇总

蛋白	描述	NCBI 登记号	FC 值（BLE/CON）	log_2FC（BLE/CON）	P 值（BLE/CON）
TMSB4X	thymosin beta-4	NP_001002885.1	1.455 179	0.541 197	0.033 17
SERPINI1	neuroserpin precursor	NP_001179167.1	1.179 063	0.237 641	0.043 32
VNN1	pantetheinase isoform X1	XP_024852432.1	1.148 042	0.199 175	0.029 8
CCN1	protein CYR61 precursor	NP_001029512.1	1.241 266	0.311 812	0.004 645
PDIA4	protein disulfide-isomerase A4 precursor	NP_001039344.1	1.205 014	0.269 05	0.048 88
APOA4	apolipoprotein A-IV isoform X1	XP_005215909.1	1.120 897	0.164 653	0.021 86
CA1	carbonic anhydrase 1	NP_001068934.1	1.198 08	0.260 724	0.044 32

（续）

蛋白	描述	NCBI 登记号	FC 值 (BLE/CON)	log_2FC (BLE/CON)	*P* 值 (BLE/CON)
IL1RAP	interleukin-1 receptor accessory protein isoform X1	XP _ 015327392.1	1.186 405	0.246 597	0.006 257
FSTL1	follistatin-related protein 1 precursor	NP _ 001017950.1	1.207 967	0.272 582	0.040 8
ITIH2	inter-alpha-trypsin inhibitor heavy chain H2 precursor	NP _ 001091485.1	1.111 919	0.153 051	0.035 41
A2M	alpha-2-macroglobulin precursor	NP _ 001103265.1	1.065 783	0.091 913	0.041 65
LOC104974214	apolipoprotein A-I-like	XP _ 024831527.1	1.309 383	0.388 887	0.018 68

表 12 差异下调的蛋白信息汇总

蛋白	描述	NCBI 登记号	FC 值 (BLE/CON)	log_2FC (BLE/CON)	*P* 值 (BLE/CON)
LOC101905630	complement factor H-like	XP _ 024832433.1	0.495 801	−1.012 167	0.021 71
EEF2	elongation factor 2	NP _ 001068589.1	0.737 853	−0.438 594	0.036 77
HF1+A17:F23	immunoglobulin heavy variable 4-38-2	XP _ 002684044.5	0.784 468	−0.350 213	0.028 12
C1INH	factor XIIa inhibitor precursor	NP _ 777246.1	0.711 028	−0.492 021	0.043 01
DPEP	dipeptidase 2 isoform X1	XP _ 010812985.1	0.744 274	−0.426 095	0.023 57
PSMA1	proteasome subunit alpha type-1	NP _ 001030387.1	0.673 461	−0.570 335	0.025 62
MYOC	myocilin precursor	NP _ 776543.2	0.765 717	−0.385 117	0.034 99
BDA20	allergen Bos d 2 precursor	NP _ 777186.1	0.609 729	−0.713 761	0.049 38
HF1	complement factor H precursor	NP _ 001029108.1	0.725 647	−0.462 659	0.017 45
LOC519737	complement factor H-related protein 2	XP _ 002694314.1	0.714 874	−0.484 238	0.031 89
PKP1	plakophilin-1	NP _ 776570.1	0.798 628	−0.324 404	0.037 82
OTC	ornithine carbamoyltransferase, mitochondrial precursor	NP _ 803453.1	0.760 305	−0.395 35	0.046 32
ARSG	arylsulfatase G	NP _ 001095437.1	0.786 042	−0.347 321	0.028 87
ACAA2	3-ketoacyl-CoA thiolase, mitochondrial	NP _ 001030419.1	0.724 861	−0.464 224	0.012 19

如图 4 所示，26 个差异蛋白被归类为 38 个 GO 术语，其中包括 20 个生物过程（biological process，BP）术语，11 个纤维素组成（celluLar component，CC）术语，7 个分子函数（molecuLar function，MF）术语。在生物过程本体中，差异蛋白主要集中在生物附着、生物调节、生长、繁殖。其中，只有上调的差异蛋白参与解毒作用、生长、繁殖、生殖过程。在细胞组成本体中，差异蛋白主要集中在细胞、细胞膜、细胞外部分、细胞器和细胞器部分。其中只出现在下调蛋白中的有细胞结合。在分子功能本体中，差异蛋白主要集中在抗氧化活性、催化活性、分子功能调整、分子传感功能、信号传导等。其中只出现在上调蛋

白中的有抗氧化活性、分子传感功能、信号传导。

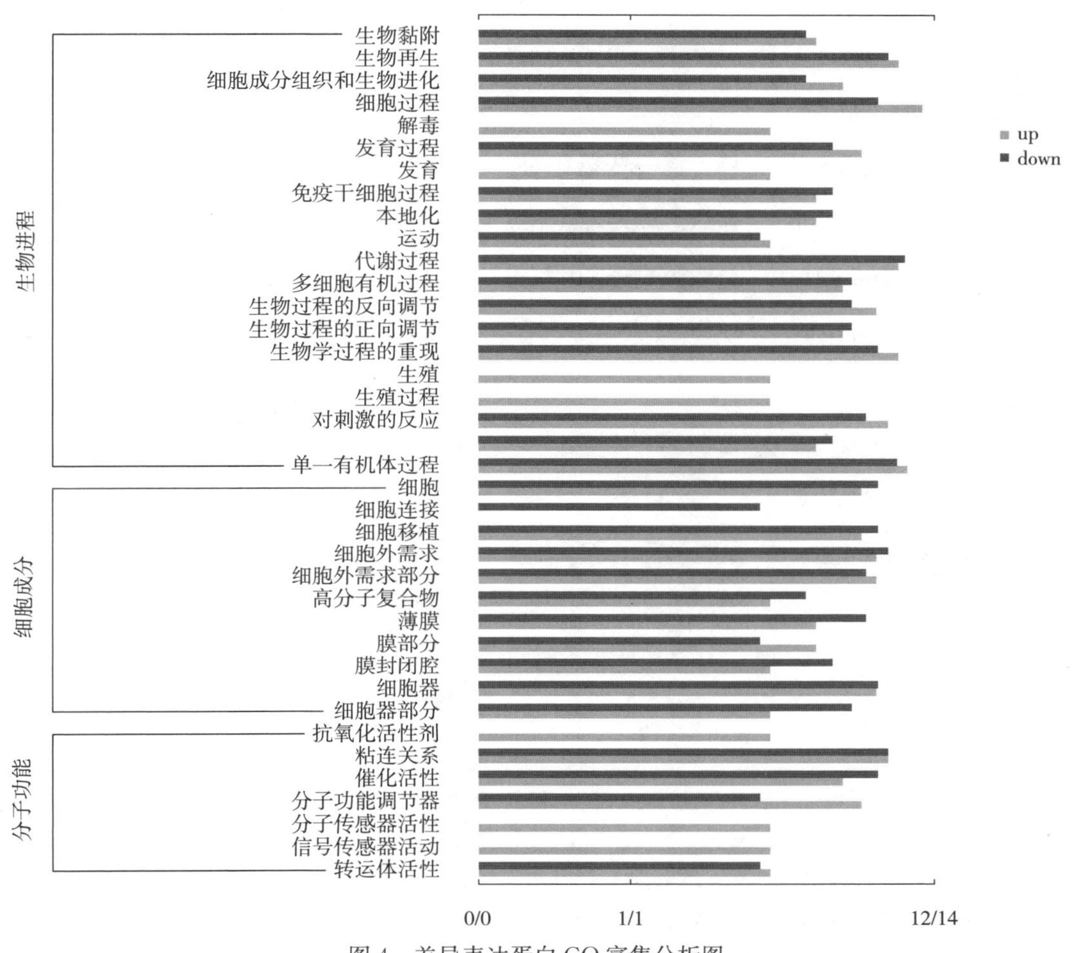

图 4 差异表达蛋白 GO 富集分析图

注：竹叶提取物组与对照组相比差异蛋白的 GO 条件比较，up 表示上调的差异蛋白，down 表示下调的差异蛋白

结合 KEGG 数据库，对筛选的差异蛋白进行富集通路分析（图 5、图 6）。发现差异蛋白涉及的通路主要包括泛酸酯和辅酶 a 的生物合成（pantothenate and CoA biosynthesis）、氮化合物代谢过程（nitrogen compound metabolism process）、消化吸收（digestive absorption）、维生素的消化吸收（vitamin digestion and absorption）、PPAR 信号通路（PPAR signaling pathway）、炎症介质调节（inflammatory mediator regulation）、应激反应（stress reaction）、MAPK 信号通路（MAPK signaling pathway）、ERBB 信号通路（ERBB signaling pathway）、PI3K-Akt 通路（PI3K-Akt signaling pathway）、NF-κB 信号通路（NF-κB signaling pathway）、金黄色葡萄球菌感染（*Staphylococcus aureus* infection）、补体和凝血级联反应（complement and coagulation cascades）、氨基酸生物合成（biosynthesis of amino acids）、脂肪酸代谢（fatty acid metabolism）等通路。

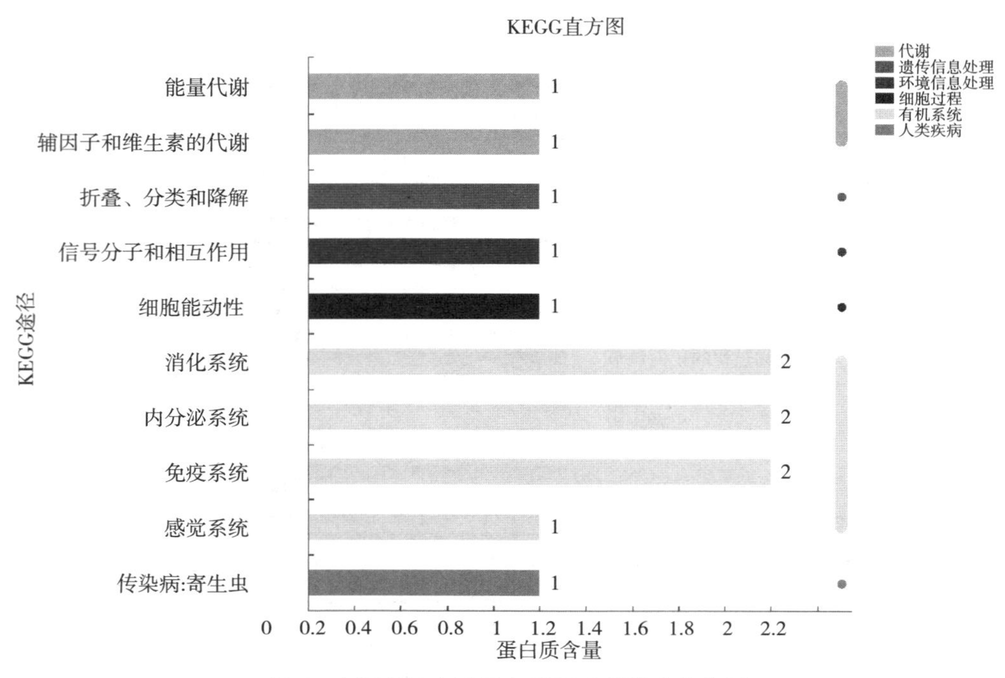

图 5 上调差异表达蛋白 KEGG 通路富集分析

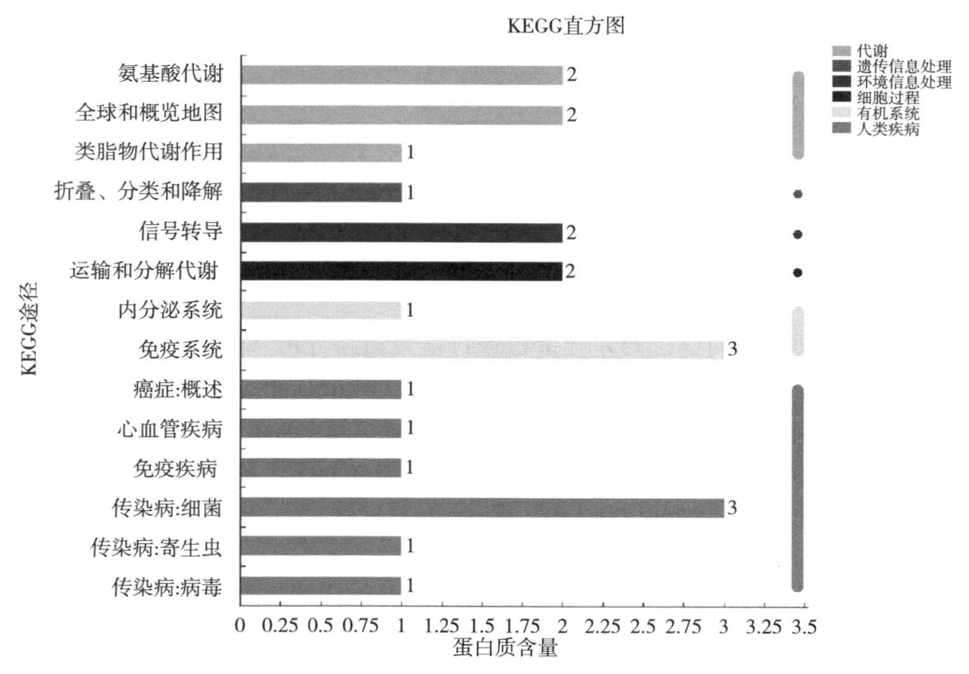

图 6 下调差异表达蛋白 KEGG 通路富集分析

3.3 小结

竹叶提取物通过调节血脂代谢相关指标提高了热应激奶牛机体的脂质代谢能力；通过调节 MDA 和抗氧化酶活性，改善了奶牛机体的抗氧化能力；通过调节血清炎性因子和免疫球蛋白含量，提高了机体抗炎能力。

4 结论

竹叶提取物缓解了热应激奶牛呼吸频率和直肠温度的升高，提高了产奶量和乳脂含量，提高了 *Butyrivibrio* _ 2、*Ruminococcus* _ 2 和 *Clostridium* _ *sensu* _ *stricto* _ 1 等瘤胃纤维降解菌丰度和总挥发酸、乙酸、丁酸、戊酸浓度，改善了瘤胃发酵水平并有可能对饲粮纤维降解产生积极所用；竹叶提取物通过调节血脂代谢指标、抗氧化酶活性、炎性因子等，改善了热应激奶牛机体的脂质代谢、抗氧化能力和抗炎能力，这可能是 BLE 通过调节 APOA 蛋白家族、IL1RAP、A2M、PSMA1 和 SERPING1 等实现的。

竹叶提取物对奶牛瘤胃发酵、血液中抗氧化酶、免疫球蛋白及炎性因子的影响

竹叶提取物中含有丰富的黄酮类化合物，黄酮类化合物是一类存在于自然界的、具有2-苯基色原酮结构的化合物。竹提取物中的主要成分是竹叶黄酮，竹叶中黄酮以碳苷黄酮为主，其具有结构稳定、不易被降解、深入病灶部位、亲水性强的特点。竹叶提取物具有抗氧化、清除自由基、抗衰老、抗菌、抗炎、增强免疫力、保护心脑血管、调节血脂、抗血栓、抗辐射、抗癌、保肝护肝等功效。

竹叶提取物作为一种天然的饲料添加剂能缓解热应激对肉鸡生产性能的影响；能促进免疫器官发育而增强肉鸡的免疫能力；提高生产性能。对仔猪的生产性能上有很大的促进作用，在奶牛养殖生产中有很大发展前景，对奶牛养殖有很好的推广应用价值。有关竹叶提取物应用于大型动物养殖试验报道极少，大部分仍停留在实验室阶段，需要更多的试验数据来支持它应用于动物养殖业的发展与推广。竹叶提取物提取工艺成熟且获取资源丰富，气味清新，适口性良好，本试验将进行饲喂试验为竹叶提取物作为饲料添加剂应用于生产提供依据。

1　竹叶提取物对奶牛瘤胃体外发酵参数及产气量的影响

1.1　试验材料与方法

选取5头体况良好、体重相近的荷斯坦奶牛作为瘤胃液供体，于晨饲前2 h通过口腔进行瘤胃液采集，装入保温瓶中，迅速返回实验室，4层纱布进行过滤。

将TMR日粮烘干粉碎后过40目筛，准确称取500 mg置于150 mL发酵瓶中，竹叶黄酮添加量为0、0.75、1.5、3.0、4.5、6.0 mg/g，每个剂量组6个重复。迅速向发酵瓶中加入75 mL体外发酵液，通入CO_2立即盖上瓶塞并与气体收集袋连接，于39 ℃恒温培养箱培养24 h，试验共重复3次。发酵24 h后将发酵瓶置于冰水浴中，停止发酵，用便携式pH计立即测定pH。将发酵液过4层纱布，分装于离心管中用挥发脂肪酸（VFA）和氨态氮（NH_3-N）的测定。

1.2　试验结果与分析

由表1可知，体外培养24 h后，试验组的发酵液pH与对照组均无明显差异（$P>0.05$）。试验组发酵液中NH_3-N浓度均显著高于对照组，其中试验组中添加3.0和4.5 mg/g竹叶提取物的发酵液中NH_3-N浓度与其他3个试验组差异显著（$P<0.05$）。随着竹叶提取物

添加量的增加，NH_3-N 浓度有降低趋势（$P<0.05$）。

表 1　竹叶提取物对发酵液 pH 及 NH_3-N 浓度的影响

项目	竹叶提取物添加水平（mg/g）						SEM	线性	*P* 值
	0	0.75	1.5	3.0	4.5	6.0			
pH	6.64	6.63	6.63	6.64	6.63	6.64	0.01	0.81	0.56
NH_3-N（mg/dL）	35.67[a]	32.33[b]	32.97[b]	30.63[c]	29.68[c]	31.98[b]	1.11	<0.001	<0.001

注：同行数据肩标不同小写字母表示差异显著（$P<0.05$），相同或无字母肩标表示差异不显著（$P>0.05$）。下同。

由表 2 可知，4.5、6.0 mg/g 竹叶提取物组的发酵液总挥发酸（TVFA）浓度显著高于对照组（$P<0.05$）。3.0、4.5、6.0 mg/g 试验组发酵液乙酸比例显著高于其他组。4.5、6.0 mg/g 试验组发酵液丙酸比例显著高于对照组（$P<0.05$），并且随着竹叶提取物浓度的增加，丙酸比例呈线性提高，其中 3.0、4.5、6.0 mg/g 竹叶提取物试验组丁酸比例显著低于对照组（$P<0.05$）。随着竹叶提取物添加量增加，丁酸比例呈下降趋势，6.0 mg/g 试验组异戊酸比例显著低于对照组（$P<0.05$）。试验组发酵液异丁酸、戊酸含量以及乙酸/丙酸与对照组均无显著差异（$P>0.05$）。

表 2　竹叶提取物对发酵液 VFA 浓度的影响

项目	竹叶提取物添加水平（mg/g）						SEM	线性	*P* 值
	0	0.75	1.5	3.0	4.5	6.0			
乙酸（%）	61.71[b]	61.73[b]	61.75[b]	62.06[a]	62.16[a]	62.22[a]	0.080	<0.001	<0.001
丙酸（%）	23.24[b]	23.26[b]	23.37[ab]	23.39[ab]	23.44[a]	23.49[a]	0.061	<0.001	0.002
异丁酸（%）	1.37	1.37	1.38	1.38	1.38	1.38	0.011	0.842	0.821
丁酸（%）	9.4[a]	9.34[a]	9.26[a]	8.92[b]	8.77[b]	8.79[b]	0.066	<0.001	<0.001
异戊酸（%）	2.75[a]	2.76[a]	2.71[ab]	2.72[ab]	2.71[ab]	2.67[b]	0.025	0.001	0.019
戊酸（%）	1.51	1.53	1.53	1.54	1.49	1.52	0.029	0.408	0.559
总挥发性脂肪酸（mmol/L）	64.43[b]	64.45[b]	64.7[b]	64.68[b]	66.38[a]	66.60[a]	0.138	0.739	<0.001
乙酸/丙酸	2.66	2.65	2.64	2.65	2.66	2.65	0.009	<0.001	0.566

由表 3 可知，0.75、1.5、3.0、4.5、6.0 mg/g 竹叶提取物组体外发酵甲烷产气量以及甲烷含量显著低于对照组（$P<0.05$）。体外发酵总产气量虽随着竹叶黄酮的添加量增加而降低，但是无显著差异（$P>0.05$）。

表 3　竹叶提取物对体外发酵产气量和甲烷含量的影响

项目	竹叶提取物添加水平（mg/g）						SEM	线性	*P* 值
	0	0.75	1.5	3.0	4.5	6.0			
总产气量（mL）	93.83	91.5	89.17	86.83	89.67	85.33	3.24	0.016	0.143
甲烷体积（mL）	9.21[a]	8.33[b]	7.55[bc]	7.34[bc]	7.61[bc]	7.00[c]	0.36	0.046	<0.001
甲烷含量（%）	9.81[a]	9.10[b]	7.55[bc]	7.36[bc]	7.61[bc]	7.01[c]	0.25	<0.001	<0.001

1.3 小结

在体外培养条件下，添加不同水平的竹叶提取物可以使 24 h 后奶牛瘤胃的发酵液中 NH_3-N 浓度显著降低，对 pH 无影响。显著提高了发酵液中乙酸、丙酸比例和 TVFA 含量，显著降低了丁酸比例。添加不同水平的竹叶提取物显著抑制产气中甲烷的产生。综合考虑，3.0～4.5 mg/g 竹叶提取物为最适添加范围，可为后续奶牛体内试验提供理论基础。

2 饲喂竹叶提取物对奶牛瘤胃发酵参数、泌乳性能的影响

2.1 试验材料与方法

试验选取 20 头泌乳日龄、体重、胎次、产奶量相近的健康的中国荷斯坦奶牛为试验对象分成 4 组。饲喂奶牛 TMR 日粮，每组分别添加 0（对照组）、30、60 和 90g/d 的竹叶提取物。竹叶提取物于每天晨饲前进行投喂，自由饮水，每天挤奶 3 次，时间为 9:00、15:00、21:00。预试期 14 d，正试期 35 d，正试期开始后每周进行瘤胃液和奶样的采集，共采样 6 次。

于晨饲前 1 h 口腔采液器进行瘤胃液采集，每头牛采取 50 mL，pH 计测定瘤胃液 pH 后当场经 4 层纱布过滤，分装存入液氮罐中，返回实验室保存于－80 ℃冰箱中。用于 VFA、NH_3-N 的测定。早、中、晚采集奶样，按照 4∶3∶3 比例进行混合置于 DHI 专用瓶，4 ℃保存，用乳成分分析仪进行乳成分测定，并每天记录试验牛的产奶量。

2.2 试验结果与分析

由表 4 可知，添加竹叶提取物对奶牛产奶量无显著影响，但试验组与对照组相比有上升趋势，并且显著提高乳糖含量（$P<0.05$）。30 g 试验组与其他组相比能够显著提高乳脂校正率和乳蛋白率（$P<0.05$），试验组能够显著抑制乳样中体细胞数，其中 90 g 添加量抑制效果显著（$P<0.05$）。

表 4 饲喂竹叶提取物对奶牛泌乳性能的影响

项目	竹叶提取物添加水平（g/d）				SEM	线性	*P* 值
	0	30	60	90			
产奶量（kg/d）	30.32	32.40	31.68	31.45	1.64	0.601	0.653
乳脂校正乳（kg/d）	34.83^{a}	41.49^{b}	40.04^{ab}	38.40^{ab}	2.03	0.161	0.027
乳脂率（%）	3.96	4.87	4.76	4.59	0.21	0.432	0.483
乳蛋白率（%）	3.23^{b}	3.59^{a}	3.18^{b}	3.35^{b}	0.04	0.621	<0.001
乳糖率（%）	3.97^{b}	4.30^{a}	4.43^{a}	4.61^{a}	0.06	0.001	0.023
尿素氮（mg/dL）	12.59	12.33	12.86	12.25	2.03	0.864	0.832
体细胞数（万个/mL）	15.89^{a}	15.76^{a}	14.48^{ab}	12.68^{b}	3.51	0.017	0.003

从表 5 中得知，饲喂 30 g 竹叶提取物在不影响奶牛瘤胃 pH 及 NH_3-N 浓度的情况下能

够显著提高丙酸、总挥发酸含量，降低乙酸/丙酸比值（$P<0.05$），使得瘤胃发酵模式从乙酸型向丙酸型转变。

表 5 饲喂竹叶提取物对奶牛瘤胃发酵参数的影响

项目	竹叶提取物添加水平（g/d）				SEM	P 值	线性	二次
	0	30	60	90				
pH	6.72	6.72	6.71	6.62	0.017	0.052	0.038	0.054
氨态氮（mg/dL）	14.12	15.04	14.49	14.16	0.325	0.373	0.094	0.628
乙酸（%）	64.78	63.96	64.1	64.27	0.164	0.113	0.300	0.202
丙酸（%）	21.27[b]	22.42[a]	21.60[ab]	21.75[ab]	0.137	0.003	0.526	0.198
乙酸/丙酸	3.06[a]	2.87[b]	2.97[ab]	2.96[ab]	0.025	0.009	0.336	0.174
异丁酸（%）	0.97	0.89	0.85	0.94	0.149	0.077	0.729	0.434
丁酸（%）	10.17	10.01	10.64	10.22	0.144	0.073	0.439	0.597
异戊酸（%）	1.18	1.12	1.13	1.17	0.016	0.260	0.877	0.266
戊酸（%）	1.63	1.6	1.59	1.64	0.036	0.636	0.956	0.830
总挥发性脂肪酸（mmol/L）	85.11[b]	97.65[a]	93.04[ab]	92.22[ab]	1.739	0.050	0.234	0.088

2.3 小结

综上所述，饲喂竹叶提取物能够显著提高泌乳奶牛乳糖含量，其中 30 g/d 添加量能够显著提高乳蛋白含量，体细胞数量与添加剂量呈线性负相关，其中 90 g/d 添加量能够显著降低体细胞数量。

饲喂竹叶提取物能够维持奶牛瘤胃内 pH 的稳定，并在不影响 NH_3-N 浓度的情况下，显著升高丙酸含量，降低乙酸/丙酸比值，瘤胃发酵类型从乙酸型向丙酸型转变。

3 饲喂竹叶提取物对奶牛免疫性能和抗氧化性能影响

3.1 试验材料与方法

试验选取 20 头泌乳日龄、体重、胎次、产奶量相近的健康的中国荷斯坦奶牛为试验对象分组，饲喂奶牛 TMR 日粮，每组分别添加 0（对照组）、30、60 和 90 g 的竹叶提取物。竹叶提取物于每天晨饲前进行投喂，自由饮水，每天挤奶 3 次，时间分别为 9:00、15:00、21:00。预试期 14 d，正试期 35 d，于正试期 0、7、14、21、35 d 进行血液采集。

正试期开始后每周于晨饲后 3 h 进行血液采集，酒精擦拭奶牛尾静脉处皮肤后，用注射器进行采血，采血后用消毒棉球再次擦拭。取 10 mL 血样注入事先标记好含有 EDTA 的抗凝一次性采血管中，室温静置 30 min 后 3 000 *g* 离心 15 min 后获取血浆，血浆样品置于 2 mL 离心管中，−80 ℃冷冻保存，用于血浆中抗氧化指标、免疫指标的检测。

3.2 试验结果与分析

由表 6 中可知，随着竹叶提取物的添加剂量的升高，奶牛血液中淋巴细胞、中性粒细胞均有升高趋势，其中 60 g/d 试验组淋巴细胞数量显著高于对照组（$P<0.05$），30、60 g/d 试验组中性粒细胞数量高于对照组（$P<0.05$）。日粮中添加竹叶提取物导致血细胞数量、嗜酸性粒细胞数量有上升趋势但差异不显著（$P>0.05$）。说明竹叶提取物会影响机体的细胞免疫。

表 6　竹叶提取物对奶牛血细胞数量的影响

项目	竹叶提取物添加水平（g/d）				SEM	P 值	线性	二次
	0	30	60	90				
白细胞（10^9个/L）	7.00	10.03	7.54	9.08	0.619	0.291	0.575	0.725
血细胞（10^9个/L）	5.51	6.42	6.40	6.22	0.257	0.592	0.389	0.400
血小板（10^9个/L）	364.5	335.86	266.29	270.17	16.213	0.326	0.682	0.553
血小板比积（10^9个/L）	0.16	0.14	0.12	0.14	0.007	0.560	0.17	0.395
淋巴细胞（10^9个/L）	1.12^{a}	1.57^{ab}	2.00^{a}	1.29^{ab}	0.124	0.047	0.116	0.048
单核细胞（10^9个/L）	1.13	1.13	1.19	1.08	0.107	0.587	0.584	0.669
中性粒细胞（10^9个/L）	4.15^{a}	6.49^{a}	6.68^{a}	4.76^{ab}	0.342	0.011	0.082	0.218
嗜酸性粒细胞（10^9个/L）	0.25	0.40	0.40	0.45	0.598	0.716	0.295	0.537
嗜碱性粒细胞（10^8个/L）	0.17	0.14	0.14	0.33	0.008	0.827	0.510	0.651
淋巴细胞（%）	19.72^{b}	26.73^{ab}	31.26^{a}	26.00^{ab}	1.342	0.016	0.053	0.007
单核细胞（%）	11.73	10.67	10.16	12.00	0.903	0.889	0.982	0.741
中性粒细胞（%）	49.28^{b}	70.21^{a}	71.07^{a}	64.93^{ab}	3.221	0.042	0.048	0.071
嗜酸性粒细胞（%）	3.12	4.67	4.46	4.67	0.615	0.829	0.522	0.680
嗜碱性粒细胞（%）	0.32	0.43	0.47	0.38	0.063	0.865	0.684	0.691

从表 7 可知，30 g/d 试验组奶牛血清中 IgM、IgA、IgG 含量显著高于对照组（$P<0.05$），其中竹叶提取物试验组 IgG 含量均显著高于对照组（$P<0.01$）。且随着竹叶提取物添加量的升高，血清中 IgM、IgA、IgG 含量有下降的趋势。这说明竹叶提取物能够通过调节免疫球蛋白分泌从而对机体免疫产生影响。

表 7　竹叶提取物对奶牛免疫球蛋白含量的影响

项目	竹叶提取物添加水平（g/d）				SEM	P 值	线性	二次
	0	30	60	90				
IgM（g/L）	2.61^{b}	3.40^{a}	2.88^{ab}	2.80^{b}	0.097	0.026	0.984	0.857
IgA（g/L）	2.60^{b}	3.39^{a}	2.85^{ab}	2.80^{ab}	0.098	0.027	0.592	0.857
IgG（g/L）	22.49^{c}	46.00^{a}	39.01^{ab}	33.42^{b}	0.167	<0.001	0.013	0.001

从表8中可知，随着竹叶提取物含量的增加，IL-4、IL-6和IFN-γ含量呈上升趋势，其中30 g/d试验组的IL-4和IFN-γ含量显著高于对照组（$P<0.05$）。除此之外，30 g/d试验组与对照组相比显著降低了IL-1β和TNF-α含量（$P<0.05$），不影响IL-2的含量。结果表明，竹叶提取物能够调节炎性因子的表达，进而影响机体的免疫功能。

表8 竹叶提取物对奶牛炎性因子含量的影响

项目	竹叶提取物添加水平（g/d）				SEM	P值	线性	二次
	0	30	60	90				
IL-1β（pg/mL）	31.5[a]	28.6[b]	30.3[a]	31.3[a]	0.350	0.003	0.006	0.100
IL-2（pg/mL）	237.79	260.31	254.82	250.89	5.418	0.484	0.374	0.348
IL-4（pg/mL）	327.86[b]	428.18[a]	400.23[a]	398.24[a]	10.687	0.005	0.025	0.008
IL-6（pg/mL）	157.13	174.63	183.60	181.94	6.576	0.433	0.135	0.252
IFN-γ（pg/mL）	405.51[b]	486.20[a]	453.76[ab]	440.29[ab]	10.856	0.011	0.341	0.081
TNF-α（pg/mL）	32.37[a]	27.39[b]	28.13[b]	30.60[ab]	0.562	0.004	0.169	0.002

从表9中可知，GSH-Px活性随着竹叶提取物添加量的增加呈先升高后下降的趋势（$P<0.01$），其中60 g/d试验组活性最高，但与其他试验组无显著差异（$P>0.05$）。SOD活性随着竹叶提取物添加量的升高呈线性升高（$P<0.05$）。添加竹叶提取物组的CAT活性高于对照组（$P<0.05$）。竹叶提取物试验组中MDA活性。显著低于对照组（$P<0.05$）。综上可知，竹叶提取物试验组中SOD、CAT、MDA活性与对照组相比均有显著差异，但试验组内差异不显著。这说明竹叶提取物能够提高奶牛体内抗氧化酶活性，通过抑制脂质过氧化物终产物来提高机体的抗氧化能力。

表9 竹叶提取物对奶牛抗氧化能力的影响

项目	竹叶提取物添加水平（g/d）				SEM	P值	线性	二次
	0	30	60	90				
丙二醛（nmol/mL）	4.07[a]	2.83[b]	3.26[b]	3.25[b]	0.119	0.001	0.026	0.003
过氧化氢酶（U/mL）	3.01[b]	3.56[a]	3.67[a]	3.42[a]	0.131	0.004	0.002	0.001
超氧化物歧化酶（U/mL）	17.96[b]	19.79[a]	20.09[a]	20.92[a]	0.287	0.001	<0.001	0.001
谷胱甘肽过氧化物酶（U/mL）	471.43[b]	495.04[a]	509.91[a]	500.37[a]	2.799	<0.001	<0.001	<0.001

3.3 小结

与对照组相比，竹叶提取物试验组的淋巴细胞数量及其比例、中性粒细胞数量及其比例均显著升高，GSH-Px、SOD、CAT活性显著升高，MDA浓度显著下降，其中随着竹叶提取物添加量升高SOD活性呈正向线性关系，GSH-Px和CAT呈先上升后下降的二次曲线关系。添加30 g竹叶提取物能够显著提高IL-4和IFN-γ含量，抑制IL-1β、TNF-α的产生。

综上所述，竹叶提取物能够提高机体抗氧化性能以及细胞和体液免疫能力，其中日粮中添加 30 g/d 剂量组效果最好。

4 结论

（1）在泌乳奶牛日粮中添加 30～90 g/d 竹叶提取物对奶牛机体无不良影响，且添加竹叶取物 30～90 g/d 可以有效提高牛奶中乳糖含量及乳蛋白含量，高剂量添加可以显著降低乳中体细胞数量，低剂量添加够显著升高瘤胃中丙酸含量，从而降低乙酸/丙酸比值，使瘤胃发酵类型从乙酸型向丙酸型转变。

（2）日粮中添加竹叶提取物能够显著上调免疫球蛋白、抗氧化物酶、IL-4 和 IFN-γ 含量，抑制 MDA、IL-1β 和 TNF-α 含量，有效提高奶牛抗氧化能力及免疫能力。

综上所述，结合奶牛生产性能、免疫性能、抗氧化特性指标考虑，日粮中添加 30 g/d 剂量的竹叶提取物效果最佳。

基于指纹图谱技术的苜蓿和燕麦草中黄酮类营养活性物质分析与评价

饲料端禁抗，养殖端减抗、限抗已经成为我国畜牧产业发展趋势，如何实现畜禽绿色健康养殖成为迫切需要解决的重大科学问题。科学利用饲料原料中天然存在或在加工、动物代谢过程中产生的具有营养调控功能的营养活性物质，从而达到调节肠道健康、维持机体平衡和调节基因表达的生理效果，被认为是解决上述问题和实现畜禽健康营养技术策略的核心环节。但饲料活性成分结构复杂、主效因子不明确，且受产地来源、收获季节、使用部位、加工方式影响较大，成为在养殖业中应用推广的主要障碍。指纹图谱概念来源于人类“指纹”识别技术，现广泛应用于中草药活性成分鉴定和质量评价中。指纹图谱是指采用一定的分析手段，通过色谱图或光谱图标示某些复杂物质，如中药、某种生物体、组织或细胞的DNA、蛋白质的化学成分特征，从而进行成分鉴定及质量控制的一种可量化手段，已经成为国际公认的有效控制天然药物质量的方法。饲料营养活性成分与中药材都具有微量高效、成分复杂的特点。因此，应用指纹图谱技术建立饲料营养活性物质指纹图谱，将能较为全面地反映饲料原料及产品中所含活性物质主效成分的种类与数量，进而对日粮或饲料产品营养活性物质组进行整体描述和评价，在此基础上，如果进一步开展谱效学研究，可使饲料或日粮营养品质与其生理功效真正结合起来，阐明其营养活性物质组的作用机制。

1　紫花苜蓿中总黄酮的最佳提取条件优化与质量评价

1.1　试验材料与方法

测定苜蓿中的干物质含量（DM）、粗蛋白（CP）、中性洗涤纤维（NDF）、酸性洗涤纤维（ADF）、粗脂肪（EE）和粗灰分（CA）指标，并根据美国饲料评价体系计算可消化干物质（DDM）和相对饲喂价值（FRV），进行常规成分质量评价和分级。

精密称取芦丁对照品10 mg，置50 mL容量瓶中加60%乙醇超声溶解，定容至刻度，摇匀。再精密量取25 mL芦丁稀释液置于50 mL容量瓶中，蒸馏水定容至刻度线，摇匀，即得0.1 mg/mL的芦丁标准品溶液。精密吸取标准品溶液0、0.5、1.0、1.5、2.0、2.5、3.0、3.5、4.0、4.5 mL于2 5 mL容量瓶中，加入1.0 mL 5% $NaNO_2$溶液，微微震荡，室温下放置6 min，再加入1.0 mL 10% $Al(NO_3)_3$溶液，微微震荡，室温下放置6 min，再加入10 mL 4% NaOH溶液，最后用30%乙醇定容至刻度，摇匀静置15 min，分别吸取200 μL不同浓度标准品溶液，使用酶标仪在510 nm处测定吸光值，以吸光值为纵坐标、芦丁浓度为横坐标，绘制标准曲线。

采用$NaNO_2$-Al（NO_3）$_3$-NaOH比色法。取苜蓿提取液1.0 mL至25 mL容量瓶中，添加10 mL 30%乙醇，再加入1 mL 5% $NaNO_2$溶液，震荡，放置6 min，加入1.0 mL 10% Al（NO_3）$_3$溶液，微微震荡，放置6 min，加入10mL 4% NaOH溶液，最后以30%乙醇定容至刻度线，精密吸取200 μL于96孔板测定吸光值。

将采集的不同品种新鲜全株苜蓿于65 ℃烘箱中烘48 h，粉碎过40目筛，备用。选取18号苜蓿样品进行提取条件优化，本试验设计乙醇浓度、料液比、超声提取时间三个因素对苜蓿总黄酮提取量的影响，在探讨某个单因素的影响时，固定其余两个参数的数值。乙醇浓度分别选用40、50、60、70、80、90%共6个水平；料液比（g/mL）分别选用1∶20、1∶30、1∶40、1∶50共4个水平；超声提取时间分别选择20、30、40、50、60 min共5个水平，将不同条件下获得的提取液过滤至50 mL容量瓶中，用30%乙醇进行定容制成黄酮提取液，测定苜蓿提取液中总黄酮含量，通过计算得出不同品种苜蓿草总黄酮含量。苜蓿总黄酮含量（mg/g）=（待测液总黄酮含量×50×25）/苜蓿样品质量。

根据优化软件Design Expert（8.0.6）中的Box-Behnken试验设计，结合单因素试验结果，选择乙醇提取浓度、料液比和超声提取时间为相应因素，以苜蓿总黄酮提取量为响应值，设立三个因素三个水平的相应分析进行试验设计（表1），每个因素和水平重复3次，取平均值，优化苜蓿总黄酮的最佳提取条件。

表1 响应面因素水平及编码

因素	水平		
	−1	0	1
乙醇浓度（%）	70	80	90
料液比（g/mL）	1∶20	1∶30	1∶40
提取时间（min）	20	30	40

称取1g苜蓿草样品（过40目筛）至100 mL锥形瓶内，加入80%乙醇溶液30 mL，在超声（频率为100 Hz，温度为20 ℃）条件下提取35 min，自然冷却，加入30%乙醇定容至刻度线，摇匀，经0.22 μm微孔滤膜过滤，取得滤液备用。精密称取苜蓿素对照品、槲皮素对照品、山奈酚对照品、芹菜素对照品、芦丁标准品和异鼠李素标准品各2.5 mg分别溶于25 mL容量瓶中，加甲醇超声溶解后制成0.1%浓度的标准品溶液，分别精密吸取0.5 mL于5 mL离心管中，充分混合后取2 mL过滤后得到混合标准品溶液。采用安捷伦1260型液相色谱仪，该仪器配有自动进样器、柱温控制器、DAD检测器、四元泵和在线脱气器，用于高效液相色谱分析。色谱柱为Luna C18（250 mm×4.6 mm，5 μm）；流动相选择乙腈（A）-0.5%磷酸溶液（B）；梯度洗脱（0～15 min，15%～20% B；15～20 min，20% B；20～55 min，20%～35% B；55～60min，35%～85% B；60～90min，85% B）；流速1.0 mL/min；检测波长350 nm；柱温25 ℃；进样量10 μL。

1.2 试验结果与分析

由表2可知，19个品种苜蓿的干物质、粗蛋白、粗脂肪、酸性洗涤纤维和中性洗涤纤维含量和相对饲喂价值均存在极显著差异（$P<0.01$），按照中国畜牧业协会团体标准将19个品种苜蓿分为二级和三级，其中WL168HQ、WL358HQ和WL354HQ相对饲喂价值较高，希模、WL525HQ和WL440HQ的相对饲喂价值较低。

表2　苜蓿中常规养分测定与评价

样品	干物质	粗蛋白	粗脂肪	酸性洗涤纤维	中性洗涤纤维	粗灰分	相对饲喂价值	等级
WL343HQ	95.29%	17.987%	1.48%	35.23%	43.32%	8.26%	132.54	二级
WL168HQ	93.67%	18.484%	1.08%	32.55%	40.42%	8.51%	146.24	二级
WL358HQ	95.64%	17.754%	1.20%	33.67%	40.31%	9.19%	144.64	二级
WL354HQ	95.60%	18.391%	3.50%	31.74%	42.09%	8.65%	141.87	二级
WL326GZ	95.01%	19.153%	3.22%	35.18%	45.21%	8.99%	126.57	三级
希模	95.33%	16.865%	1.97%	37.54%	48.49%	9.34%	114.44	三级
WL366HQ	93.30%	17.840%	3.25%	32.53%	43.41%	8.81%	136.25	二级
420YQ	94.65%	15.505%	1.58%	34.03%	42.70%	8.55%	135.95	二级
416WET	94.91%	16.920%	0.79%	35.66%	44.34%	9.00%	128.25	三级
先行者	95.17%	18.807%	0.88%	35.66%	42.02%	8.76%	135.34	二级
WL525HQ	95.14%	15.757%	2.36%	39.10%	48.63%	8.21%	111.81	三级
WL363HQ	93.89%	18.527%	1.83%	34.95%	41.88%	8.09%	136.99	二级
法多	95.31%	17.949%	2.26%	33.83%	47.62%	8.73%	122.20	三级
WL440HQ	95.20%	17.037%	0.35%	40.09%	47.86%	8.29%	112.13	三级
WL298HQ	95.56%	17.638%	2.02%	34.82%	43.87%	8.61%	131.01	二级
WL353HQ	95.42%	18.169%	2.08%	35.27%	46.00%	8.69%	124.22	三级
西班牙苜蓿	91.45%	19.230%	1.89%	32.39%	40.63%	9.88%	145.77	二级
美国苜蓿	90.50%	17.325%	6.07%	35.11%	45.34%	6.84%	126.32	三级
国产苜蓿	91.36%	16.607%	0.58%	36.97%	45.45%	6.94%	123.05	三级
P值	<0.001	<0.001	<0.001	<0.001	<0.001	0.0863	<0.001	

如图1所示，在相同条件下，随乙醇浓度的增加，苜蓿草中提取的总黄酮含量逐渐增加，在乙醇浓度为80%时提取量达到最高，为10.27 mg/g，随乙醇浓度的增加，总黄酮含量下降。分析原因可能是由于苜蓿黄酮结构中均含有2-苯基色原酮呈弱极性，根据相似相溶原理，乙醇浓度为80%时与苜蓿黄酮成分的极性相近，溶出度最高；而随着乙醇浓度的增加，提取液的极性增大，不利于黄酮成分的溶出，使提取率下降。

由图2可知，在相同条件下，当料液比为1∶20（g/mL）～1∶30（g/mL）时，随着溶剂体积的增大，苜蓿总黄酮提取量不断升高，从8.42 mg/g到10.41 mg/g；当溶剂体积大于30倍时，黄酮的提取量开始降低，故溶剂体积在一定范围内的增加有利于黄酮类化合物的溶出，最终确定苜蓿总黄酮提取的最佳料液比为1∶30（g/mL）。

由图3可知，当提取时间为20～30 min时，苜蓿总黄酮提取量随着时间的增加逐渐增多，由8.35 mg/g提高至10.27 mg/g；30～60 min时，随提取时间的增加，苜蓿中总黄酮

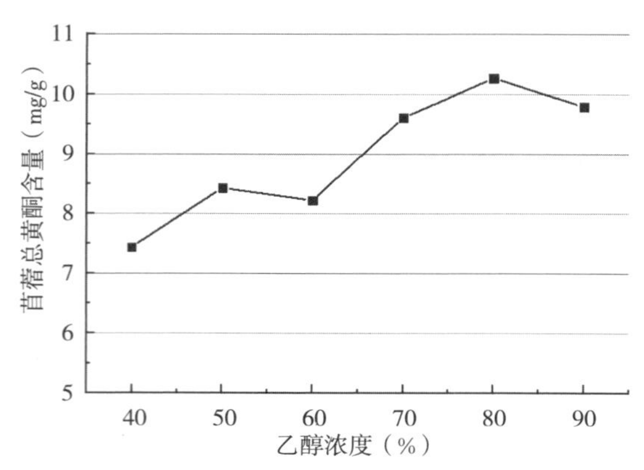

图 1 乙醇提取浓度对苜蓿总黄酮提取量的影响

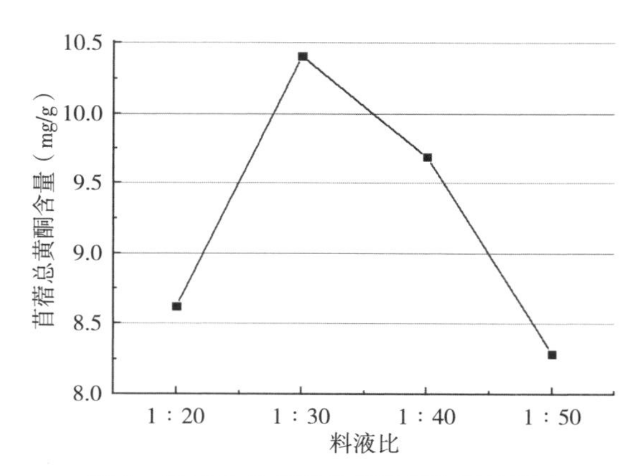

图 2 料液比对苜蓿总黄酮提取量的影响

含量先出现大幅下降，之后有所回升，但远低于 30 min 时苜蓿黄酮提取量，最终选择提取时间为 30 min。

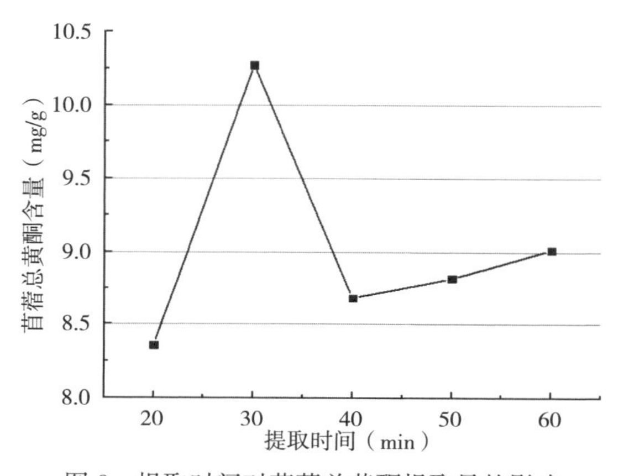

图 3 提取时间对苜蓿总黄酮提取量的影响

本试验各因素间交互作用如图 4 至图 6（彩图 11 至彩图 13）所示。响应面的坡度大小表示该因素对苜蓿总黄酮提取量的影响大小，另外，椭圆曲线排列密集说明该因素对总黄酮提取量影响大，等高线越接近椭圆形，表明两因素交互作用越明显。综合分析可直观地看出，乙醇浓度和料液比对总黄酮的提取量影响最明显，提取时间和乙醇浓度、料液比之间对总黄酮提取量的交互作用次之。由优化后的模型可知，最佳提取条件为乙醇浓度 80.45%、料液比 1∶32、提取时间 33.49 min，考虑到可操作性，选取乙醇浓度 80%、料液比 1∶30、提取时间 35 min 为最佳提取条件，分别对试验的精密度、重复性和稳定性进行考察，结果表明，RSD 值均小于 5%，证明该提取条件可行。

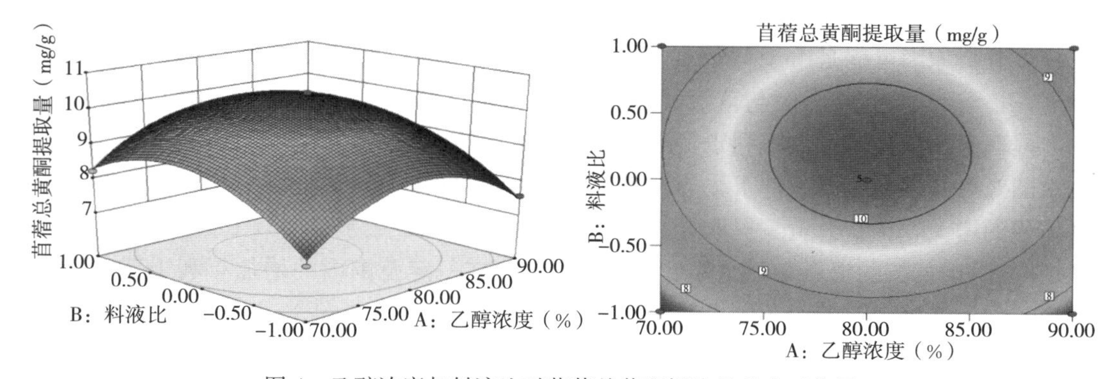

图 4 乙醇浓度与料液比对苜蓿总黄酮提取量的交互作用

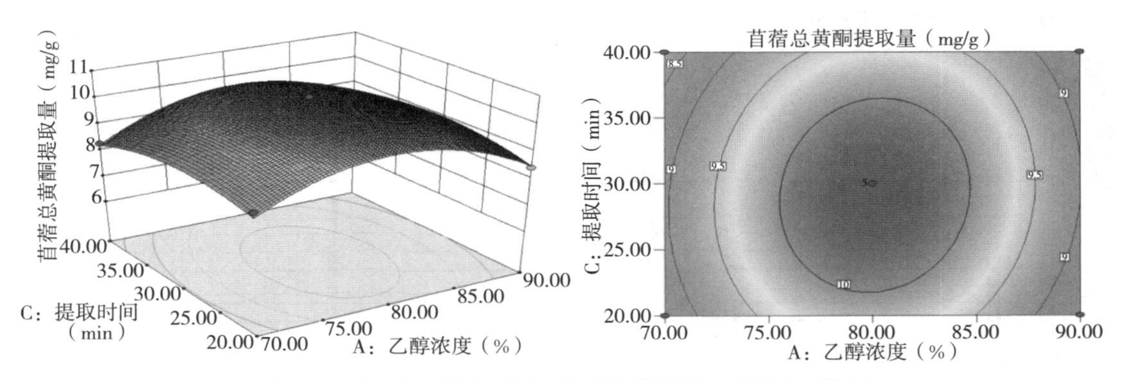

图 5　乙醇浓度与提取时间对苜蓿总黄酮提取量的交互作用

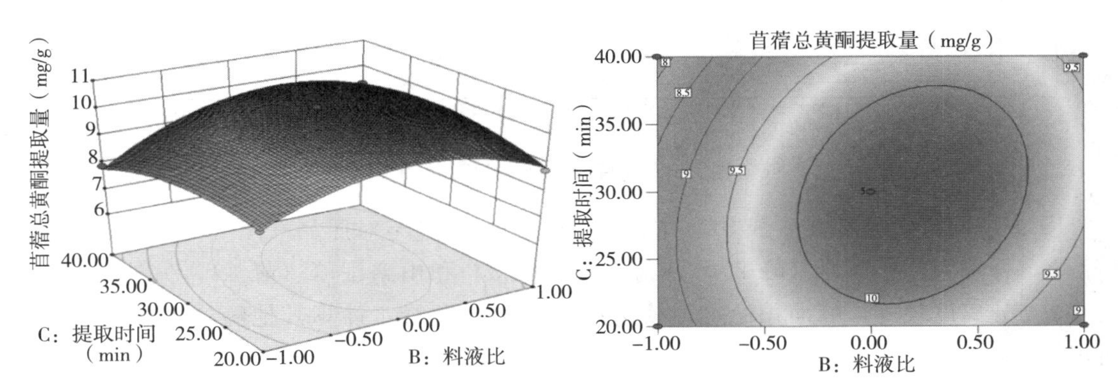

图 6　料液比与提取时间对苜蓿总黄酮提取率的交互作用

由表 3 可以看出，不同品种的苜蓿总黄酮含量存在极显著差异（$P<0.001$），其中希模、WL363HQ 和美国苜蓿 3 个品种的总黄酮含量较高，分别为 10.010 mg/g、10.476 mg/g 和 10.218 mg/g；WL366HQ、WL525HQ 和先行者 3 个品种总黄酮含量较低，分别为 8.091 mg/g、8.016 mg/g 和 8.027 mg/g，整体看 19 个苜蓿品种总黄酮含量平均为（9.101±0.790）mg/g。

表 3　不同苜蓿品种总黄酮含量（mg/g）

编号	品种	苜蓿总黄酮含量	编号	品种	苜蓿总黄酮含量
1	WL343HQ	8.683	11	WL525HQ	8.016
2	WL168HQ	9.483	12	WL363HQ	10.476
3	WL358HQ	8.554	13	法多	8.949
4	WL354HQ	9.613	14	WL440HQ	9.742
5	WL326GZ	8.418	15	WL298HQ	9.550
6	希模	10.010	16	WL353HQ	9.609
7	WL366HQ	8.091	17	西班牙苜蓿	9.884
8	420YQ	8.491	18	美国苜蓿	10.218
9	416WET	8.354	19	国产苜蓿	8.751
10	先行者	8.027			

取19批不同苜蓿品种（编号S1～S19）各1.0 g进行分析，得到HPLC指纹图谱如图7所示。

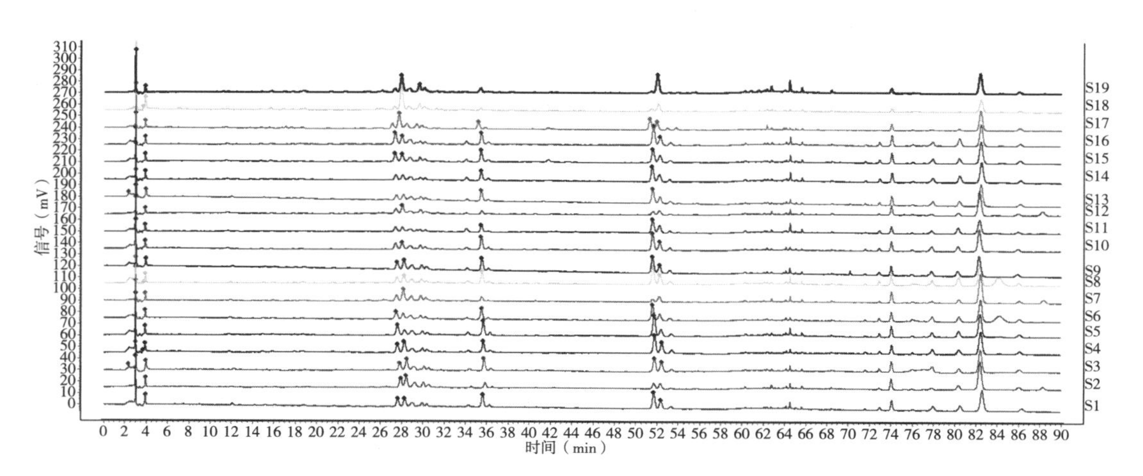

图7　不同苜蓿品种的HPLC图

19个不同苜蓿品种共生成9个共有峰（图8），通过与对照品（图9）比对，共指认3个峰，分别为芹菜素峰（峰2），苜蓿素峰（峰3）和山奈酚峰（峰4），另外峰5、6、7、8、9分离度较好，峰面积稳定，故选用峰8为参照峰，计算其他峰的保留时间和峰面积。

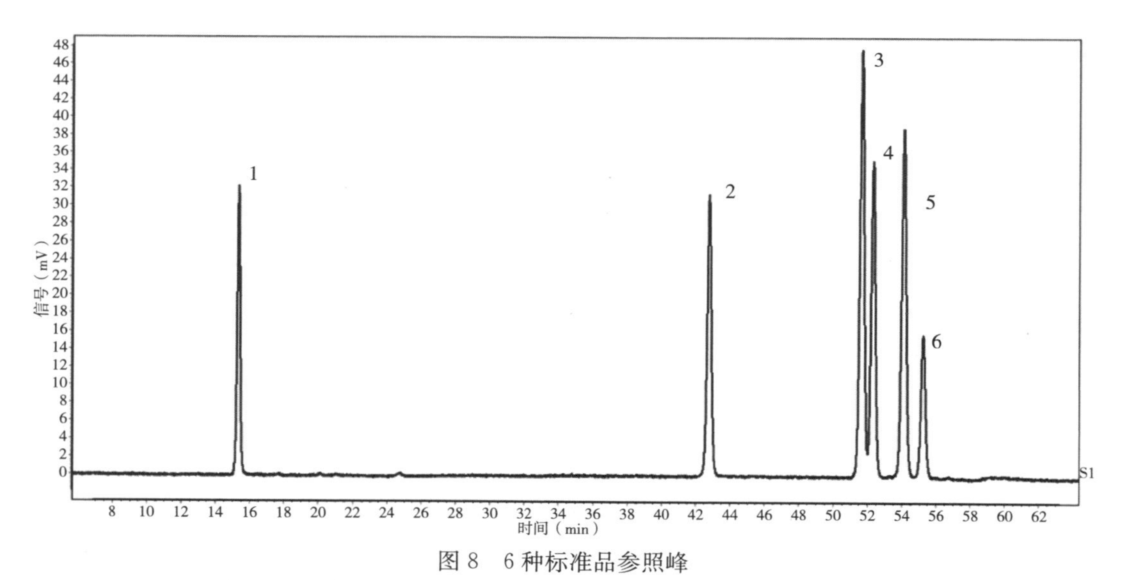

图8　6种标准品参照峰

注：峰1为芦丁；峰2为槲皮素；峰3为芹菜素；峰4为苜蓿素；峰5为山奈酚；峰6为异鼠李素

以19种苜蓿的对照特征图谱为参照峰，对19批不同品种苜蓿的特征图谱进行相似度评价，分析结果见表4。19批苜蓿草成分相似度在0.475～0.962，可见不同品种苜蓿间成分差异较大，说明苜蓿生长环境对成分含量影响较大。

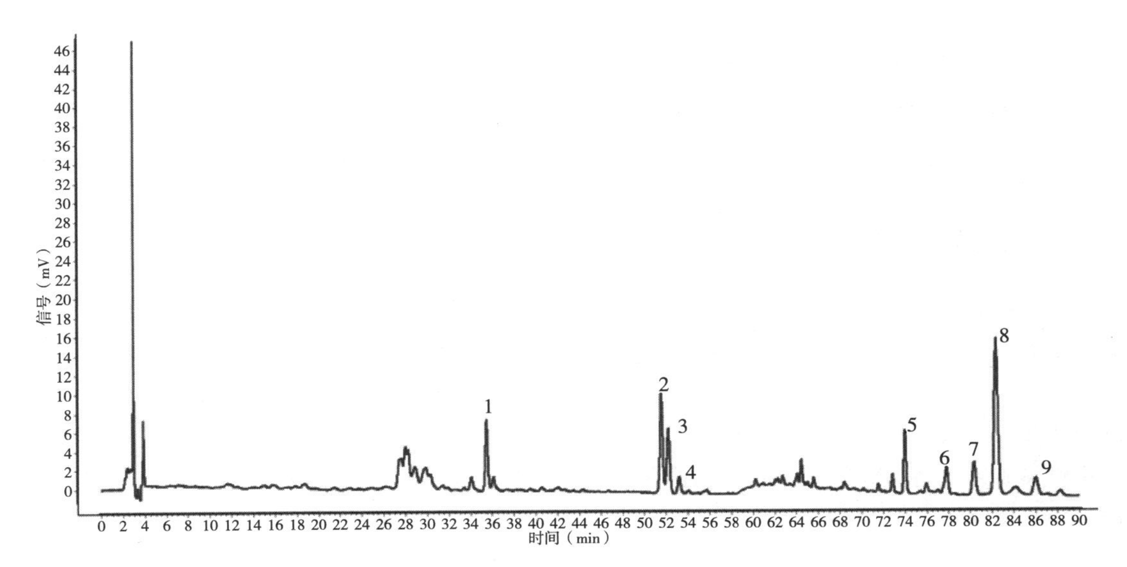

图 9 19 种不同苜蓿品种的对照图谱

注：峰 1 为染料木黄酮；峰 2 为芹菜素；峰 3 为苜蓿素；峰 4 为山奈酚；峰 5 为异鼠李素；峰 6 为未鉴别；峰 7 为大豆素；峰 8 为金圣草素；峰 9 为未鉴别

表 4 19 个苜蓿品种的相似度分析

编号	相似度	编号	相似度	编号	相似度
S1	0.937	S7	0.506	S13	0.906
S2	0.559	S8	0.952	S14	0.915
S3	0.962	S9	0.931	S15	0.905
S4	0.923	S10	0.854	S16	0.906
S5	0.879	S11	0.918	S17	0.790
S6	0.892	S12	0.628	S18	0.581
				S19	0.475

1.3 小结

不同品种苜蓿在粗蛋白、粗脂肪、酸性洗涤纤维和中性洗涤纤维等常规营养物质上存在极显著差异，依据我国苜蓿干草分级标准，19 种紫花苜蓿均属于二级和三级，通过响应面法对苜蓿总黄酮提取工艺条件进行优化，取得了较好的效果，最终确定了提取条件为乙醇浓度 80%、料液比 1∶30、超声时间 35 min，在此工艺条件下所得总黄酮的提取量为 10.351 mg/g。另外通过对 19 个常用苜蓿品种中总黄酮的提取，发现苜蓿中总黄酮含量存在极显著差异（$P<0.001$），这可以为今后紫花苜蓿饲草资源的深入研究和开发提供参考。

2 燕麦草中的总黄酮的最佳提取条件优化与质量评价

2.1 试验材料与方法

同上。

2.2 试验结果与分析

湿化学法检测 18 种燕麦草常规营养成分，结果如表 5 所示，其干物质、粗蛋白、粗脂肪、酸性洗涤纤维、中性洗涤纤维、粗灰分均呈现极显著差异性（$P<0.01$），其中甘肃运宝、燕王、领袖和甘肃三宝粗蛋白含量大于 12%；赤峰、燕王、领袖和甘肃三宝酸性洗涤纤维小于 33%；澳大利亚 1、燕王、澳大利亚 3、澳大利亚 2、国产绿燕麦 2 和甘肃三宝燕麦中性洗涤纤维小于 55%。由此判断燕王、领袖和甘肃三宝 3 个品种燕麦为特级燕麦，甘肃运宝、澳大利亚 1 为一级燕麦，其余品种分别为二级或三级。

表 5 燕麦草中常规养分测定与评价

样品	干物质	粗蛋白	粗脂肪	酸性洗涤纤维	中性洗涤纤维	粗灰分	相对饲喂价值	等级
甘肃运宝	91.78%	12.232%	0.99%	35.808 1%	57.839 9%	6.45%	98.11	一级
赤峰	92.06%	10.025%	1.67%	32.579 0%	63.901 7%	9.19%	81.13	二级
通州星宝	92.86%	9.895%	0.75%	37.178 7%	56.291 2%	6.75%	99.05	三级
澳大利亚 1	92.19%	11.785%	1.99%	35.315 1%	46.979 5%	6.88%	136.98	一级
金龙腾达	90.35%	9.979%	2.01%	36.907 8%	59.070 0%	6.83%	94.72	二级
燕王	90.75%	12.762%	2.26%	31.637 8%	52.375 7%	6.54%	114.12	特级
领袖	91.29%	12.756%	1.89%	32.756 4%	57.958 8%	7.44%	101.73	特级
金塔盛地	92.81%	9.794%	1.70%	36.438 7%	56.967 8%	6.51%	98.81	二级
澳大利亚 3	92.02%	10.894%	1.48%	36.108 9%	48.970 9%	5.11%	130.24	二级
国产黄燕麦 1	92.06%	10.486%	0.92%	33.974 8%	60.368 3%	6.95%	96.21	二级
国产黄燕麦 2	91.65%	10.297%	2.59%	33.010 1%	57.118 7%	6.80%	105.44	二级
国产绿燕麦 1	92.39%	10.287%	1.40%	33.294 2%	51.918 0%	8.74%	115.61	二级
国产绿燕麦 2	92.14%	9.925%	2.10%	34.799 3%	45.641 7%	8.15%	132.29	二级
澳大利亚 2	92.98%	10.476%	0.87%	36.054 2%	46.449 5%	4.27%	137.39	三级
旧具国产	92.02%	7.017%	1.85%	37.321 0%	59.123 8%	7.95%	94.13	三级
甘肃三宝	91.83%	12.865%	2.29%	32.652 2%	52.587 4%	7.91%	112.26	特级
甘肃全方	92.65%	10.597%	0.35%	36.788 9%	57.811 3%	8.81%	96.93	三级
普瑞牧	93.53%	9.735%	2.03%	37.452 6%	56.153 1%	7.26%	98.94	三级
P 值	<0.001	<0.001	<0.001	<0.001	<0.001	0.086 3	<0.001	

通过 Design-Expert 8.0.6 软件，将提取时间（A）、乙醇浓度（B）、液料比（C）的交互作用进行分析，做出响应面分析图和等高线图，该图组可反映各因素及其交互作用对燕麦

草总黄酮提取量的影响，具体如图 10 至图 12（彩图 14 至彩图 16）所示。由优化后的模型可知，最佳提取条件为乙醇浓度 81.23%、料液比 1∶38、提取时间 26.76 min，考虑到可操作性，选取乙醇浓度 80%、料液比 1∶40、提取时间 25 min 为最佳提取条件，分别对试验的精密度、重复性和稳定性进行考察，结果表明，RSD 值均小于 5%，证明该提取条件可行。

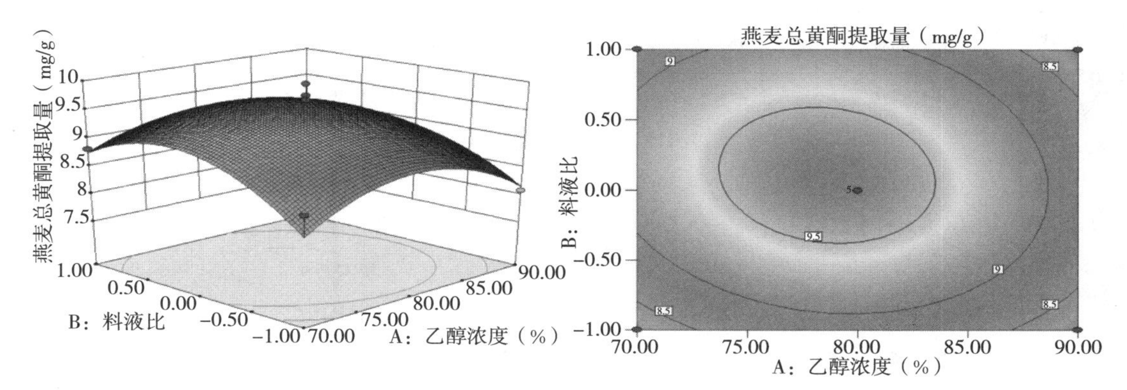

图 10　乙醇浓度与料液比对燕麦总黄酮提取量的交互作用

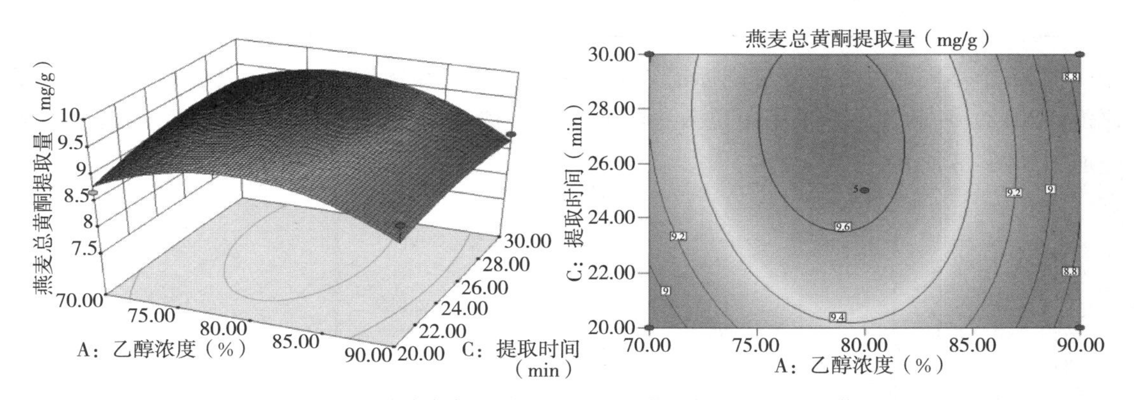

图 11　乙醇浓度与提取时间对燕麦总黄酮提取量的交互作用

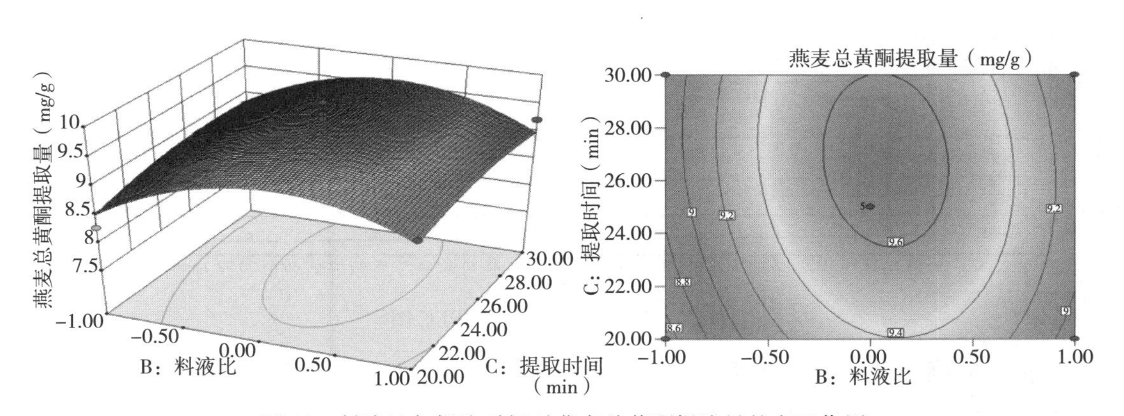

图 12　料液比与提取时间对燕麦总黄酮提取量的交互作用

在最优提取工艺条件下，对18个不同品种来源的燕麦总黄酮进行测定，由表6可知，18种燕麦草总黄酮含量存在极显著差异（$P<0.01$），其中领袖燕麦总黄酮含量显著高于其他品种，为10.151 mg/g，澳大利亚燕麦次之；旧具国产燕麦总黄酮含量最低，仅为5.503 mg/g，由此可知燕麦中总黄酮含量受品种影响较大。

表6　不同品种燕麦中总黄酮含量（mg/g）

编号	品种	燕麦总黄酮含量	编号	品种	燕麦总黄酮含量
1	甘肃运宝	7.827	10	国产黄燕麦1	7.562
2	赤峰	7.429	11	国产黄燕麦2	7.230
3	通州星宝	6.566	12	国产绿燕麦1	7.894
4	澳大利亚1	9.288	13	国产绿燕麦2	7.694
5	金龙腾达	6.699	14	澳大利亚2	9.491
6	燕王	7.761	15	旧具国产	5.503
7	领袖	10.151	16	甘肃三宝	6.964
8	金塔盛地	7.894	17	甘肃全方	6.300
9	澳大利亚3	7.296	18	普瑞牧	6.964

将18个不同品种燕麦草分别标记“S1～S18”，将指纹图谱导入《中药指纹图谱相似度评价（2012）》软件中，采用中位数法，通过多点校正，全谱峰匹配，18批燕麦指纹图谱叠加图如图13所示。

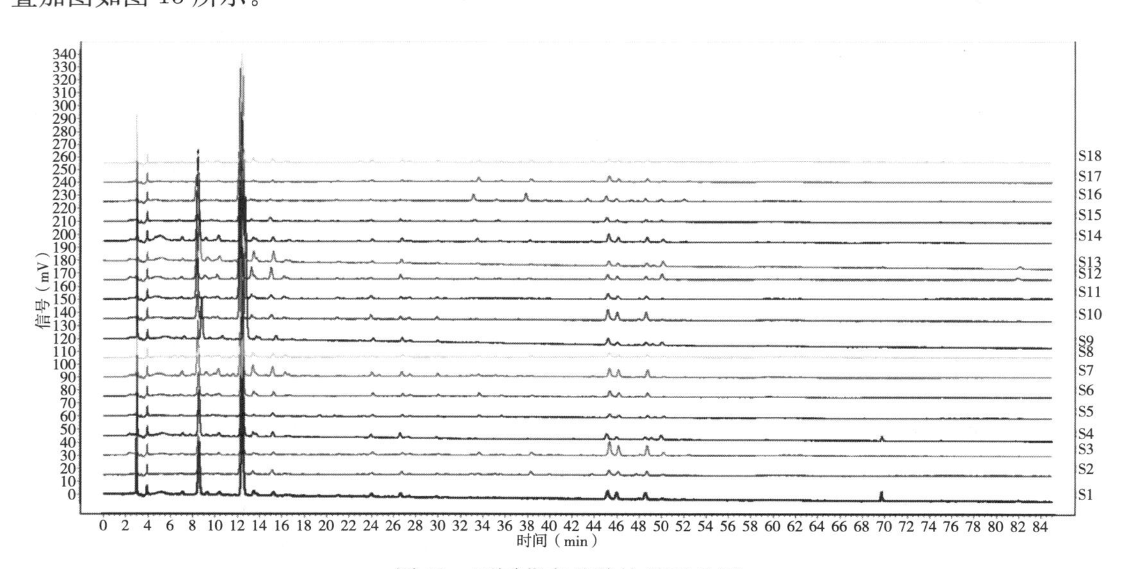

图13　不同燕麦品种的HPLC图

根据不同燕麦品种中共有峰的保留时间和峰面积，可知峰2为燕麦黄酮中主要活性成分，其次为峰1。以特征图谱为参照计算相似度，可知18个燕麦品种相似度在0.941～0.999，表明不同燕麦品种之间存在一定差异（表7）。

表 7 18 个燕麦品种的相似度分析

编号	相似度	编号	相似度
S1	0.986	S10	0.993
S2	0.974	S11	0.998
S3	0.964	S12	0.996
S4	0.999	S13	0.997
S5	0.964	S14	0.941
S6	0.998	S15	0.972
S7	0.997	S16	0.980
S8	0.987	S17	0.982
S9	0.999	S18	0.985

2.3 小结

燕麦总黄酮的最佳提取条件为乙醇浓度 81.23%、料液比 1∶38、提取时间 26.76 min，且乙醇浓度对燕麦黄酮总黄酮提取量影响最大，同时在最佳提取条件下，对 18 种不同品种来源的燕麦草总黄酮含量进行测定，结果表明其总黄酮含量存在极显著差异，其中领袖燕麦黄酮含量最高，为 10.151 mg/g，旧具国产燕麦总黄酮含量最低，仅为 5.503 mg/g。

3 结论

苜蓿黄酮的最佳提取条件为乙醇浓度 80.45%、料液比 1∶32、提取时间 33.49 min ，且不同品种苜蓿间总黄酮含量存在极显著差异，结合指纹图谱及现代分析技术，基于黄酮种类及含量，将 19 种苜蓿分为两大类，与常规成分分级存在差异，将指纹图谱分级作为评价指标之一能够更全面地对饲料原料进行质量评价。燕麦总黄酮最佳提取条件为乙醇浓度 81.23%、料液比 1∶38、提取时间 26.76 min，且不同品种燕麦间总黄酮含量存在极显著差异，结合指纹图谱及现代分析技术，基于黄酮种类及含量，将 18 种燕麦分为三大类，与常规成分分级存在差异，表明将指纹图谱分级作为评价指标之一能够更全面地对饲料原料进行质量评价。

奶牛 TMR 总黄酮指纹图谱构建及“谱-效”关系研究

随着人们对畜产品需求的不断增加，集约化、规模化成为畜牧业的主要生产模式，这种模式也导致了环境压力以及畜产品质量安全问题，如甲烷排放量增加、抗生素残留和疾病传染等。在此条件下，对动物的日粮配方提出新的挑战，在保证其营养供给全面、充足、平衡，能够满足机体自身生长发育需要之外，还能够为动物的健康防御起到保护作用，即在制定日粮配方时将有生理调节和防御功能的微量和超微量营养活性物质纳入考虑范围。

黄酮类营养活性物质是营养活性物质中含量较为丰富，结构相对稳定，其广泛存在于苜蓿、大豆等奶牛植物饲料原料当中，是植物生长周期中自然产生的次生代谢产物，主要以化合物和游离的形式存在。天然植物或者常规饲料中提取的黄酮具有抗菌、消肿、解热的作用，还可以有效减缓奶牛的氧化应激等，在畜牧业开发利用研究上具有广泛的应用前景。黄酮类营养活性物质结构复杂、主效因子不明确，且受产地来源、收获季节、使用部位、加工方式影响较大，导致研究异常复杂，尤其是对其作用机制尚不十分清楚，成为在养殖业中应用推广的主要障碍。中医指纹图谱技术的发展为解决这一问题提供了技术途径。利用指纹图谱技术研究饲料活性物质的主要目的，一是监测饲料之间的相似度及差异性，二是结合其作用后的效果以确定饲料成分与生物学功能之间的相关性。在此基础上，进一步开展谱效应关系研究，使饲料或日粮营养品质与其生理功效真正地结合起来，阐明其黄酮类营养活性物质组的作用机制。利用现代技术手段，开展饲料中黄酮类化合物指纹图谱的分析和图谱数据库的构建，对促进饲料中黄酮类化合物的研究、应用和标准化的发展，进而促进我国养殖业的健康发展具有重大研究意义。

饲料中的黄酮类营养活性物质具有抗氧化、抗炎和免疫调节、肿瘤抑制以及生长调控功能，这些活性物质在动物体或者人体内发挥作用与其结构与含量密不可分，指纹图谱技术通过对化合物进行结构和含量鉴定，采用现代分析技术，找到其作用的主效因子，将有助于进一步进行黄酮类营养活性物质的作用途径和机制研究。本文主要研究响应面法优化提取奶牛 TMR 中总黄酮的方法，对奶牛 TMR 中黄酮类营养活性物质进行定性定量分析，对 TMR 中黄酮类营养活性物质及其体外发酵参数及奶牛 DHI 指标进行相关性分析。

1 奶牛 TMR 中总黄酮提取方法研究

1.1 试验材料与方法

奶牛 TMR 采自北京、天津、河北三地 20 个不同牧场单产 12 t 以上的泌乳高产奶牛的 TMR，早晨投喂之后按照上、中、下层 1∶1∶1 混合，并分别收集采食对应 TMR 的奶牛该月的 DHI 报告用作后续分析。将收集的 20 个牛场的 TMR 在 65 ℃条件下烘干 24 h 获得风干饲料，粉碎之后过 40 目筛，保存在干燥器中。

测定 TMR 中的干物质含量（DM）、粗蛋白（CP）、中性洗涤纤维（NDF）、酸性洗涤纤维（ADF）、粗脂肪（EE）和粗灰分（Ash）指标。称取风干研磨后 1.0 g 奶牛 TMR 粉于锥形瓶中，在一定的条件下进行总黄酮的水浴提取或超声提取，然后将得到的提取液抽滤，用 30%乙醇定容至 100 mL 容量瓶，备用。配制一系列不同浓度梯度的芦丁标准溶液，用酶标仪测定吸光度，以芦丁浓度（μg/mL）为横坐标，吸光度为纵坐标，绘制标准曲线。

1.2 试验结果与分析

由表 1 可知，20 种不同来源的 TMR 除了酸性洗涤纤维含量有显著差异（$P=0.031$）之外，干物质、粗蛋白、粗脂肪、中性洗涤纤维和粗灰分含量之间差异均不显著（$P>0.05$）。

表 1 TMR 中常规养分测定与评价（%，烘干状态下）

样品	干物质	粗蛋白	粗脂肪	酸性洗涤纤维	中性洗涤纤维	粗灰分
S1	97.81	18.64	3.74	12.48	26.60	10.84
S2	98.03	18.49	4.42	16.29	34.90	11.12
S3	97.86	19.55	4.20	13.51	34.35	10.78
S4	97.70	18.63	4.72	15.11	34.26	6.88
S5	97.83	18.79	4.12	14.01	28.08	9.95
S6	97.85	18.03	3.92	14.04	31.19	9.96
S7	97.67	17.85	3.93	11.30	29.06	9.09
S8	97.40	17.78	3.39	12.67	28.37	9.86
S9	97.54	18.97	4.00	10.44	28.48	8.27
S10	97.78	19.26	5.07	13.28	30.00	10.30
S11	97.67	18.25	4.99	11.70	36.30	9.57
S12	97.71	19.03	4.77	12.23	28.36	9.04
S13	97.16	17.67	2.07	26.56	43.91	8.04
S14	96.71	14.87	4.98	26.77	35.86	7.02
S15	97.16	17.91	4.28	19.81	33.24	8.85
S16	97.09	18.69	3.35	21.13	37.66	8.38
S17	97.08	17.48	2.11	17.98	39.60	8.50
S18	97.31	18.37	4.45	16.78	37.53	10.25
S19	96.74	19.84	3.08	23.70	32.41	9.23
S20	96.83	18.66	3.95	19.32	42.69	7.39
P 值	0.068	0.172	0.052	0.031	0.195	0.487

由图 1 可知，对标准曲线进行拟合，得到芦丁浓度（x）与吸光度（y）的关系的回归方程：$y=6.2758x+0.0387$（$R^2=0.9995$），线性关系极显著，表明芦丁溶液浓度在

0.00～0.02 mg/mL 内与吸光度线性关系良好。

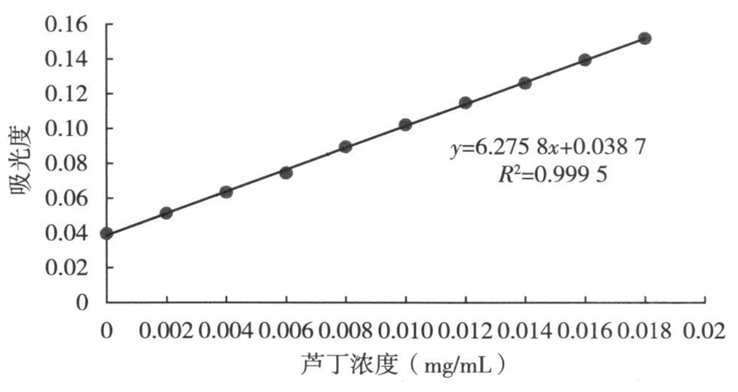

图 1　芦丁浓度的标准曲线

由图 2 可知，奶牛 TMR 总黄酮提取量会受到乙醇浓度、料液比、提取温度和提取时间的影响，呈现先增后减的变化。通过单因素分析，最终确定最佳水浴醇提奶牛 TMR 总黄酮的条件为：乙醇浓度为 80%、料液比为 1∶30、提取温度为 80 ℃、提取时间为 80 min。这种条件下得到的总黄酮提取量最高，为 9.15 mg/g。

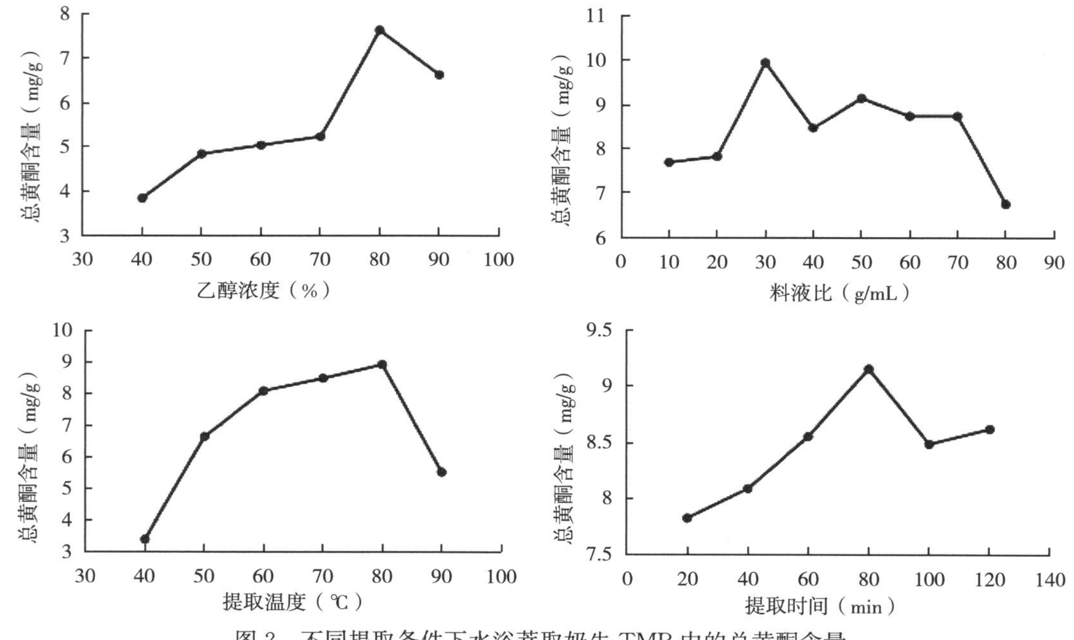

图 2　不同提取条件下水浴萃取奶牛 TMR 中的总黄酮含量

以奶牛 TMR 中总黄酮提取量为响应值，选取乙醇浓度、提取温度、料液比、提取时间四因素三水平进行试验设计，因素水平见表 2。

表 2　因素水平编码

水平	因素			
	乙醇浓度（%）	提取温度（℃）	提取时间（min）	料液比
−1	70	70	60	1∶20

（续）

水平	因素			
	乙醇浓度（%）	提取温度（℃）	提取时间（min）	料液比
0	80	80	80	1∶30
+1	90	90	100	1∶40

采用响应面法优化奶牛 TMR 黄酮提取工艺，结果见表 3。

表 3　响应面分析方案及试验结果

序号	乙醇浓度（%）	提取温度（℃）	提取时间（min）	料液比	总黄酮提取量（mg/g）
1	80	80	100	1∶40	8.318 1
2	70	80	80	1∶40	6.281 5
3	80	90	100	1∶30	6.231 1
4	80	80	80	1∶30	8.920 5
5	70	70	60	1∶30	6.364 0
6	80	70	80	1∶20	7.080 1
7	90	80	60	1∶30	8.373 7
8	80	90	80	1∶20	7.325 3
9	80	90	80	1∶40	8.571 2
10	80	80	80	1∶30	9.415 5
11	80	80	60	1∶30	8.373 8
12	70	80	80	1∶30	6.233 0
13	90	80	80	1∶20	7.776 3
14	80	80	60	1∶40	8.487 4
15	90	80	80	1∶40	7.976 3
16	80	80	100	1∶20	8.023 7
17	80	80	80	1∶30	9.618 4
18	80	80	80	1∶30	9.470 9
19	80	80	80	1∶30	8.674 2
20	70	80	80	1∶20	6.429 6
21	90	80	100	1∶30	7.623 2
22	90	70	80	1∶30	7.327 5
23	80	80	60	1∶20	7.129 1
24	80	90	80	1∶40	8.620 1
25	70	80	100	1∶30	6.383 0
26	80	70	60	1∶30	7.773 2
27	70	70	80	1∶30	6.927 2
28	80	70	100	1∶30	8.124 8
29	90	90	80	1∶30	7.427 8

由表4可知，失拟项 $P=0.3712>0.05$，差异不显著，说明没有失拟因素；结合模型 $P=0.0001\leqslant 0.0001$，差异极其显著，可以看出模型拟合效果很好。根据 F 值可知，4个因素对TMR中总黄酮提取量的影响大小依次为：乙醇浓度>料液比>提取温度>提取时间。

表4 响应面分析法方差分析

方差来源	平方和	自由度	均方	F 值	P 值
模型	26.00	14	1.86	8.47	0.000 1
A	5.18	1	5.16	23.63	0.000 3
B	0.36	1	0.36	1.65	0.220 0
C	0.27	1	0.27	1.23	0.286 7
D	1.68	1	1.68	7.66	0.015 1
AB	0.16	1	0.16	0.72	0.410 6
AC	0.15	1	0.15	0.67	0.425 2
AD	0.03	1	0.03	0.14	0.715 8
BC	1.56	1	1.56	7.09	0.018 6
BD	0.022	1	0.022	0.099	0.758 2
CD	0.28	1	0.28	1.29	0.275 1
A^2	13.37	1	13.37	60.92	<0.000 1
B^2	4.40	1	4.40	20.07	0.000 5
C^2	2.96	1	2.96	13.48	0.002 5
D^2	2.13	1	2.13	9.72	0.007 6
残差	3.07	14	0.22		
失拟项	2.42	10	0.24	1.50	0.371 2
纯误差	0.65	4	0.16		
总和	29.07	28			

注：A表示乙醇浓度，B表示提取温度，C表示提取时间，D表示料液比。

总黄酮提取量为响应值，选取乙醇浓度、料液比、提取时间三因素三水平进行试验设计，因素水平见表5。

表5 因素水平编码

水平	因素		
	乙醇浓度（%）	料液比	超声时间（min）
−1	80	1∶30	35
0	90	1∶40	40
+1	100	1∶50	45

响应面法优化奶牛TMR黄酮提取工艺，结果见表6。

表 6　响应面分析方案及试验结果

序号	乙醇浓度（%）	料液比	超声时间（min）	总黄酮提取量（mg/g）
1	100	1∶30	40	8.370 4
2	90	1∶40	40	11.736 6
3	90	1∶40	40	11.217 3
4	100	1∶40	45	8.155 6
5	90	1∶40	40	11.563 8
6	90	1∶30	35	8.481 9
7	80	1∶40	45	8.517 1
8	90	1∶50	45	10.114 2
9	90	1∶40	40	11.217 3
10	80	1∶30	40	7.772 5
11	90	1∶40	40	11.209 2
12	80	1∶50	40	9.884 9
13	100	1∶40	35	9.752 1
14	100	1∶50	40	9.818 5
15	90	1∶50	35	11.279 0
16	90	1∶30	45	10.811 0
17	80	1∶40	35	8.223 6

由表 7 可知，失拟项 $P=0.059\ 3>0.05$，差异不显著，说明没有失拟因素；结合模型 $P=0.000\ 5<0.05$，差异显著，可以看出模型拟合效果较好。根据 F 值可知，3 个因素对 TMR 中总黄酮提取量的影响大小依次为：料液比>乙醇浓度>提取时间。

表 7　响应面分析法方差分析

方差来源	平方和	自由度	均方	F 值	P 值
模型	29.45	9	3.27	17.35	0.000 5
A	0.36	1	0.36	1.91	0.209 3
B	4.01	1	4.01	21.23	0.002 5
C	2.40×10^{-3}	1	2.40×10^{-3}	0.01	0.913 3
AB	0.11	1	0.11	0.58	0.469 4
AC	0.89	1	0.89	4.73	0.066 0
BC	3.05	1	3.05	16.18	0.005 0
A^2	16.31	1	16.31	86.47	<0.000 1

（续）

方差来源	平方和	自由度	均方	F 值	P 值
B^2	0.89	1	0.89	4.70	0.066 8
C^2	2.42	1	2.42	12.84	0.008 9
残差	1.32	7	1.32		
失拟项	1.08	3	1.08	5.92	0.059 3
纯误差	0.24	4	0.061		
总和	30.77	16			

注：A 表示乙醇浓度，B 表示料液比，C 表示超声时间。

1.3 小结

（1）常规结果分析可知，按照配方配制的不同来源的高产奶牛的 TMR 中常规成分差异不显著。

（2）通过对响应值结果进行分析，确定超声作为提取奶牛 TMR 中总黄酮的方法，且最佳提取工艺为：乙醇浓度为 90%、提取时间为 40 min、料液比为 1∶40。在此条件下，提取到的总黄酮最大提取量为 10.97 mg/g（风干状态），该提取工艺可为奶牛 TMR 中总黄酮的进一步研究提供参考。

2 奶牛 TMR 中黄酮成分的指纹图谱构建及定性定量分析

2.1 试验材料与方法

采集 2021 年 1—3 月北京、天津、河北地区 20 个牛场的 TMR 样本，并且收集饲喂样本 TMR 的奶牛的 DHI 报告用作后续分析。将收集的 20 个牛场的 TMR 在 65 ℃条件下烘干 24 h 获得风干饲料，粉碎之后过 40 目筛，保存在干燥器中。

精密称取对照品 7 种标准品各 1.0 mg 分别溶于 10 mL 容量瓶中，加甲醇溶解后制成 0.1 mg/mL 的标准品溶液，分别精密吸取 0.5 mL 于 5 mL 离心管中，充分混合后取 2 mL 通过 0.22 μm 薄膜过滤器过滤后得到混合标准品溶液。精确称量各种风干后的 TMR 粉末（1.0 g），并在超声处理下用 40 mL 90%乙醇萃取 40 min，然后抽滤得到 TMR 的提取液，在一定温度下蒸发浓缩至 5 mL。进样前，将提取液通过 0.22 μm 滤膜过滤。

2.2 试验结果与分析

对样品 S19 作为代表性品种的提取物进行了 HPLC 分析，HPLC-UV 色谱图如图 3 所示。通过在相同色谱条件下与相应的标准品的保留时间及波形变化进行比较，确定了 7 种化合物，分别为对香豆酸、芥子酸、木犀草素、槲皮素、芹菜素、苜蓿素和香叶木素。

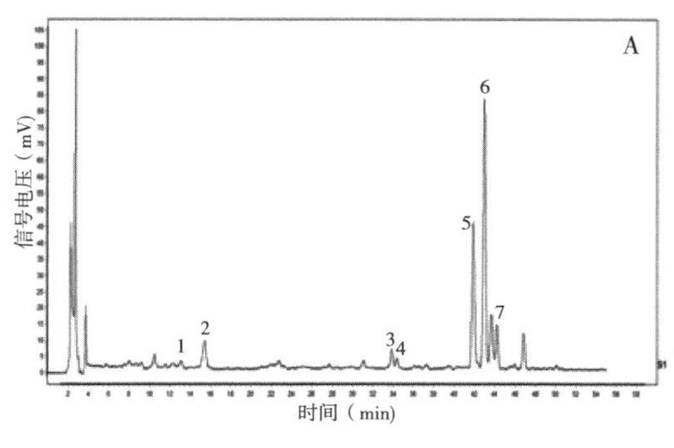

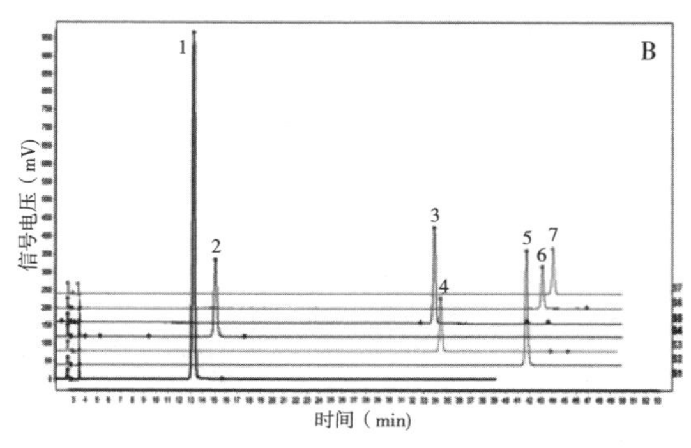

图 3　样品 S19 溶液的 HPLC 色谱图（A）和 7 种标准品的 HPLC 色谱（B）

注：峰 1 为对香豆酸；峰 2 为芥子酸；峰 3 为木犀草素；峰 4 为槲皮素；峰 5 为芹菜素；峰 6 为苜蓿素；峰 7 为香叶木素

参考 HPLC-UV 检测的色谱图，用 TMR（S19）来验证该方法，包括精度、稳定性和重复性（表 8）。结果表明，试验所建立的高效液相色谱指纹图谱方法是有效的，适用于样品分析。

表 8　精度、稳定性和重复性的结果

成分	精度（RSD,%，n=6）	稳定性（RSD,%，n=6）	重复性（RSD,%，n=5）
对香豆酸	3.08	4.68	4.34
芥子酸	3.77	4.29	4.55
木犀草素	1.12	2.59	4.65
槲皮素	3.84	2.20	3.48
芹菜素	0.86	0.54	3.45
苜蓿素	0.55	0.54	4.98
香叶木素	1.37	2.12	3.90

采用《中药色谱指纹相似度评价系统》来校正每个峰值的保留时间，通过均衡处理峰面积，以获得定量数据。在指认的 5 个峰中，峰 2 的分离度最好，因而选择 S19 的峰 2 为参照峰，计算其他峰的峰面积，如表 9 所示。

表 9　20 个 TMR 样品的各共有峰的相对峰面积（AU）

样品保留时间（min）	峰 1	峰 2	峰 3	峰 4	峰 5	峰 6	峰 7	峰 8	峰 9	峰 10	峰 11	峰 12	峰 13
	13.13	15.51	41.86	42.96	43.69	44.20	46.80	68.17	73.50	75.03	80.62	83.24	87.11
S1	0.15	0.55	0.97	1.99	0.38	0.42	0.43	0.07	0.20	0.22	0.14	0.97	0.35

（续）

样品保留时间（min）	峰 1	峰 2	峰 3	峰 4	峰 5	峰 6	峰 7	峰 8	峰 9	峰 10	峰 11	峰 12	峰 13
	13.13	15.51	41.86	42.96	43.69	44.20	46.80	68.17	73.50	75.03	80.62	83.24	87.11
S2	0.24	0.48	1.53	3.61	0.67	1.02	0.80	0.08	0.13	0.22	0.03	0.78	0.37
S3	0.08	0.45	1.94	3.01	0.65	0.76	0.69	0.06	0.28	0.12	0.09	1.33	0.51
S4	0.28	0.08	2.66	3.47	1.02	0.07	0.63	0.10	0.31	0.22	0.15	1.54	0.53
S5	0.09	0.34	0.79	2.69	0.50	0.76	0.65	0.36	0.29	0.22	0.11	1.49	0.50
S6	0.09	0.37	1.46	3.60	0.67	0.82	0.73	0.07	0.24	0.18	0.15	1.31	0.47
S7	0.30	1.37	1.18	3.86	0.62	0.76	0.79	0.09	0.23	0.15	0.12	1.10	0.41
S8	0.27	0.67	1.88	3.95	0.85	0.57	0.51	0.04	0.17	0.22	0.04	1.07	0.41
S9	0.12	0.50	1.71	2.60	0.52	0.75	0.65	0.11	0.29	0.19	0.07	1.42	0.50
S10	0.13	0.57	2.32	3.53	0.86	0.72	0.65	0.14	0.27	0.11	0.06	1.49	0.49
S11	0.16	0.65	2.07	3.82	0.82	0.92	0.89	0.04	0.52	0.22	0.18	2.24	0.79
S12	0.08	0.19	1.56	1.29	0.32	0.46	0.43	0.10	0.16	0.10	0.37	0.78	0.31
S13	0.49	1.25	1.43	5.49	0.92	2.48	1.38	0.13	0.25	0.26	0.12	1.49	0.55
S14	0.35	1.22	0.40	4.43	0.46	1.98	1.94	0.08	0.16	0.11	0.12	1.25	0.34
S15	0.47	0.82	1.77	3.11	0.70	0.75	0.67	0.07	0.31	0.23	0.12	1.37	0.57
S16	0.17	0.64	3.18	4.22	1.10	1.08	0.95	0.08	0.47	0.23	0.21	2.01	0.63
S17	0.40	0.74	2.03	4.24	1.08	1.34	1.21	0.27	0.56	0.21	0.24	3.06	1.07
S18	0.09	0.17	1.55	1.26	0.29	0.47	0.43	0.05	0.15	0.18	0.35	0.83	0.27
S19	0.13	1.00	3.80	6.65	1.53	1.03	0.89	0.14	0.50	0.23	0.21	3.07	1.02
S20	0.27	0.79	3.66	4.79	1.33	0.76	0.71	0.00	0.58	0.26	0.20	2.91	0.88

以 20 种 TMR 的对照特征图谱为参照峰，对 20 种不同来源的 TMR 样品的特征图谱进行相似度评价，分析结果见表 10。20 种 TMR 成分相似度在 0.633～0.995，这些数据表明，大多数 TMR 样品之间有高度的相似性。相关系数的差异也进一步显示了这些样品的指纹图谱和内在质量的差异。

表 10　20 个 TMR 样品的相似度分析

样品	S1	S2	S3	S4	S5	S6	S7	S8	S9	S10	S11	S12	S13	S14	S15	S16	S17	S18	S19	S20
S1	1	0.948	0.966	0.960	0.955	0.960	0.947	0.865	0.990	0.952	0.990	0.856	0.859	0.845	0.855	0.733	0.854	0.861	0.764	0.792
S2	0.948	1	0.972	0.941	0.977	0.961	0.888	0.785	0.939	0.939	0.920	0.795	0.803	0.790	0.767	0.633	0.767	0.799	0.676	0.701
S3	0.966	0.972	1	0.989	0.980	0.990	0.938	0.881	0.948	0.986	0.958	0.892	0.875	0.849	0.871	0.773	0.871	0.894	0.804	0.824
S4	0.960	0.941	0.989	1	0.953	0.984	0.956	0.923	0.935	0.993	0.959	0.926	0.901	0.863	0.920	0.838	0.905	0.928	0.858	0.879
S5	0.955	0.977	0.980	0.953	1	0.979	0.904	0.816	0.941	0.959	0.940	0.812	0.824	0.825	0.808	0.687	0.824	0.818	0.720	0.751
S6	0.960	0.961	0.990	0.984	0.979	1	0.953	0.904	0.936	0.990	0.955	0.876	0.899	0.886	0.892	0.795	0.888	0.879	0823	0.834
S7	0.947	0.888	0.938	0.956	0.904	0.953	1	0.951	0.911	0.952	0.948	0.882	0.956	0.934	0.945	0.842	0.919	0.881	0.879	0.870
S8	0.865	0.785	0.881	0.923	0.816	0.904	0.951	1	0.816	0.922	0.889	0.916	0.960	0.913	0.979	0.949	0.948	0.913	0.965	0.950
S9	0.990	0.939	0.948	0.935	0.941	0.936	0.911	0.816	1	0.926	0.985	0.821	0.807	0.794	0.805	0.677	0.805	0.827	0.706	0.739
S10	0.952	0.939	0.986	0.993	0.959	0.990	0.952	0.922	0.926	1	0.952	0.906	0.897	0.867	0.919	0.837	0.900	0.908	0.851	0.872
S11	0.990	0.920	0.958	0.959	0.940	0.955	0.948	0.889	0.985	0.952	1	0.877	0.875	0.855	0.880	0.779	0.888	0.882	0.805	0.832
S12	0.856	0.795	0.892	0.926	0.812	0.876	0.882	0.916	0.821	0.906	0.877	1	0.885	0.822	0.927	0.913	0.925	0.995	0.917	0.932
S13	0.859	0.803	0.875	0.901	0.824	0.899	0.956	0.960	0.807	0.897	0.875	0.885	1	0.961	0.954	0.895	0.943	0.882	0.935	0.903
S14	0.845	0.790	0.849	0.863	0.825	0.886	0.934	0.913	0.794	0.867	0.855	0.822	0.961	1	0.912	0.839	0.913	0.822	0.859	0.829
S15	0.855	0.767	0.871	0.920	0.808	0.892	0.945	0.979	0.805	0.919	0.880	0.927	0.954	0.912	1	0.960	0.964	0.929	0.960	0.957
S16	0.733	0.633	0.773	0.838	0.687	0.795	0.842	0.949	0.677	0.837	0.779	0.913	0.895	0.839	0.960	1	0.941	0.912	0.976	0.975
S17	0.854	0.767	0.871	0.905	0.824	0.888	0.919	0.948	0.805	0.900	0.888	0.925	0.943	0.913	0.964	0.941	1	0.927	0.955	0.961
S18	0.861	0.799	0.894	0.928	0.818	0.879	0.881	0.913	0.827	0.908	0.882	0.995	0.882	0.822	0.929	0.912	0.927	1	0.910	0.932
S19	0.764	0676	0.804	0.858	0.720	0.823	0.879	0.965	0.706	0.851	0.805	0.917	0.935	0.859	0.960	0.976	0.955	0.910	1	0.972
S20	0.792	0.701	0.824	0.879	0.751	0.834	0.870	0.950	0.739	0.872	0.832	0.932	0.903	0.829	0.957	0.975	0.961	0.932	0.972	1

试验结果如图 4 所示，20 个 TMR 样品可分为四类：S19 为一类，总黄酮含量最高；S13、S14 为一类，黄酮含量在该组中居第二位；S11、S17、S16、S20 为一类；其他样品为一类，黄酮类化合物含量最低。

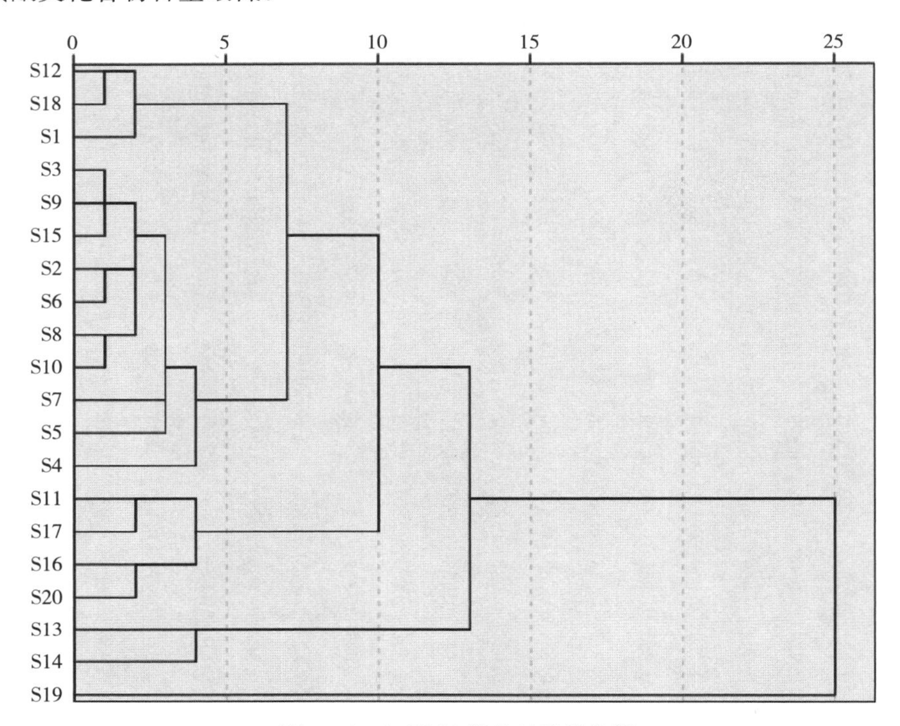

图 4　20 个 TMR 样品的聚类分析

2.3　小结

将这 20 个 TMR 样品中共有的 13 种黄酮类物质的峰面积作为指标进行相似度评价及聚类分析，结果表明这 20 个 TMR 样品中大多数具有高度的相似性，只有少数样品之间差异较大，20 个 TMR 样品成分相似度在 0.633～0.995。这些相似性和差异可能是源于 TMR 配方中原料来源的相同与差异，而这种差异也导致了 20 个 TMR 样品分属 4 类。

通过 HPLC 对 20 个 TMR 样品中的黄酮类化合物进行分析，共检测出 13 种共有化合物，其中 7 种被鉴定为对香豆酸、芥子酸、木犀草素、槲皮素、芹菜素、苜蓿素和香叶木素。此外，不同来源的 TMR 中的黄酮类物质含量和成分均有差异，其可能与饲料原料质量有关。

3　TMR 中总黄酮与体外发酵参数及奶牛 DHI 指标相关性分析

3.1　试验材料与方法

选取北京某牛场 5 头体况良好、体重相近的荷斯坦奶牛作为瘤胃液供体，于晨饲前 2 h 通过口腔进行瘤胃液采集，混合均匀，4 层纱布进行过滤。将人工唾液盐与瘤胃液以 2∶1

的比例进行充分混合，持续通入 CO_2，整个过程在 39 ℃水浴锅中进行。

利用全自动化体外模拟瘤胃发酵系统进行体外发酵试验，探究 20 个不同 TMR 样品底物连续发酵 24 h 后发酵液的 pH、挥发性脂肪酸（VFA）含量、氨态氮（NH_3-N）浓度，干物质消失率。发酵 24 h 后将发酵瓶置于冰水浴中，停止发酵，用便携式 pH 计立即测定 pH。将发酵液过 4 层纱布，选用苯酚-次氯酸钠比色法测定氨态氮（NH_3-N）浓度，测定总挥发性脂肪酸及各组分浓度，以及选用尼龙袋法测定干物质消失率。

收集牛场采食样品 TMR 的奶牛的 DHI 报告进行后续分析，其中群内级别指数（WHI）根据以下公式计算：

$$WHI = B/C \times 100\%$$

式中，B 为个体牛只校正奶量；C 为牛群整体的校正奶量。

3.2 试验结果与分析

由表 11 可知，20 个 TMR 样品体外发酵 24 h，各组的发酵液 pH 在 6.65～6.70，各组之间无显著差异（$P>0.05$）。而 20 个 TMR 样品体外发酵 24 h 的 NH_3-N 浓度及干物质消失率具有显著性差异（$P<0.001$）。主要表现为：S17 和 S19 的干物质消失率高于其他样品，S14 的干物质消失率低于其他样品。而对于不同 TMR 体外发酵 24 h 的 NH_3-N 浓度，S11～S19 的 NH_3-N 浓度相对较低，S1～S10 的 NH3-N 浓度相对较高，S1～S10 均属于聚类分析的第 4 类。

表 11 不同 TMR 对发酵液 pH、NH_3-N 浓度及干物质消失率的影响

样品	pH	干物质消失率（%）	NH_3-N 浓度（mg/dL）
S1	6.66±0.006	71.90±2.71^{abc}	30.68±9.27^{ab}
S2	6.68±0.003	67.91±1.73^{bc}	24.86±6.79^{ab}
S3	6.68±0.007	70.42±2.38^{bc}	26.10±3.06^{ab}
S4	6.68±0.000	69.29±0.44^{bc}	41.36±19.98^{ab}
S5	6.67±0.003	71.55±0.84^{abc}	51.37±9.31^{a}
S6	6.70±0.003	69.64±0.68^{bc}	29.17±5.07^{ab}
S7	6.68±0.003	71.68±1.21^{abc}	31.85±0.80^{ab}
S8	6.69±0.023	71.78±2.83^{abc}	29.46±13.21^{ab}
S9	6.67±0.007	71.91±1.95^{abc}	20.40±1.15^{ab}
S10	6.69±0.09	67.53±4.92^{bc}	25.97±7.66^{ab}
S11	6.67±0.09	68.69±2.24^{bc}	7.13±0.40^{b}
S12	6.68±0.007	74.72±1.96^{ab}	11.40±2.41^{b}
S13	6.66±0.003	72.93±0.41^{abc}	7.15±0.57^{b}
S14	6.67±0.012	64.07±0.81^{c}	7.87±1.17^{b}
S15	6.65±0.010	71.78±1.50^{abc}	10.32±1.71^{b}

（续）

样品	pH	干物质消失率（%）	NH_3-N 浓度（mg/dL）
S16	6.69±0.020	76.92±1.10^{ab}	14.39±3.04^{b}
S17	6.67±0.009	81.34±0.30^{a}	7.76±0.88^{b}
S18	6.68±0.007	77.73±0.58^{ab}	8.03±1.39^{b}
S19	6.67±0.006	81.48±1.12^{a}	11.91±3.34^{b}
S20	6.67±0.023	75.55±2.20^{ab}	9.12±2.59^{b}
P 值	0.194	＜0.000 1	＜0.000 1

注：同列数据肩标相同字母表示差异不显著（P＞0.05），不同表示差异显著（P＜0.05）。下同。

20 个 TMR 样品的体外发酵 24 h 的乙酸含量、丙酸含量等各种挥发性脂肪酸的含量见表 12。从表 12 中可知，20 个 TMR 样品体外发酵 24 h 后发酵液的乙酸、丙酸、丁酸、戊酸、异戊酸含量之间及总 VFA、乙酸/丙酸具有显著性差异（P＜0.01），而异丁酸含量没有显著性差异（P＝0.053）。总的来看，S2、S4、S7 和 S18 的挥发性脂肪酸含量相对较低，而 S11 的挥发性脂肪酸含量相对较高。

表 12 不同 TMR 对发酵液中挥发性脂肪酸含量的影响（mmol/L）

样品	乙酸	丙酸	异丁酸	丁酸	异戊酸	戊酸	TVFA	乙酸/丙酸
S1	41.21±1.72^{ab}	18.52±0.65^{ab}	1.33±0.12	9.63±0.32^{abc}	2.61±0.15^{abc}	3.09±0.13^{ab}	76.39±3.05^{ab}	2.22±0.02^{ab}
S2	30.66±0.58^{b}	14.45±0.30^{b}	0.99±0.4	7.06±0.18^{c}	1.97±0.09^{bc}	2.68±0.05^{b}	57.81±1.20^{b}	2.12±0.00^{c}
S3	46.60±1.30^{ab}	20.67±0.59^{ab}	1.53±0.10	10.90±0.40^{abc}	2.99±0.13^{a}	3.40±0.21^{a}	86.10±2.68^{ab}	2.26±0.01^{a}
S4	35.08±0.73^{b}	16.26±0.34^{b}	1.22±0.03	8.74±0.20^{bc}	2.53±0.05^{abc}	2.96±0.03^{ab}	66.80±1.35^{b}	2.16±0.01^{bc}
S5	46.71±4.60^{ab}	21.56±2.19^{ab}	1.50±0.15	11.29±1.15^{ab}	2.94±0.25^{a}	3.29±0.21^{ab}	86.54±8.76^{ab}	2.17±0.01^{bc}
S6	46.06±1.52^{ab}	21.97±0.75^{ab}	1.25±0.07	10.53±0.61^{abc}	2.44±0.17^{abc}	3.11±0.01^{ab}	84.31±3.63^{ab}	2.10±0.01^{c}
S7	34.34±3.06^{b}	15.85±1.44^{b}	1.13±0.12	7.56±0.64^{bc}	1.86±0.12^{c}	2.74±0.06^{b}	61.65±5.82^{b}	2.17±0.01^{bc}
S8	43.68±2.81^{ab}	20.26±1.26^{ab}	1.36±0.09	9.92±056^{abc}	2.33±0.11^{abc}	3.00±0.10^{ab}	79.89±5.11^{ab}	2.16±0.02^{bc}
S9	42.53±0.71^{ab}	20.20±0.35^{ab}	1.31±0.05	9.55±0.24^{abc}	2.33±0.07^{abc}	2.84±0.03^{ab}	78.44±1.47^{ab}	2.11±0.00^{c}
S10	46.85±1.37^{ab}	21.57±0.61^{ab}	1.42±0.07	10.26±0.55^{abc}	2.46±0.17^{abc}	2.92±0.05^{ab}	85.15±2.95^{ab}	2.17±0.01^{bc}
S11	54.19±2.82^{a}	25.07±1.20^{a}	1.57±0.10	12.77±0.59^{a}	2.79±0.12^{ab}	3.12±0.10^{ab}	99.52±4.85^{a}	2.16±0.03^{bc}
S12	46.79±3.79^{ab}	21.92±1.72^{ab}	1.32±0.12	10.56±0.71^{abc}	2.35±0.14^{abc}	3.02±0.12^{ab}	84.62±6.95^{ab}	2.13±0.01^{c}
S13	44.55±4.04^{ab}	19.92±1.72^{ab}	1.40±0.12	9.45±0.78^{abc}	2.30±0.17^{abc}	3.10±0.09^{ab}	79.69±7.29^{ab}	2.23±0.01^{ab}
S14	41.98±7.66^{ab}	19.69±3.55^{ab}	1.35±0.19	9.55±1.52^{abc}	2.32±0.26^{abc}	2.99±0.17^{ab}	77.88±13.33^{ab}	2.13±0.05^{c}
S15	39.35±0.65^{ab}	18.54±0.36^{ab}	1.30±0.06	8.55±0.22^{bc}	2.18±0.11^{abc}	2.98±0.13^{ab}	72.90±1.27^{ab}	2.12±0.01^{c}
S16	43.47±0.87^{ab}	20.52±0.46^{ab}	1.09±0.02	8.81±0.25^{bc}	2.15±0.05^{abc}	2.69±0.05^{b}	78.74±1.69^{ab}	2.12±0.01^{c}
S17	47.54±2.93^{ab}	21.45±1.41^{ab}	1.31±0.22	9.68±0.84^{abc}	2.24±0.19^{abc}	2.79±0.18^{ab}	85.02±5.76^{ab}	2.22±0.02^{ab}
S18	36.21±2.80^{b}	17.06±1.33^{b}	1.18±0.10	7.65±0.56^{bc}	2.02±0.11^{bc}	2.86±0.09^{ab}	66.51±5.24^{b}	2.12±0.00^{c}

（续）

样品	乙酸	丙酸	异丁酸	丁酸	异戊酸	戊酸	TVFA	乙酸/丙酸
S19	40.13±3.29[ab]	17.70±1.48[ab]	1.35±0.05	8.51±0.56[bc]	2.25±0.09[abc]	2.93±0.04[ab]	71.16±6.33[ab]	2.27±0.02[a]
S20	42.52±5.64	19.64±2.57	1.31±0.15	9.52±1.39	2.37±0.30	2.97±0.19	78.46±1.54[ab]	2.16±0.01[bc]
P 值	<0.000 1	<0.000 1	0.053	<0.000 1	<0.000 1	0.007	<0.000 1	<0.000 1

根据本试验前期响应面优化 TMR 中总黄酮的提取方法，对 20 个来自不同牛场的 TMR 样品中的总黄酮进行提取，提取得到 20 个 TMR 样品中总黄酮的含量在 9.968 8～13.946 8 mg/g，结果如表 13 所示。

表 13　不同来源 TMR 样品中的总黄酮含量（mg/g）

样品	总黄酮含量	样品	总黄酮含量
S1	13.946 8	S11	11.953 5
S2	10.913 9	S12	10.713 6
S3	10.561 1	S13	12.606 7
S4	12.304 3	S14	10.514 5
S5	12.706 3	S15	10.964 7
S6	11.213 7	S16	11.162 8
S7	9.968 8	S17	12.999 8
S8	11.806 5	S18	10.860 8
S9	13.504 3	S19	17.381 3
S10	10.118 2	S20	12.553 1

通过 Pearson 相关性分析发现，奶牛 TMR 的总黄酮含量与发酵液 pH、干物质消失率及挥发性脂肪酸 VFA 浓度均没有相关性（$P>0.05$），而与发酵液中 NH_3-N 浓度（$P=0.015$）及乙酸/丙酸（$P=0.018$）具有显著的正相关关系。相关性分析结果见表 14 和表 15。

表 14　TMR 中总黄酮含量与发酵液 pH、NH_3-N 浓度及干物质消失率的相关性

项目	pH	干物质消失率（%）	NH_3-N 浓度（mg/dL）
总黄酮含量（mg/g）	−0.378	−0.047	0.535
P 值	0.1	0.845	0.015*

注："*"表示在 0.05 水平上显著相关，"**"表示在 0.01 水平上显著相关。下同。

表 15　TMR 中总黄酮含量与发酵液中挥发性脂肪酸 VFA 浓度的相关性

项目	乙酸	丙酸	异丁酸	丁酸	异戊酸	戊酸	TVFA	乙酸/丙酸
总黄酮含量（mg/g）	0.048	−0.038	0.194	0.016	0.132	0.057	0.015	0.525
P 值	0.847	0.876	0.425	0.948	0.589	0.816	0.952	0.018*

Pearson 相关性分析结果表示，奶牛 TMR 的总黄酮含量与 3 胎及 3 胎以下的泌乳奶牛的 WHI 没有相关性（$P>0.05$），而与胎次在 4 胎以上泌乳奶牛的 WHI 具有显著的正相关关系（$P=0.017$）。16 个牛场中 4 胎以上泌乳奶牛的 WHI 数据见表 16，结果用平均值±标准差表示。相关性分析结果见表 17。

表 16 16 个牛场泌乳中期奶牛的 WHI（平均值±标准差）

样品	胎次=1	胎次=2	胎次=3	胎次≥4
S1	100.19±32.50	100.30±34.43	110.68±33.59	94.41±35.61
S2	104.56±41.44	104.05±31.35	97.40±31.30	87.41±28.34
S3	93.99±36.79	106.59±36.69	111.38±31.97	97.84±36.73
S4	101.40±30.47	102.11±22.78	101.01±26.73	96.24±25.93
S6	107.92±36.67	101.04±34.83	95.10±35.21	93.01±39.18
S7	116.56±32.11	101.74±36.32	93.64±29.45	89.44±28.92
S8	99.52±36.25	102.48±33.11	98.21±30.12	99.68±27.47
S10	107.88±38.39	97.98±24.82	102.60±23.84	89.65±30.75
S12	100.62±37.09	103.35±27.43	102.21±30.35	93.65±26.02
S13	105.43±29.03	98.34±28.98	104.24±57.64	87.19±16.42
S14	97.02±56.82	109.78±52.62	104.73±55.58	91.24±42.65
S15	94.12±41.88	110.60±61.43	107.28±102.16	103.50±88.74
S16	107.01±33.86	102.58±29.43	94.02±27.47	87.03±29.92
S17	103.49±42.32	118.80±39.65	91.63±34.80	86.46±36.88
S18	99.22±48.13	108.37±55.12	96.19±34.69	93.30±44.86
S19	90.35±41.44	98.10±45.01	108.97±40.35	114.29±56.07

表 17 TMR 中总黄酮含量与泌乳中期奶牛的 WHI 的相关性

项目	胎次=1	胎次=2	胎次=3	胎次≥4
总黄酮含量（mg/g）	−0.460	−0.202	0.334	0.587
P 值	0.073	0.452	0.206	0.017*

通过用多元线性回归模型拟合线性方程，将 NH_3-N 浓度设定为因变量（y），并将 13 个峰面积值分别设定为自变量 x_1、x_2、x_3… x_{13}，确定了促进 NH_3-N 含量的显著相关的色谱峰。结果显示，$F=8.746$，相应的 $P=0.007$，表明此模型是令人满意的，各变量系数如表 18 所示。回归方程如下：

$$y=47.87-24.09x_1-4.45x_2-17.96x_3+2.84x_4+56.88x_5-16.55x_6-4.27x_7+67.30x_8+64.57x_9+1.80x_{10}-29.57x_{11}-4.53x_{12}-56.78x_{13}$$

表 18 奶牛 TMR 中营养活性物质峰面积与发酵液中 NH_3-N 浓度多元回归分析结果

项目	估计值	误差	T 值	P 值
截距	47.87	11.609	4.123	0.006**
x_1	−24.09	32.539	−0.740	0.487
x_2	−4.45	12.727	−0.350	0.739
x_3	−17.96	8.089	−2.220	0.068
x_4	2.84	10.146	0.280	0.789
x_5	56.88	48.949	1.162	0.289
x_6	−16.55	6.039	−2.741	0.034*
x_7	−4.27	15.697	−0.272	0.795
x_8	67.30	24.514	2.745	0.034*
x_9	64.57	44.592	1.448	0.198
x_{10}	1.80	48.969	0.037	0.972
x_{11}	−29.57	18.505	−1.598	0.161
x_{12}	−4.53	13.713	−0.330	0.752
x_{13}	−56.78	38.184	−1.723	0.136

同理，将 WHI 数值设定为因变量（y），并将 13 个峰面积值分别设定为自变量 x_1、x_2、x_3…x_{13}，确定了促进奶牛 WHI 的显著相关的色谱峰。结果显示，$F=337$，相应的 $P<0.05$，表明此模型是令人满意的，各变量系数如表 19 所示。回归方程如下：

$$y=89.48+75.36x_1-17.06x_2+13.75x_3+15.24x_4-75.16x_5-2.17x_6-19.87x_7-147.69x_8-63.27x_9-123.80x_{10}+16.41x_{11}+17.21x_{12}+37.14x_{13}$$

表 19 奶牛 TMR 中营养活性物质峰面积与 WHI 多元回归分析结果

项目	估计值	误差	T 值	P 值
截距	89.48	1.217 1	73.520	0.008 66
x_1	75.36	3.742 0	20.140	0.031 58*
x_2	−17.07	1.597 5	−10.684	0.059 41
x_3	13.75	1.154 5	11.913	0.053 32
x_4	15.24	1.531 7	9.949	0.063 78
x_5	−75.16	8.297 1	−9.058	0.070 00
x_6	−2.17	0.586 5	−3.695	0.168 25
x_7	−19.87	1.812 3	−10.963	0.057 91
x_8	−147.69	7.760 3	−19.031	0.033 42*
x_9	−63.27	6.306 6	−10.033	0.063 24
x_{10}	−123.80	5.769 4	−21.458	0.029 65*
x_{11}	16.41	2.766 0	5.934	0.106 29

（续）

项目	估计值	误差	T 值	P 值
x_{12}	17.21	1.905 3	9.034	0.070 18
x_{13}	37.14	5.648 7	6.575	0.096 09

3.3 小结

将 TMR 中的总黄酮含量与奶牛的瘤胃发酵参数及 DHI 报告进行 pearson 相关性分析，结果发现，奶牛 TMR 的总黄酮含量与发酵液 NH_3-N 的含量及 WHI 具有显著的正相关关系。结合回归分析探究影响 NH_3-N 的含量及 WHI 的主效因子，结果发现，NH_3-N 浓度可能会受到 TMR 中的化合物 6 和化合物 8 的影响，其中化合物 6 为香叶木素。WHI 可能会受到 TMR 中的化合物 1、化合物 8、化合物 10 的影响，其中化合物 1 为对香豆酸。

4 结论

（1）奶牛 TMR 中总黄酮最佳提取工艺为：在乙醇浓度为 90%、提取时间为 40 min、料液比为 1∶40 的条件下，通过超声提取到的总黄酮最大提取量为 10.97 mg/g，该提取工艺可为奶牛 TMR 中总黄酮的进一步研究提供参考。

（2）HPLC 检测结果表明，奶牛 TMR 中主要营养活性成分有对香豆酸、芥子酸、槲皮素、苜蓿素、芹菜素、木犀草素和香叶木素。此外，对该方法及样品进行方法验证，获得的精度、稳定性和重复性的相对标准差（RSD）均在 5%以内，结果表明，试验所建立的高效液相色谱指纹图谱方法是有效的，适用于样品分析。以 20 个 TMR 样品的对照特征图谱为参照峰，20 个 TMR 样品成分相似度在 0.633～0.995。聚类结果将 20 个 TMR 样品分为 4 类。

（3）①奶牛 TMR 的总黄酮含量与发酵液 NH3-N 的含量具有显著的正相关关系。通过回归分析得到 NH3-N 浓度可能会受到 TMR 中的香叶木素和化合物 8 的影响。②通过 pearson 相关性分析发现，奶牛 TMR 的总黄酮含量与胎次在 4 胎以上泌乳奶牛的 WHI 具有显著的正相关关系，且 WHI 可能会受到 TMR 中的对香豆酸、化合物 8、化合物 10 的影响。

沙葱水提物影响肉羊肌肉和脂肪组织中脂肪酸组成的表观遗传机制研究

肉羊在不同日粮组成或饲养模式的影响下，其肉的品质和风味会产生较大差别，相同品种的羊使用不同的饲料或在不同的草场进行饲养，其肉质和风味都不尽相同，这促使部分养羊场在肉羊育肥期不得不更换牧场，或者通过改变饲料组成来防止羊肉品质下降而造成巨大的经济损失。此外，肉羊在育肥过程中，大量的脂肪会沉积到皮下，既降低了饲料转化率，又影响人们的食用体验和健康。因此，在保持提高羊生长速度的同时，提高肉品质，增加氧化型肌纤维在肌肉中的比例和增强优质风味脂肪的沉积，改善肉的风味，成为当前肉羊产业生产的重要目标。

沙葱及其提取物能够有效改善羊肉风味、促进肉羊生产性能、影响脂肪的分布和脂肪酸的组成及含量，但这些研究结果的分子机制尚未阐释清楚，有必要做出深入的分析与解释。表观遗传调控对肌肉和脂肪的影响非常关键，在肉品质的研究中越来越受到重视。本研究利用表观遗传方法，通过分析饲喂沙葱水提物后肉羊肌肉和脂肪组织全基因甲基化和转录组的测序数据，获得差异甲基化和转录组基因，了解这些基因的功能注释，然后与肉品质和风味相关的信号通路建立关联分析，最终从分子水平揭示沙葱水提物对羊肉品质调控的机制，为在养殖业中合理使用沙葱水提物提供理论依据；同时也为肉羊肌肉和脂肪组织及两者间的差异提供完整的基因数据，这对羊肉品质、分子育种等方面的研究具有十分重要的指导意义。

1　沙葱水提物对杜寒杂交肉羊肌肉和脂肪组织脂肪酸的影响

1.1　试验材料与方法

选取 30 只 4.5 月龄、雌性、健康的杜寒杂交肉羊，体重 35 kg 左右，随机分为 2 组，每组 15 只，对照组（B 组）肉羊饲喂基础饲粮，沙葱水提取物组（N 组）饲喂基础饲粮＋水溶性提取物（每只羊 3.4 g/d）。预试期 15 d，正试期 60 d，共 75 d，每天早、晚各喂 1 次，先喂精饲料后喂粗饲料，将提取物混于精饲料中，保证每只羊采食完全，再各自饲喂粗饲料。自由饮水，自由活动。沙葱水提物添加量依据实验室前期对沙葱粉最适添加量的研究结果，按照水提取率计算所得。

试验结束后，于屠宰前 24 h 禁食，每组随机选择 6 只送往屠宰场，屠宰后立即分别采取背最长肌和皮下脂肪，用生理盐水将组织冲洗干净，切成小块分装到多个冻存管内，置于液液氮中保存，测序送检时用干冰运输，通过气相检测脂肪酸的组成和含量。

1.2 试验结果与分析

测定了两组共30只羊的初始体重和宰前体重，由表1可知，与对照组相比，试验组的初始体重和宰前体重均无显著差异（$P>0.05$）。

表1 沙葱水提物对肉羊生长性能的影响

项目	对照组	试验组	P值
初始体重（kg）	35.96±0.16	36.16±0.01	0.31
宰前体重（kg）	44.37±0.35	46.91±0.27	0.24
ADG（g）	151.63±0.93	169.73±4.07	0.06
ADFI（g）	1 196.43±4.99	1 325.12±7.51	—
F/G	9.83±0.15	9.65±0.04	—

注：$P<0.05$表示差异显著，$P<0.01$表示差异极显著，$P>0.05$表示差异不显著。下同。

由表2可知，试验组与对照组的脂肪酸组成（以总脂肪酸为基础）无显著差别。肉羊背最长肌脂肪酸组成中含量比较多的是C18:1n9c、C16:0、C18:0。与对照组相比，试验组SFA、C18:0、MCMOFA、MUFA、C18:1n9c等的含量没有显著变化（$P>0.05$）；试验组中C18:2n6c含量有降低趋势（$P<0.05$）。

表2 沙葱水提物对杜寒杂交羊背最长肌中脂肪酸组成的影响（%，以总脂肪酸为基础）

脂肪酸	对照组	试验组	P值
辛酸C8:0	0.011±0.001 5	0.012±0.001 7	0.115 2
癸酸C10:0	0.142±0.015 7	0.137±0.013 6	0.068 1
月桂酸C12:0	0.319±0.035 4	0.280±0.044 3	0.102 1
十三烷酸C13:0	0.021± 0.003 2	0.018±0.004 1	0.116 6
肉豆蔻酸C14:0	3.385±0.396 8	2.853±0.543 2	0.119 3
肉豆蔻烯酸C14:1	0.170±0.048 1	0.148±0.024 3	0.127 7
十五烷酸C15:0	0.464±0.052 1	0.359±0.075 2	0.232 8
棕榈酸C16:0	17.235±0.335 4	19.138±0.428 5	0.235 1
棕榈油酸C16:1	1.368±0.386 4	1.196±0.258 9	0.061 2
十七烷酸C17:0	1.132±0.096 3	1.079±0.083 5	0.098 9
十七碳烯酸C17:1	0.424±0.685 2	0.411±0.493 6	0.144 7
硬脂酸C18:0	12.857±1.054 8	15.081±2.236 9	0.119 2
油酸C18:1n9c	49.566±1.163 2	50.735±1.137 4	0.196 1
亚油酸C18:2n6c	8.196±0.298 5	6.037±0.439 8	0.036 5
γ-亚麻酸C18:3n6	0.064±0.005 1	0.058±0.009 8	0.081 1
花生酸C20:0	0.191±0.005 3	0.168±0.008 1	0.069 4
二十碳烯酸C20:1	0.082±0.004 2	0.077±0.006 1	0.060 9

（续）

脂肪酸	对照组	试验组	P 值
二十碳二烯酸 C20:2	0.047±0.001 2	0.039±0.003 7	0.101 9
二十碳三烯酸 C20:3n3	0.148±0.000 9	0.136±0.002 6	0.061 5
花生四烯酸 C20:4n6	3.415±0.290 0	2.995±0.425 6	0.151 2
EPA C20:5n3	1.195±0.018 3	1.191±0.328 9	0.138 8
二十一烷酸 C21:0	0.006±0.000 1	0.058±0.001 5	0.212 9
山嵛酸 C22:0	0.078±0.000 8	0.089±0.001 6	0.184 4
芥酸 C22:1n9	0.018±0.000 7	0.017±0.001 4	0.132 6
二十三烷酸 C23:0	0.039±0.000 5	0.005±0.001 7	0.091 4
二十四烷酸 C24:0	0.049±0.000 6	0.058±0.001 2	0.072 9
饱和脂肪酸 SFA	35.367±1.122 7	37.504±1.143 9	0.163 9
单不饱和脂肪酸 MUFA	52.402±1.155 8	53.317±1.172 5	0.150 1
多不饱和脂肪酸 PUFA	10.898±0.532 1	9.583±0.825 9	0.129 7
MCMOFA	0.164 2±0.021 0	0.163 5±0.242 5	0.346 2
UFA	60.65±0.122 1	60.76±0.211 7	0.268 2

由表 3 可知，肉羊皮下脂肪中脂肪酸组成含量比较多的是 C18:1n9c、C16:0、C18:0，它们占总脂肪酸比重较大。试验组皮下脂肪中脂肪酸组成（以总脂肪酸为基础）与对照组相比，对于单不饱和脂肪酸，试验组的 C15:1、C17:0、C18:0、C18:3n3、C23:0 和 C18:1n9c 含量均显著升高（$P<0.05$）；试验组的 MUFA 和 C14:1 含量均无显著变化（$P>0.05$），PUFA 显著降低，试验组的 C18:2n6c 和 C18:3n6 含量均显著降低（$P<0.05$）。

表 3　沙葱水提物对肉羊皮下脂肪中脂肪酸组成的影响（%，以总脂肪酸为基础）

脂肪酸	对照组	试验组	P 值
辛酸 C8:0	0.003 9±0.000 6	0.004 2±0.000 8	0.136 9
癸酸 C10:0	0.213 0±0.011 0	0.191 4±0.040 1	0.103 9
十一烷酸 C11:0	0.006 1±0.000 9	0.005 9±0.002 8	0.081 2
月桂酸 C12:0	0.486 3±0.091 0	0.451 9±0.120 5	0.071 4
十三烷酸 C13:0	0.026 0±0.002 0	0.022 0±0.004 4	0.806 8
肉豆蔻酸 C14:0	4.363 7±0.318 3	5.011 1±0.529 1	0.065 2
肉豆蔻烯酸 C14:1	0.118 3±0.012 8	0.114 4±0.390 1	0.140 9
十五烷酸 C15:0	0.552 9±0.105 2	0.465 5±0.016 4	0.082 6
十五碳烯酸 C15:1	0.003 7±0.007 5	0.011 4±0.001 5	<0.000 1
棕榈酸 C16:0	16.854 6±0.275 6	16.687 5±0.102 4	0.068 2
棕榈油酸 C16:1	1.786 6±0.108 5	1.704 7±0.316 1	0.405 11
十七烷酸 C17:0	1.019 9±0.062 8	1.246 3±0.024 8	0.034 6

（续）

脂肪酸	对照组	试验组	P 值
十七碳烯酸 C17:1	0.435 8±0.035 85	0.368 7±0.137 9	0.241 9
硬脂酸 C18:0	10.261 0±0.664 8	10.984 3±0.846 7	0.026 9
油酸 C18:1n9c	54.583 4±0.234 2	56.139 4±0.156 7	0.022 8
反式油酸 C18:1n9t	2.218 0±0.262 8	2.536 6±0.138 4	0.055 6
亚油酸 C18:2n6c	3.598 9±0.185 6	3.013 8±0.425 1	0.039 7
α-亚麻酸 C18:3n3	1.374 4±0.012 8	1.526 2±0.398 5	<0.000 1
γ-亚麻酸 C18:3n6	0.011 4±0.001 0	0.005 8±0.002 9	0.006 6
花生酸 C20:0	0.210 4±0.001 5	0.214 5±0.302 8	0.138 1
二十碳烯酸 C20:1	0.071 6±0.009 0	0.071 8±0.221 8	0.093 1
二十碳二烯酸 C20:2	0.011 7±0.001 0	0.011 3±0.003 5	0.501 8
二十碳三烯酸 C20:3n3	0.011 9±0.001 6	0.011 7±0.003 6	0.151 1
花生四烯酸 C20:4n6	0.071 2±0.009 5	0.069 3±0.037 0	0.079 7
EPA C20:5n3	0.021 0±0.001 6	0.023 0±0.003 1	0.141 7
二十一烷酸 C21:0	0.001 6±0.000 9	0.001 9±0.002 8	0.143 5
山嵛酸 C22:0	0.008 7±0.001 2	0.011 0±0.002 4	0.069 5
芥酸 C22:1n9	0.001 8±0.001 5	0.001 6±0.002 7	0.061 6
二十三烷酸 C23:0	0.001 2±0.000 1	0.002 3±0.001 2	0.014 3
二十四烷酸 C24:0	0.002 9±0.000 2	0.002 8±0.000 8	0.118 9
饱和脂肪酸 SFA	31.942 2±1.083 8	32.391 0±1.093 7	0.205 5
单不饱和脂肪酸 MUFA	61.475 4±0.629 3	61.913 0±1.229 5	0.063 1
多不饱和脂肪酸 PUFA	5.107 5±0.256 4	4.767 9±0.315 2	0.034 6
UFA	64.512 8±0.241 4	64.611 9±0.217 4	0.070 6
MCMOFA	0.215 7±0.114 2	0.191 7±0.203 9	0.085 7

由表 4 可知，在不考虑饲粮的情况下，部位对脂肪酸组成（以总脂肪酸为基础）也有一定影响与背最长肌比较，皮下脂肪中 MCMOFA、C10:0、C12:0、C13:0 和 C14:0 含量均显著高于背最长肌组（$P<0.05$）；对于多不饱和脂肪酸，皮下脂肪中 PUFA 显著下降（$P<0.01$），其中 20 碳脂肪酸系列 C20:2、C20:3n3、C20:4n6 的含量显著增加（$P<0.05$）；皮下脂肪酸中 UFA 含量显著高于背最长肌中的含量（$P<0.05$）；对于饱和脂肪酸，皮下脂肪中 SFA 含量显著降低（$P<0.01$）；其结果表明皮下脂肪中主要以中长链脂肪为主，对于肉质风味的改善发挥关键作用。

表 4 肉羊不同部位脂肪酸组成的差异（%，以总脂肪酸为基础）

脂肪酸	背最长肌	皮下脂肪	P 值
辛酸 C8:0	0.011±0.001 5	0.003 9±0.000 6	0.013 6

（续）

脂肪酸	背最长肌	皮下脂肪	P 值
癸酸 C10:0	0.142±0.015 7	0.213 0±0.011 0	0.003 9
十一烷酸 C11:0	—	0.006 1±0.000 9	—
月桂酸 C12:0	0.319±0.035 4	0.486 3±0.091 0	0.007 1
十三烷酸 C13:0	0.021±0.003 2	0.026 0±0.002 0	0.033 8
肉豆蔻酸 C14:0	3.385±0.396 8	4.363 7±0.318 3	0.015 2
肉豆蔻烯酸 C14:1	0.170±0.048 1	0.118 3±0.012 8	0.140 9
十五烷酸 C15:0	0.464±0.052 1	0.552 9±0.105 2	0.082 6
十五碳烯酸 C15:1	—	0.003 7±0.007 5	—
棕榈酸 C16:0	17.235±0.335 4	16.854 6±0.275 6	0.048 2
棕榈油酸 C16:1	1.368±0.386 4	1.786 6±0.108 5	0.405 11
十七烷酸 C17:0	1.132±0.096 3	1.019 9±0.062 8	0.034 6
十七碳烯酸 C17:1	0.424±0.685 2	0.435 8±0.035 8	0.241 9
硬脂酸 C18:0	12.857±1.054 8	10.261±0.664 8	0.026 9
油酸 C18:1n9c	49.566±1.163 2	54.583 4±0.234 2	0.002 8
反式油酸 C18:1n9t	—	2.218±0.262 8	—
亚油酸 C18:2n6c	8.196±0.298 5	3.598 9±0.185 6	0.003 9
α-亚麻酸 C18:3n3	—	1.374 4±0.012 8	—
γ-亚麻酸 C18:3n6	0.064±0.005 1	0.011 4±0.001 0	0.006 6
花生酸 C20:0	0.191±0.005 3	0.210 4±0.001 5	0.038 1
二十碳烯酸 C20:1	0.082±0.004 2	0.071 6±0.009 0	0.093 1
二十碳二烯酸 C20:2	0.047±0.001 2	0.011 7±0.001 0	0.001 8
二十碳三烯酸 C20:3n3	0.148±0.000 9	0.011 9±0.001 6	0.001 5
花生四烯酸 C20:4n6	3.415±0.290 0	0.071 2±0.009 5	0.009 7
EPA C20:5n3	1.195±0.018 3	0.021 0±0.001 6	0.001 4
二十一烷酸 C21:0	0.006±0.000 1	0.001 6±0.000 9	0.143 5
山嵛酸 C22:0	0.078±0.000 8	0.008 7±0.001 2	0.069 5
芥酸 C22:1n9	0.018±0.000 7	1.374 4±0.012 8	0.061 6
二十三烷酸 C23:0	0.039±0.000 5	0.011 4±0.001 0	0.143 6
二十四烷酸 C24:0	0.049±0.000 6	0.002 9±0.000 2	0.118 9
饱和脂肪酸 SFA	35.367±1.122 7	31.942 2±1.083 8	0.205 5
单不饱和脂肪酸 MUFA	52.402±1.155 8	61.475 4±0.629 3	0.034 8
多不饱和脂肪酸 PUFA	10.898±0.532 1	5.107 5±0.256 4	0.005 4
UFA	60.65±0.122 1	64.512 8±0.241 4	0.040 6
MCMOFA	0.164 2±0.021	0.215 7±0.114 2	0.017 9

1.3 小结

本试验结果显示，沙葱水提物对肉羊生长性能无显著影响，但可以降低肉羊背最长肌中C18:2n6c的含量，且对皮下脂肪组织的C15:1、C17:0、C18:0、C18:3n3、C23:0、C18:1n9c、C18:2n6c、C18:3n6以及PUFA等多种脂肪酸的含量产生不同程度的影响。

2 沙葱水提物影响杜寒杂交羊肌肉和脂肪组织差异性的研究

2.1 试验材料与方法

动物分组与饲养同1.1，选取12个样本组织，包括对照组3只羊的肌肉（BM2、BM3、BM5）和脂肪（BF2、BF3、BF5），试验组3只羊的肌肉（NM2、NM4、NM5）和脂肪（NF2、NF4、NF5）。对样品进行甲基化差异分析和转录本差异分析。

2.2 试验结果与分析

普通日粮基础下，羊的两组织间共产生9 760个DMR，DMR基因共有2 826个。CG序列环境中肌肉与脂肪组织间的DMR基因最多，而且大多数的DMR基因只存在在其各自的序列环境中。两组织间的DMR启动子基因大量存在于CG序列环境中，存在于CHG序列环境中的极少，且没有DMR启动子基因同时存在于3种序列环境。肌肉与脂肪组织间的DMRs的长度在CG序列环境中主要分布在50～110 bp（图1A），在CHG序列环境中的长度集中在60～100 bp（图1B），而在CHH序列环境中则聚集在100～200 bp，明显长于前两个序列环境中的长度（图1C）。

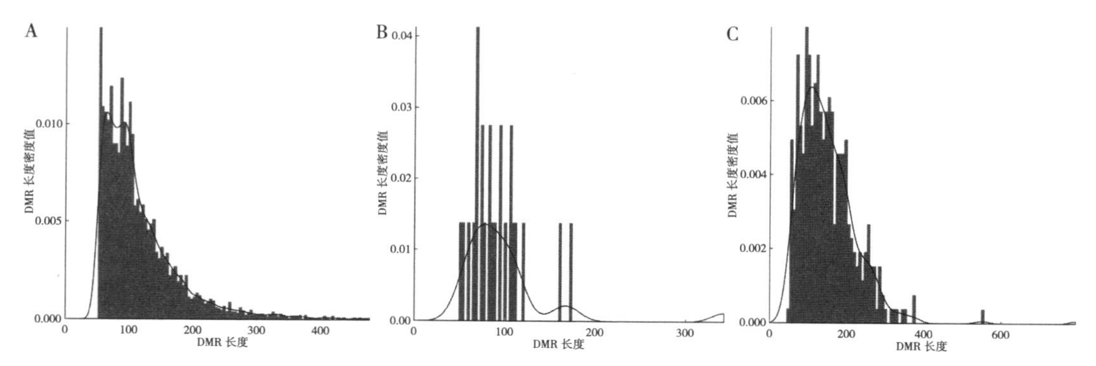

图1 3种序列环境（CG、CHG、CHH）DMR长度分布展示

A. WGBs _ BM和WGBs _ BF CG DMR的长度密度值 B. WGBS _ BM和WGBs _ BF CHG DMR的长度密度值 C. WGBs _ BM和WGBs _ BF CHH DMR的长度密度值

注：黑色为分布拟合曲线

在CG序列环境中，脂肪组织的DMR甲基化水平明显高于肌肉组织的（图2A）；而在CHG与CHH序列环境中肌肉与脂肪组织的DMR甲基化水平都比较低（图2B、C）。在CHG序列环境中，肌肉组织的DMR甲基化水平要低于脂肪的（图2B）；而在CHH序列环

境中，脂肪组织的 DMR 甲基化水平却是低于肌肉的（图 2C）。

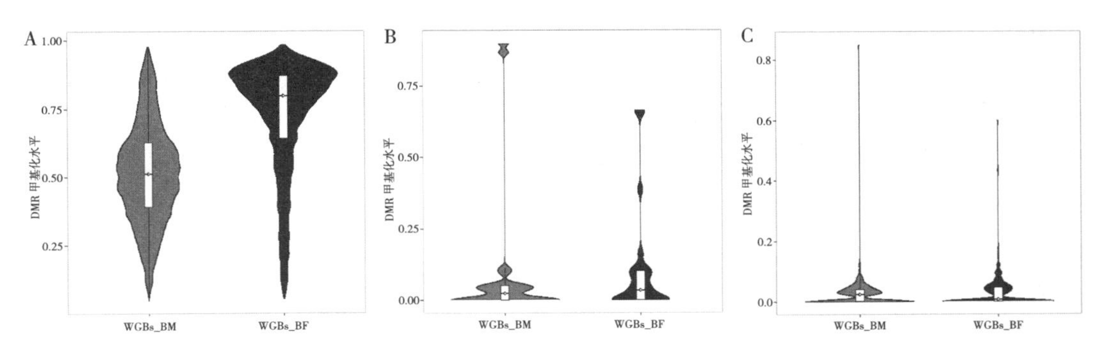

图 2　3 种序列环境（CG、CHG、CHH）DMR 甲基化水平分布展示

A. WGBs _ BM 和 WGBs _ BF CG DMR 的长度密度值　B. WGBs _ BM 和 WGBs _ BF CHG DMR 的长度密度值

C. WGBs _ BM 和 WGBs _ BF CHH DMR 的长度密度值

注：横坐标代表比较组合组别，纵坐标代表甲基化水平值，以小提琴图的形式展示 DMR 甲基化水平的分布（内为 boxplot，侧翼为该甲基化水平下的数量分布情况）

在 CG 序列环境中，肌肉与脂肪组织的 DMR 甲基化水平差异都很大，其中脂肪组织的大多数 DMR 的甲基化水平都高于肌肉组织的（图 3A）；在 CHG 序列环境中，两种组织的 DMR 甲基化水平差别很小，且有极少数肌肉组织的 DMR 甲基化水平要高于脂肪的（图 3B）；在 CHH 序列环境中，两种组织的 DMR 都基本表现出低甲基化水平（图 3C）（彩图 17）。

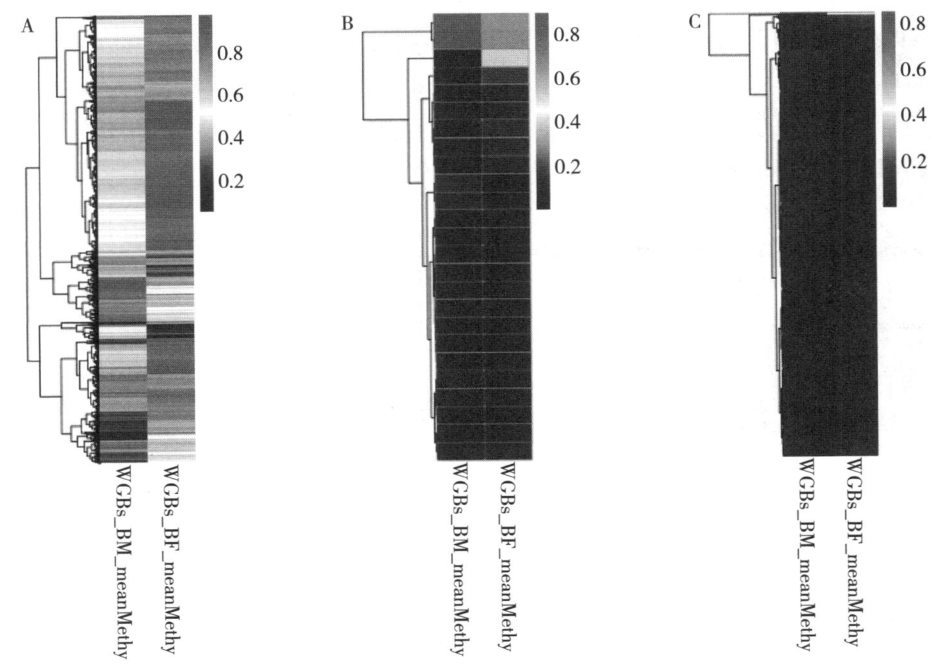

图 3　3 种序列环境（CG、CHG、CHH）DMR 甲基化水平聚类热图展示

A. WGBs _ BM 和 WGBs _ BF CG DMRs 热图　B. WGBs _ BM 和 WGBs _ BF CHG DMRs 热图

C. WGBs _ BM 和 WGBs _ BF CHH DMRs 热图

注：横向代表比较组合组别，纵向代表甲基化水平值聚类效果，由蓝色到红色表示甲基化水平由低到高

在CG序列环境中，肌肉与脂肪组织间DMR的基因在DMR锚定区域基本都集中在低甲基化DMRs，尤其在内含子与重复区域（图4A）；在CHG序列环境中，两种组织间多数的DMRs的基因都集中在高甲基化DMRs，如CGI与内含子区域，但也有少数的DMRs聚集在低甲基化DMRs，比如CGI岛和外显子区域（图4B）；在CHH序列环境中，两种组织间多数的DMRs的基因都集中在高甲基化DMRs中，如CGI岛、内含子和重复区域（图4C）。

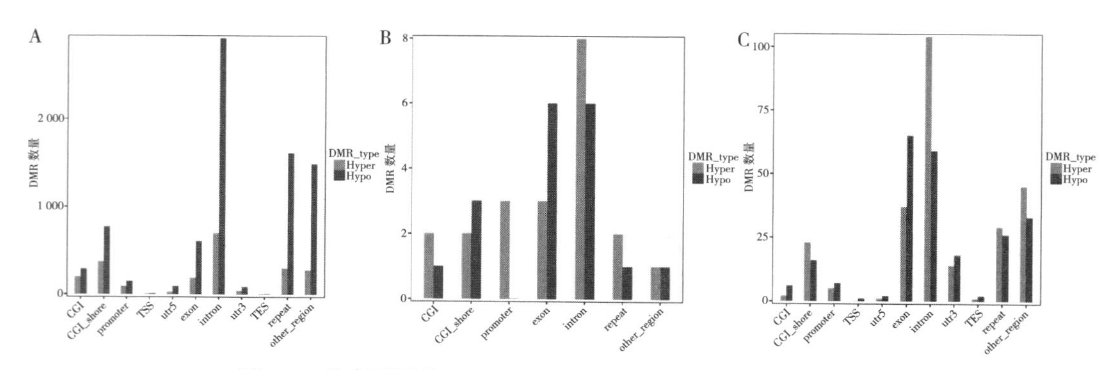

图4 3种序列环境（CG、CHG、CHH）DMR锚定区域展示

A. WGBs _ BM 和 WGBs _ BF CG DMR 基因区域分布　B. WGBs _ BM 和 WGBs _ BF CHG DMR 基因区域分布　C. WGBs _ BM 和 WGBs _ BF CHH DMR 基因区域分布

注：横坐标代表各个区域类别，纵坐标代表 hyper/hypo DMR 在各个基因元件区域的 DMR 的数量

饲喂沙葱水提物后，两种组织的样本在CG序列环境中的甲基化水平都要高于CHG与CHH序列环境中的，由两种组织样本之间的violin的宽度大小可以看出脂肪组织的甲基化水平略高于肌肉组织的；在CG序列环境中，两种组织DNA甲基化主要集中在高密度区域，CHG与CHH序列环境中的甲基化位点都处于低密度区域（图5）。

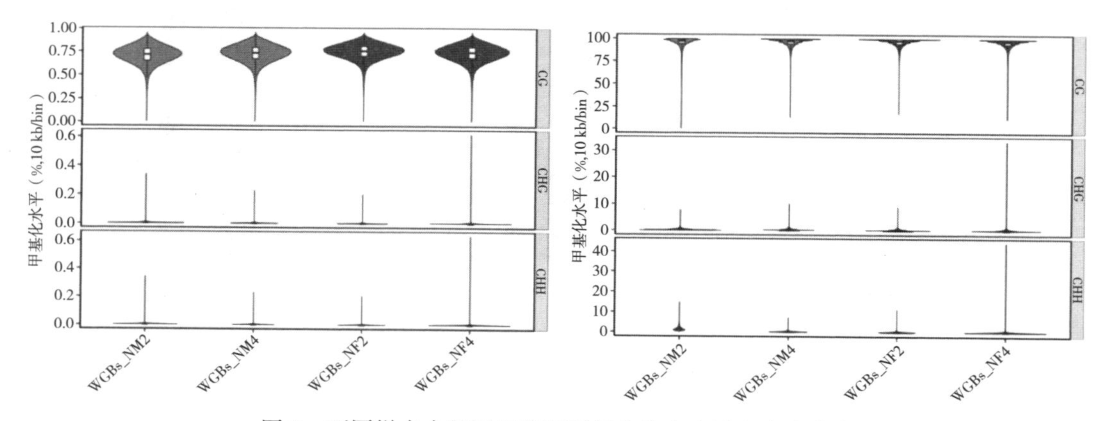

图5 不同样本全基因组范围甲基化位点水平和密度分布

注：横坐标代表不同样本/组别名称，纵坐标代表甲基化水平/密度，以10kb为1个bin。每个violin的宽度代表处于该甲基化水平/密度下的bin的多少

如图6所示，饲喂沙葱水提物后，两种组织在CG序列环境中的甲基化水平都远高于在CHG于CHH序列环境中的，且脂肪组织的甲基化水平均高于肌肉组织的。

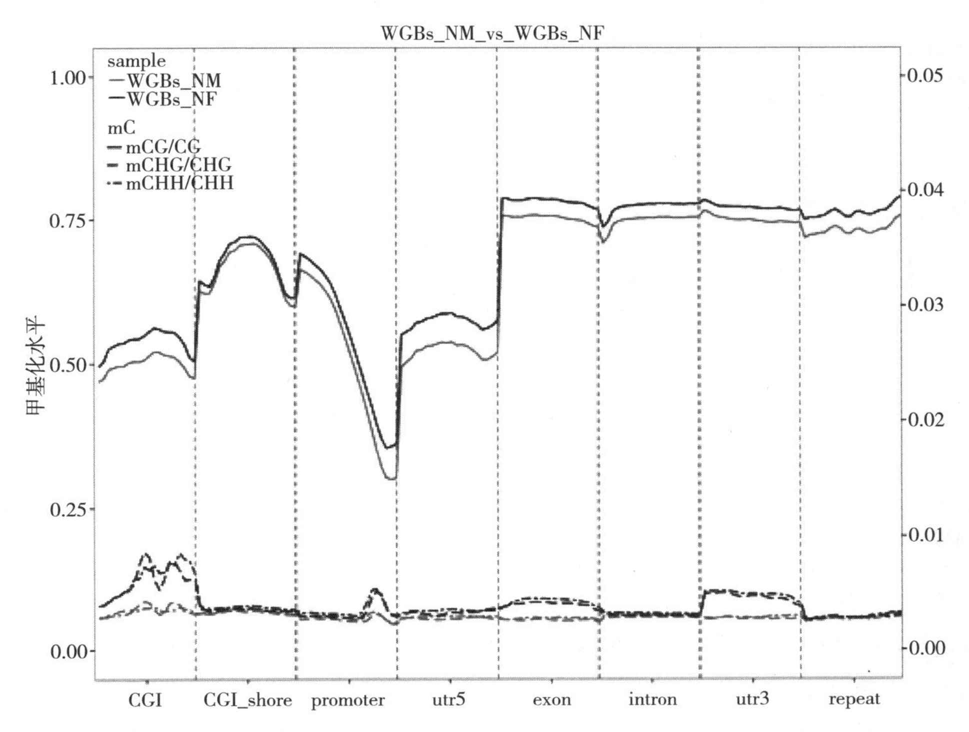

图 6　比较组合 3 种序列环境（CG、CHG、CHH）在基因功能元件上甲基化水平的分布的整体展示

注：横坐标代表不同基因组元件，纵坐标代表甲基化水平。将每个基因的各个功能区域分别等分成 20 个 bin，然后对所有基因功能区域对应的 bin 的 C 位点水平取平均值，不同的曲线类型代表不同的序列 context（CpG、CHG、CHH ）

饲喂沙葱水提物后，在 3 种序列环境中，脂肪组织的甲基化水平均高于肌肉组织的，在 CG 序列环境中肌肉与脂肪组织间的甲基化水平差异不大；但在 CHG 与 CHH 序列环境中，脂肪组织的甲基化水平远大于肌肉组织的，尤其在 CGI、外显子和 utr3 区域（图 7）。

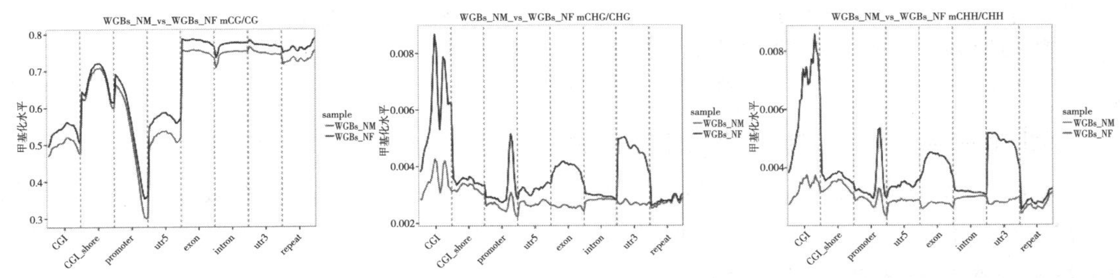

图 7　比较组合 3 种序列环境（CG、CHG、CHH）分别展示在基因功能原件上甲基化水平的分布

注：横坐标代表不同基因组元件，纵坐标代表甲基化水平。将每个基因的各个区域分别等分成 20 个 bin，然后对所有基因功能区域对应的 bin 的 C 位点水平取平均值，sample 代表不同的组别。WGBs，全基因组甲基；NM，肌肉；NF，脂肪；mCG/CG、mCHG/CHG、mCHH/CHH 代表不同序列环境，下同

如图 8 所示，比较 3 种序列环境中的甲基化水平在基因上下游 2K 的分布情况，可以发现饲喂沙葱水提物后，两种组织 DNA 在 CG 序列环境中的基因上下游 2K 区域的甲基化水平要高于 CHG 与 CHH 序列环境中的，且脂肪组织的甲基化水平都要高于肌肉组织的。

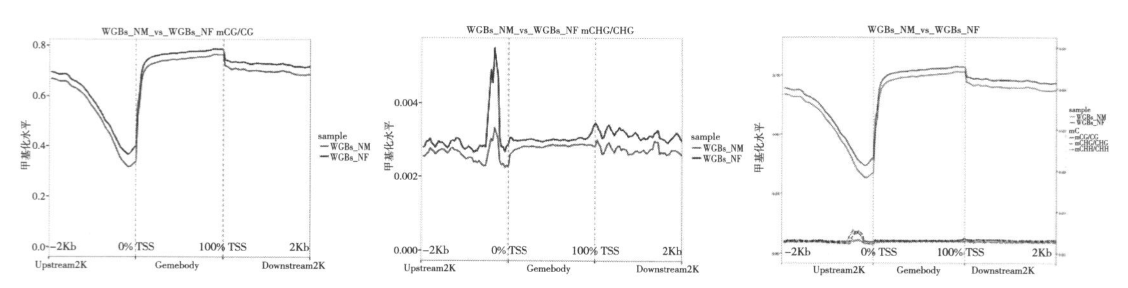

图 8　比较组合 3 种序列环境（CG、CHG、CHH）整体展示在基因上下游 2K 甲基化水平的分布

注：横坐标代表不同区域，纵坐标代表甲基化水平。将每个基因的各个区域分别等分成 50 个 bin，然后对所有区域对应的 bin 的 C 位点水平取平均值，sample 代表不同的组别，不同的曲线类型代表不同的序列 context（CpG、CHG、CHH）。对于大多数物种，CG 序列环境和 non-CG 序列环境甲基化水平差异会比较大，对此使用双坐标展示：右侧为 CG 序列环境甲基化水平标尺，左侧坐标为 non-CG 序列环境甲基化水平标尺

通过 3 种序列环境分别展示，发现饲喂沙葱水提物后，在三种序列环境中，脂肪组织的甲基化水平要高于肌肉组织的，在 CG 序列环境中两种组织间的甲基化水平差异不大，但在 CHG 与 CHH 序列环境中，脂肪组织的甲基化水平在整个基因功能元件上都要高于肌肉组织的（图 9）。

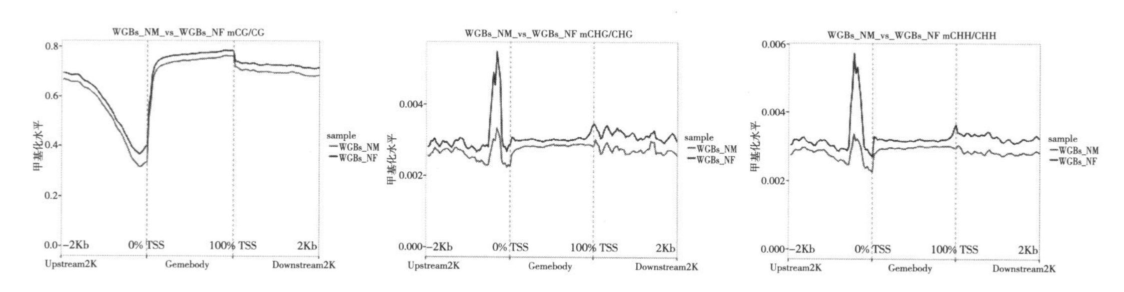

图 9　比较组合 3 种序列环境（CG、CHG、CHH）分别展示在基因功能元件上甲基化水平的分布

注：横坐标代表不同区域，纵坐标代表甲基化水平。将每个基因的各个区域分别等分成 50 个 bin，然后对所有基因功能区域对应的 bin 的 C 位点水平取平均值，sample 代表不同的组别

如图 10 所示，饲喂沙葱水提物后，两种组织间共产生 31 004 个 DMRs，DMR 基因有 6 226 个，在 CHH 序列环境中最多，且有部分基因在 3 种序列环境中都被锚定。两种组织的 DMR 启动子基因在 CG 序列环境中被锚定的基因数最多，而且绝大多数 DMR 启动子基因都被锚定在其各自的序列环境中。

饲喂沙葱水提物后，两种组织的 DMR 长度在 CG 序列环境中主要集中在 100～180 bp（图 11A），在 CHG 序列环境中则主要聚集在 50～100 bp（图 11B），而在 CHH 序列环境中的 DMR 长度则集中在 150～210 bp（图 11C）。

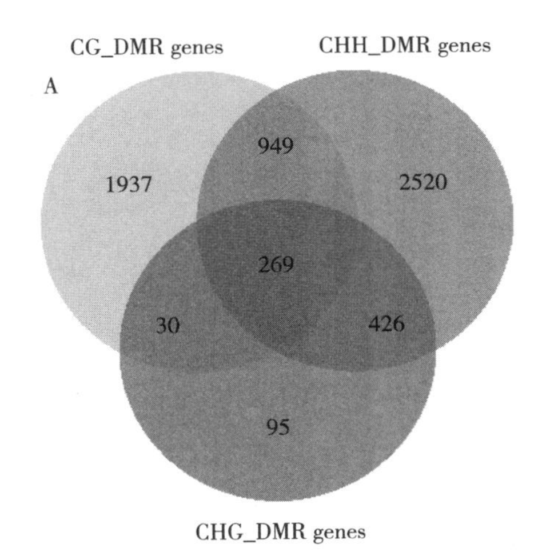

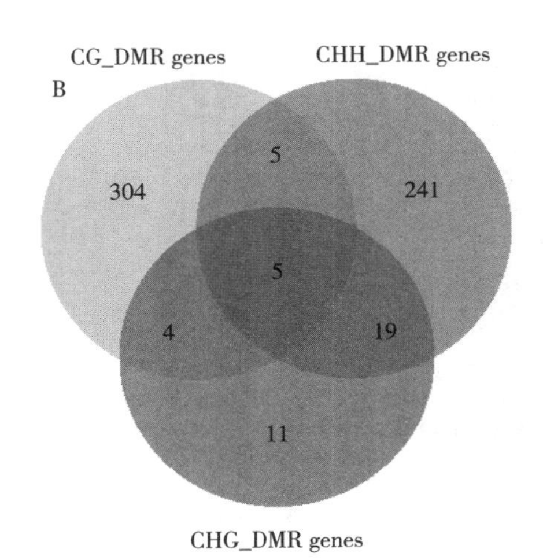

图 10　3 种序列环境（CG、CHG、CHH）DMR 锚定基因的维恩图

A. WGBs _ NM 与 WGBs _ NF DMR 的基因维恩图

B. WGBs _ NM 与 WGBs _ NF DMR 的启动子基因维恩图

注：不同圆形图表示比较组合以及基因锚定区域类型，图中各个数字表示交集或者特有基因集合的数量

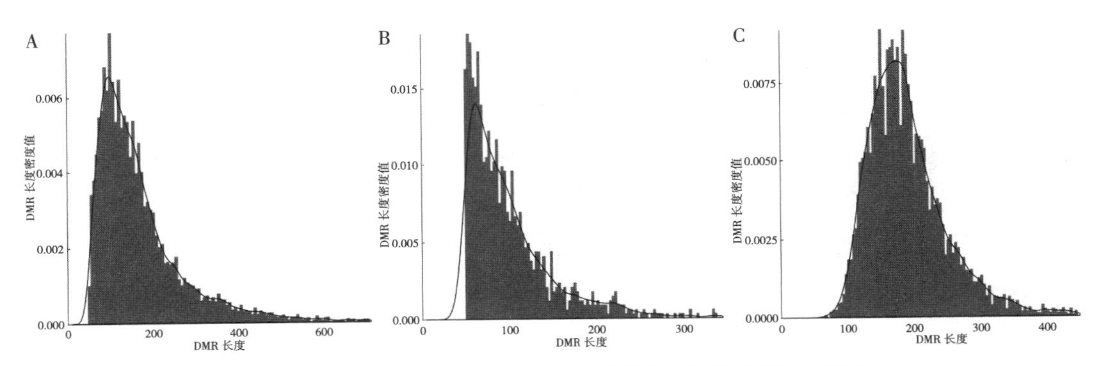

图 11　3 种序列环境（CG、CHG、CHH）DMR 长度分布展示

A. WGBs _ NM 和 WGBs _ NF CG DMR 长度分布　B. WGBs _ NM 和 WGBs _ NF CHG DMR 长度分布

C. WGBs _ NM 和 WGBs _ NF CHH DMR 长度分布

注：黑色为分布拟合曲线

DSS 软件对差异甲基化区域的平均甲基化水平进行统计。结果显示，饲喂沙葱水提物后，在 CG 序列环境中，脂肪组织的甲基化水平远高于肌肉组织的（图 12A），在 CHG 和 CHH 序列环境中，脂肪组织的甲基化水平都比肌肉组织的要高，但两种序列环境中的甲基化水平均低于 CG 序列环境中的（图 12B、C）。

饲喂沙葱水提物后，在 CG 序列环境中，脂肪组织的 DMRs 的甲基化水平都较高，肌肉组织中的大多数 DMRs 的甲基化水平较低，且在此序列环境中的 DMRs 各区域的甲基化水平都各不相同（图 13A）；在 CHG 与 CHH 序列环境中，脂肪组织与肌肉组织的 DMRs 甲基化水平均呈现低水平（图 13B、C）（彩图 18）。

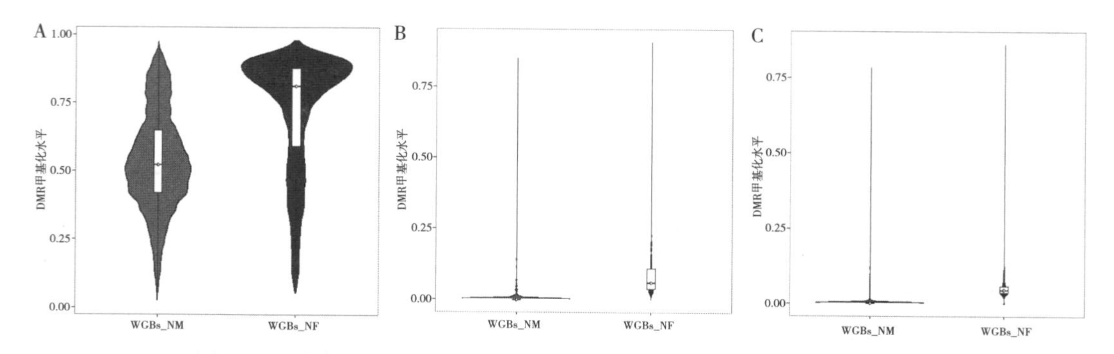

图 12　3 种序列环境（CG、CHG、CHH）DMR 甲基化水平分布展示

A. WGBs _ NM 和 WGBs _ NF CG DMR 甲基化水平分布　B. WGBs _ NM 和 WGBs _ NF CHG DMR 甲基化水平分布　C. WGBs _ NM 和 WGBs _ NF CHH DMR 甲基化水平分布

注：横坐标代表比较组合组别，纵坐标代表甲基化水平值，以小提琴图的形式展示 DMR 甲基化水平的分布（内为 boxplot，侧翼为该甲基化水平下的数量分布情况）

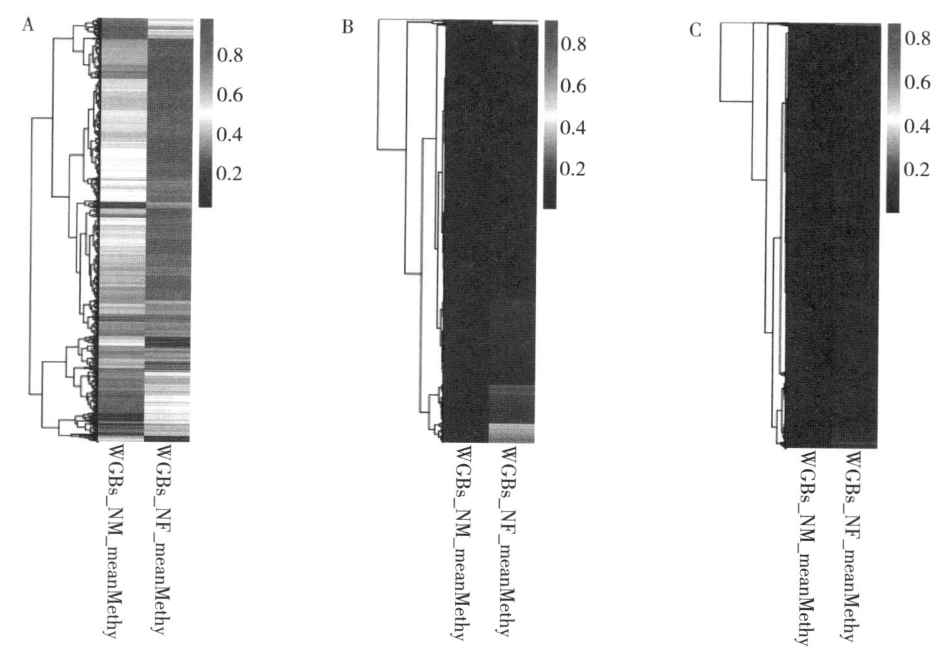

图 13　3 种序列环境（CG、CHG、CHH）DMR 甲基化水平聚类热图展示

A. WGBs _ NM 和 WGBs _ NF CG DMRs 热图　B. WGBs _ NM 和 WGBs _ NF CHG DMRs 热图　C. WGBs _ NM 和 WGBs _ NF CHH DMRs 热图

注：横向代表比较组合组别，纵向代表甲基化水平值聚类效果，由蓝色到红色表示甲基化水平由低到高

如图 14 所示，在 3 种序列环境中，DMR 锚定区域的基因都处于低甲基化 DMR 中，而且在 CHG 与 CHH 序列环境中基本没有处于高甲基化 DMR 的基因。

对试验组中 3 只羊的肌肉（NM2、NM3、NM5）和脂肪（NF2、NF3、NF5）组织进行分析计算，在两种组织中，共发现 3 个差异表达 mRNA，1 个差异表达的 lncRNA，分别为 *CACNG*6 基因（钙电压门控通道辅助亚基 γ6）、*DUSP*13 基因（双重特异性磷酸酶 13）

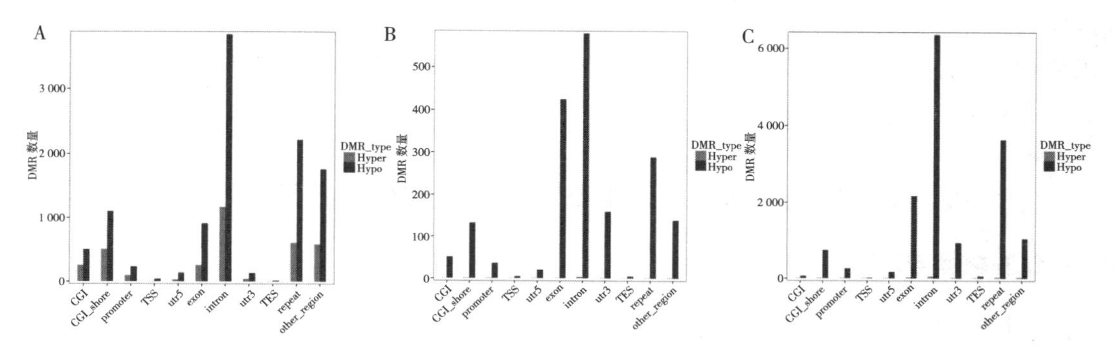

图 14 3 种序列环境（CG、CHG、CHH）DMR 锚定区域展示

A. WGBs _ NM 和 WGBs _ NF CG DMR 基因区域分布 B. WGBs _ NM 和 WGBs _ NF CHG DMR 基因区域分布

C. WGBs _ NM 和 WGBs _ NF CHH DMR 基因区域分布

注：横坐标代表各个区域类别，纵坐标代表 hyper/hypo DMR 在各个区域的 DMR 的数量

和 105 606 075 基因，以及 LNC _ 014512（表 5）。

表 5 NM _ vs _ NF 差异 mRNA 及 lncRNA 的具体信息

项目	transcript _ id	基因 ID	基因名称	feature _ id	NM _ FPKM	NF _ FPKM	$\log_2$ foldchange	*P* 值	Q 值
mRNA	XM _ 004015414.2	101118891	*CACNG6*	transcript	6.105 46	0	Inf	1.07E-05	0.038 281
	XM _ 012105389.1	101102034	*DUSP*13	transcript	7.997 248	0	Inf	1.41E-05	0.040 39
	XM _ 012108329.1	105606075	—	transcript	6.708 436	2.617 407	1.357 838	3.95E-06	0.028 314
lncRNA	LNC _ 014512	XLOC _ 219061	—	transcript	3.057 588	0.914 903	1.740 703	3.94E-06	0.028 314

沙葱水提物处理前后的转录本变化统计见表 6，发现各项数值都明显变少，表明沙葱水提物降低了组织间的转录差异。

表 6 差异 mRNA 与 lncRNA 数量统计

比较组	mRNA	up（mRNA）	down（mRNA）	lncRNA	up（lncRNA）	down（lncRNA）
BM _ vs _ BF	107	95	12	9	8	1
NM _ vs _ NF	3	3	0	1	1	0

注：up 和 down 分别代表上调和下调。

2.3 小结

对照组在 CG 序列环境中肌肉组织 DNA 的甲基化水平要略低于脂肪组织的，而 CHG 与 CHH 序列环境中肌肉组织的甲基化水平要明显高于脂肪组织的；试验组在 3 种序列环境中，脂肪组织的甲基化水平均高于肌肉组织的。这说明沙葱水提物明显升高了脂肪组织 DNA 的甲基化水平；对照组肌肉和脂肪共产生 9 760 个 DMRs（2 339 个高甲基化区域和 7 421个低甲基化区域），2 826 个 DMR 基因；沙葱水提物使两种组织产生 31 004 个 DMRs（3 414 个高甲基化区域和 27 590 个低甲基化区域），6 226 个 DMR 基因。DMR 基因数增长了一倍多；普通日粮下的杜寒杂交羊肌肉与脂肪组织间被鉴定出了 107 个差异表达的

mRNA，9 个差异表达的 lncRNA；沙葱水提物明显降低了转录差异，两种组织差异表达的 mRNA 减少至 3 个（*CACNG*6 基因、*DUSP*13 基因和 105 606 075 基因），差异表达的 lncRNA 仅剩 1 个（LNC _ 014512）。

3 沙葱水提物对杜寒杂交羊肌肉和脂肪组织表观遗传调控网络的作用机制研究

3.1 试验材料与方法

12 个转录样本、8 个甲基化测序样本，参见上文中的数据结果进行表观遗传学调控网络的构建，调控基因表达验证。

3.2 试验结果与分析

对肌肉组织和脂肪组织 DMRs 靶基因进行了 pathway 通路和 GO 富集分析，以研究沙葱水提物所致的甲基化的潜在调控机制。富集结果表明，DMRs 靶基因主要参与能量代谢、信号通路和细胞增殖等生物学过程（图 15）。

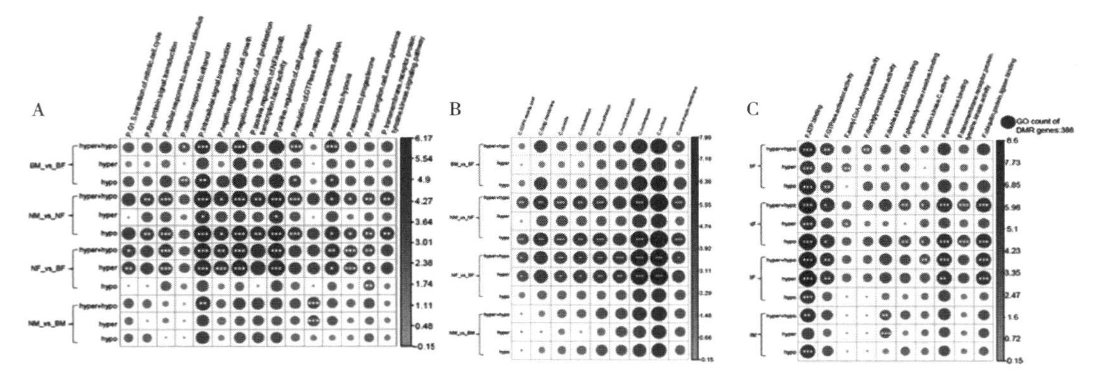

图 15 不同甲基化程度的各比较组的 GO 富集分析热图

A. BP（生物学过程）中的 GO 富集结果 B. CC（细胞成分）中的 GO 富集结果

C. MF（分子功能）中的 GO 富集结果

注：纵坐标列明了分别在低甲基化、高甲基化以及整体甲基化中的 4 个比较组（BM _ vs _ BF、NM _ vs _ NF、BM _ vs _ NM、BF _ vs _ NF），图中横向表示 DMR 相关基因所富集到的 GO term 名称，图右侧黑色的深浅代表了甲基化程度的大小，圆的大小表示富集到某 GO term 中的 DMR 基因个数，圆中的“ * ”表示富集程度的高低，“***”表示极显著富集

如图 16（彩图 19）所示，通路富集结果与 GO 富集结果相似。例如，泛素介导的蛋白水解、Rap1 信号传导途径、MAPK 信号传导途径、轴突引导、胆碱能突触、黏附连接、黏着斑、肌动蛋白细胞骨架调节和细胞周期等。

由图 17 可知，每个 lncRNA 平均调节 7 个靶基因，表明这些 lncRNA 可能是维持组织差异的重要调控因子，根据 lncRNA 有 LNC _ 008267、LNC _ 001888、LNC _ 003112、LNC _ 004544 等调控因子，调控的靶基因数目众多，对维持表观遗传调控发挥重要作用。在 lncRNA 和甲基化的共同调控下，肌肉中所有靶基因的表达均呈下调。

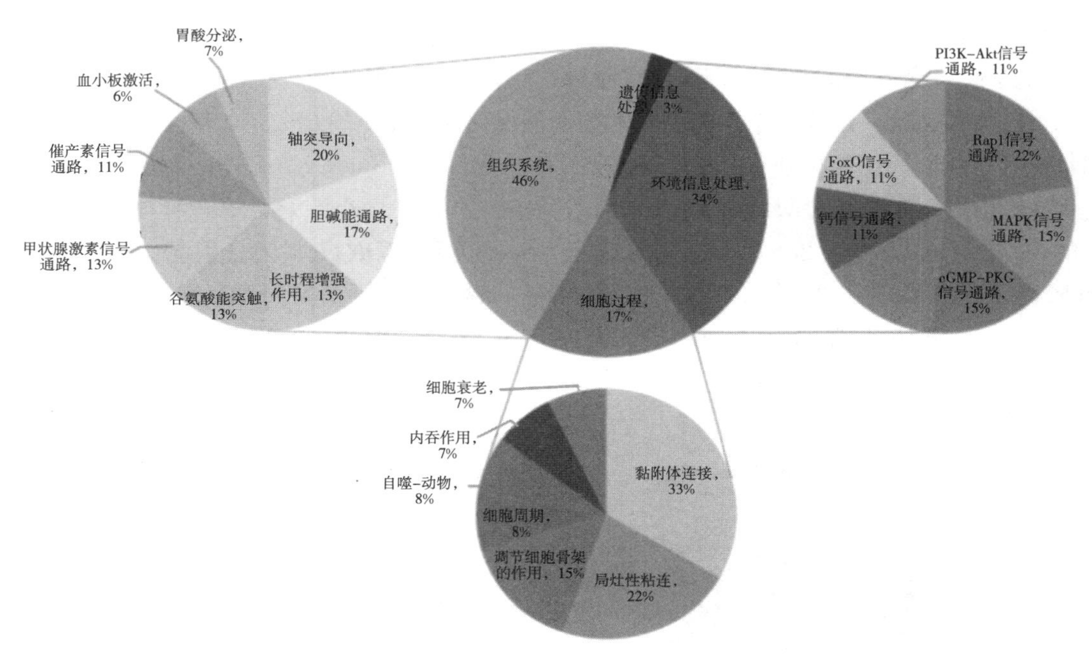

图 16 4 个比较组的 KEGG 富集通路总子母图

注：此子母图是将 4 个比较组（BM _ vs _ BF、NM _ vs _ NF、BM _ vs _ NM、BF _ vs _ NF）在低甲基化、高甲基化以及整体甲基化水平的 KEGG pathway 富集结果进行了统计，并按照 KEGG 的 7 个分类中占比较多的 4 个分类进行了分别列举。中上方最大的饼图展示了 4 个分类的占比情况，按占比大小依次为：有机系统 46%，环境信息处理 34%，细胞过程 17%以及遗传信息处理 3%。黄色系的饼图展示了有机系统类中各 pathway 的占比，橙色系的饼图展示了环境信息处理类中各 pathway 的占比，灰色系的饼图展示了细胞过程中各 pathway 的占比

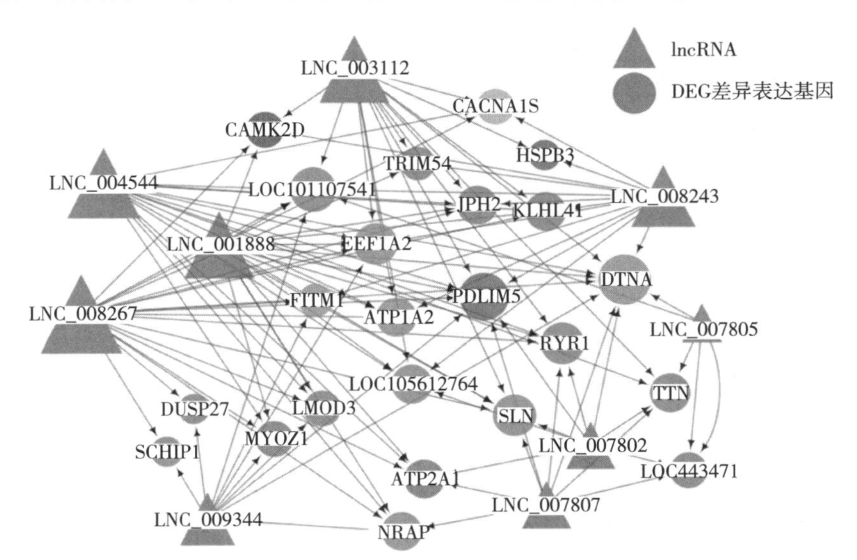

图 17 对照组的肌肉与脂肪的差异表达基因调控网络图

注：图中的三角形均代表 lncRNA，圆形均代表靶基因。三角形的大小代表甲基化的程度，圆形的大小表示甲基化对靶基因抑制的程度。图中的 lncRNA 均为单向作用于靶基因，而且甲基化对靶基因的表达都是抑制性的。下同

如图 18（彩图 20）所示，在 lncRNA 和甲基化的共同调控下，68 个靶基因的表达上调，而其余 36 个基因的表达下调。值得注意的是，部分基因的调控机制相同，表现为由相同的 lncRNA 调控，组成一个功能关联紧密的调控模块，如 *MAPKAP*1 基因和 *FOXP*2 基因都在一个相同的调控模块中。*MAPKAP*1 基因受 135 个 lncRNA 调控，而 *FOXP*2 基因受 121 个 lncRNA 调控。*MAPKAP*1 基因的调控因子中有 108 个（80.00%）与 *FOXP*2 基因的调控因子相同（89.26%）。此外，*STXBP*5 基因和 *WDR*17 基因分别受 46 个和 40 个 lncRNA 的调控，其中 35 个 lncRNA 相同，分别占两个靶基因调控 lncRNA 总数的 76.09% 和 87.50%。靶基因之间具有共有相同的调控 lncRNA，表明沙葱的摄入可诱导产生不同的靶基因产生相同的表观遗传影响。

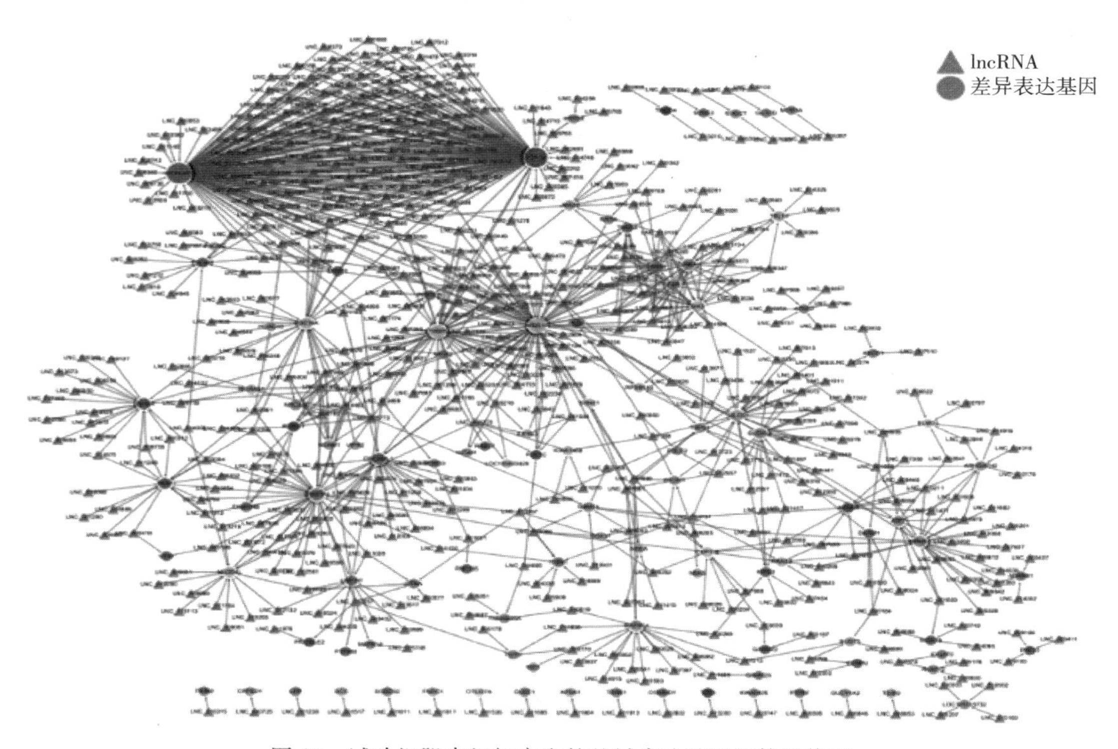

图 18 试验组肌肉组织产生的差异表达基因调控网络图

注：图中的三角形均代表 lncRNA，圆形均代表靶基因。三角形中的颜色深浅代表甲基化的程度大小，圆形中的深浅表示甲基化对靶基因抑制程度的大小。图中的 lncRNA 均为单向作用于靶基因，而且甲基化对靶基因的表达都是抑制性的

由图 19（彩图 21）可知，在一个共同调控的模块中，有 18 个 lncRNA 共同调控 7 个靶基因（*THSD*4 基因、*SLC*9*A*7 基因、*PDPK*1 基因、*GMDS* 基因、*DLG*4 基因、*CDH*4 基因和 *ADGRG*6 基因），占 lncRNA 总数的 31.58% 以上。另外，*SLC*25*A*12 基因、*MAP*2*K*6 基因、*REEP*1 基因、*MYBPHL* 基因、*CLCN*1 基因和 PHB 基因由 6 个 lncRNA 共同调节。这些模块中靶基因的共同调控表明，沙葱水提物可以诱导基因功能出现的高度相关性。

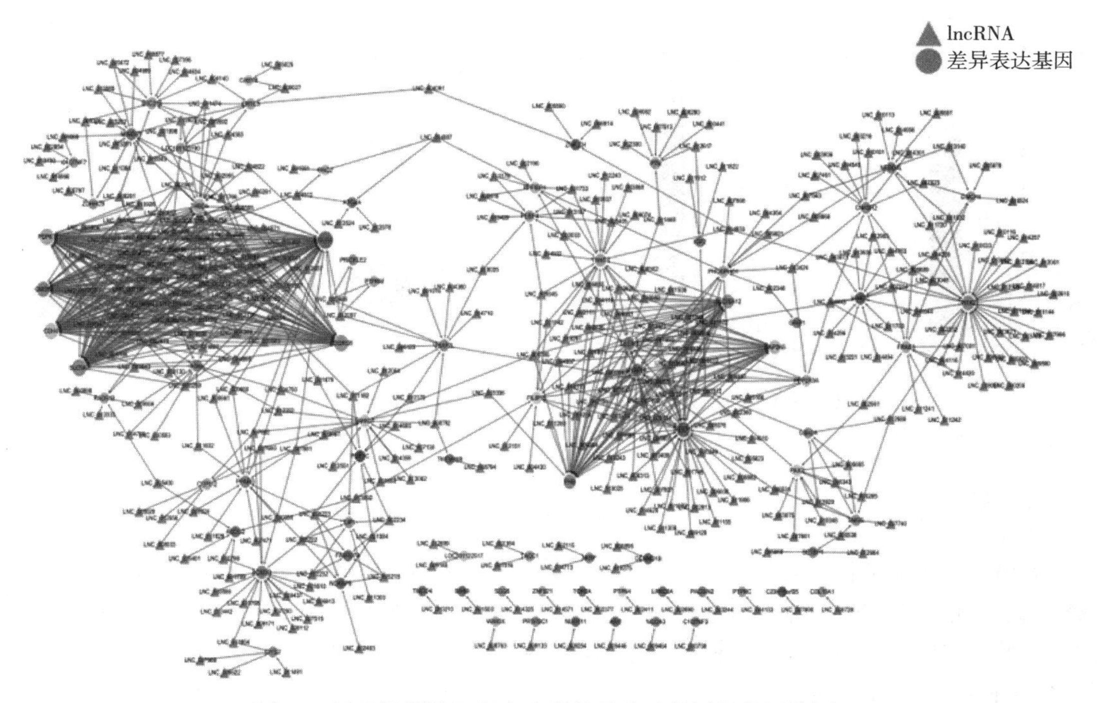

图 19 试验组脂肪组织产生的差异表达基因调控网络图

注：图中的三角形均代表 lncRNA，圆形均代表靶基因。三角形中的颜色深浅代表甲基化的程度大小，圆形中的深浅表示甲基化对靶基因抑制程度的大小。图中的 lncRNA 均为单向作用于靶基因，而且甲基化对靶基因的表达都是抑制性的

如图 20 所示，*MYOZ*1 基因在表观遗传调控网络中发挥关键作用，同时受到 LNC _ 001888、LNC _ 003112、LNC _ 004544、LNC _ 007802、LNC _ 007807、LNC _ 008243、LNC _ 008267 和 LNC _ 009344 8 个 lncRNA 以及甲基化调控。结果发现，*MYOZ*1 基因特异表达在肌肉组织中，且沙葱水提物会降低 *MYOZ*1 基因在肌肉的表达，在脂肪组织中不表达。*PDLIM*5 基因受到 LNC _ 001888、LNC _ 004544、LNC _ 008267 和 LNC _ 009344 4 个 lncRNA 以及甲基化调控。*PDLIM*5 基因在肌肉和脂肪组织中都可以表达，但是沙葱水提物对 *PDLIM*5 基因的影响在两个组织中却截然相反，在脂肪沙葱水提物上调 *PDLIM*5 基因，而在肌肉组织中 *PDLIM*5 基因表达明显下调，说明 *PDLIM*5 基因在两个组织中发挥的功能可能不同。*LMO*7 基因在两个组织的表达变化及受到沙葱水提物的影响与 *PDLIM*5 基因类似，说明两者可能具有功能上的关联。*TFRC* 基因的表达与前 3 个基因不同，在肌肉和脂肪组织中具有相同的变化规律，沙葱水提物可同时降低 *TFRC* 基因的表达，说明沙葱水提物对 *TFRC* 基因的影响没有组织特异性差异，且 *TFRC* 基因可能在肌肉和脂肪组织中发挥相同的功能。荧光定量 PCR 对 4 个基因表达量的检测结果与转录组测序结果一致，验证转录组结果的可能性，同时也初步阐明这些基因在沙葱水提物对表观遗传调控网络中可能具有独立的生物学功能，可以作为后续通过分子生物学手段深入研究的关键功能基因。

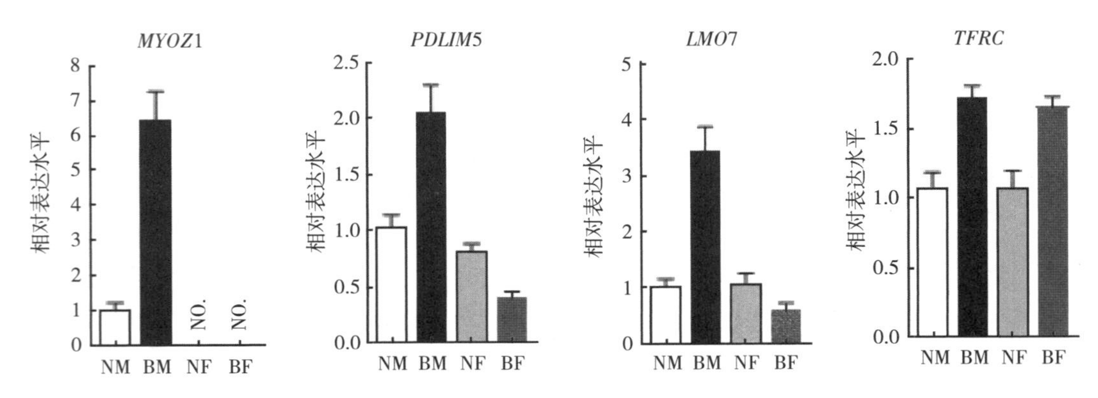

图 20 *MYOZ1*、*PDLIM5*、*LMO7* 和 *TFRC* 在各组织中的表达

注：NO. 为不表达

3.3 小结

lncRNA 和甲基化的靶基因显著富集在 ATP 结合、泛素化、蛋白激酶结合、细胞增殖调控和各种信号通路中。其中，差异甲基化区域的靶点主要参与双链 RNA 相关功能中；差异表达的 lncRNA 的靶基因显著富集在了组织特异性的注释，如高尔基膜和肌肉的内质网以及脂肪的氧化磷酸化代谢途径；肌肉组织调控网络中共有 983 个调控相互作用，包括 517 个差异 lncRNA 和 104 个靶基因（68 个靶基因的表达上调，36 个靶基因的表达下调），其中发现了有相同 lncRNA 调控的共调控模块，涉及的基因主要有 *MAPKAP1*、*FOXP2*、*STXBP5* 和 *WDR17*；脂肪组织调控网络则共有 864 个调控关系，其中包括 346 个 lncRNA 和 80 个靶基因（59 个靶基因被上调，21 个被下调）。也发现了 lncRNA 共同调控模块，涉及的基因数较多，如 *THSD4*、*SLC9A7*、*PDPK1*、*GMDS*、*DLG4*、*CDH4*、*ADGRG6*、*SLC25A12*、*MAP2K6*、*REEP1*、*MYBPHL*、*CLCN1* 和 *PHB*。

4 结论

（1）沙葱水提物对杜寒杂交羊的生长性能没有影响，但可以显著影响肌肉和脂肪组织中脂肪酸的含量。包括降低 C18:2n6c 在肌肉组织的含量，在脂肪组织中对 C15:1、C17:0、C18:0、C18:3n3、C23:0、C18:1n9c、PUFA、C18:2n6c 和 C18:3n6 9 种脂肪酸的含量具有不同程度的影响。

（2）沙葱水提物可以使杜寒杂交羊肌肉组织 DNA 的甲基化水平明显降低，影响转录组基因的表达，增强与细胞和代谢进程有关的基因功能，参与 MAPK、脂肪酸代谢、三羧酸循环等信号通路。

（3）沙葱水提物可以使杜寒杂交羊脂肪组织的 DNA 甲基化水平升高，并影响脂肪细胞中相关基因的表达，调节结合和代谢相关的基因功能，主要参与脂肪酸的代谢过程。

（4）沙葱水提物可以缩小杜寒杂交羊肌肉和脂肪组织间的分子差异，主要机制是参与了泛素介导的蛋白水解、Rap1 信号传导途径、MAPK 信号传导途径、黏着斑、肌动蛋白细胞骨架调节和细胞增殖等方面的基因调控。

（5）沙葱水提物引起的差异 lncRNA 和甲基化的靶基因均与 ATP 结合、泛素化、蛋白激酶结合、细胞增殖调控等有关，但差异甲基化区域的靶点还对双链 RNA 相关功能有重要作用，而差异表达的 lncRNA 的靶基因在高尔基膜和肌肉的内质网以及脂肪的氧化磷酸化代谢途径中，发挥的组织特异性调节作用更加突出。

（6）沙葱水提物通过影响 DNA 甲基化修饰和 lncRNA 的表达，最后经胰岛素途径调节脂肪细胞中脂肪酸的组成与转运，涉及的相关基因主要有 *PDPK*1、*ATP*1*A*2、*CACNA*1*S* 和 *CAMK*2*D*。

葡萄籽原花青素对奶牛瘤胃体外发酵及产甲烷菌区系的影响

甲烷是温室气体的重要成分，其温室效应效果很强，是二氧化碳的22倍，随着畜牧业的发展，在全球范围内反刍动物每年能够排放甲烷量较高，占人为温室气体总排放量的28%。在反刍动物产生甲烷的同时意味着饲料能量的损失，所以降低反刍动物甲烷排放量对于我国的畜牧业和饲料行业的发展具有重要的意义。目前对于减少反刍动物甲烷排放的研究主要倾向于在动物饲料中添加添加剂，如单宁和皂甙等。有研究表明在饲料中添加单宁能够降低反刍动物甲烷的产量，所以对于富含单宁的物质在反刍动物饲料中的研究也成为一个热点。

综合目前研究来看，关于葡萄籽原花青素对奶牛瘤胃发酵模式的调控研究特别是对奶牛瘤胃发酵及瘤胃微生物区系的研究，还鲜见报道。因此，本试验通过在体外发酵试验中添加不同剂量的葡萄籽原花青素，研究其对奶牛瘤胃发酵与瘤胃微生物区系的影响，可以为葡萄籽原花青素作为奶牛瘤胃发酵添加剂提供试验依据。同时为解决饲料转化率低、产量与乳品质较低等制约我国奶牛养殖业规模化、集约化发展的问题，提供新的思路。

1　葡萄籽原花青素对奶牛瘤胃发酵指标及瘤胃微生物数量的影响

1.1　试验材料与方法

选择2头荷斯坦瘘管奶牛，试验饲喂日粮精粗比为30∶70，每天喂料2次（8:00和16:30），自由饮水。在饲喂前取这两头瘘管牛的瘤胃液，混合后过滤收集。采用单因素六水平试验设计，称取体外培养发酵底物500 g，粉碎过40目筛，发酵液培养液由瘤胃液和人工唾液按1∶2（25 mL∶50 mL）的比例配合而成，称取0.05、0.1、0.15、0.2、0.25 mg葡萄籽原花青素加入水溶液溶解定容至1 L，分别量取1 mL不同浓度的葡萄籽原花青素溶液，加入已经装有培养液的发酵瓶中。对照组不添加葡萄籽原花青（0 mg/kg），试验中葡萄籽原花青素的含量为0.1、0.2、0.3、0.4、0.5 mg/kg，每个试验组设置6个重复。重复试验3次。

体外培养24 h时记录产气量，并用气袋收集甲烷测定其含量，在发酵24 h时测定pH，发酵液分装后将其置于−80℃的冰箱内，用于氨态氮、微生物蛋白、挥发性脂肪酸的测定及微生物DNA的提取。

1.2　试验结果与分析

在体外发酵液中加入不同剂量的葡萄籽原花青素后对瘤胃挥发性脂肪酸的影响如表1和表2所示，与对照组相比，添加不同剂量的葡萄籽原花青素对总挥发酸、乙酸、丙酸、戊酸、乙酸/丙酸均无显著影响；0.4mg/kg 和 0.5mg/kg 显著降低了丁酸的含量（$P<0.01$）；0.2mg/kg 显著提高了异丁酸含量（$P<0.05$）；0.4mg/kg 和 0.5mg/kg 组显著降低了异戊酸的含量；原花青素添加组均显著提高了发酵液的 pH（$P<0.01$）；0.2 mg/kg 组显著降低了 24h 甲烷产量（$P<0.01$）；0.3 mg/kg 组显著降低了 24h 产气量（$P<0.01$）；对微生物蛋白没有显著影响。

表 1　葡萄籽原花青素对奶牛瘤胃体外发酵挥发性脂肪酸的影响

项目	葡萄籽原花青素添加水平（mg/kg）						SEM	线性	P 值
	0	0.1	0.2	0.3	0.4	0.5			
总挥发性脂肪酸（mmol/L）	94.1	101.6	104.3	98.0	103.7	92.0	5.27	0.54	0.502
乙酸（%）	60.8	61.8	61.7	61.9	61.9	62.5	0.42	0.09	0.178
丙酸（%）	19.4	21.7	19.8	19.8	19.8	20.18	0.79	0.87	0.399
乙酸/丙酸	3.12	2.92	3.11	3.11	3.12	3.09	0.08	0.39	0.494
丁酸（%）	18.7^{a}	18.4	18.1	18.1	17.9^{b}	17.9^{b}	0.14	0.004	<0.01
异丁酸（%）	1.03^{b}	1.09	1.10^{a}	1.06	1.04	1.07	0.01	0.14	<0.05
戊酸（%）	1.90	1.97	1.85	1.76	1.74	1.83	0.07	0.15	0.343
异戊酸（%）	2.55^{b}	2.58^{a}	2.53	2.51	2.48^{c}	2.45^{c}	0.01	0.03	<0.01

注：同行数据肩标不同小写字母表示差异显著（$P<0.05$）。下同。

表 2　葡萄籽原花青素对奶牛瘤胃体外发酵指标的影响

项目	葡萄籽原花青素添加水平（mg/kg）						SEM	线性	P 值
	0	0.1	0.2	0.3	0.4	0.5			
pH	6.22^{b}	6.28^{a}	6.29^{a}	6.31^{a}	6.29^{a}	6.28^{a}	0.011	0.001	<0.01
氨态氮（mg，按 100mL 计）	39.7^{b}	41.4^{abc}	37.2^{c}	41.6^{abc}	47.43^{a}	44.6^{abc}	2.915	0.88	<0.05
微生物蛋白（mg/mL）	1.61	1.43	1.30	1.41	1.43	1.32	0.075	0.85	0.052
24h 甲烷产量（%）	22.4^{a}	21.1^{ab}	19.0^{b}	20.7^{ab}	20.7^{ab}	21.3^{ab}	0.271	0.001	<0.01
24h 产气量（mL）	78.1^{a}	77.1^{ab}	70.9^{ab}	64.66^{b}	73.47^{ab}	74.46^{ab}	2.510	0.001	<0.01

由表 3 可以看出不同剂量的葡萄籽原花青素均能抑制瘤胃内原虫、甲烷菌生长，降低瘤胃内溶纤维丁酸弧菌的数量，减少瘤胃内的产琥珀酸丝状杆菌，提高瘤胃内真菌的数量，对奶牛瘤胃体外发酵中黄色瘤胃球菌和白色瘤胃球菌没有显著的影响（$P>0.05$），且无规律可循。

表 3　葡萄籽原花青素对奶牛瘤胃体外发酵微生物相对丰度的影响（%）

项目	葡萄籽原花青素添加水平（mg/kg）						SEM	线性	P 值
	0	0.1	0.2	0.3	0.4	0.5			
原虫$\times10^{-4}$	3.75^{a}	3.64^{a}	2.35^{c}	2.37^{bc}	2.4^{bc}	2.74^{b}	0.36	0.34	<0.01
甲烷菌$\times10^{-2}$	2.18^{a}	1.51^{bc}	1.47^{bc}	1.91^{ab}	1.57^{bc}	1.16^{c}	0.42	0.104	<0.01
真菌$\times10^{-2}$	1.81^{d}	1.94^{d}	2.22^{cd}	2.5^{bc}	2.79^{b}	3.29^{a}	0.38	0.82	<0.01

（续）

项目	葡萄籽原花青素添加水平（mg/kg）						SEM	线性	*P* 值
	0	0.1	0.2	0.3	0.4	0.5			
溶纤维丁酸弧菌×10^{-6}	2.09[a]	1.48[ab]	1.16[bc]	1.00[bc]	0.89[c]	0.81[c]	0.45	0.53	<0.01
产琥珀酸丝状杆菌×10^{-3}	1.75[a]	1.57[bc]	1.49[abc]	1.32[bcd]	1.23[dc]	1.09[d]	0.31	0.26	<0.01
黄色瘤胃球菌×10^{-3}	11.11	10.5	10.7	10.99	11.65	11	0.65	0.03	0.09
白色瘤胃球菌×10^{-3}	0.54	0.53	0.55	0.51	0.52	0.53	0.07	0.072	0.64

1.3 小结

本试验研究表明，在奶牛瘤胃体外发酵液中添加葡萄籽原花青素对发酵液中总挥发酸、乙酸、丙酸、戊酸、乙酸/丙酸均无显著影响；提高了发酵液中 pH、异丁酸含量；降低了丁酸和异戊酸含量；降低了发酵液中原虫、甲烷菌、溶纤维丁酸弧菌和产琥珀酸丝状杆菌含量；对黄色瘤胃球菌和白色瘤胃球菌没有影响。

2 不同水平葡萄籽原花青素对奶牛瘤胃体外发酵产甲烷菌区系的影响

2.1 试验材料与方法

采用上文采集的发酵液进行瘤胃总微生物 DNA 的提取，随后 PCR 扩增产甲烷菌区系，将 PCR 产物用 QuantiFluor™-ST 蓝色荧光定量系统（Promega 公司）进行检测定量，之后按照每个样本的测序量要求，进行相应比例的混合，随后进行 Miseq 文库构建和高通量测序数据分析。

2.2 试验结果与分析

应用 Illumina Miseq 平台对样品进行测序，最终得到在产甲烷菌 16S rDNA 序列的 97%相似性水平上，共有 OTUs 数 352 个，发酵液中的产甲烷菌的 OTUs 数目在一定程度上反映了发酵液中的产甲烷菌的实际丰度。由表 4 可以看出，添加 3、6 g/d 的葡萄籽原花青素降低了产甲烷菌的 OTUs，但是添加量增加到 9、12、15 g/d 时产甲烷菌的 OTUs 也随着增加，但差异并不显著（$P>0.05$）；添加葡萄籽原花青素对 chao1 指数和 shannon 指数均无显著影响（$P>0.05$）；各添加剂量的样品覆盖度均大于 0.95，说明所采取的样品和测序面积的覆盖面都很高。

表 4 葡萄籽原花青素对奶牛瘤胃体外发酵液中产甲烷菌 OUT 丰度和 α 多样性的影响

项目	葡萄籽原花青素添加水平（mg/kg）						SEM	线性	*P* 值
	0	0.1	0.2	0.3	0.4	0.5			
OTUs	292	277	278	292	295	299	2.99	0.15	0.91
PD _ whole _ tree	10.34	12.26	12.59	12.84	13.58	12.68	3.48	0.042	0.056

（续）

项目	葡萄籽原花青素添加水平（mg/kg）						SEM	线性	P 值
	0	0.1	0.2	0.3	0.4	0.5			
Coverage	0.99	0.968	0.958	0.999	0.999	0.967	0.007	5.0	0.051
Shannon	4.62	4.61	4.71	4.85	4.81	4.74	0.319	0.095	0.065 8
Chao 1	304.7	296.9	309.0	309.4	311.3	298.4	2.65	0.225	0.128
Species	272.9	260.8	265.8	268.1	276.2	278.2	2.74	0.711	0.109

为研究葡萄籽原花青素对奶牛瘤胃发酵中产甲烷菌区系的影响，对添加不同剂量组发酵液中的产甲烷菌群所含的种群组成进行了比较。添加不同剂量的葡萄籽原花青素在门、科、属水平上对产甲烷菌的菌群组成如表5所示，在门水平上产甲烷菌都属于广古菌门，在科水平上大部分属于甲烷杆菌科，在属水平则主要分布在甲烷短杆菌属、甲烷杆菌属、甲烷球形菌属、*Candidatus _ Methanoplasma*。随着葡萄籽原花青素剂量增加，在门水平上甲烷菌的丰度显著降低（$P<0.01$）。在科水平上，甲烷杆菌科的丰度随着添加剂量的增加有降低的趋势，且在添加剂量为0.5 mg/kg时显著降低了丰度（$P<0.01$）；Methanomassiliicoccaceae的丰度随着添加剂量的增加有增加的趋势，且当添加剂量为0.4、0.5 mg/kg时效果最为显著（$P<0.01$）。在属水平上，甲烷短杆菌属中甲烷菌的丰度随着添加剂量的增加有降低的趋势，且当添加剂量为0.5 mg/kg时效果最为显著，当添加剂量为0.5 mg/kg时有回升的趋势，但是低于对照组；甲烷杆菌属中甲烷菌的丰度随着葡萄籽原花青素剂量的增加有降低的趋势，且当添加量为0.4、0.5 mg/kg时显著降低了该属甲烷菌的丰度（$P<0.01$）；*Candidatus _ Methanoplasma*中的甲烷菌的丰度随着添加剂量的增加有上升趋势，且当添加剂量为0.4、0.5 mg/kg时显著增加了该属中的甲烷菌含量（$P<0.01$）；甲烷球形菌属中的甲烷菌的丰度随着添加剂量的增加有降低趋势，且当添加剂量为0.3、0.4、0.5 mg/kg时显著降低了该属中的甲烷菌的丰度。

表5 添加不剂量的葡萄籽原花青素对奶牛瘤胃体外发酵液中产甲烷菌在门、科、属水平上的影响

项目	微生物	葡萄籽原花青素添加水平（mg/kg）						SEM	线性	P 值
		0	0.1	0.2	0.3	0.4	0.5			
门水平	Euryarchaeota（广古菌门）	89.95^{a}	89.99^{ab}	75.32^{abc}	71.82^{c}	68.1^{c}	73.35^{bc}	2.38	0.04	<0.01
科水平	Methanobacteriaceae（甲烷杆菌科）	0.830^{a}	0.796^{ab}	0.656^{abc}	0.580^{bc}	0.550^{c}	0.623^{abc}	0.26	0.17	<0.01
	Methanomassiliicoccaceae（甲烷菌科）	0.070^{b}	0.080^{ab}	0.093^{ab}	0.136^{a}	0.130^{a}	0.110^{ab}	0.126	0.006	<0.01
属水平	*Methanobrevibacter*（甲烷短杆菌属）	64.67^{a}	63.53^{ab}	52.66^{abc}	51.09^{bc}	46.62^{c}	55.08^{abc}	0.229	0.026	<0.01
	Methanobacterium（甲烷杆菌属）	0.75^{a}	0.65^{ab}	0.64^{ab}	0.69^{ab}	0.575^{b}	0.605^{b}	0.207	0.11	<0.01
	Candidatus _ Methanoplasma	6.71^{b}	8.09^{b}	9.47^{ab}	13.7^{a}	13.1^{a}	11.06^{ab}	1.28	0.072	<0.01
	Methanosphaera（甲烷球形菌属）	17.81^{a}	15.74^{a}	12.54^{a}	6.30^{b}	7.79^{b}	6.60^{b}	1.22	0.05	<0.01

2.3 小结

Methanobrevibacter 是反刍动物产甲烷菌中的优势属。葡萄子原花青素中的某种成分与缩合单宁具有拮抗作用，在添加量为 3g/d 时该成分含量较低而不发挥作用，随着葡萄籽原花青素含量的增加该成分的浓度也随着增加并发挥作用。Shannon 指数随着剂量的添加先增加后降低，且在添加量为 9g/d 时最大。添加葡萄籽原花青素能显著降低各个水平的甲烷菌丰度，可能是因为葡萄籽原花青素中的缩合单宁影响了各个水平的甲烷菌的生活环境，抑制了甲烷菌的生长；也有可能是因为添加葡萄籽原花青素降低甲烷菌对生长代谢原料的利用能力，所以降低了各个水平的产甲烷菌的丰度。

3 结论

葡萄籽原花青素显著提高了瘤胃 pH，但是在正常范围内；显著降低了异戊酸和丁酸含量；显著提高了异丁酸含量；对微生物蛋白、氨态氮、总挥发酸、乙酸、丙酸、戊酸、乙酸/丙酸均无显著影响；显著抑制了 24 h 产气量和 24 h 甲烷产量；显著抑制了发酵液中的原虫、甲烷菌、溶纤维丁酸弧菌和产琥珀酸丝状杆菌的相对数量，显著提高了真菌的相对含量，对黄色瘤胃球菌和白色瘤胃球菌没有显著的影响；对产甲烷菌多样性指数没有显著影响，但是显著提高了各水平上甲烷菌的相对丰度。

沙葱和沙葱黄酮对 Diquat 诱导的小尾寒羊氧化应激的缓解作用及其机制的初步研究

随着我国畜牧业由以往的散养模式逐渐转变为大规模集约化养殖模式，氧化应激已经成为影响家畜正常生长和生产的重要因素之一。目前，为减小氧化应激对畜禽的影响，主要采用抗生素和化学药物为饲料添加剂进行防治。抗生素和化学药物在减小氧化应激损伤的同时会对机体造成一些不可逆的损伤，因此研发天然植物提取物抗应激药物、开发有效安全的饲料添加剂，对促进畜禽养殖的健康发展，保障公众食品安全，具有重要的现实意义。

沙葱广泛生长于我国西北荒漠化草原且含丰富的营养物质，具有独特的生物活性。研究发现，日粮中添加沙葱及沙葱黄酮可提高肉羊的抗氧化防御能力，但是关于其对抗氧化应激作用方面的研究比较缺乏。故本试验采用 Diquat 诱导小尾寒羊构建慢性氧化应激模型，并通过饲喂沙葱及沙葱黄酮探讨沙葱及沙葱黄酮对 Diquat 诱导小尾寒羊产生的氧化应激是否具有缓解作用，阐明沙葱及沙葱黄酮的抗氧化应激作用，为沙葱及沙葱黄酮作为天然抗氧化剂的进一步研发提供理论依据。

1　利用 Diquat 构建小尾寒羊慢性氧化应激模型

1.1　试验材料与方法

本试验选取 12 只体重在 30 kg 左右的小尾寒羊母羊，随机分为 4 组，即正常对照组、Diquat 低浓度组、Diquat 中浓度组、Diquat 高浓度组，每组 3 只羊。试验期共 24 d。在试验期第 1 天，低浓度组、中浓度组及高浓度组分别按照 8、10 及 12 mg/kg BW 一次性腹腔注射 Diquat 溶液，对照组注射等量的无菌生理盐水。在试验期第 0、6、12、18、24 天晨饲前空腹称重记录并进行静脉采血，分离血清，测定血清中的抗氧化指标（SOD、CAT、GSH-Px、T-AOC、MDA）。

每天准确称量试验羊日粮的添加量及剩料量，计算平均日采食量（ADFI）。并在试验期第 0、6、12、18、24 天晨饲前进行空腹称重，计算试验羊的平均日增重（ADG）。按照试剂盒内所附说明书要求，利用分光光度法对血清抗氧化指标进行测定。

1.2　试验结果与分析

由表 1 和表 2 可知，在注射 Diquat 之前，各组试验羊的 ADG、ADFI 差异不显著，表明试验羊的生长条件保持一致。第 1～6 天，低浓度组试验羊的 ADFI 与对照组相比显著降低（$P<0.05$）。第 1～24 天，中浓度组和高浓度组试验羊的 ADFI 均显著低于对照组（$P<$

0.05)。低浓度组试验羊第1～12天的ADFI显著低于第0天和第13～24天（$P<0.05$），中浓度和高浓度组试验羊第1～24天的ADFI均显著低于第0天（$P<0.05$）。各浓度组试验羊的ADG在各试验期之间均显著低于对照组（$P<0.05$）。

表1 不同浓度Diquat溶液对小尾寒羊ADFI的影响（g/d）

试验期	试验处理			
	对照组	低浓度组	中浓度组	高浓度组
第0天	1 422.67±4.26^{Aa}	1 414.00±3.05^{Aa}	1 414.67±3.09^{Aa}	1 420.00±1.05^{Aa}
第1～6天	1 362.67±12.40^{Aa}	1 076.00±3.34^{Bb}	899.33±15.93^{Cb}	816.00±15.18^{Db}
第7～12天	1 392.00±6.55^{Aa}	1 209.33±29.65^{Aa}	692.00±3.93^{Bc}	614.33±13.56^{Cc}
第13～18天	1 385.33±11.53^{Aa}	1 346.00±5.10^{Aa}	906.67±11.53^{Bd}	749.33±14.96^{Cd}
第19～24天	1 480.00±7.07^{Aa}	1 382.00±9.22^{Aa}	1 174.50±8.12^{Aa}	990.00±9.40^{Be}

注：同行数据肩标不同大写字母表示差异显著（$P<0.05$），同列数据肩标不同小写字母表示差异显著（$P<0.05$），肩标相同字母表示差异不显著（$P>0.05$）。下同。

表2 不同浓度Diquat溶液对小尾寒羊ADG的影响（g/d）

初始重及试验期	试验处理			
	对照组	低浓度组	中浓度组	高浓度组
初始重（kg）	30.17±1.59	31.00±1.15	30.00±2.52	29.67±0.33
第1～6天	70.00±16.67^{Ac}	−94.33±69.39^{Bd}	−122.2±94.93^{Cc}	−166.7±6.67^{Dc}
第7～12天	100.00±33.33^{Ab}	−35.22±29.40^{Bc}	−154.38±38.49^{Cd}	−201.40±16.67^{Dd}
第14～18天	133.33±16.67^{Aa}	34.67±11.70^{Bb}	−100.00±1.53^{Cb}	−134.25±50.00^{Db}
第19～24天	138.33±2.89^{Aa}	100.00±19.24^{Ba}	36.54±16.67^{Ca}	66.67±3.84^{Da}

由表3至表7可知，在第0天（未注射Diquat之前），各个试验组小尾寒羊血清中的MDA含量，SOD、CAT及GSH-Px活性和T-AOC均保持在同一水平上，没有显著性差异（$P>0.05$）。对照组血清中MDA含量，SOD、CAT及GSH-Px活性和T-AOC在整个试验期内没有显著差异（$P>0.05$）。在注射Diquat后的第6和第12天，各浓度组试验羊血清中的MDA含量均显著上升，SOD、CAT及GSH-Px活性和T-AOC均显著降低，且各浓度组之间差异显著（$P<0.05$）。在第18和第24天，中、高浓度组试验羊血清MDA含量与对照组和低浓度组相比显著升高，SOD、CAT及GSH-Px活性均显著降低（$P<0.05$）。高浓度组试验羊的血清T-AOC在第24天时显著低于对照组（$P<0.05$），低、中浓度组与对照组相比差异不显著。在第6和第12天，低浓度组试验羊血清MDA含量与第0天相比均显著上升，SOD和CAT活性显著降低，但在第18和24天时MDA含量逐渐降低，SOD和CAT活性逐渐升高，并且与第0天相比差异不显著（$P>0.05$），且第12、18及第24天的血清GSH-Px和T-AOC与第6天相比显著升高，与第0天相比差异不显著（$P>0.05$）。中浓度组试验羊血清MDA含量在第6、12和18天时与第0天相比均显著上升，SOD、CAT及GSH-Px活性和T-AOC均显著降低，但第24天时，血清MDA含量逐渐降低，SOD、

CAT及GSH-Px活性和T-AOC均逐渐升高，且与第0天相比差异不显著。高浓度组试验羊在第6、12、18和24天时与第0天相比，血清MDA含量显著上升（$P<0.05$），SOD、CAT及GSH-Px活性和T-AOC均显著降低（$P<0.05$）。

表3 不同浓度Diquat溶液对小尾寒羊血清MDA含量的影响（nmol/mL）

试验期	试验处理			
	对照组	低浓度组	中浓度组	高浓度组
第0天	2.07 ± 0.10^{Da}	2.12 ± 0.11^{Db}	2.04 ± 0.11^{Dd}	1.86 ± 0.73^{De}
第6天	1.98 ± 0.10^{Da}	2.85 ± 0.42^{Ca}	3.43 ± 0.18^{Bb}	3.89 ± 0.12^{Ab}
第12天	1.74 ± 0.20^{Da}	2.58 ± 0.04^{Da}	4.13 ± 0.25^{Ba}	4.50 ± 0.08^{Aa}
第18天	2.00 ± 0.06^{Da}	2.16 ± 0.15^{Db}	3.15 ± 0.07^{Bc}	3.52 ± 0.06^{Ac}
第24天	2.11 ± 0.09^{Da}	2.21 ± 0.09^{Db}	2.51 ± 0.02^{Dd}	2.96 ± 0.05^{Ad}

表4 不同浓度Diquat溶液对小尾寒羊血清SOD活性的影响（U/moL）

试验期	试验处理			
	对照组	低浓度组	中浓度组	高浓度组
第0天	45.61 ± 1.22^{Aa}	47.11 ± 0.81^{Aa}	47.25 ± 1.20^{Aa}	44.61 ± 0.92^{Aa}
第6天	44.49 ± 0.39^{Aa}	32.77 ± 1.22^{Bb}	31.73 ± 0.50^{Bc}	31.45 ± 0.92^{Bc}
第12天	44.58 ± 0.82^{Aa}	39.33 ± 0.76^{Bb}	26.69 ± 0.17^{Cd}	19.33 ± 0.16^{De}
第18天	44.68 ± 0.36^{Aa}	41.39 ± 1.28^{Aa}	32.07 ± 1.21^{Bb}	25.64 ± 1.18^{Cd}
第24天	45.61 ± 0.88^{Aa}	43.82 ± 1.54^{Aa}	40.94 ± 1.00^{Ba}	33.57 ± 0.39^{Cb}

表5 不同浓度Diquat溶液对小尾寒羊血清CAT活性的影响（U/mL）

试验期	试验处理			
	对照组	低浓度组	中浓度组	高浓度组
第0天	3.95 ± 0.05^{Aa}	4.05 ± 0.46^{Aa}	4.15 ± 0.29^{Aa}	4.22 ± 0.28^{Aa}
第6天	3.90 ± 0.10^{Aa}	3.18 ± 0.39^{Bb}	2.57 ± 0.60^{Cc}	2.05 ± 0.18^{Dd}
第12天	4.04 ± 0.09^{Aa}	3.29 ± 1.14^{Bb}	2.13 ± 0.38^{Cd}	1.62 ± 0.05^{De}
第18天	4.15 ± 0.77^{Aa}	4.08 ± 0.48^{Aa}	3.43 ± 0.24^{Bb}	2.82 ± 0.85^{Cc}
第24天	4.18 ± 0.04^{Aa}	4.17 ± 0.18^{Aa}	3.95 ± 0.35^{Ba}	3.49 ± 0.04^{Cb}

表6 不同浓度Diquat溶液对小尾寒羊血清GSH-Px活性的影响（U/mL）

试验期	试验处理			
	对照组	低浓度组	中浓度组	高浓度组
第0天	409.21 ± 6.90^{Aa}	399.77 ± 7.47^{Aa}	400.28 ± 10.12^{Aa}	416.46 ± 15.20^{Aa}
第6天	400.11 ± 6.60^{Aa}	370.78 ± 15.04^{Bb}	322.66 ± 2.89^{Cc}	289.83 ± 11.19^{Dd}
第12天	412.82 ± 10.06^{Aa}	398.88 ± 17.08^{Ba}	287.65 ± 34.41^{Cd}	236.37 ± 0.68^{De}
第18天	408.88 ± 1.41^{Aa}	399.77 ± 11.30^{Aa}	373.56 ± 3.59^{Bb}	310.43 ± 14.32^{Cc}
第24天	402.54 ± 5.61^{Aa}	413.11 ± 9.91^{Aa}	403.56 ± 9.32^{Ba}	368.43 ± 12.33^{Cb}

表 7 不同浓度 Diquat 溶液对小尾寒羊 T-AOC 的影响（U/mL）

试验期	试验处理			
	对照组	低浓度组	中浓度组	高浓度组
第 0 天	$1.48±0.07^{Aa}$	$1.23±0.09^{Aa}$	$1.43±0.11^{Aa}$	$1.26±0.11^{Aa}$
第 6 天	$1.15±0.14^{Aa}$	$0.92±0.04^{Ab}$	$0.84±0.02^{Bc}$	$0.76±0.14^{Cc}$
第 12 天	$1.47±0.11^{Aa}$	$1.30±0.18^{Aa}$	$0.69±0.10^{Bd}$	$0.58±0.02^{Ce}$
第 18 天	$1.34±0.05^{Aa}$	$1.24±0.03^{Aa}$	$0.94±0.09^{Bb}$	$0.72±0.06^{Cd}$
第 24 天	$1.32±0.05^{Aa}$	$1.35±0.06^{Aa}$	$1.23±0.05^{Aa}$	$1.08±0.02^{Bb}$

1.3 小结

低浓度 Diquat 溶液对小尾寒羊产生的氧化应激持续时间较短，高浓度 Diquat 对小尾寒羊产生的氧化应激过高，出现死亡现象。而中浓度 Diquat 能够对小尾寒羊建立稳定的慢性氧化应激模型，并且能持续 24 d，并在 12 d 时产生的氧化应激最高。

2 沙葱及沙葱黄酮对 Diquat 诱导的小尾寒羊氧化应激的缓解作用

2.1 试验材料与方法

本试验选择 15 只体重在（40±5）kg 的小尾寒羊母羊，随机分为 3 组，分别为对照组、沙葱组及黄酮组。预饲期 15 d，试验期 42 d。试验期第 1 天开始，对照组饲喂基础日粮，沙葱组和黄酮组分别在基础日粮中添加 10 g/d 沙葱粉和 120 mg/d 黄酮粉进行饲喂。在试验期第 30 天对各组试验羊按 10 mg/kg BW 一次性腹腔注射 Diquat 溶液，继续饲喂 12 d。并在试验期第 42 天，每组随机选取 3 只羊经屠宰后取肝脏，−80℃保存备用。并且在整个试验期分别在第 0、15、30、34、38 和 42 天晨饲前空腹采血，分离血清，测定血清中的抗氧化指标（SOD、CAT、GSH-Px、T-AOC、MDA）。在第 0、15、30、36 和 42 天晨饲前空腹称重。每天饲喂 2 次，即 6:00 和 18:00，先喂粗饲料后喂精饲料，自由饮水。

沙葱粉与石油醚以 1∶10 的比例加入容器中，置于摇床上进行搅拌，48 h 后遗弃石油醚，得到已脱脂脱色沙葱粉，采用超声提取方法进行制备，得到的沙葱黄酮浓缩液通过冷冻干燥机冻干得到沙葱总黄酮粉末。按照试剂盒内所附说明书要求，利用分光光度法对血清抗氧化指标进行测定。

2.2 试验结果与分析

由表 8 和表 9 可知，在第 16～30 天，沙葱组和黄酮组试验羊的 ADFI 和 ADG 显著高于对照组（$P<0.05$）；在注射 Diquat 溶液后的第 31～36 天，对照组、沙葱组和黄酮组试验羊的 ADFI 和 ADG 与第 0～30 天相比均显著降低（$P<0.05$），但沙葱组和黄酮组试验羊的 ADFI 显著高于对照组（$P<0.05$）；在第 36～42 天，对照组、沙葱组和黄酮组试验羊的 ADFI 和 ADG 与第 31～36 天相比，仍处于显著降低的趋势（$P<0.05$），但黄酮组试验羊

的 ADFI 显著高于对照组和沙葱组（$P<0.05$）。

表 8　沙葱及沙葱黄酮对 Diquat 诱导的小尾寒羊 ADFI 的影响（g/d）

试验期	试验处理		
	对照组	黄酮组	沙葱组
第 0～15 天	$1\,776.67\pm3.33^{Aa}$	$1\,782.00\pm1.15^{Ab}$	$1\,770.00\pm1.54^{Ab}$
第 16～30 天	$1\,823.67\pm38.11^{Ba}$	$2\,028.00\pm2.00^{Aa}$	$2\,026.67\pm4.67^{Aa}$
第 31～36 天	$1\,012.67\pm12.13^{Bd}$	$1\,386.67\pm12.45^{Ac}$	$1\,272.67\pm26.44^{Ac}$
第 37～42 天	831.67 ± 19.15^{Bc}	$1\,058.33\pm38.96^{Ad}$	958.00 ± 14.15^{Cd}

表 9　不同浓度 Diquat 溶液对小尾寒羊 ADG 的影响（g/d）

初始重及试验期	试验处理		
	对照组	黄酮组	沙葱组
初始重（kg）	36.60 ± 2.61	34.00 ± 0.96	35.80 ± 2.77
第 0～15 天	140.00 ± 16.42^{Aa}	146.67 ± 24.94^{Aa}	151.00 ± 13.60^{Aa}
第 16～30 天	116.67 ± 16.67^{Ba}	173.33 ± 19.44^{Ab}	193.33 ± 24.50^{Ab}
第 31～36 天	-191.67 ± 53.36^{Ab}	-246.70 ± 87.94^{Bd}	-258.30 ± 62.92^{Bc}
第 37～42 天	-408.30 ± 8.33^{Ac}	-125.00 ± 19.24^{Bd}	-100.00 ± 51.60^{Bd}

由表 10 至表 14 可知，在第 30 天，沙葱组和黄酮组试验羊血清中的 MDA 含量与对照组相比均显著降低（$P<0.05$），并且黄酮组显著低于沙葱组（$P<0.05$），血清中 SOD、GSH-Px 及 CAT 活性和 T-AOC 均显著高于对照组（$P<0.05$）。在第 34、38 和 42 天时，与第 30 天相比，各组试验羊血清 MDA 含量均显著升高（$P<0.05$），SOD、GSH-Px 及 CAT 活性和 T-AOC 均显著降低（$P<0.05$）。但在第 34、38 和 42 天时，沙葱组和黄酮组试验羊的血清 SOD、GSH-Px 及 CAT 活性和 T-AOC 均显著高于对照组（$P<0.05$），MDA 含量均显著低于对照组（$P<0.05$）；在第 42 天，黄酮组试验羊的血清 SOD、GSH-Px 及 CAT 活性和 T-AOC 均显著高于沙葱组（$P<0.05$），MDA 含量显著低于沙葱组（$P<0.05$）。

表 10　沙葱及沙葱黄酮对 Diquat 诱导的小尾寒羊血清 MDA 含量的影响（nmol/mL）

试验期	试验处理		
	对照组	黄酮组	沙葱组
第 0 天	3.74 ± 0.17^{Ad}	3.86 ± 0.16^{Ad}	3.98 ± 0.17^{Ae}
第 15 天	3.71 ± 0.34^{Ad}	3.93 ± 0.28^{Ad}	3.87 ± 0.12^{Ae}
第 30 天	3.88 ± 0.12^{Ad}	2.51 ± 0.14^{Cc}	3.64 ± 0.22^{Bd}
第 34 天	4.58 ± 0.33^{Ac}	3.34 ± 0.19^{Cb}	4.05 ± 0.23^{Bc}
第 38 天	5.24 ± 0.12^{Ab}	4.15 ± 0.04^{Ca}	4.67 ± 0.13^{Ba}
第 42 天	6.12 ± 0.14^{Aa}	4.06 ± 0.14^{Ca}	4.39 ± 0.40^{Bb}

表 11 沙葱及沙葱黄酮对 Diquat 诱导的小尾寒羊血清 SOD 活性的影响（U/moL）

试验期	试验处理		
	对照组	黄酮组	沙葱组
第 0 天	44.91±1.71^{Ad}	45.99±1.72^{Ad}	44.29±3.11^{Ad}
第 15 天	44.19±0.65^{Ad}	48.96±1.39^{Ad}	47.75±1.69^{Ad}
第 30 天	42.74±1.46^{Bd}	53.56±2.45^{Ab}	49.66±1.36^{Ab}
第 34 天	38.37±1.74^{Ba}	42.65±3.71^{Ac}	40.48±2.99^{Ac}
第 38 天	32.54±1.37^{Cb}	38.61±2.43^{Aa}	35.59±2.72^{Ba}
第 42 天	28.07±1.49^{Cc}	42.52±2.45^{Ac}	38.10±1.99^{Bc}

表 12 沙葱及沙葱黄酮对 Diquat 诱导的小尾寒羊血清 T-AOC 的影响（U/mL）

试验期	试验处理		
	对照组	黄酮组	沙葱组
第 0 天	12.25±0.45^{Ad}	11.97±0.85^{Ad}	11.69±0.45^{Ad}
第 15 天	12.29±2.07^{Ad}	11.39±0.89^{Ad}	11.23±0.43^{Ad}
第 30 天	12.47±0.89^{Bd}	15.99±1.79^{Aa}	16.23±1.58^{Aa}
第 34 天	11.82±0.64^{Bb}	13.23±0.55^{Ab}	14.74±0.65^{Ab}
第 38 天	9.24±0.58^{Ba}	12.79±0.26^{Aa}	11.62±1.19^{Aa}
第 42 天	8.01±0.14^{Cc}	13.66±1.52^{Ac}	12.42±1.21^{Bc}

表 13 沙葱及沙葱黄酮对 Diquat 诱导的小尾寒羊血清 GSH-Px 活性的影响（U/mL）

试验期	试验处理		
	对照组	黄酮组	沙葱组
第 0 天	618.60±16.05^{Ad}	582.33±14.85^{Ad}	577.19±18.76^{Ae}
第 15 天	586.81±7.22^{Ad}	600.65±1.98^{Ad}	583.96±11.01^{Ae}
第 30 天	591.38±14.37^{Bd}	616.44±14.67^{Ab}	614.28±21.81^{Ab}
第 34 天	563.45±21.29^{Bb}	577.32±34.35^{Ac}	542.18±45.01^{Cc}
第 38 天	480.40±25.39^{Ba}	522.35±17.14^{Aa}	507.40±14.13^{Aa}
第 42 天	457.41±7.98^{Cc}	587.17±29.26^{Bd}	571.06±45.29^{Ad}

表 14 沙葱及沙葱黄酮对 Diquat 诱导的小尾寒羊血清 CAT 活性的影响（U/mL）

试验期	试验处理		
	对照组	黄酮组	沙葱组
第 0 天	12.63±0.68^{Aa}	13.29±1.14^{Ab}	13.31±1.02^{Ab}
第 15 天	12.89±0.58^{Ba}	14.76±0.42^{Aa}	14.97±0.74^{Aa}
第 30 天	13.00±0.67^{Ba}	15.86±0.48^{Aa}	16.89±0.33^{Aa}
第 34 天	10.07±0.28^{Bb}	11.98±0.47^{Ac}	11.48±0.47^{Ac}
第 38 天	8.21±0.48^{Bb}	8.34±0.61^{Ad}	7.30±0.81^{Ad}
第 42 天	6.16±0.78^{Cb}	10.18±1.38^{Ab}	8.43±1.67^{Be}

2.3 小结

日粮中添加沙葱及沙葱黄酮可通过提高小尾寒羊血清中抗氧化酶活性、ADFI 和 ADG，降低脂质过氧化产物，来缓解 Diquat 对小尾寒羊产生的氧化损伤，且沙葱黄酮的缓解效果显著优于沙葱。

3 沙葱及沙葱黄酮对 Diquat 诱导的小尾寒羊氧化应激抗氧化机制的初步研究

3.1 试验材料与方法

试验选择 15 只体重在（40±5）kg 的小尾寒羊母羊，随机分为 3 组，分别为对照组、沙葱组及黄酮组。预饲期 15 d，试验期 42 d。试验期第 1 天开始，对照组饲喂基础日粮，沙葱组和黄酮组分别在基础日粮上每只羊添加 10 g/d 沙葱粉和 120 mg/d 黄酮粉进行饲喂。在试验期第 30 天对各组试验羊按 10 mg/kg BW 一次性腹腔注射 Diquat 溶液，继续饲喂 12 d。并在试验期第 42 天，每组随机选取 3 只羊经屠宰后取肝脏，－80℃保存备用。并且在整个试验期分别在第 0、15、30、34、38 和 42 天晨饲前空腹采血，分离血清，测定血清中的抗氧化指标（SOD、CAT、GSH-Px、T-AOC、MDA）。在第 0、15、30、36 和 42 天晨饲前空腹称重。每天饲喂 2 次，即6：00 和 18:00，先喂粗饲料后喂精饲料，自由饮水。

沙葱粉与石油醚以 1∶10 的比例加入容器中，置于摇床上进行搅拌，48 h 后遗弃石油醚，得到已脱脂脱色沙葱粉，采用超声波提取方法进行制备，得到的沙葱黄酮浓缩液通过冷冻干燥机冻干得到沙葱总黄酮粉末。取－80℃冻存过的肝脏样品，每 25 mg 组织加入 0.5 mL 的 Trizol，用匀浆器匀浆磨碎后，待用。然后对 RNA 进行抽提。在冰预冷的 nuclease-free PCR 管中依次加入试剂，轻轻摇匀后离心 5 s，将反应混合物在 65℃温浴 5 min 后，冰浴 2 min，随后离心 5 s。再将试管置于冰上，依次加入试剂，轻轻混匀后离心 5 s，再置于 PCR 仪上于 25℃孵育 10 min；50℃反应 30 min，进行 cDNA 的合成；最后于 85℃反应 5 min 终止反应，将上述溶液于－20℃保存备用。最后进行实时荧光 PCR 检测。

3.2 试验结果与分析

表 15 可知，在第 0 天，各组试验羊血清中 NO 含量均处于同一水平，差异不显著（$P>0.05$）。在第 15 天，黄酮组和沙葱组试验羊的血清 NO 含量均显著低于对照组（$P<0.05$）。在第 30 天，黄酮组和沙葱组试验羊血清中 NO 含量与第 0 天相比均显著降低（$P<0.05$），与对照组相比也均显著降低（$P<0.05$）。在第 34、38 和 42 天时，各组试验羊的血清 NO 含量与第 30 天相比均显著升高。在第 42 天时，沙葱组和黄酮组试验羊的血清 NO 含量显著低于对照组（$P<0.05$），而黄酮组试验羊的血清 NO 含量显著低于沙葱组（$P<0.05$）。

表 15 沙葱及沙葱黄酮对 Diquat 诱导的小尾寒羊血清 NO 含量的影响（μmol/L）

试验期	试验处理		
	对照组	黄酮组	沙葱组
第 0 天	31.32±2.00^{Ac}	30.85±1.82^{Aa}	30.26±2.27^{Ad}
第 15 天	31.38±0.89^{Ac}	27.03±1.59^{Ba}	28.03±1.34^{Be}
第 30 天	31.98±2.55^{Ac}	25.33±0.84^{Bb}	25.08±0.82^{Ba}
第 34 天	34.79±1.76^{Ab}	28.45±2.89^{Bc}	31.42±1.90^{Ab}
第 38 天	38.75±0.90^{Aa}	32.87±2.10^{Bd}	34.14±1.28^{Ac}
第 42 天	39.69±1.21^{Aa}	33.18±1.12^{Cd}	35.90±1.18^{Bc}

由表 16 可知，沙葱组和黄酮组试验羊肝脏 NF-κB 和 iNOS 的表达量显著低于对照组（$P<0.05$），且黄酮组试验羊肝脏的 NF-κB 和 iNOS 的表达量显著低于沙葱组（$P<0.05$）。

表 16 沙葱及沙葱黄酮对 Diquat 诱导的小尾寒羊肝脏 NF-κB 和 iNOS 表达量的影响（U/mg）

试验处理	NF-κB 表达量	iNOS 表达量
对照组	1.00±0.00^{A}	1.00±0.00^{A}
黄酮组	0.47±0.03^{C}	0.54±0.01^{C}
沙葱组	0.77±0.03^{B}	0.89±0.01^{B}

3.3 小结

沙葱及沙葱黄酮通过抑制小尾寒羊肝脏中 NF-κB 的基因表达从而减少 iNOS 的基因表达和 NO 的产生。其抗氧化机制可能与 NF-κB 通路有关，有待进一步研究。

4 结论

中浓度 Diquat 溶液可诱导小尾寒羊产生稳定的慢性氧化应激模型。日粮中添加沙葱及沙葱黄酮可通过提高小尾寒羊血清抗氧化酶活性、ADFI 和 ADG，降低脂质过氧化产物，来缓解 Diquat 对小尾寒羊产生的氧化损伤，且沙葱黄酮的缓解效果显著优于沙葱。沙葱及沙葱黄酮通过抑制 Diquat 诱导的小尾寒羊肝脏中 NF-κB 和 iNOS 的基因表达来减少 NO 的产生，沙葱黄酮的抑制效果显著优于沙葱。

沙葱水溶性提取物对肉羊脂肪代谢相关基因表达量及甲基化的影响

肉用绵羊体内沉积过多的脂肪会降低饲料转化率和提高养殖成本，更重要的是会降低肉品质甚至造成环境污染。近年来，人们在追求肉羊生产性能的同时也带来一系列问题，其中最明显的就是肉质下降，肉羊体内脂肪含量越来越高及羊肉风味改变等。因此，在提高生长速度的同时，控制优质风味脂肪大量沉积，达到肥瘦均衡，就成为当前肉羊产业生产的重要目标。揭示羊肉脂肪的合成与分解、转运与沉积的分子机制，是有效解决这一问题的关键途径。迄今为止，脂肪代谢基因的表达调控受多种因素的影响，尽管有研究表明沙葱及其提取物能够有效改善羊肉风味、改善肉羊生产性能、提高羊肉中鲜味脂肪酸的含量，使机体脂肪重新分布，但这些研究都是从表型数据中得出的结论，而对其分子调控机制未能做出深入的分析与诠释。

本研究旨在通过分析经过沙葱水提物饲喂后的肉羊脂肪代谢相关基因的 mRNA 表达水平及其表观调控机制，综合评定沙葱水提物对肉羊脂肪代谢相关基因表达的影响，从表观遗传学角度解释沙葱水提物对羊肉脂肪的沉积与分布的调控机制，为在养殖业中合理使用沙葱水提物提供理论依据，同时也为羊肉产业的发展提供试验依据。

1　沙葱水溶性提取物对肉羊脂肪代谢相关基因表达量及甲基化的影响

1.1　试验材料与方法

从内蒙古天然草场采集不同生长时期的沙葱嫩枝，使用沙葱水提物最佳提取工艺提取沙葱水提物。选取 24 只体况良好、体重 34 kg 左右、健康无疾病的内蒙古羯羊。在内蒙古富川养殖科技有限公司肉羊养殖场进行动物饲养试验。每天 7：00 和 18：00 饲喂 2 次，先喂粗饲料后喂精饲料，自由饮水，预试期间试验羊进行健康检查、驱虫及健胃等。将体况良好的 24 只试验羊随机分为 2 组，每组 12 只羊，每组羊体重相近。试验共 75 d，包括预试期 15 d 和正试期 60 d。对照组喂基础日粮，试验组在基础日粮中添加 0.1%沙葱水溶性提取物。正式试验结束，屠宰后立即采集肉羊背部脂肪组织，用于测定其 *LPL*、*PPARγ* 基因的表达水平以及 *LPL*、*PPARγ* 基因的甲基化的测定。

1.2　试验结果与分析

沙葱多糖对肉羊脂肪组织中 *LPL*、*PPARγ* mRNA 表达结果见表 1，可以看出，在脂肪组织中，试验组 *LPL* mRNA 表达量低于对照组，差异极显著（$P<0.001$）。而 *PPARγ* mRNA 表达量试验组高于对照组，差异极显著（$P<0.001$）。

表 1 *LPL PPARγ* 基因 mRNA 显著性统计

基因	对照组	试验组	P 值（T 检验）	SEM
LPL	1	0.65	<0.000 1	0.02
PPARγ	1	1.35	<0.000 1	0.01

甲基化位点在目标片段上的位置不同，甲基化比例也不同，分析试验组和对照组中甲基化位点在目标片段不同位置甲基化的比例，由图 1 可知，在 *LPLM*1 中除 69 dp 和 76 dp，其余位置试验组甲基化比例均高于对照组，103 dp 处试验组有升高趋势但不显著（$P>0.05$）。

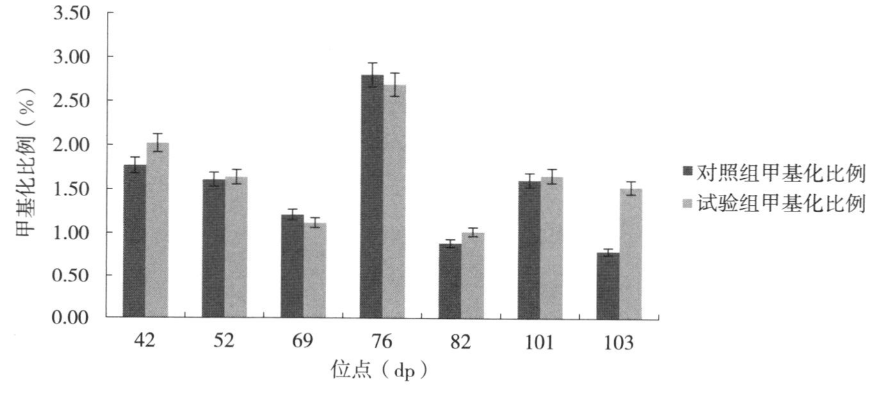

图 1 *LPLM*1 不同位点甲基化比例

由图 2 可知，在 *LPLM*2 中除 77 dp 处，其余位点试验组甲基化比例均高于对照组，79、94、97 和 116 dp 处试验组有升高趋势但不显著（$P>0.05$），161 dp 处试验组甲基化比例高于对照组且差异显著（$P<0.05$）。

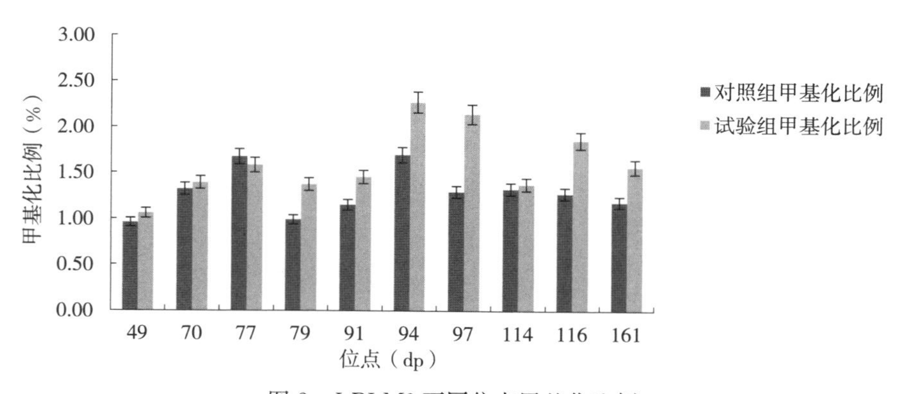

图 2 *LPLM*2 不同位点甲基化比例

由图 3 可知，在 *LPLM*3 中除 55、100 和 163 dp 处，其余位点试验组甲基化比例均高于对照组，59 dp 处试验组有升高趋势但不显著（$P>0.05$），32 dp 和 57 dp 处试验组甲基化比例高于对照组且差异显著（$P<0.05$）。

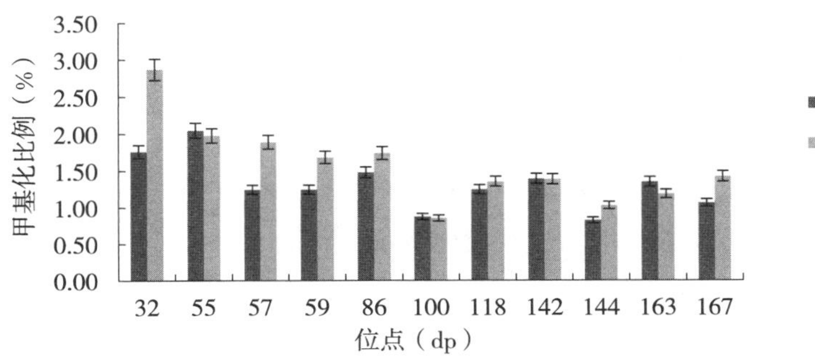

图 3 *LPLM3* 不同位点甲基化比例

由图 4 可知，在 *LPLM4* 中除 47、50、198 和 212 dp 处，其余位点试验组甲基化比例均高于对照组，53、134、160 和 172 dp 处试验组有升高趋势但不显著（$P>0.05$）。

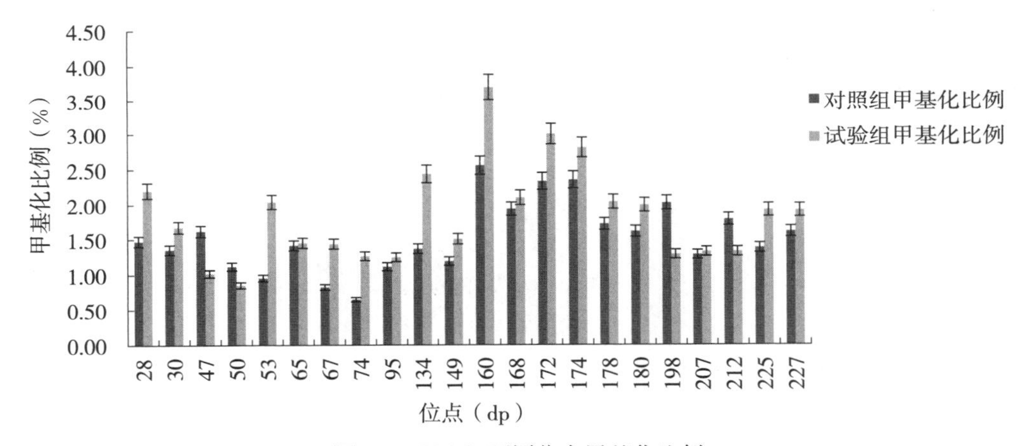

图 4 *LPLM4* 不同位点甲基化比例

由图 5 可知，在 *PPARγ* 的 CgP 岛中，27、45、56 和 92 dp 位点试验组甲基化比例均高于对照组，其中 56 dp 处试验组有升高趋势但不显著（$P>0.05$）。

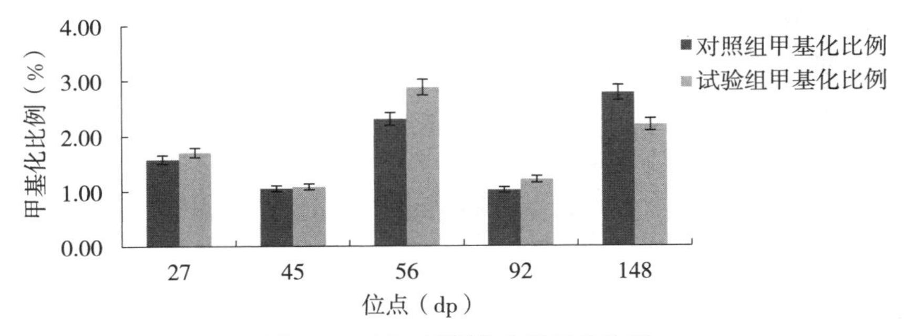

图 5 *PPARγ* 不同位点甲基化比例

由表 2 可知，试验组 *LPL* 各个位置的甲基化比例的均值显著高于对照组（$P<0.05$），但 *PPARγ* 试验组与对照组之间无显著差异。

表 2 *LPL*、*PPARγ* 基因甲基化显著性统计

基因	control 均值	case 均值	*P* 值
LPL	0.014	0.017	0.038 9
PPARγ	0.017	0.018	0.786 2

将 12 个样品按照基因相似程度划分类别，由图 6（彩图 22）可知，1、2、3、5、7、4 号样品具有较高的基因相似程度，其中 1、2 号相似程度最高，10、12、9、6、8、11 号样品的基因相似程度逐渐减少，基因相似程度与对照组和试验组分组相符合，只有 6 号和 7 号样品基因相似程度与分组不符。图 6 中颜色的深浅代表甲基化程度，由白色至紫色，颜色越深代表甲基化程度越高。由图 6 可知，试验组 7、10、12、9、8、11 号样品颜色明显深于对照组，其中 10、11、12 号样品甲基化程度最高，1、2 号样品甲基化程度最低。

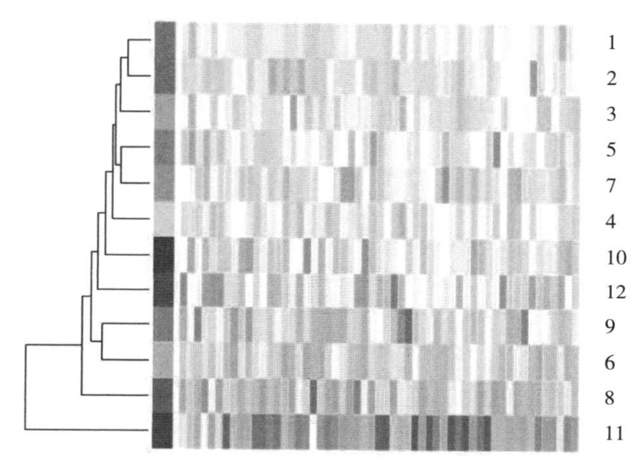

图 6 样品聚类分析热图

2 结论

沙葱水提物能够显著提升肉羊脂肪组织 *LPL* 基因 DNA 甲基化水平，显著下调脂肪组织 *LPL* mRNA 的表达；沙葱水提物对肉羊脂肪组织 *PPARγ* 基因 DNA 甲基化水平的调节无显著变化，但对脂肪组织 *PPARγ* mRNA 的表达有显著提升作用。

CHAPTER 2

皂　苷

茶皂素对奶牛泌乳性能及外周血中免疫因子的影响

当今社会，我国奶牛业在养殖生产中占有重要地位，为人们提供了健康所需的营养物质，为农民养殖户提供了更加合理的致富产业，促进了我国畜牧业的发展。但由于奶牛养殖领域存在着奶牛机体免疫能力较低、饲料中药物用量偏高等问题，影响了该行业的健康发展。

我国的茶叶产量居于世界前列，这给我们带来了丰富的茶籽资源，因而研究如何有效利用茶籽资源，发挥其最大的利用价值是当前我国茶叶行业中亟待解决的首要问题。从茶叶中提取的茶皂素物质，经多年研究证明其具有表面活性及多种生物学功能。当前研究茶皂素表面活性方面的内容较为广泛，而对于生物学功能方面的研究还需进一步完善，因此本研究以此为切入点，研究茶皂素的生物学功能，以提高茶籽粕的综合利用率和茶皂素的开发价值。

本研究是以荷斯坦奶牛作为实验动物，通过灌注不同剂量的茶皂素，来研究茶皂素对奶牛泌乳性能及其免疫功能的影响。研究的意义在于提高我国茶叶综合利用率，将茶皂素这种无副作用的天然饲料添加剂应用到畜牧生产中，减少药物作用引起的耐药性问题，为我国茶叶产业化持续发展提供重要的理论依据。同时，转变传统化学药物饲料添加剂的方式，增强奶牛自身健康，降低养殖成本，提高茶叶种植、加工以及奶牛养殖的经济效益，为绿色天然奶牛饲料的开发提供理论基础。

另外，通过本研究，扩充了茶皂素在奶牛机体中免疫生物活性方面的应用，并对该作用机制进行了初步的探讨。这对开发茶籽的潜在资源，繁荣山区经济，保护环境以及推动农业的可持续发展也有一定的借鉴意义。

1　茶皂素对奶牛泌乳性能的影响

1.1　试验材料与方法

选择胎次（2～3 胎）、泌乳天数［(153±28) d］、产奶量［(24.5±3) kg/d］相近，且身体健康、体态相似、体重在 500 kg 左右的 4 头已安装永久性瘤胃瘘管的荷斯坦奶牛。试验奶牛每天灌注不同剂量（0、15、30、45 g/d）的茶皂素，预饲期 14 d，每期 21 d，共 4 期（84 d），饲喂全混合日粮（TMR），日饲喂 2 次（分别为 8:00 和 18:00），自由采食，自由饮水，每天挤奶 2 次（分别为 9:00 和 20:00）。在试验期每期的第 18、19 天，采集试验期奶牛早、晚的鲜奶样，按比例混匀并贮藏于 4℃冰箱中，及时送至北京市奶牛中心。

计算日均采食量，即喂料量－剩料量。用牛场自备的奶罐记录每天每头奶牛的早、晚产奶量，并计算每期日均产奶量值。用 LACTOSCAN 型全自动超声波乳成分分析仪测定总固形物、乳脂、乳糖和乳蛋白含量等。

1.2 试验结果与分析

由表1可知，在整个试验周期中，添加茶皂素对于奶牛产奶量并无影响，并且产奶量保持在稳定状态，进一步说明，此试验对奶牛机体无不良影响。每种添加剂量在每期中的波动并不显著（$P>0.05$）。

表1 茶皂素对奶牛产奶量的影响

牛编号	茶皂素添加水平（g/d）				SEM	P值
	0	15	30	45		
A	27.76	28.18	28.37	26.98	0.202	0.198
B	25.83	25.55	26.54	25.89	0.137	0.339
C	26.19	26.17	26.82	27.16	0.160	0.447
D	25.59	26.14	26.17	25.76	0.094	0.838

从表2中看出，添加茶皂素的试验组与对照组相比，乳脂校正乳及乳脂率均没有显著差异（$P>0.05$），但随着茶皂素添加剂量的增加，乳脂率的含量也呈现递增的趋势。在本试验添加剂量中，45 g/d茶皂素组与对照组相比乳脂率提高了0.15%；添加15、30、45 g/d茶皂素组与对照组相比，乳蛋白率随着茶皂素剂量的增加呈现先增加后减小的趋势，其中15 g/d剂量组的乳蛋白率最高。添加茶皂素的试验组与对照组相比，乳糖率和体细胞均没有显著差异（$P>0.05$），并且体细胞数含量符合奶牛正常生理指标，由此可见，茶皂素对奶牛机体的泌乳性能无不良影响。

表2 茶皂素对奶牛乳成分的影响

项目	茶皂素添加水平（g/d）				SEM	P值
	0	15	30	45		
乳脂校正乳（kg/d）	19.88	18.88	19.76	19.39	0.991	0.748
乳脂率（%）	3.17	3.21	3.23	3.32	0.246	0.896
乳蛋白率（%）	2.81	2.98	2.92	2.86	0.070	0.400
乳糖率（%）	4.91	4.89	4.96	4.87	0.039	0.429
体细胞数（10^4 个/mL）	23.03	24.80	23.27	26.97	4.207	0.342

1.3 小结

本试验研究结果表明，添加茶皂素后对奶牛的泌乳性能无不良影响，对奶牛机体的健康水平不造成威胁，可在一定程度上提高乳脂校正乳产量及乳蛋白的含量，并且添加15g/d的剂量组与对照组相比，不会造成体细胞数量的升高。

2 茶皂素对奶牛外周血中T淋巴细胞亚型的影响

2.1 试验材料与方法

试验期每期第19天，使用抗凝真空采血管进行尾静脉无菌采血，收集血液5 mL，待血液与抗凝剂充分混匀后，静置于4℃冰箱中。采用CD3/CD4/CD8三色流式细胞对外周血亚群进行分析，使用抗人CD3：FITC、抗牛CD4：RPE和抗牛CD8单克隆抗体对淋巴细胞中T淋巴细胞进行亚群分析。

2.2 试验结果与分析

从表3和图1中可以看出，添加茶皂素的试验组与对照组相比，T淋巴细胞亚群$CD4^+CD8^-/CD4^-CD8^+$无显著影响（$P>0.05$），并均在正常值范围内。从表中可知，可能由于个体差异的影响，D号牛中淋巴细胞亚群比例偏低，观察数值发现，当茶皂素添加量达到45 g/d时，该比值占对照组比值相比普遍偏高，表明了茶皂素对于奶牛机体细胞免疫功能而言，使得免疫系统处于活跃状态。

表3 茶皂素对奶牛T细胞亚群比例的影响

牛编号	茶皂素添加水平（g/d）				SEM	*P* 值
	0	15	30	45		
A	0.332	0.300	0.360	0.552	0.142	0.142
B	0.318	0.330	0.325	0.366	0.738	0.738
C	0.272	0.861	0.215	0.326	0.067	0.067
D	0.164	0.192	0.149	0.199	0.374	0.374

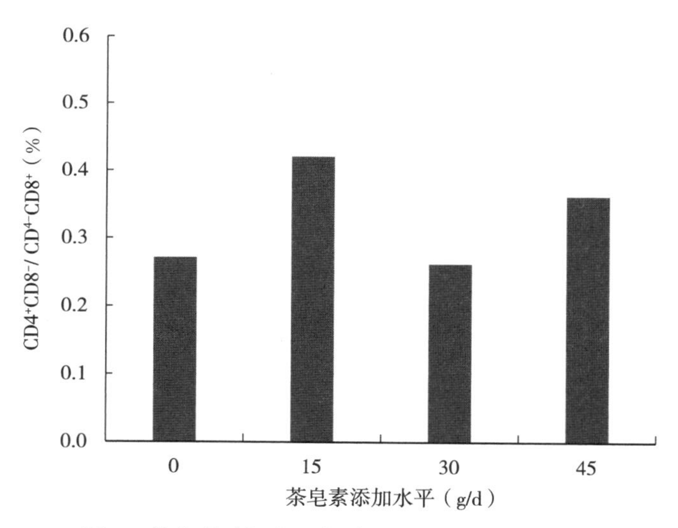

图1 茶皂素对奶牛T细胞亚群比例的影响（%）

2.3 小结

本试验结果表明，茶皂素虽对奶牛机体中的T淋巴细胞亚群无显著影响（$P>0.05$），但可在一定程度上影响奶牛机体的细胞免疫活跃能力，进而影响奶牛机体的免疫功能。机体的细胞因子，从而影响机体的免疫功能。

3 茶皂素对奶牛外周血中免疫球蛋白及免疫因子的影响

3.1 试验材料与方法

试验期每期第20天，使用真空促凝采血管进行尾静脉无菌采血，血样于3 000 r/min离心15 min，静置2 h，制取血清，于−80℃保存备用。同时用抗凝真空采血管采集15 mL血液，用于提取淋巴细胞并收集mRNA，用于检测血液中免疫指标的表达以及免疫因子基因表达量的测定。

3.2 试验结果与分析

由表4可知，测得添加茶皂素后，各剂量组免疫球蛋白M含量均有所提高，添加30 g/d茶皂素与对照组相比，荷斯坦奶牛血清中免疫球蛋白M含量有显著差异（P<0.05），可使血清中免疫球蛋白M含量由（87.54±8.99）ng/mL增加到（116.65±13.03）ng/mL，但添加茶皂素对血清中免疫球蛋白A、免疫球蛋白G含量均无显著差异（P>0.05）。与对照组相比，免疫球蛋白G含量在添加茶皂素后，其浓度都有一定程度的提高，并随浓度上升而降低。

表4 茶皂素对血清中免疫球蛋白的影响

项目	茶皂素添加水平（g/d）				SEM	P值
	0	15	30	45		
免疫球蛋白A（ng/mL）	10.66	9.37	10.61	9.34	2.062	0.064
免疫球蛋白M（ng/mL）	87.54[a]	98.23[ab]	116.65[b]	92.57[ab]	6.526	0.011
免疫球蛋白G（μg/mL）	9.49	11.29	10.76	10.49	0.842	0.053

注：同行数据肩标不同小写字母表示差异显著（P<0.05），相同小写字母表示差异不显著（P>0.05）。下同。

由表5可见，血清中白细胞介素-1浓度，在添加15 g/d的茶皂素与对照组和45 g/d组相比差异显著（P<0.05），并呈现随着茶皂素剂量的增加，血清中白细胞介素-1浓度也逐渐降低的趋势。从表中也可看出，随添加量的提高，血清中肿瘤坏死因子-α浓度有先增加后降低的趋势，添加量为30 g/d时达到最大浓度，与对照组差异显著，浓度由（7.54±1.29）ng/L增加到（9.21±1.22）ng/L。

表5 茶皂素对血清中免疫相关细胞因子的影响

项目	茶皂素添加水平（g/d）				SEM	P值
	0	15	30	45		
白细胞介素-1（ng/L）	39.53[a]	52.61[b]	45.18[ab]	42.50[a]	3.997	0.05
白细胞介素-6（ng/L）	2.78	2.81	3.31	3.97	0.217	0.065
白细胞介素-10（ng/L）	23.98	28.63	30.48	25.23	3.764	0.36
肿瘤坏死因子-α（ng/L）	7.54	8.17	9.21	8.23	0.692	0.292

由表6可知，试验组与对照组相比，奶牛细胞因子白细胞介素-1、白细胞介素-6、白细胞介素-10、肿瘤坏死因子-α基因mRNA丰度均无显著差异（$P>0.05$），但添加45 g/d剂量的茶皂素均可提高以上基因mRNA的丰度，白细胞介素-6基因mRNA表达量是对照组的5.95倍，白细胞介素-1、白细胞介素-10、肿瘤坏死因子-α基因mRNA丰度也都是对照组的2倍以上。从表6中也可以看出，不同茶皂素添加剂量都可提高白细胞介素-6基因表达量。

表6　茶皂素对细胞因子基因mRNA相对表达水平的影响

项目		茶皂素添加水平（g/d）				SEM	*P* 值
		0	15	30	45		
白细胞介素-1	ΔCt	7.75	8.11	9.04	9.26		
	F 值	1	0.45	0.35	2.79	0.370	0.247
白细胞介素-6	ΔCt	9.87	13.31	13.49	12.60		
	F 值	1	2.79	1.63	5.95	0.720	0.512
白细胞介素-10	ΔCt	7.62	9.58	9.70	10.12		
	F 值	1	0.84	0.86	2.03	0.186	0.136
肿瘤坏死因子-α	ΔCt	5.40	5.68	5.98	6.96		
	F 值	1	0.16	0.39	2.68	0.373	0.314

3.3　小结

茶皂素对奶牛免疫因子的表达具有促进作用，对IgM以及IL-1作用效果显著，但影响剂量不同；茶皂素在一定程度上可提高细胞因子IL-6基因mRNA相对丰度，而对IL-1、IL-10、TNF-α基因mRNA相对丰度无显著影响，高剂量组对细胞因子基因表达有一定促进作用。综上所述，日粮中添加一定剂量茶皂素可以改善奶牛机体的免疫功能。

4　结论

茶皂素可显著提高奶牛血液中免疫球蛋白及细胞因子含量，并提高白细胞介素-6相关基因mRNA的表达丰度，表明茶皂素可提高奶牛机体的免疫功能，对于奶牛的泌乳性能有显著影响，提示在奶牛养殖中添加适度剂量的茶皂素可以提高奶牛机体的免疫功能。

茶皂素对奶牛产奶性能、抗氧化能力及免疫力的影响

饲料添加剂起源于20世纪，最初的饲料添加剂来源于英国科学家提出的饲料补充物，通过补充微量维生素和无机矿物质来补充动物体内某些营养物质的缺乏，继而达到平衡饲料营养的良好饲养效果。随着近些年奶业的蓬勃发展，更多的人开始把目光投向了奶牛养殖业，奶牛饲料添加剂理所当然地受到了人们的广泛关注。

随着奶牛饲料添加剂的使用越来越普遍，人们对饲料产品的质量安全要求也越来越高。公众日益对动物源性食品中化学药物和抗生素残留问题越来越担忧，而添加剂中大都含有化学合成药物、抗生素和激素类药物，这些物质的长期使用，易引起病原微生物产生抗药性、畜产品药物残留和生态环境污染等问题，严重威胁着人类健康，也影响到我国农副产品的出口。饲料中添加抗生素和化学合成促生长药物添加剂已经不适用于当前奶牛养殖业生产出无污染、无残留、优质的牛奶产品。开发新的安全性饲料添加剂代替化学药物和抗生素添加剂成为一种必然趋势。植物提取物作为植物有效生物活性物质的载体，其具有来源于天然植物、残留少和生态环保等特点，已经成为畜禽养殖、饲料企业和科研部门竞相研究和应用的重点。

研究表明，茶皂素可以增强动物机体抗氧化能力、抗病能力，提高饲料转化率，从而提高其生长性能。同时，茶皂素还具有改善动物肉品品质、促进反刍动物瘤胃发酵、增加瘤胃微生物蛋白、减少瘤胃原虫数量、改善肌肉脂肪酸组成等作用。因此，茶皂素在动物生产中的应用研究有重要意义。

1 不同水平茶皂素对奶牛产奶性能的影响

1.1 试验材料与方法

根据泌乳日龄、胎次、产奶量相近的原则，选择20头健康、无疾病的泌乳前期荷斯坦奶牛，随机分为4组，每组5头，分别为对照组、试验组Ⅰ、试验组Ⅱ、试验组Ⅲ。正式试验前经过7 d预试，预试结束后开始正式试验，正试期35 d，共42 d。奶牛饲养模式为自由采食，自由饮水，自由运动，散放式管理。对照组、试验组Ⅰ、试验组Ⅱ、试验组Ⅲ分别饲喂添加0、20、30和40 g/d的茶皂素于全混合日粮（TMR）中，各组基础日粮相同。每天早晨上料时将茶皂素一次性逐头奶牛添加饲喂，每天8:00、14:00、21:00共挤奶3次。

每天须详细称取日粮的剩余量，测定试验牛的采食量，计算其每天的净食入量。产奶量测定从正试期开始到试验结束，每天记录试验牛早、中、晚3次的产奶量。以7 d为1个测定阶段，分别计算该阶段平均产奶量，整个试验期共分为6个阶段。

每个测定阶段（整个试验期第 7、14、21、28、35、42 天）按产奶量比例（早：中：晚＝4：3：3）共收集 50 mL 奶样，置于 DHI 专用样品瓶中，每毫升乳样加入 0.6mg 重铬酸钾防腐剂，贮藏于 4℃冰箱中，迅速送至北京三元奶牛中心，采用全自动超声波乳成分分析仪测定乳脂、乳蛋白、体细胞数量等指标。牛奶脂肪酸含量测定参照《食品安全国家标准　食品中脂肪酸的测定》（GB 5009.168—2016），采用气相色谱法，以十九碳脂肪酸为内标，使用二阶程序升温法分离检测。

1.2　试验结果与分析

添加茶皂素对奶牛采食量的影响如表 1 所示，添加不同水平茶皂素对泌乳奶牛平均日采食量影响较小，差异不显著（$P>0.05$）。

表 1　茶皂素对奶牛采食量的影响（kg/d）

试验期	试验处理			
	对照组	试验组Ⅰ	试验组Ⅱ	试验组Ⅲ
第 7 天	25.58±1.42	25.74±2.58	25.48±1.89	25.48±1.67
第 14 天	25.54±1.87	26.94±1.23	26.06±0.84	24.42±2.07
第 21 天	25.40±2.64	24.78±1.52	25.04±0.10	25.46±2.13
第 28 天	24.98±0.94	25.58±2.09	25.08±1.07	24.92±0.98
第 35 天	25.08±1.30	25.72±0.83	24.74±1.59	24.98±0.93
第 42 天	25.32±1.04	25.30±0.62	25.18±1.64	25.32±1.00

由表 2 结果分析可知，在整个试验阶段试验组Ⅰ、Ⅱ、Ⅲ的产奶量与对照组之间没有显著差异（$P>0.05$），但均有不同程度的升高，其中在试验第 21 天，试验组Ⅰ、Ⅱ的产奶量较对照组增幅最大，分别增加 3.71 kg 和 7.37 kg，说明添加适量茶皂素有提高泌乳奶牛产奶量的趋势。试验组Ⅲ较对照组显著降低，试验第 14 天，试验组Ⅲ的产奶量较对照组降幅最大，降低 27.9%（$P<0.05$）；在试验第 21、28 天时，试验组Ⅲ的产奶量较对照组均降低了 26.9%，达到显著水平（$P<0.05$）；在试验第 42 天时，试验组Ⅲ的产奶量比对照组降低了 22.7%（$P<0.05$），说明高剂量组对奶牛的产奶量有抑制作用。但各试验组的产奶量变化趋势与对照组趋于一致，都有上升的趋势，这可能与季节和奶牛自身情况有关。

表 2　茶皂素对奶牛产奶量的影响（kg/d）

试验期	试验处理			
	对照组	试验组Ⅰ	试验组Ⅱ	试验组Ⅲ
第 7 天	30.98±6.89	34.03±2.59	34.99±4.57	21.60±8.04
第 14 天	31.53±8.07^{a}	34.97±4.22^{a}	37.64±2.16^{a}	22.74±5.21^{b}
第 21 天	31.54±8.67^{a}	35.25±3.34^{a}	38.91±4.34^{a}	23.05±6.97^{b}
第 28 天	34.70±6.25^{a}	35.90±2.80^{a}	39.72±5.33^{a}	25.38±8.60^{b}

（续）

试验期	试验处理			
	对照组	试验组Ⅰ	试验组Ⅱ	试验组Ⅲ
第35天	35.50±8.02	37.09±4.02	39.88±5.39	27.22±7.98
第42天	38.80±7.13[a]	39.00±4.49[a]	41.22±5.96[a]	30.00±3.24[b]

注：同行数据肩标不同小写字母表示差异显著（$P<0.05$），相同小写字母表示差异不显著（$P>0.05$）。下同。

由表3可知，试验组Ⅰ与对照组相比，各试验阶段均未表现出明显差异（$P>0.05$）。试验组Ⅱ在饲养试验第14、21天时，乳脂率较对照组均达到显著水平，分别提高了13.2%（$P<0.05$）和15%（$P<0.05$）。试验组Ⅲ的乳脂率在试验第14天较对照组提高幅度最大，增加42%（$P<0.05$）；试验第21天和第28天时，乳脂率较对照组均达到显著水平，分别提高了34%和12.4%（$P<0.05$）。可见，尽管在日粮中添加了30g茶皂素对于奶牛的产奶量没有明显的影响，但明显地提高了乳脂率。

表3 添加不同水平的茶皂素对牛乳乳脂率的影响（%）

试验期	试验处理			
	对照组	试验组Ⅰ	试验组Ⅱ	试验组Ⅲ
第7天	3.00±0.05	2.95±0.06	3.06±0.10	3.09±0.09
第14天	2.87±0.19[a]	2.87±0.09[a]	3.25±0.11[b]	4.08±0.81[b]
第21天	3.07±0.10[a]	2.90±0.29[a]	3.53±0.14[b]	4.13±0.09[b]
第28天	3.14±0.14[a]	2.94±0.17[a]	3.26±0.12[a]	3.53±0.09[b]
第35天	3.12±0.15	3.01±0.21	3.21±0.16	3.16±0.16
第42天	2.99±0.20	2.84±0.12	3.18±0.14	3.18±0.11

从统计分析的结果看，整个试验期内各试验组的乳蛋白率与对照组之间均无显著差异（$P>0.05$）。由表4可以看出，4条曲线的变化规律基本相同；试验组Ⅲ的乳蛋白率普遍较对照组低，而试验组Ⅰ、Ⅱ先下降后上升；从第21天开始，试验组Ⅱ的乳蛋白率比对照组有所提高，说明茶皂素对牛乳乳蛋白率影响不大。

表4 添加不同水平的茶皂素对牛乳乳蛋白率的影响（%）

试验期	试验处理			
	对照组	试验组Ⅰ	试验组Ⅱ	试验组Ⅲ
第7天	2.67±0.06	2.72±0.22	2.67±0.22	2.67±0.21
第14天	2.78±0.17	2.82±0.18	2.79±0.17	2.69±0.16
第21天	2.90±0.18	2.76±0.21	2.91±0.33	2.73±0.24
第28天	2.86±0.22	2.85±0.17	2.89±0.25	2.77±0.14
第35天	2.98±0.10	3.00±0.16	2.97±0.27	2.90±0.21
第42天	3.05±0.37	3.05±0.08	3.16±0.20	2.95±0.11

由表5可知，在第14天时，试验组Ⅱ、Ⅲ尿素氮水平分别与对照组相比下降了18.5%

($P<0.05$) 和 10.4% ($P<0.05$)。试验组Ⅰ在试验第 21 天时，较对照组显著降低 ($P<0.05$)；试验组Ⅱ、Ⅲ尿素氮水平分别与对照组相比下降了 17.6% ($P<0.05$) 和 11.8% ($P<0.05$)。在第 28、35 天时，试验组Ⅱ的尿素氮水平与对照组相比分别下降了 16.9% ($P<0.05$) 和 14% ($P<0.05$)；试验组Ⅲ的尿素氮水平分别与对照组相比下降了 10.8% ($P<0.05$) 和 17.4% ($P<0.05$)。在第 42 天时，试验组Ⅱ较对照组降幅最大，为 21.1% ($P<0.05$)。结果说明，茶皂素可以降低牛乳中的尿素氮，在 30 g 剂量组下降幅度最大。

表 5 添加不同水平的茶皂素对牛乳尿素氮的影响（%）

试验期	试验处理			
	对照组	试验组Ⅰ	试验组Ⅱ	试验组Ⅲ
第 7 天	16.16±0.84	15.38±0.62	15.78±0.69	15.72±0.89
第 14 天	16.00±1.24[a]	16.32±1.31[a]	13.04±0.84[b]	14.34±1.34[b]
第 21 天	14.86±0.48[a]	13.40±0.99[b]	12.24±0.53[b]	13.10±1.42[b]
第 28 天	15.90±1.04[a]	15.06±0.27[a]	13.22±0.77[b]	14.18±1.02[b]
第 35 天	16.68±1.78[a]	17.44±0.85[a]	14.34±0.86[b]	13.78±1.66[b]
第 42 天	16.56±0.94[a]	15.94±1.34[a]	13.06±1.23[b]	15.98±1.36[a]

从表 6 可以看出，在试验第 7、14 天时，试验组Ⅲ体细胞数较对照组显著升高 ($P<0.05$)，第 21 天后逐渐下降。在试验第 21、28 天时，试验组Ⅰ体细胞数较对照组分别显著降低 6.92% ($P<0.05$) 和 9.7% ($P<0.05$)；试验组Ⅱ较对照组显著降低 10.4% ($P<0.05$) 和 11.0% ($P<0.05$)。第 35、42 天时，试验组Ⅰ体细胞数较对照组分别显著降低 8.82% ($P<0.05$) 和 6.8% ($P<0.05$)；试验组Ⅱ体细胞数较对照组显著降低 12.2% ($P<0.05$) 和 11.0% ($P<0.05$)；试验组Ⅲ体细胞数较对照组分别显著降低 7.1% ($P<0.05$) 和 4.2% ($P<0.05$)。结果说明，茶皂素可以降低牛乳体细胞数，试验组Ⅱ效果最佳。

表 6 添加不同水平的茶皂素对牛乳体细胞数的影响（%）

试验期	试验处理			
	对照组	试验组Ⅰ	试验组Ⅱ	试验组Ⅲ
第 7 天	49.20±1.48[a]	51.00±1.41[a]	49.20±1.30[a]	53.80±1.48[b]
第 14 天	46.60±2.30[a]	46.40±1.14[a]	44.80±1.30[a]	49.40±2.07[b]
第 21 天	46.20±1.79[a]	43.00±1.41[b]	41.40±1.52[b]	44.40±1.52[a]
第 28 天	45.40±1.14[a]	41.00±1.00[b]	40.40±1.14[b]	44.80±2.17[a]
第 35 天	47.60±2.88[a]	43.40±1.14[b]	41.80±1.30[b]	44.20±0.84[b]
第 42 天	47.20±1.30[a]	44.00±1.58[b]	42.00±1.22[b]	45.20±1.30[b]

茶皂素对试验期内各试验组牛乳脂肪酸变化影响如表 7 所示，试验组Ⅰ乳脂肪酸中 C6：0、C16：1、C20：4n6、C22：6n3 较对照组显著升高 ($P<0.05$)，C18：1n9c、C20：1 较对照组显著升高 ($P<0.05$)，C8：0、C10：0、C14：0 较对照组显著降低 ($P<0.05$)；试验组Ⅱ乳脂肪酸中 C6：0、C16：1、C18：1n9c、C18：2n6c、C20：3n6、C20：

4n6、C20：5n3、C22：6n3 较对照组显著升高（$P<0.05$），C18：1n9t、C18：2n6t、C18：3n3 较对照组显著升高（$P<0.05$），C8：0、C10：0、C12：0、C14：0 较对照组显著降低（$P<0.05$），C16：0 较对照组显著降低（$P<0.05$）；试验组Ⅲ乳脂肪酸中 C6：0、C14：1、C16：1、C18：0、C18：1n9c、C18：2n6t、C18：2n6c、C18：3n3、C20：3n6、C20：4n6 较对照组显著升高（$P<0.05$），C18：1n9t、C20：0、C20：5n3 较对照组显著升高（$P<0.05$），C10：0、C12：0、C14：0 较对照组显著降低（$P<0.05$），C16：0 较对照组显著降低（$P<0.05$）。整个试验期内，试验组Ⅱ、Ⅲ乳脂肪酸中 MCFA 较对照组显著降低（$P<0.05$），乳脂肪酸中 LCFA 较对照组显著升高（$P<0.05$）；试验组Ⅰ、Ⅱ、Ⅲ乳脂肪酸中 SFA 较对照组显著降低（$P<0.05$），MUFA、PUFA 较对照组显著升高（$P<0.05$）。以上结果说明，茶皂素有降低中链脂肪酸，增加长链脂肪酸的作用，并能够明显降低饱和脂肪酸，增加不饱和脂肪酸。

表 7　添加不同水平的茶皂素对牛乳脂肪酸组成的影响（mg/g）

项目	试验处理			
	对照组	试验组Ⅰ	试验组Ⅱ	试验组Ⅲ
C6：0	0.696±0.011[a]	0.732±0.030[b]	0.729±0.014[b]	0.740±0.021[b]
C8：0	0.415±0.017[a]	0.371±0.029[b]	0.377±0.019[b]	0.413±0.013[a]
C10：0	0.907±0.016[a]	0.877±0.014[b]	0.815±0.013[b]	0.737±0.013[b]
C12：0	1.078±0.029[a]	1.038±0.056[a]	0.977±0.045[b]	0.871±0.016[b]
C14：0	4.016±0.072[a]	3.769±0.088[b]	3.805±0.134[b]	3.618±0.086[b]
C14：1	0.287±0.019[a]	0.267±0.023[a]	0.296±0.014[a]	0.345±0.019[b]
C16：0	13.412±0.612[a]	13.067±0.481[a]	12.551±0.347[b]	12.490±0.861[b]
C16：1	0.514±0.039[a]	0.573±0.048[b]	0.637±0.051[b]	0.852±0.022[b]
C18：0	4.775±0.258[a]	4.487±0.272[a]	4.885±0.185[a]	5.526±0.335[b]
C18：1n9t	0.751±0.038[a]	0.783±0.047[a]	0.819±0.046[b]	0.806±0.040[b]
C18：1n9c	9.144±0.374[a]	10.044±0.179[b]	10.748±0.653[b]	13.192±0.768[b]
C18：2n6t	0.283±0.021[a]	0.310±0.033[a]	0.314±0.014[b]	0.326±0.022[b]
C18：2n6c	1.417±0.070[a]	1.470±0.012[a]	1.518±0.043[b]	1.675±0.080[b]
C18：3n3	0.160±0.007[a]	0.170±0.020[a]	0.180±0.010[b]	0.185±0.009[b]
C20：0	0.064±0.005[a]	0.061±0.004[a]	0.065±0.002[a]	0.069±0.003[b]
C20：1	0.056±0.005[a]	0.061±0.006[b]	0.060±0.004[a]	0.055±0.002[a]
C20：2	0.015±0.001	0.016±0.001	0.016±0.001	0.016±0.002
C20：3n6	0.049±0.003[a]	0.051±0.002[a]	0.057±0.003[b]	0.057±0.003[b]
C20：4n6	0.059±0.002[a]	0.068±0.003[b]	0.068±0.003[b]	0.077±0.004[b]
C20：5n3	0.013±0.001[a]	0.013±0.001[a]	0.016±0.001[b]	0.014±0.001[b]
C22：0	0.034±0.003	0.033±0.002	0.033±0.002	0.033±0.002
C22：6n3	0.012±0.001[a]	0.014±0.001[b]	0.015±0.001[b]	0.013±0.001[a]

（续）

项目	试验处理			
	对照组	试验组Ⅰ	试验组Ⅱ	试验组Ⅲ
MCFA	3.025±0.151[a]	2.867±0.110[a]	2.693±0.225[b]	2.697±0.013[b]
LCFA	33.949±1.066[a]	34.570±0.426[a]	36.598±0.722[b]	37.836±1.393[b]
SFA	26.599±0.852[a]	23.385±0.359[b]	23.440±0.509[b]	24.742±0.838[b]
MUFA	10.675±0.505[a]	11.727±0.294[b]	12.260±0.610[b]	13.537±0.493[b]
PUFA	2.006±0.072[a]	2.110±0.045[b]	2.183±0.058[b]	2.273±0.026[b]

由表8可以看出，在试验第7天时，各试验组与对照组相比MCFA、LCFA都有不同程度降低，试验组Ⅰ显著低于对照组（$P<0.05$），试验组Ⅱ、Ⅲ达到显著水平（$P<0.05$）；试验第14天时，试验组Ⅲ的MCFA含量明显低于对照组（$P<0.05$）；第28天时，试验组Ⅰ显著低于对照组（$P<0.05$）；试验第35天，与对照组相比，试验组Ⅰ、Ⅱ的MCFA含量显著升高（$P<0.05$）；试验第42天，与对照组相比，试验组Ⅱ、Ⅲ的MCFA含量显著下降（$P<0.05$）。

表8 添加不同水平的茶皂素对牛乳中MCFA、LCFA的影响（mg/g）

试验期	试验处理			
	对照组	试验组Ⅰ	试验组Ⅱ	试验组Ⅲ
MCFA				
第7天	3.28±0.10[a]	2.99±0.19[b]	2.67±0.21[b]	2.58±0.23[b]
第14天	2.76±0.37[a]	2.93±0.41[a]	2.69±0.16[a]	2.07±0.16[b]
第21天	2.87±0.29	2.70±0.28	2.64±0.47	2.48±0.15
第28天	2.98±0.10[a]	2.60±0.24[b]	2.77±0.37[a]	2.90±0.26[a]
第35天	3.07±0.16[a]	3.62±0.30[b]	3.58±0.25[b]	2.80±0.32[a]
第42天	3.50±0.19[a]	3.34±0.10[a]	3.00±0.12[b]	3.31±0.13[b]
LCFA				
第7天	37.46±1.75[a]	31.29±2.04[b]	35.03±0.92[a]	34.35±2.30[b]
第14天	30.52±1.96[a]	34.16±1.45[b]	36.29±2.19[b]	35.60±2.07[b]
第21天	32.10±4.41[a]	30.41±2.12[a]	34.77±1.27[a]	43.70±1.97[b]
第28天	31.70±0.97[a]	32.05±2.03[a]	33.10±2.11[a]	37.15±2.57[b]
第35天	33.59±2.55[a]	45.26±1.17[b]	41.96±1.85[b]	37.15±3.23[b]
第42天	38.37±1.76[a]	34.24±1.25[b]	38.44±1.88[a]	39.06±4.45[a]

由表9可知，在试验第7、21天，试验组Ⅰ的SFA较对照组显著降低，分别降低了17.5%和11.3%（$P<0.05$）；试验第14天时，试验组Ⅱ较对照组显著下降8.5%（$P<0.05$）；试验第28天，试验组Ⅰ、Ⅲ与对照组相比SFA含量显著降低，分别降低了15.1%（$P<0.05$）和17.7%（$P<0.05$），试验组Ⅱ的SFA含量较对照组降低了16.9%（$P<0.05$）；第35天，试验组Ⅱ、Ⅲ与对照组相比SFA分别降低了21.2%（$P<0.05$）和

10.7%（$P<0.05$）；第 42 天时，试验组Ⅰ、Ⅱ与对照组相比 SFA 分别降低了 14.9%（$P<0.05$）和 8.2%（$P<0.05$）。结果表明，3 个不同剂量的茶皂素均能够起到降低牛乳饱和脂肪酸含量的作用，但添加剂量为 30 g 时，效果最显著。在试验第 14 天时，试验组Ⅱ、Ⅲ的 MUFA 含量较对照组极显著提高，分别提高了 35.6%（$P<0.05$）和 64.5%（$P<0.05$），试验组Ⅰ的 MUFA 含量较对照组提高了 27.5%（$P<0.05$）；在第 21 天时，试验组Ⅱ、Ⅲ的 MUFA 较对照组分别提高了 10.9%（$P<0.05$）和 56.1%（$P<0.05$）；在试验第 35 天时，试验组Ⅰ、Ⅱ的 MUFA 与对照组相比分别提高了 47.1%（$P<0.05$）和 43%（$P<0.05$），试验组Ⅲ的 MUFA 较对照组显著提高了 24.1%（$P<0.05$）；试验第 42 天时，试验组Ⅱ、Ⅲ的 MUFA 较对照组分别提高了 13.1%（$P<0.05$）和 13.3%（$P<0.05$）。结果表明，茶皂素可以显著提高牛乳单不饱和脂肪酸含量，且添加量为 40g 时提高幅度最大，其次为 30 g。在试验第 7 天时，试验组Ⅰ的 PUFA 较对照组显著降低了 9.0%（$P<0.05$）；在试验第 14 天时，试验组Ⅰ的 PUFA 与对照组相比显著降低了 16%（$P<0.05$），试验组Ⅱ、Ⅲ的 PUFA 与对照组相比分别提高了 20.3%（$P<0.05$）和 18.7%（$P<0.05$）；在试验第 21、28 天时，试验组Ⅲ的 PUFA 较对照组分别显著提高了 25.4%（$P<0.05$）和 25.1%（$P<0.05$）；试验第 35 天时，试验组Ⅰ、Ⅱ的 PUFA 与对照组相比分别提高了 37.6%（$P<0.05$）和 30.7%（$P<0.05$）；在试验第 42 天时，试验组Ⅱ、Ⅲ的 PUFA 与对照组相比分别提高了 7.4%（$P<0.05$）和 15.8%（$P<0.05$）。试验结果表明，茶皂素可以有效地增加牛乳中的 PUFA 含量，通过分析可知，对 PUFA 含量影响最大的剂量为 40 g，其次为 30 g。

表 9 添加不同水平的茶皂素对牛乳中 SFA、MUFA、PUFA 的影响（mg/g）

试验期	试验处理			
	对照组	试验组Ⅰ	试验组Ⅱ	试验组Ⅲ
SFA				
第 7 天	26.39 ± 2.44^{a}	21.76 ± 1.17^{b}	24.04 ± 2.16^{a}	25.47 ± 0.76^{a}
第 14 天	24.38 ± 1.07^{a}	23.32 ± 1.20^{a}	22.31 ± 1.59^{b}	24.75 ± 1.31^{a}
第 21 天	23.96 ± 2.75^{a}	21.26 ± 1.90^{b}	22.71 ± 1.09^{a}	22.29 ± 1.57^{a}
第 28 天	26.88 ± 0.84^{a}	22.82 ± 1.40^{b}	22.33 ± 1.84^{b}	22.11 ± 1.78^{b}
第 35 天	30.61 ± 2.88^{a}	27.84 ± 1.94^{a}	24.12 ± 1.36^{b}	27.34 ± 2.17^{b}
第 42 天	27.37 ± 1.81^{a}	23.30 ± 1.23^{b}	25.13 ± 0.97^{b}	25.87 ± 1.38^{a}
MUFA				
第 7 天	11.61 ± 1.30	10.49 ± 0.90	11.50 ± 0.80	12.46 ± 0.65
第 14 天	9.10 ± 0.37^{a}	11.60 ± 0.95^{b}	12.34 ± 0.87^{b}	14.97 ± 1.36^{b}
第 21 天	10.33 ± 0.80^{a}	10.05 ± 0.66^{a}	11.46 ± 0.94^{b}	16.13 ± 0.69^{b}
第 28 天	9.99 ± 1.00	10.44 ± 0.81	10.84 ± 0.85	10.43 ± 1.03
第 35 天	10.65 ± 0.58^{a}	15.67 ± 1.46^{b}	15.23 ± 1.03^{b}	13.22 ± 0.95^{b}
第 42 天	12.37 ± 1.07^{a}	12.10 ± 0.66^{a}	13.99 ± 1.35^{b}	14.01 ± 1.31^{b}

（续）

试验期	试验处理			
	对照组	试验组Ⅰ	试验组Ⅱ	试验组Ⅲ
PUFA				
第7天	2.33±0.24[a]	2.03±0.06[b]	2.16±0.12[a]	2.18±0.18[a]
第14天	1.87±0.82[a]	2.17±0.06[b]	2.25±0.14[b]	2.22±0.17[b]
第21天	1.93±0.06[a]	1.80±0.13[a]	1.98±0.17[a]	2.42±0.16[b]
第28天	1.87±0.09[a]	1.88±0.14[a]	1.92±0.08[a]	2.34±0.12[b]
第35天	1.89±0.11[a]	2.60±0.11[b]	2.47±0.13[b]	1.98±0.08[a]
第42天	2.15±0.09[a]	2.17±0.12[a]	2.31±0.13[b]	2.49±0.05[b]

如表10所示，试验组Ⅰ、Ⅲ的n-3/n-6值变化趋势与对照组基本一致，在试验第14天时明显低于对照组；试验组Ⅱ在第21天时，n-3/n-6值明显高于对照组，之后与对照组变化差异不大。在试验第7天时，试验组Ⅰ的n-3/n-6值较对照组显著提高了6.3%（$P<0.05$）；试验第14天时，试验组Ⅰ、Ⅲ的n-3/n-6值较试验组有下降趋势，分别下降了6.4%（$P<0.05$）和16.5%（$P<0.05$）；在试验第21、42天时，试验组Ⅱ的n-3/n-6值与对照组相比分别增加了22%（$P<0.05$）和6%（$P<0.05$）。试验结果显示，添加茶皂素会提高n-3/n-6值，通过分析可知在试验第21天时，茶皂素添加剂量为30 g时n-3/n-6值更接近0.17～0.25。

表10 添加不同水平的茶皂素对牛乳中n-3/n-6值的影响（mg/g）

试验期	试验处理			
	对照组	试验组Ⅰ	试验组Ⅱ	试验组Ⅲ
第7天	0.095±0.005[a]	0.101±0.001[b]	0.098±0.002[a]	0.099±0.006[a]
第14天	0.109±0.006[a]	0.102±0.001[b]	0.104±0.004[a]	0.091±0.002[b]
第21天	0.103±0.003[a]	0.105±0.004[a]	0.136±0.012[b]	0.095±0.003[a]
第28天	0.107±0.004	0.109±0.002	0.110±0.004	0.110±0.004
第35天	0.103±0.001	0.106±0.004	0.108±0.006	0.106±0.003
第42天	0.100±0.003[a]	0.102±0.005[a]	0.106±0.007[b]	0.104±0.003[a]

由表11可知，在试验第14天时，试验组Ⅱ、Ⅲ的C14：1/C14：0值较对照组分别提高了32.4%（$P<0.05$）和50%（$P<0.05$）；试验第21天时，试验组Ⅲ的C14：1/C14：0值较对照组提高了36%（$P<0.05$）；试验第28天时，试验组Ⅱ、Ⅲ的C14：1/C14：0值较对照组分别降低了20.7%（$P<0.05$）和13.8%（$P<0.05$）；试验第35天，试验组Ⅱ、Ⅲ的C14：1/C14：0值较对照组提高幅度最大，分别达到108%（$P<0.05$）和166%（$P<0.05$）；试验第42天时，各试验组的C14：1/C14：0值均有提高，分别较对照组提高了25%（$P<0.05$）、35.7%（$P<0.05$）和27.4%（$P<0.05$）。试验第7天，试验组Ⅲ的C16：1/C16：0值较对照组提高了25.6%（$P<0.05$）；试验第14天时，各试验组的C16：

1/C16：0 值较对照组均有明显提升，分别提高了 35.3%（$P<0.05$）、52.9%（$P<0.05$）和 61.8%（$P<0.05$）；试验第 21 天时，试验组Ⅲ的 C16：1/C16：0 值较对照组提高了 18.6%（$P<0.05$）；试验第 28 天时，试验组Ⅱ、Ⅲ的 C16：1/C16：0 值较对照组分别提高了 20%（$P<0.05$）和 40%（$P<0.05$）；试验第 35 天时，试验组Ⅰ、Ⅱ、Ⅲ的 C16：1/C16：0 值与对照组相比分别提高了 14%（$P<0.05$）、25.6%（$P<0.05$）和 16.3%（$P<0.05$）；试验组Ⅰ、Ⅱ的 C16：1/C16：0 值在试验第 42 天时，分别比对照组提高了 16.7%（$P<0.05$）和 25%（$P<0.05$）。试验第 7 天，各试验组的 C18：1n9c/C18：0 值较对照组分别提高了 20.2%（$P<0.05$）、17.5%（$P<0.05$）和 20.4%（$P<0.05$）；试验第 14 天，各试验组的 C18：1n9c/C18：0 值较对照组分别提高了 20.4%（$P<0.05$）、31.7%（$P<0.05$）和 49.2%（$P<0.05$）；试验第 21 天，试验组Ⅲ的 C18：1n9c/C18：0 值与对照组相比提高了 23.6%（$P<0.05$）；试验第 28、35 天，试验组Ⅱ的 C18：1n9c/C18：0 值较对照组有显著差异，分别比对照组提高了 14.8%（$P<0.05$）和 22.4%（$P<0.05$），试验组Ⅲ的 C18：1n9c/C18：0 值分别较对照组提高了 19.5%（$P<0.05$）和 21.5%（$P<0.05$）；在试验第 42 天时，试验组Ⅰ、Ⅱ的 C18：1n9c/C18：0 值与对照组差异显著，比对照组分别提高了 15.4%（$P<0.05$）和 14%（$P<0.05$）。

表 11　添加不同水平的茶皂素对牛乳中 Δ-9 去饱和酶活性的影响（mg/g）

试验期	试验处理			
	对照组	试验组Ⅰ	试验组Ⅱ	试验组Ⅲ
C14：1/C14：0				
第 7 天	0.065±0.014	0.076±0.007	0.065±0.009	0.077±0.003
第 14 天	0.068±0.007[a]	0.071±0.008[a]	0.090±0.010[b]	0.102±0.002[b]
第 21 天	0.064±0.007[a]	0.074±0.014[a]	0.077±0.008[a]	0.087±0.013[b]
第 28 天	0.087±0.009[a]	0.080±0.008[a]	0.069±0.005[b]	0.075±0.004[b]
第 35 天	0.059±0.008[a]	0.071±0.007[a]	0.123±0.014[b]	0.157±0.016[b]
第 42 天	0.084±0.009[a]	0.105±0.008[b]	0.114±0.008[b]	0.107±0.008[b]
C16：1/C16：0				
第 7 天	0.039±0.001[a]	0.040±0.003[a]	0.042±0.004[a]	0.049±0.006[b]
第 14 天	0.034±0.002[a]	0.046±0.004[b]	0.052±0.002[b]	0.055±0.011[b]
第 21 天	0.043±0.003[a]	0.041±0.004[a]	0.046±0.004[a]	0.051±0.002[b]
第 28 天	0.040±0.003[a]	0.043±0.003[a]	0.048±0.003[b]	0.056±0.004[b]
第 35 天	0.043±0.005[a]	0.049±0.002[b]	0.054±0.005[b]	0.050±0.003[b]
第 42 天	0.048±0.004[a]	0.056±0.006[b]	0.060±0.006[b]	0.052±0.005[a]
C18：1n9c/C18：0				
第 7 天	1.763±0.116[a]	2.120±0.046[b]	2.071±0.162[b]	2.123±0.030[b]
第 14 天	1.842±0.146[a]	2.217±0.123[b]	2.426±0.202[b]	2.749±0.355[b]
第 21 天	2.038±0.120[a]	2.118±0.154[a]	2.178±0.182[a]	2.518±0.110[b]
第 28 天	2.041±0.104[a]	2.171±0.187[a]	2.343±0.138[b]	2.499±0.113[b]
第 35 天	2.044±0.148[a]	2.221±0.181[a]	2.443±0.117[b]	2.483±0.131[b]
第 42 天	2.300±0.152[a]	2.654±0.385[b]	2.622±0.112[b]	2.450±0.191[a]

1.3 小结

茶皂素可以显著降低牛乳中的 SCC 含量，这可能是由于茶皂素提高了牛乳中不饱和脂肪酸含量、n-3/n-6 值及 Δ-9 去饱和酶活性。

2 不同水平茶皂素对奶牛抗氧化能力的影响

2.1 试验材料与方法

试验开始后，每隔 7 d 于清晨对试验牛空腹尾静脉采血约 15 mL 置入一次性采血管，静置 30 min，3 500 r/min 离心 10 min，分离出血清，然后保存在－20℃以待测定和分析。使用试剂盒检测过氧化氢酶（CAT）、超氧化物歧化酶（SOD）、谷胱甘肽过氧化物酶（GSH-Px）、丙二醛（MDA）的含量。

2.2 试验结果与分析

由表 12 可知，在试验开始第 14 天时，各试验组 CAT 活力较对照组有显著的下降（$P<0.05$）；在试验第 35 天时，试验组Ⅱ、Ⅲ的 CAT 活力与对照组相比明显升高，分别提高了 22.2%（$P<0.05$）和 16.9%（$P<0.05$）；试验第 42 天时，试验组Ⅱ、Ⅲ较对照组也有所升高但不显著。试验结果表明，茶皂素具有提高机体 CAT 活力的效果，在剂量为 30 g/d时效果较其他组更有效。

表 12 茶皂素对奶牛外周血过氧化氢酶活力的影响（U/mL）

试验期	试验处理			
	对照组	试验组Ⅰ	试验组Ⅱ	试验组Ⅲ
第 7 天	145.97±3.75	145.94±5.97	145.83±2.06	144.12±11.05
第 14 天	112.68±7.42[a]	103.68±6.57[b]	104.57±7.45[b]	103.94±8.39[b]
第 21 天	149.19±4.29	150.12±2.73	151.78±7.44	150.01±3.29
第 28 天	148.63±6.02	151.20±6.36	152.39±3.97	148.57±7.63
第 35 天	124.23±8.08[a]	124.17±7.13[a]	151.81±9.62[b]	145.27±4.68[b]
第 42 天	145.33±8.91	144.26±9.47	150.11±7.92	149.34±9.90

由表 13 可知，在试验第 7 天时，各试验组的 SOD 活力较对照组显著下降（$P<0.05$）；试验第 14 天时，试验组Ⅰ、Ⅲ的 SOD 活力较对照组也明显下降（$P<0.05$）；试验第 21、35 天时，试验组Ⅱ的 SOD 活力与对照组相比显著升高（$P<0.05$），分别提高了 17.2%（$P<0.05$）和 43.2%（$P<0.05$）；第 28 天，各试验组的 SOD 活力均显著高于对照组，分别提高了 28%（$P<0.05$）、57.5%（$P<0.05$）和 47.1%（$P<0.05$）；试验第 42 天时，试验组Ⅱ、Ⅲ的 SOD 活力较对照组显著升高（$P<0.05$）。从整体水平看，试验添加剂量内茶皂素对泌乳奶牛外周血 SOD 的活力影响是持续升高的。

表 13 茶皂素对奶牛外周血超氧化物歧化酶活力的影响（U/mL）

试验期	试验处理			
	对照组	试验组Ⅰ	试验组Ⅱ	试验组Ⅲ
第 7 天	16.11±1.41[a]	11.50±0.56[b]	14.04±2.00[b]	13.73±1.80[b]
第 14 天	16.85±1.56[a]	11.50±1.06[b]	15.61±1.53[a]	12.54±1.79[b]
第 21 天	15.72±0.87[a]	14.85±2.10[a]	18.43±0.87[b]	15.30±2.21[a]
第 28 天	11.36±1.51[a]	14.54±1.30[b]	17.89±1.52[b]	16.71±2.78[b]
第 35 天	12.42±0.85[a]	12.72±1.72[a]	17.78±1.92[b]	14.33±2.05[a]
第 42 天	13.09±1.51[a]	13.00±0.99[a]	16.58±1.35[b]	16.63±1.35[b]

如表 14 所示，各试验组与对照组曲线变化趋势基本一致，从第 14 天开始到第 35 天，各试验组 GSH-Px 活力均不低于对照组，但差异不显著（$P>0.05$），综合分析可知，茶皂素对泌乳奶牛外周血 GSH-Px 活力没有显著影响。

表 14 茶皂素对奶牛外周血谷胱甘肽过氧化物酶活力的影响（μmol/L）

试验期	试验处理			
	对照组	试验组Ⅰ	试验组Ⅱ	试验组Ⅲ
第 7 天	1 420.15±66.79	1 418.83±77.39	1 423.50±64.53	1 414.45±42.41
第 14 天	1 372.85±88.35	1 376.93±66.49	1 378.83±88.42	1 383.07±39.36
第 21 天	1 383.94±96.11	1 385.40±86.70	1 403.65±93.79	1 413.43±53.31
第 28 天	1 399.85±68.36	1 412.26±56.74	1 427.59±76.76	1 425.40±148.47
第 35 天	1 413.14±59.51	1 419.42±57.18	1 421.31±76.73	1 429.64±87.10
第 42 天	1 415.77±70.96	1 407.74±59.12	1 422.34±67.26	1 419.56±64.48

如表 15 所示，在试验第 7、21、35 和 42 天时，各试验组的 MDA 含量与对照组相比均显著下降（$P<0.05$），其中下降幅度最大的是试验组Ⅱ在试验第 7 天时，较对照组降低了 52.9%（$P<0.05$）；试验第 28 天时，试验组Ⅱ、Ⅲ的 MDA 含量较对照组也差异显著（$P<0.05$）。结果说明，添加各水平茶皂素对泌乳奶牛外周血 MDA 含量的影响很显著，能够有效提高机体对脂质的抗氧化能力。

表 15 茶皂素对奶牛外周血丙二醛含量的影响（nmol/mL）

试验期	试验处理			
	对照组	试验组Ⅰ	试验组Ⅱ	试验组Ⅲ
第 7 天	17.69±1.63[a]	13.54±1.49[b]	14.22±1.84[b]	8.34±0.84[b]
第 14 天	14.37±1.81[a]	10.91±1.26[b]	7.82±0.91[b]	7.53±0.94[b]
第 21 天	10.94±1.01[a]	7.48±0.74[b]	6.98±0.78[b]	5.82±0.72[b]
第 28 天	10.59±097[a]	9.44±0.65[a]	8.40±1.06[b]	7.02±1.19[b]
第 35 天	13.07±1.15[a]	9.30±0.99[b]	9.51±1.29[b]	8.81±1.20[b]
第 42 天	18.12±1.27[a]	9.22±0.84[b]	11.38±0.83[b]	8.85±1.25[b]

2.3 小结

茶皂素中的活性物质能与游离氧基结合而产生作用，阻止自动氧化的进行，促使游离脂肪酸的生成降低，减缓脂肪自动氧化，减少过氧化物的生成，从而提高机体对自由基清除的能力。

3 不同水平茶皂素对奶牛免疫力的影响

3.1 试验材料与方法

试验牛尾静脉采血约 5 mL 置入含有 EDTA 的一次性抗凝采血管，室温静置，并尽快用于血液常规检测。使用试剂盒检测相关血液免疫指标。

3.2 试验结果与分析

如表 16 所示，不同剂量茶皂素对奶牛血清总蛋白（TP）和白蛋白（ALB）影响不显著（$P>0.05$），试验组Ⅱ的 TP 含量在整个试验期间较对照组均有升高趋势，试验组Ⅲ在试验第 7 天时也略高于对照组，但未达到显著水平（$P>0.05$）；试验组Ⅱ、Ⅲ在试验第 21 天时，ALB 含量较高于对照组，但不显著（$P>0.05$）；试验组Ⅱ的球蛋白（GLB）水平在整个试验阶段与对照组相比均有不同程度升高（$P>0.05$），试验第 14 天时增幅最大；试验组Ⅲ的 GLB 水平在试验期内也有所增高，但未达到显著水平（$P>0.05$）。试验结果表明，30g 和 40g 茶皂素剂量组对血清 GLB 水平有促进作用，同时也影响 TP 和 ALB 水平。

表 16 茶皂素对奶牛血清总蛋白、白蛋白和球蛋白指标的影响（g/L）

试验期	试验处理			
	对照组	试验组Ⅰ	试验组Ⅱ	试验组Ⅲ
总蛋白				
第 7 天	72.80±2.77	71.40±3.91	73.20±4.38	75.00±2.00
第 14 天	71.60±2.07	74.00±4.30	74.20±6.72	70.20±3.03
第 21 天	71.40±2.07	70.60±4.22	72.20±2.70	71.80±2.05
第 28 天	70.00±6.16	71.20±6.30	71.20±2.59	71.00±2.12
第 35 天	69.40±5.13	69.80±1.92	69.60±3.58	67.20±3.27
第 42 天	68.20±5.45	68.00±3.54	69.40±2.61	68.00±4.00
白蛋白				
第 7 天	28.40±0.89	26.80±1.10	28.40±2.19	28.00±1.22
第 14 天	29.80±1.79	28.80±2.28	28.00±1.58	28.00±2.12
第 21 天	27.00±1.22	27.20±1.48	28.80±1.92	28.40±2.61
第 28 天	28.40±1.14	28.00±1.00	28.60±0.89	27.00±1.41
第 35 天	28.20±1.58	28.00±1.22	28.40±1.52	28.20±1.92
第 42 天	26.40±1.82	26.40±1.14	26.80±1.48	26.60±2.07

（续）

试验期	试验处理			
	对照组	试验组Ⅰ	试验组Ⅱ	试验组Ⅲ
球蛋白				
第7天	44.40±2.51	44.60±3.38	44.80±4.66	47.00±2.74
第14天	41.80±2.49	44.20±2.28	45.20±5.17	44.40±1.82
第21天	44.40±1.52	42.60±1.14	44.80±4.60	43.80±3.77
第28天	45.60±4.77	43.60±1.52	47.40±5.63	44.60±1.82
第35天	44.00±1.58	42.40±2.30	44.40±3.29	43.80±2.39
第42天	40.40±3.21	42.00±1.58	42.40±1.95	42.60±1.14

通过表17可知，各试验组血清总胆固醇（TC）水平均低于对照组，但均未达到显著水平；试验第14天时，试验组Ⅲ的TC含量下降幅度最大，达13.8%（$P>0.05$）；试验第28天时，试验组Ⅱ的TC含量下降幅度达12.5%（$P>0.05$）。整个试验期内，3个试验组甘油三酯（TG）的整体水平较对照组均有所降低（$P>0.05$）。试验结果表明，添加试验范围内各剂量的茶皂素均能够降低血清中的TC和TG含量。

表17　茶皂素对奶牛血清总胆固醇和甘油三酯指标的影响（mmol/L）

试验期	试验处理			
	对照组	试验组Ⅰ	试验组Ⅱ	试验组Ⅲ
总胆固醇				
第7天	5.662±1.125	5.346±0.735	5.382±0.977	5.690±0.851
第14天	6.380±0.544	6.102±0.768	6.186±1.066	5.584±1.253
第21天	6.340±1.171	5.748±0.744	5.740±1.223	5.854±0.576
第28天	6.652±0.806	5.712±0.870	5.818±1.359	5.766±0.685
第35天	6.678±0.810	6.326±1.573	6.320±1.336	6.00±1.296
第42天	6.282±0.582	6.242±0.401	5.934±0.811	5.862±1.268
甘油三酯				
第7天	0.030±0.010	0.024±0.005	0.026±0.005	0.026±0.009
第14天	0.042±0.004	0.034±0.009	0.036±0.009	0.044±0.005
第21天	0.034±0.005	0.034±0.009	0.030±0.007	0.032±0.008
第28天	0.040±0.010	0.034±0.005	0.034±0.005	0.036±0.005
第35天	0.040±0.007	0.036±0.005	0.036±0.005	0.034±0.009
第42天	0.032±0.004	0.030±0.007	0.032±0.008	0.030±0.007

如表 18 所示，整个试验期内，各试验组的整体血糖（GLU）水平与对照组相比均有所下降，但未达到显著水平（$P>0.05$）；血清 GLU 降低水平随剂量升高呈负相关。结果表明，各剂量茶皂素对奶牛血清血糖有降低影响，但不显著。

表 18 茶皂素对奶牛血清血糖的影响（mmol/L）

试验期	试验处理			
	对照组	试验组Ⅰ	试验组Ⅱ	试验组Ⅲ
第 7 天	2.53±0.57	2.48±0.28	2.21±0.65	2.23±0.27
第 14 天	3.23±0.27	3.34±0.64	3.53±0.22	3.33±0.51
第 21 天	3.30±0.23	3.20±0.48	3.11±0.38	3.11±0.18
第 28 天	3.84±0.13	3.86±0.23	3.82±1.16	3.64±0.44
第 35 天	3.66±0.45	3.69±1.60	3.64±1.16	3.51±0.34
第 42 天	3.82±0.37	3.38±0.59	3.54±0.38	3.68±0.62

由表 19 可知，在试验第 14 天时，试验组Ⅱ、Ⅲ的尿素氮（BUN）含量显著低于对照组，分别降低了 11.4%（$P<0.05$）和 10.9%（$P<0.05$）；其他各试验阶段的 BUN 含量未与对照组差异显著（$P>0.05$）。结果表明，茶皂素能够降低血清 BUN 含量，以 30 g 剂量组效果最为明显。

表 19 茶皂素对奶牛血清尿素氮的影响（mmol/L）

试验期	试验处理			
	对照组	试验组Ⅰ	试验组Ⅱ	试验组Ⅲ
第 7 天	6.54±0.62	6.72±0.64	6.08±0.83	6.96±0.54
第 14 天	7.00±0.46[a]	6.52±0.68[a]	6.20±0.38[b]	6.24±0.64[b]
第 21 天	6.50±0.61	6.64±0.42	6.24±0.84	6.32±0.54
第 28 天	7.00±0.29	6.50±0.35	6.32±0.56	6.48±0.72
第 35 天	6.84±0.71	6.44±0.68	6.28±0.72	6.78±0.36
第 42 天	6.74±1.01	6.26±1.04	6.06±0.71	6.12±1.75

如表 20 所示，试验第 14 天时，试验组Ⅱ、Ⅲ的 IgM 含量与对照组差异显著，分别提高了 37.8%（$P<0.05$）和 34.14%（$P<0.05$）；试验第 21 天时，试验组Ⅲ的 IgM 含量较对照组分别提高了 18.2%（$P<0.05$）；试验第 35 天，试验组Ⅱ、Ⅲ的 IgM 含量与对照组相比分别提高了 20.5%（$P<0.05$）和 25.4%（$P<0.05$）；其他各试验阶段的 IgM 含量均高于对照组，但差异不显著（$P>0.05$）。在试验第 35 天，各试验组 IgA 含量与对照组相比升高较大，但未达到显著水平（$P>0.05$）。结果表明，茶皂素可以显著提高血清中 IgM 含量，对 IgG 及 IgA 含量也有促进作用。

表 20 茶皂素对奶牛血清免疫球蛋白指标的影响（ng/mL）

试验期	试验处理			
	对照组	试验组Ⅰ	试验组Ⅱ	试验组Ⅲ
IgM				
第 7 天	41.19±4.27	39.85±1.01	41.25±3.15	40.06±3.40
第 14 天	36.14±4.39[a]	42.37±5.86[a]	49.79±3.97[b]	48.46±5.49[b]
第 21 天	43.18±1.80[a]	44.00±1.59[a]	46.94±3.89[a]	51.02±7.46[b]
第 28 天	45.04±3.95	44.76±6.48	47.44±4.86	50.14±4.56
第 35 天	51.57±6.11[a]	57.67±4.74[a]	62.12±5.47[b]	64.65±2.78[b]
第 42 天	62.10±3.00	63.74±6.43	62.36±6.30	63.88±3.27
IgG				
第 7 天	5.20±0.51	5.43±0.41	5.42±0.98	5.30±0.38
第 14 天	4.29±0.28	4.23±0.88	4.45±0.72	4.38±0.37
第 21 天	3.11±0.44	3.18±0.65	3.24±1.07	3.48±0.40
第 28 天	4.22±0.38	4.34±0.38	4.44±0.76	4.49±0.65
第 35 天	4.26±0.27	4.38±0.31	4.04±0.22	4.09±0.19
第 42 天	3.96±0.11	3.87±0.44	3.94±0.72	3.85±0.43
IgA				
第 7 天	15.36±1.10	15.43±3.12	15.34±1.80	14.42±2.38
第 14 天	14.42±1.97	14.53±1.78	14.64±2.26	13.78±0.54
第 21 天	9.29±0.55	9.52±0.50	9.58±0.44	9.81±0.74
第 28 天	9.41±0.84	9.17±0.79	9.41±0.47	9.77±1.81
第 35 天	10.22±2.58	11.55±0.76	11.39±1.28	11.47±0.91
第 42 天	9.29±0.55	9.52±0.50	9.58±0.44	9.81±0.74

由表 21 可知，在试验第 35 天时，各试验组 IL-1 含量较对照组均有升高，且升高幅度随茶皂素添加剂量增大而增加，试验组Ⅲ的 IL-1 含量与对照组差异显著（$P<0.05$）；试验组Ⅱ的 IL-1 含量较对照组也有所升高，但差异不显著（$P>0.05$）。试验第 7 天时，试验组Ⅰ、Ⅱ的 IL-2 含量比对照组高，但差异不显著（$P>0.05$）；试验第 14～35 天，各试验组的 IL-2 含量较对照组都有不同程度的提高（$P>0.05$）；试验第 42 天，试验组Ⅱ、Ⅲ的 IL-2 含量也高于对照组（$P>0.05$）。

表 21 茶皂素对奶牛血清 IL-1、IL-2 和 IL-12 指标的影响（ng/L）

试验期	试验处理			
	对照组	试验组Ⅰ	试验组Ⅱ	试验组Ⅲ
IL-1				
第 7 天	35.53±3.31	34.15±5.62	36.14±1.85	35.37±5.80
第 14 天	30.94±0.93	31.57±1.63	31.31±0.78	30.66±0.78
第 21 天	29.00±1.61	28.51±1.98	31.04±1.75	30.00±0.76
第 28 天	30.45±1.09	29.24±2.43	30.42±1.12	29.15±2.39
第 35 天	34.26±2.48[a]	37.04±2.78[a]	37.40±3.79[a]	38.91±3.14[b]
第 42 天	38.58±1.23	38.10±0.91	38.54±1.41	37.88±1.21

（续）

试验期	试验处理			
	对照组	试验组Ⅰ	试验组Ⅱ	试验组Ⅲ
IL-2				
第7天	66.31±8.08	66.83±6.16	68.59±8.50	66.22±6.95
第14天	65.91±5.30	68.45±8.01	68.68±2.31	65.94±3.86
第21天	61.79±3.02	64.38±1.36	65.81±4.02	61.75±6.60
第28天	48.44±1.47	50.06±1.29	50.90±2.33	50.72±3.03
第35天	48.10±2.33	48.71±3.66	48.22±2.45	48.24±2.25
第42天	52.19±3.28	51.11±2.72	56.06±5.83	56.75±2.14
IL-12				
第7天	11.75±1.05	11.91±1.32	11.64±1.30	11.80±061
第14天	10.67±0.55	10.95±1.95	10.66±0.31	11.02±0.42
第21天	8.42±0.58	9.24±1.65	9.72±1.10	9.75±1.10
第28天	9.43±0.88	10.00±1.52	10.45±0.75	11.55±2.57
第35天	10.23±1.52	10.28±1.28	10.62±0.34	10.24±0.62
第42天	10.37±0.84	10.34±0.67	10.53±0.42	11.43±1.20

由表22可知，试验第14天时，试验组Ⅱ、Ⅲ的IFN-γ含量较对照组显著升高，分别提高了19.5%（$P<0.05$）和17.0%（$P<0.05$）；试验第21天时，试验组Ⅲ的IFN-γ含量较对照组提高了8.6%（$P<0.05$）；试验第28天时，试验组Ⅱ、Ⅲ的IFN-γ含量与对照组相比，分别提高了6.86%（$P<0.05$）和10.8%（$P<0.05$）；其他各试验阶段的IFN-γ含量与对照组差异不显著（$P>0.05$）。试验第4天时，试验组Ⅱ、Ⅲ的TNF-α含量显著高于对照组，分别较对照组提高了21.5%（$P<0.05$）和26.6%（$P<0.05$）；试验第21天时，试验组Ⅱ的TNF-α含量较对照组提高了12.7%（$P<0.05$）；试验第42天时，试验组Ⅲ的TNF-α含量与对照组相比升高了17.8%（$P<0.05$）；其他各试验阶段的TNF-α含量与对照组差异不显著（$P>0.05$）。

表22 茶皂素对奶牛血清IFN-γ和TNF-α指标的影响（g/L）

试验期	试验处理			
	对照组	试验组Ⅰ	试验组Ⅱ	试验组Ⅲ
IFN-γ				
第7天	207.82±16.06	210.45±27.53	214.66±15.13	222.49±23.25
第14天	212.80±25.56[a]	234.84±15.24[a]	254.36±27.31[b]	248.20±16.31[b]
第21天	268.82±22.90[a]	254.46±2.47[a]	273.87±23.22[a]	291.97±10.14[b]
第28天	322.47±13.93[a]	335.47±17.45[a]	344.59±14.83[b]	357.21±17.82[b]
第35天	329.17±13.88	340.64±24.36	344.73±19.10	335.46±14.78
第42天	292.85±22.53	291.91±21.45	293.49±15.92	290.74±14.70

（续）

试验期	试验处理			
	对照组	试验组Ⅰ	试验组Ⅱ	试验组Ⅲ
TNF-α				
第7天	65.85±1.63	70.61±6.12	69.85±5.05	69.26±6.75
第14天	69.08±8.60[a]	75.51±4.94[a]	83.93±3.90[b]	87.45±5.11[b]
第21天	77.85±9.64[a]	78.84±5.49[a]	87.71±7.10[b]	84.97±4.05[a]
第28天	64.79±2.55	65.45±3.47	65.97±4.72	68.39±7.60
第35天	69.22±4.42	71.80±5.79	71.29±3.20	70.87±2.68
第42天	71.03±2.93[a]	72.57±5.30[a]	78.07±3.24[a]	83.68±9.42[b]

3.3 小结

与对照组相比，日粮中添加20、30及40 g/d的茶皂素，血清中IgG和IgA含量有一定的升高，但影响效果不显著，但30 g/d及40 g/d的茶皂素添加剂量显著地提高了血清IgM含量，以30 g/d组效果最为明显。20 g/d和30 g/d剂量组对奶牛血清IL-1、IL-2、IL-12水平的影响不显著，但有一定的升高，40 g/d剂量组显著提高了IL-1的含量。30 g/d及40 g/d剂量组均显著提高了奶牛血清中IFN-γ和TNF-α的含量（$P<0.05$）。

4 结论

在奶牛日粮中添加试验所用剂量的茶皂素对奶牛机体没有不良的影响，适量添加可以提高蛋白质的代谢率、增加乳脂率及牛乳中不饱和脂肪酸含量，并能够有效提高奶牛抗氧化及免疫能力，推荐剂量为30 g/d。

茶皂素对奶牛乳脂合成的影响研究

茶皂素，又称油茶皂苷，是从山茶科山茶属中提取得到的一种五环三萜类植物皂苷。茶皂素的皂贰配基 Sapgenins 有 7 种，分别与 4 种配糖体 aglyycon 和 2 种有机酸组成多种化合物，其平均分子式为 $C_{57}H_{90}O_{26}$，相对分子质量范围在 1 200～2 800，水解后皂贰元碳原子数为 C_{30}。茶皂素具有抗菌抗炎、抗白三烯 D4、抗高血压、抗变态反应等作用，对血管紧张素有拮抗作用。此外，茶皂素还具有促进皮质甾酮分泌的活性，能明显增加血中促皮质激素（AcTH）的水平和升高血糖，有缓解酒精中毒的功效。然而，茶皂素对乳脂方面的调节作用目前还鲜见报道，因此，本试验的目的在于通过探讨茶皂素对乳脂合成关键酶基因表达的影响，揭示茶皂素对乳脂合成的作用和机制。

1　茶皂素对乳脂合成及血液成分的影响

1.1　试验材料与方法

本饲养试验在北京市顺义区中地畜牧科技有限公司进行，选择 32 头胎次、体重、产奶量、产奶周期相近的健康泌乳中后期中国荷斯坦奶牛。采用单因子试验设计，试验牛随机分为 4 组，分别为对照组、茶皂素低剂量组、茶皂素中剂量组和茶皂素高剂量组，每组设 8 个重复。试验期间，对照组饲喂全混合日粮（TMR），各试验组在 TMR 基础上分别添加 6、12、18 g/d 茶皂素。试验预试期 14 d，正试期 36 d，总计 50 d。在试验的第 1、14、23、32、41 和 50 天分别进行奶样和血样的采取，并记录产奶量、采食量以及饲喂前饲料和剩料的成分。

奶样分早、晚 2 次采集，每次至少采集 50 mL，按照 6：4 比例混合后，添加规定量的防腐剂，置于 DHI 专用样品瓶中，置于 4℃保存，以最快速度送至北京三元奶牛中心，用全自动超声波乳成分分析仪测定乳脂、乳蛋白、体细胞数等指标。采取对左右颈静脉交替采血的原则。取 4 mL 血样用针管注入事先标记好的含有 EDTA 的一次性抗凝采血管，用于血常规检测；另取 4 mL 血样注入普通采血管，室温或 37℃下放置 30 min 后离心过滤获得血清，采用全自动生化分析仪测定血糖、胆固醇（CHO）、甘油三酯（TG）、高密度脂蛋白（HDL）、低密度脂蛋白（LDL）的含量。

选取河北廊坊屠宰场即将屠宰的健康荷斯坦奶牛，屠宰后无菌采取奶牛乳腺组织，装入盛有 Hanks 液的广口瓶中，置于冰盒中，迅速带回实验室。在超净工作台下用 Hanks 液清洗组织至清洗液澄清，将组织剪碎至糊状，加 0.25%胰酶消化 30 min，再加 0.5%胶原酶Ⅱ消化 1h，消化物过 200 目细胞筛过滤。收集滤液，1 200 r/min 离心 6 min，倒掉上清液，加 Hanks 重悬细胞，再离心，重复 2 次。加培养液，转入细胞瓶培养。待其贴壁后，更换培养液，长至瓶底的 80%后，0.25%胰酶消化细胞，传代。使用差速贴壁法纯化细胞，纯化 3～4 代后可得到纯度 95%以上的上皮细胞。0.25%胰酶消化细胞至细胞变圆脱落后，将细胞消化液转至 1.5 mL 离心管中，1 000 r/min 离心 5 min，弃上清液，加入细胞冻存液 1 mL，于 4℃放置 30 min，移至－20℃放置 2 h，然后用棉花包裹细胞，在－80℃过夜，取出，于液氮中长期保存。

试验分为 11 个处理组、1 个对照组和 1 个空白组（只加培养液、MTT、DMSO）。试验前，用培养液稀释预先配置好的茶皂素母液，使其终浓度分别为 0.00、0.05、0.25、0.50、1.00、5.00、10.00、20.00、40.00、60.00、80.00、100.00 μg/mL。收集对数期细胞，调整细胞悬液浓度，每孔加入细胞悬液 100 μL，铺板，使待测细胞密度为 100～10 000 个/孔，边缘孔用 Hanks 液填充；37℃，5%CO_2条件下孵育至细胞贴壁，加入不同浓度梯度的茶皂素溶液，每个浓度梯度设 5 个重复；37℃，5%CO_2培养箱中分别孵育 24、48、72 h 后，在倒置显微镜下观察；每孔加入 20 μL MTT 溶液，继续培养 4 h，终止培养，吸取培养液，每孔加入 150 μL DMSO，摇床低速震荡 10 min，使结晶物充分溶解，用酶联免疫检测仪于 570 nm 处测各孔吸光值。

1.2 试验结果与分析

与对照组相比，随着试验的进行，试验组采食量有所上升，但不显著，说明茶皂素在一定程度上有提高奶牛采食量的趋势。

如图 1、图 2 所示，随着茶皂素剂量的添加，奶牛产奶量有些许下降，但是不显著，这可能是由于部分试验牛临近预产期所致。总体来说，茶皂素对奶牛产奶量无显著影响。

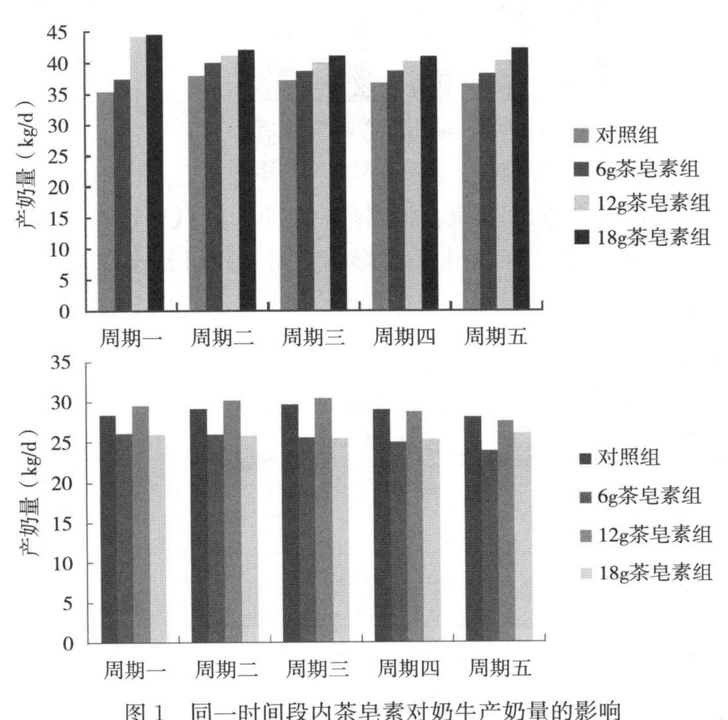

图 1 同一时间段内茶皂素对奶牛产奶量的影响

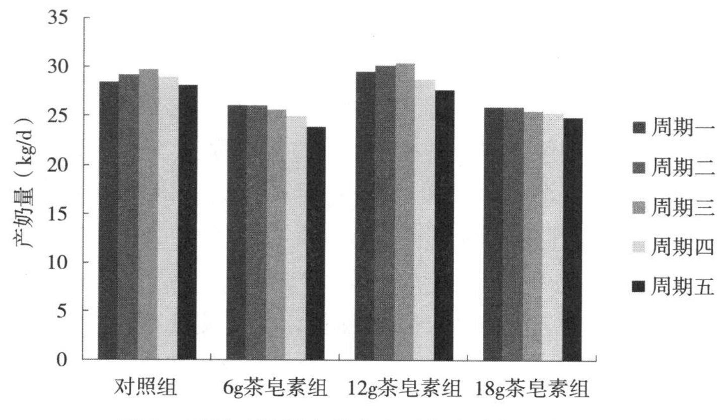

图 2　不同时间段内茶皂素对奶牛产奶量的影响

由图 3 可见，与对照组相比，茶皂素添加组中乳脂含量变化无规律，实验前一周 6 g 茶皂素组乳脂有所上升，可能是因为应激所致，总体来说，茶皂素对乳脂变化无显著影响。

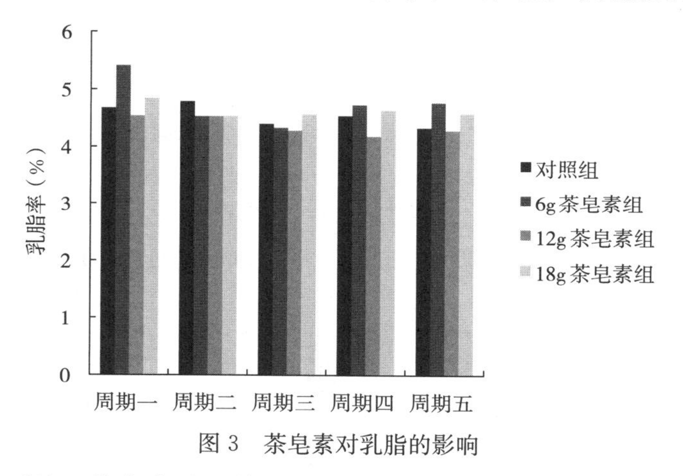

图 3　茶皂素对乳脂的影响

由图 4 至图 8 可见，茶皂素对血糖、胆固醇（CHO）、低密度脂蛋白（LDL）、高密度脂蛋白（HDL）及总甘油三酯（TG）水平的影响，与对照组相比，基本为下降趋势，但是均不显著。

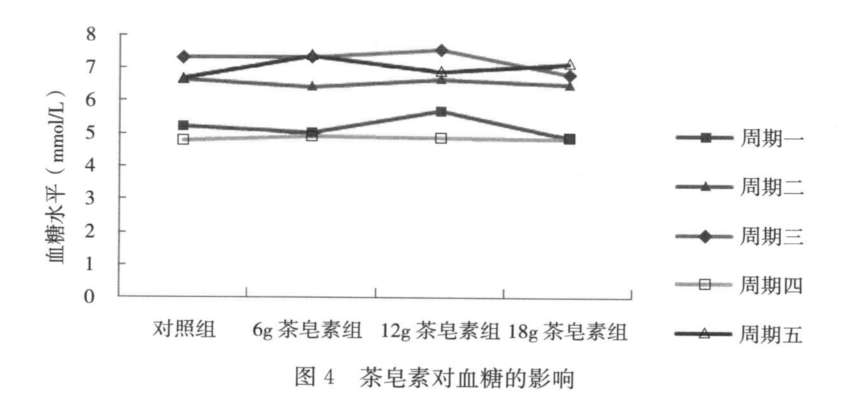

图 4　茶皂素对血糖的影响

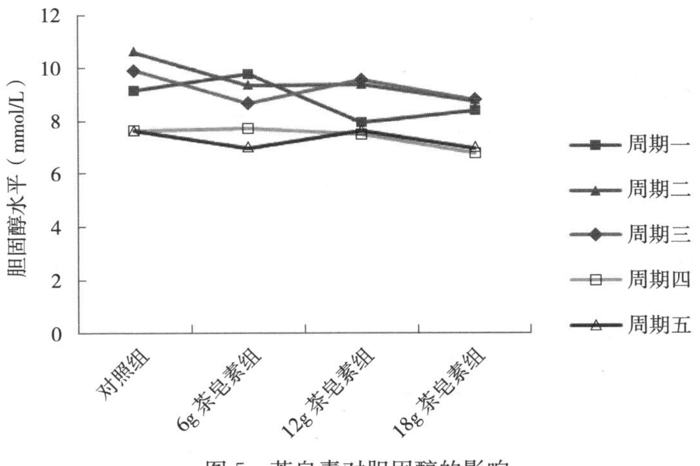

图 5　茶皂素对胆固醇的影响

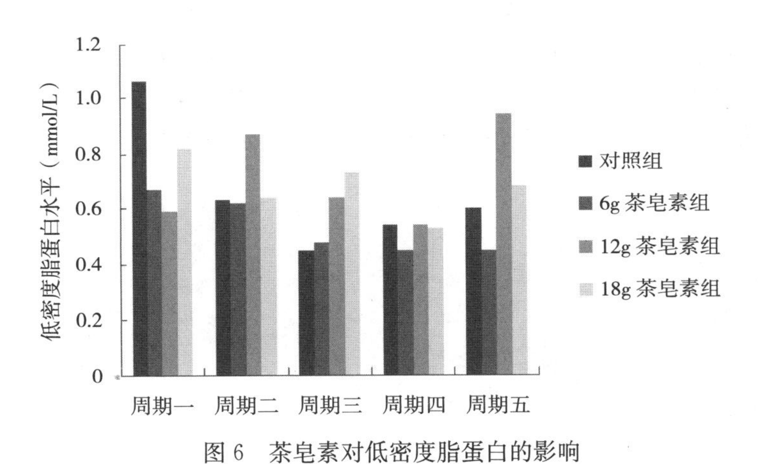

图 6　茶皂素对低密度脂蛋白的影响

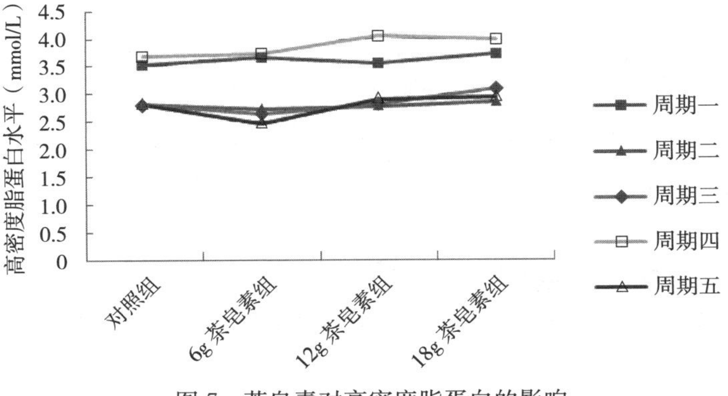

图 7　茶皂素对高密度脂蛋白的影响

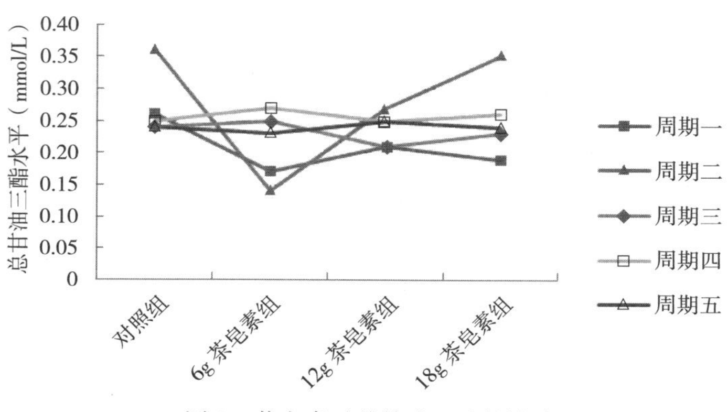

图 8　茶皂素对总甘油三酯的影响

由图 9 可知，茶皂素对奶牛乳腺上皮细胞的增殖起抑制作用。茶皂素与细胞共育 24 h 后，0～10.00 μg/mL 茶皂素浓度组对乳腺上皮细胞的增殖影响不显著，从 20.00 μg/mL 茶皂素浓度组开始会极显著地抑制细胞增殖（$P<0.01$）；茶皂素与细胞共育 48 h 后，0～20.00 μg/mL 茶皂素浓度组对乳腺上皮细胞的增殖影响不显著，从 40.00 μg/mL 茶皂素浓度组开始会极显著地抑制细胞增殖（$P<0.01$）；茶皂素与细胞共育 72 h 后，0～5.00 μg/mL 茶皂素浓度组对乳腺上皮细胞的增殖影响不显著，从 10.00 μg/mL 茶皂素浓度组开始会极显著地抑制细胞增殖（$P<0.01$）。

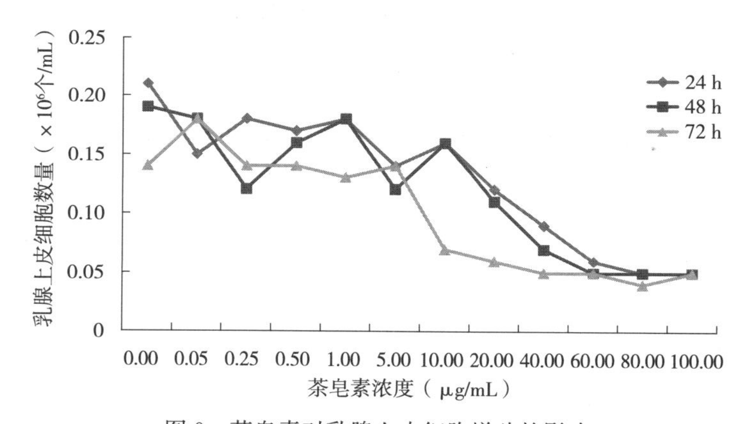

图 9　茶皂素对乳腺上皮细胞增殖的影响

1.3　小结

茶皂素可以在一定程度上促进奶牛采食量，但不显著；对于奶牛产奶量及血糖、血脂四项（胆固醇、低密度脂蛋白、高密度脂蛋白、甘油三酯）、乳脂等指标，茶皂素有不同程度的抑制趋势，但是不显著。

2 茶皂素对牛乳脂合成关键酶及其 mRNA 表达的影响

2.1 试验材料与方法

试验分为 4 组，即对照组、茶皂素低剂量组（0.50 μg/mL）、茶皂素中剂量组（5.00 μg/mL）、茶皂素高剂量组（20.00 μg/mL）。正式试验前，先将 1%的茶皂素母液用维持培养液稀释至茶皂素溶液终浓度为 0、0.50、5.00、20.00 μg/mL，细胞在 6 孔培养板内贴壁并长满后，每孔加 3mL 茶皂素溶液，每组设 3 个重复，于 37℃，5%CO_2培养箱中培养 36 h 后，终止培养，将细胞消化，在杯式超声波细胞粉碎机中破碎细胞，稀释至所需浓度，用于测定细胞内脂肪酶的含量。选取同一代的生长性能良好的细胞进行试验，每瓶加 3mL 茶皂素溶液，于 37℃，5% CO_2 培养箱中培养 4、24、48h 后，消化细胞，1 000 r/min 离心 5min，弃上清液，加入 1mL Trizol 处理细胞，置于－80℃保存，每个时间点设 3 个重复，用于提取细胞内总 RNA，测定 SCD 跨膜蛋白、乙酰辅酶 A 羧化酶 α（ACACA）、脂肪酸合成酶基因（FASN）、蛋白脂酶（LPL）在 RNA 水平的含量。

2.2 试验结果与分析

由图 10 可见，茶皂素与上皮细胞共育 36 h 后，ACACA、FASN 以及 SCD 水平均无显著变化，其中，ACACA 水平与对照组相比，0.50、5.00、20.00 μg/mL 茶皂素浓度组有一定程度的上升；FASN 在 0.50、5.00 μg/mL 茶皂素浓度组时表现上升趋势，而在 20.00 μg/mL 茶皂素浓度组时表现下降趋势；0.50、5.00、20.00μg/mL 茶皂素浓度组 SCD 与对照组相比均呈现下降趋势。

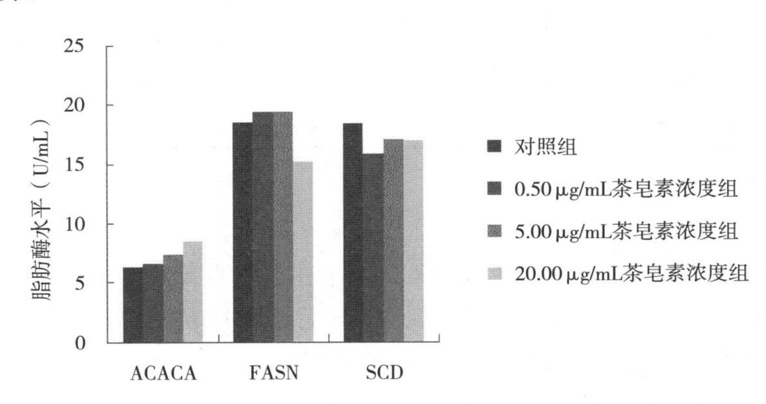

图 10 不同茶皂素组对细胞内 SCD、ACACA、FASN 水平的影响

由表 1 可见，上皮细胞与茶皂素共育 4、24、48 h 后，ACACA mRNA 表达水平相对表达倍数有所提高，但均不显著，其中 24 h 时 0.50、5.00 μg/mL 茶皂素浓度组相对表达倍数有所下降，但在 20.00 μg/mL 茶皂素浓度组又有所回升。由表 2 可见，上皮细胞与茶皂素共育 4、24、48 h 后，FASN 无显著变化，其中共育 4 h 后，相对表达倍数有所提高，之后表现下降趋势，这可能是由于开始加入茶皂素后对细胞产生刺激作用所致。由表 3 可见，

上皮细胞与茶皂素共育 4、24、48 h 后，SCD 表达水平在 0.50、5.00、20.00 μg/mL 茶皂素浓度组时受茶皂素的抑制作用比较显著，其相对表达倍数在 24 h 后分别下调到 0.17、0.05 和 0.12，48 h 后下调到 0.08、0.05 和 0.18。

表 1 不同茶皂素组对细胞内 ACACA mRNA 表达水平的影响

试验处理	培养 4h		培养 24h		培养 48h	
	ΔCt	*F* 值	ΔCt	*F* 值	ΔCt	*F* 值
对照组	11.94±2.81	1	12.51±0.86	1	7.95±0.42	1
0.50 μg/mL 茶皂素浓度组	10.89±2.62	2.07	13.79±0.65	0.45	7.23±0.08	1.64
5.00 μg/mL 茶皂素浓度组	11.73±0.61	1.07	14.05±0.66	0.34	7.55±0.94	1.31
20.00 μg/mL 茶皂素浓度组	11.35±2.17	1.51	12.11±1.51	1.32	8.52±0.56	0.67

表 2 不同茶皂素组对细胞内 FASN mRNA 表达水平的影响

试验处理	培养 4h		培养 24h		培养 48h	
	ΔCt	*F* 值	ΔCt	*F* 值	ΔCt	*F* 值
对照组	6.48±0.64	1	6.58±0.30	1	7.35±0.33	1
0.50 μg/mL 茶皂素浓度组	5.47±0.10	2.02	7.61±0.21	0.55	6.51±0.39	1.79
5.00 μg/mL 茶皂素浓度组	6.11±0.08	1.29	7.64±0.52	0.54	7.72±0.83	0.77
20.00 μg/mL 茶皂素浓度组	6.11±0.97	1.29	6.59±1.68	1.11	7.72±1.52	0.77

表 3 不同茶皂素组对细胞内 SCD mRNA 表达水平的影响

试验处理	培养 4h		培养 24h		培养 48h	
	ΔCt	*F* 值	ΔCt	*F* 值	ΔCt	*F* 值
对照组	5.26±0.35	1	5.79±0.32	1	−0.91±0.35	1
0.50 μg/mL 茶皂素浓度组	3.56±0.50	3.24	8.32±0.98	0.17	2.94±0.82	0.08
5.00 μg/mL 茶皂素浓度组	5.14±0.91	1.72	9.94±0.41	0.05	3.06±0.60	0.05
20.00 μg/mL 茶皂素浓度组	5.23±1.20	0.95	8.80±1.89	0.12	1.19±0.01	0.18

2.3 小结

体外试验表明：①FASN、ACACA、SCD 水平在茶皂素各浓度组均无显著变化；②在 mRNA 表达水平上，细胞与茶皂素共育 24、48 h 后，SCD 在 0.50、5.00、20.00 μg/mL 茶皂素浓度组与对照组相比，相对表达倍数显著降低，分别为 0.17、0.05 和 0.12 以及 0.08、0.05 和 0.18；③茶皂素可以在一定程度上降低 ACACA、FASN、SCD 的表达水平。

3 结论

茶皂素可以在一定程度上降低奶牛牛奶中乳脂含量，但没有达到显著效果。

茶皂素对奶牛瘤胃微生物区系、瘤胃发酵及牛乳生产的调控研究

饲料添加剂由英国科学家在20世纪时最早提出的，研究者利用无机矿物质和微量维生素来补充动物体内缺乏的某些营养物质从而达到营养平衡，产生了良好的饲养效果。近些年，随着饲料添加剂在奶牛养殖业的广泛使用，公众对动物源性食品中抗生素和化学药物残留问题越来越担忧，添加剂中大都含有抗生素、化学合成药物和激素类药物，这些物质的长期使用，可引起病原微生物产生耐药性、畜产品药物残留和生态环境污染等问题。因此，研究开发新型、安全、绿色饲料添加剂代替化学添加剂是一种必然趋势。茶皂素，因其具有纯天然、残留少、绿色环保等特点，同时可作为有效的生物活性物质载体，成为各畜牧养殖企业和科研机构研究的重点。

综合目前研究来看，关于茶皂素对奶牛瘤胃发酵模式的调控研究还鲜见报道，尤其是对奶牛瘤胃发酵及瘤胃微生物区系的影响。因此，本试验对泌乳期的奶牛灌服茶皂素，研究其对奶牛瘤胃发酵与瘤胃微生物区系的影响，为茶皂素作为奶牛瘤胃发酵添加剂提供试验依据。同时为解决饲料转化率低、产量与乳品质量较低等制约我国奶牛养殖业规模化、集约化发展的问题，提供新的思路。

1 茶皂素对奶牛瘤胃发酵指标及瘤胃微生物数量的影响

1.1 试验材料与方法

选取12头体况良好、体重为（550±30）kg、日产奶量约为35 kg、胎次为2～4胎的健康荷斯坦奶牛。按产奶量、胎次、泌乳期等相近原则随机分为4组，每组3头奶牛。试验期间，饲喂饲粮参考牛场的全混合日粮饲喂方案，试验牛每天7：30、14：30、21：30饲喂和挤奶。饲喂后，试验牛自由运动和饮水。将4组试验奶牛随机分为对照组和试验组，试验组分别于晨饲前通过灌服20、30、40 g/d茶皂素，20、30、40 g茶皂素事先分别溶于200 mL水中，整个试验期共49 d，其中预试期14 d，正试期内每7 d于晨饲前1 h采集瘤胃液。用口腔采样器采集瘤胃液，4层纱布过滤后分装存入液氮，将瘤胃液保存于－80℃。测定pH、氨态氮浓度、微生物蛋白产量、挥发性脂肪酸含量等瘤胃发酵指标。提取瘤胃微生物总DNA，PCR扩增测定瘤胃微生物数量。

1.2 试验结果与分析

灌服茶皂素后所得瘤胃发酵参数指标如表1所示，与对照组相比，添加20、30、40 g/d

茶皂素均显著降低了瘤胃pH、尿素氮浓度和乙酸/丙酸（$P<0.05$），显著提高了微生物蛋白浓度、丙酸浓度和丁酸浓度（$P<0.05$），30 g/d茶皂素组与对照组相比微生物蛋白提高了20.20%，挥发性脂肪酸总量和乙酸浓度的差异不显著（$P>0.05$）。

表1　茶皂素对瘤胃发酵参数的影响

项目	茶皂素添加水平（g/d）				P值
	0	20	30	40	
pH	6.56±0.20[b]	6.43±0.25[ab]	6.36±0.17[a]	6.32±0.23[a]	0.021
微生物蛋白（mg/mL）	2.87±0.34[a]	3.04±0.38[ab]	3.45±0.42[c]	3.25±0.48b[c]	<0.001
氨态氮（mg，按100mL计）	8.99±1.45[b]	7.64±1.43[a]	7.09±1.53[a]	7.35±1.58[a]	<0.001
总挥发性脂肪酸（mmol/L）	69.68±7.33[a]	71.85±5.71[a]	72.09±7.28[a]	69.86±5.45[a]	0.187
乙酸（mmol/L）	43.55±4.73	44.06±3.84	43.57±5.08	42.12±3.64	0.207
丙酸（mmol/L）	16.03±1.98[a]	17.14±1.79[b]	18.05±1.70[c]	18.38±1.85[c]	<0.001
乙酸/丙酸	2.62±0.47[b]	2.62±0.34[b]	2.47±0.40[ab]	2.30±0.52[a]	0.002
丁酸（mmol/L）	7.53±1.16[a]	8.23±1.27[b]	8.35±1.29[b]	8.47±1.59[b]	0.008

注：同行数据肩标不同小写字母表示差异显著（$P<0.05$），相同或无字母肩标表示差异不显著（$P>0.05$）。下同。

灌服茶皂素后对瘤胃微生物数量的影响如表2所示，添加20、30、40 g/d茶皂素组与对照组相比均显著降低了瘤胃原虫、溶纤维丁酸弧菌的数量（$P<0.05$），对真菌、甲烷菌、白色瘤胃球菌、产琥珀酸丝状杆菌没有显著影响（$P>0.05$）。

表2　茶皂素对瘤胃微生物相对丰度的影响

项目	茶皂素添加水平（g/d）				P值
	0	20	30	40	
原虫×10^{-4}	3.01±0.51[d]	1.89±0.43[c]	1.44±0.46[b]	0.97±0.38[a]	<0.001
真菌×10^{-2}	5.40±0.70[a]	5.20±0.59[a]	5.02±0.89[a]	4.82±0.56[a]	0.086
黄色瘤胃球菌×10^{-3}	8.58±0.51[a]	8.74±0.48[a]	9.08±0.69[a]	8.56±0.79[a]	0.055
甲烷菌×10^{-2}	4.89±0.70[a]	4.90±0.75[a]	4.71±0.80[a]	4.86±0.77[a]	0.859
产琥珀酸丝状杆菌×10^{-3}	0.93±0.13	0.95±0.19	0.92±0.11	0.95±0.15	0.898
白色瘤胃球菌×10^{-3}	0.13±0.04[a]	0.12±0.03[a]	0.12±0.02[a]	0.12±0.05[a]	0.744
溶纤维丁酸弧菌×10^{-6}	10.64±1.32[b]	9.48±1.40[a]	9.07±1.14[a]	8.85±1.30[a]	<0.001

1.3 小结

本试验研究证明茶皂素可显著降低奶牛瘤胃pH、NH_3-N浓度，但均未超出正常生理范围，可显著提高牛奶瘤胃丙酸与丁酸水平、微生物蛋白产量，降低乙酸/丙酸，总挥发性脂肪酸无显著变化；茶皂素可显著抑制奶牛瘤胃原虫、溶纤维丁酸弧菌数量，而对瘤胃真菌、产琥珀酸丝状杆菌、白色瘤胃球菌、黄色瘤胃球菌、甲烷菌无显著影响，但黄色瘤胃球菌数量有升高趋势。

2 茶皂素对奶牛瘤胃细菌、原虫区系的影响

2.1 试验材料与方法

使用上述采集到的瘤胃液，提取瘤胃微生物总 DNA，扩增细菌区系和原虫区系，回收并克隆测序。

2.2 试验结果与分析

根据瘤胃细菌 DGGE 图谱分析所得的结果进一步分析不同剂量茶皂素添加组的丰富度指数、香浓多样性指数、均一性指数、优势度指数，所得结果如表 3 所示。添加 20、30、40 g/d 茶皂素组与对照组相比，丰富度指数、香浓多样性指数、均一性指数、优势度指数均差异不显著（$P>0.05$），但添加茶皂素有增加丰富度和香浓多样性指数的趋势，添加 30 g/d 茶皂素组与对照组相比丰富度提高了 18.36%，香浓多样性指数提高了 4.78%。这说明添加茶皂素对奶牛瘤胃细菌多样性影响不显著，但有增加细菌多样性的趋势。

表 3 茶皂素对奶牛瘤胃细菌多样性指数的影响

项目	茶皂素添加水平（g/d）				P 值
	0	20	30	40	
丰富度指数	36.33 ± 1.53^a	$35.00\pm4..04^a$	43.00 ± 2.00^a	39.67 ± 1.53^a	0.118
香浓多样性指数	3.56 ± 0.04^a	3.50 ± 0.22^a	3.73 ± 0.05^a	3.64 ± 0.05^a	0.182
均一性指数	0.03 ± 0.00^a	0.03 ± 0.01^a	0.03 ± 0.00^a	0.03 ± 0.00^a	0.260
优势度指数	0.99 ± 0.00^a	0.99 ± 0.01^a	0.99 ± 0.00^a	0.99 ± 0.00^a	0.625

由序列比对结果可知，日粮中添加茶皂素主要通过影响拟杆菌门、普氏菌属的细菌，进而改变奶牛瘤胃微生物菌群结构。

表 4 茶皂素对奶牛瘤胃细菌 DGGE 差异条带序列比对结果

条带	登录号	菌门	菌名（GenBank 编号）	相似度（%）
1	KU517879	拟杆菌门 Bacteroidetes	*Prevotella bryantii*（AF396925）	100
2	KU517880	拟杆菌门 Bacteroidetes	*Prevotella ruminicola*（AF218618）	99
3	KU517881	拟杆菌门 Bacteroidetes	*Prevotella* sp.（JX424618）	100
4	KU517882	拟杆菌门 Bacteroidetes	*Prevotella amnii*（KJ082040）	95
5	KU517883	拟杆菌门 Firmicutes	*Eubacterium* sp.（KM507173）	99
		厚壁菌门 Firmicutes	*Butyrivibrio fibrisolvens*（AM039822）	99
6	KU517884	变形菌门 Proteobacteria	*gamma proteobacterium*（JF820754）	88

根据瘤胃原虫 DGGE 图谱分析所得的结果进一步分析不同剂量茶皂素添加组的丰富度指数、香浓多样性指数、均一性指数、优势度指数，所得结果如表 5 所示。添加 30、40 g/d

茶皂素组的丰富度指数和香浓多样性指数都显著低于对照组（$P<0.05$），即添加30、40 g/d茶皂素组的原虫多样性显著降低，添加20 g/d茶皂素组的丰富度指数和香浓多样性指数都低于对照组但未达到显著差异（$P>0.05$）；添加30、40 g/d茶皂素组的均一性指数显著高于对照组（$P<0.05$），添加20 g/d茶皂素组的均一性指数低于对照组但未达到显著差异（$P>0.05$）；添加20、30、40 g/d茶皂素组的优势度指数与对照组相比差异不显著。综上所述，说明添加茶皂素显著降低了奶牛瘤胃原虫的多样性。

表5　茶皂素对奶牛瘤胃原虫多样性指数的影响

项目	茶皂素添加水平（g/d）				P值
	0	20	30	40	
丰富度指数	8.00 ± 1.15^{b}	6.33 ± 0.33^{ab}	3.00 ± 1.00^{a}	3.67 ± 0.88^{a}	0.014
香浓多样性指数	2.04 ± 0.15^{c}	1.82 ± 0.05^{bc}	0.99 ± 0.30^{a}	1.22 ± 0.27^{ab}	0.029
均一性指数	0.13 ± 0.04^{a}	0.16 ± 0.01^{a}	0.41 ± 0.17^{b}	0.32 ± 0.16^{ab}	0.050
优势度指数	0.99 ± 0.01^{a}	0.99 ± 0.00^{a}	0.99 ± 0.01^{a}	0.99 ± 0.00^{a}	0.836

由序列比对结果可以看出日粮中添加茶皂素主要影响前庭亚纲、内毛目的原虫，抑制瘤胃原虫的生长，降低了奶牛瘤胃原虫的多样性。

表6　茶皂素对奶牛瘤胃原虫DGGE差异条带序列比对结果

条带	登录号	菌目	菌名（GenBank编号）	相似度（%）
1	KU355836	毛口目 Trichostomatida	*Isotricha prostoma*（AM158456）	100
2	KU355837	毛口目 Trichostomatida	*Isotricha intestinalis*（AM158441）	100
3	KU355838	内毛目 Entodiniomorphida	*Entodinium bursa*（AM158448）	99
4	KU355839	内毛目 Entodiniomorphida	*Entodinium furca monolobum*（AM158471）	100
		内毛目 Entodiniomorphida	*Entodinium caudatum*（AM158447）	100
5	KU355840	内毛目 Entodiniomorphida	*Ophryoscolex caudatus*（AM158467）	100
6	KU355841	内毛目 Entodiniomorphida	*Polyplastron multivesiculatum*（AM158458）	100
7	KU355842	内毛目 Entodiniomorphida	*Entodinium caudatum*（AM158446）	99
8	KU355843	内毛目 Entodiniomorphida	*Epidinium ecaudatum caudatum*（AM158474）	99
9	KU355844	内毛目 Entodiniomorphida	*Epidinium ecaudatum fasciculus*（AM158465）	100
10	KU355845	内毛目 Entodiniomorphida	*Diploplastron affine*（AM158457）	100
11	KU355845	内毛目 Entodiniomorphida	*Entodinium dubardi*（AM158443）	100

2.3　小结

日粮中添加茶皂素对奶牛瘤胃细菌区系没有负面影响，可以选择性的促进瘤胃中拟杆菌门、普氏菌属的细菌的生长，增加瘤胃细菌的多样性；添加茶皂素显著影响了奶牛瘤胃液中的原虫数量和原虫区系结构，对原虫具有明显的抑制作用。

3 茶皂素对奶牛生产性能的影响

3.1 试验材料与方法

将4组试验奶牛随机分为对照组和试验组，对照组和试验组均饲喂TMR饲粮。试验组分别于晨饲前通过灌服20、30、40 g/d茶皂素，茶皂素事先溶于水中，整个试验期共56 d，其中预试期14 d，正试期内每7 d按4∶3∶3的比例采集早、中、晚奶样。

从正试期开始到试验结束，每天记录试验牛早、中、晚3次的产奶量。由于试验牛场不能固定奶牛饲喂，故不能确定试验牛的具体采食量，因此每天粗略称量试验牛的采食量。试验第14、21、28、35、42、48天按产奶量比例（早∶中∶晚=4∶3∶3）共收集50 mL奶样，置于DHI专用样品瓶中，每毫升乳样加入0.6 mg重铬酸钾防腐剂，贮藏于4℃冰箱中，迅速送至北京三元奶牛中心，采用LACTOSCAN型全自动超声波乳成分分析仪测定乳成分和体细胞数。

3.2 试验结果与分析

灌服茶皂素后对奶牛产奶量和奶牛乳成分的影响如表7所示。添加20、30 g/d茶皂素组与对照组相比，产奶量和乳脂校正乳均没有显著差异（$P>0.05$），但有增加产奶量和乳脂校正乳的趋势，添加30 g/d茶皂素组与对照组相比产奶量和乳脂校正乳分别提高了4.47%和6.76%，添加40 g/d茶皂素组与对照组相比显著降低了产奶量和乳脂校正乳（$P<0.05$）；添加20、30、40 g/d茶皂素组与对照组相比，乳脂率、乳蛋白率、尿素氮和体细胞数均没有显著变化（$P>0.05$），但有升高乳脂率和乳蛋白率、降低尿素氮和体细胞数的作用，与对照组相比，添加20、30、40 g/d茶皂素组的乳脂率分别升高了2.69%、9.42%、12.46%，尿素氮分别降低了10.64%、5.35%、2.41%，添加30 g/d茶皂素组的体细胞数降低了7.99%；添加20、30、40 g/d茶皂素组与对照组相比乳糖率显著降低（$P<0.05$），且随着添加剂量的增加降低程度越明显。

表7 茶皂素对产奶量和奶牛乳成分的影响

项目	茶皂素添加水平（g/d）				P值
	0	20	30	40	
产奶量（kg/d）	36.70 ± 3.67^{b}	37.42 ± 6.66^{b}	38.34 ± 2.18^{b}	28.59 ± 6.94^{a}	<0.001
乳脂校正乳（kg/d）	31.06 ± 4.48^{a}	32.35 ± 7.96^{a}	34.05 ± 4.28^{a}	25.38 ± 4.92^{b}	<0.001
乳脂率（%）	2.97±0.51	3.05±0.74	3.25±0.64	3.34±0.53	0.236
乳蛋白率（%）	2.76±0.18	2.79±0.12	2.86±0.30	2.77±0.21	0.556
乳糖率（%）	5.19 ± 0.16^{b}	4.98 ± 0.24^{a}	4.97 ± 0.28^{a}	4.82 ± 0.17^{a}	<0.001
尿素氮（%）	17.00±3.11	15.19±1.26	16.09±2.59	16.59±4.09	0.296
体细胞数（$\times10^{4}$个）	47.03±1.31	44.80±3.50	43.27±3.26	46.97±3.86	0.185

3.3 小结

本试验研究证明日粮中添加茶皂素显著降低牛乳中乳糖率，高剂量茶皂素显著降低产奶量和乳脂矫正乳，低、中剂量茶皂素有增加产奶量和乳脂矫正乳的趋势；添加茶皂素有增加牛乳中乳脂率和乳蛋白率的趋势，也有降低牛乳中尿素氮和体细胞数的趋势。

4 结论

茶皂素显著降低奶牛瘤胃 pH、NH_3-N 浓度，但均在正常生理范围；显著提高奶牛瘤胃丙酸与丁酸水平和微生物蛋白产量，降低乙酸/丙酸；对乙酸、总挥发性脂肪酸无显著影响。茶皂素显著抑制奶牛瘤胃原虫、溶纤维丁酸弧菌数量；黄色瘤胃球菌数量有增加的趋势；对瘤胃真菌、产琥珀酸丝状杆菌、白色瘤胃球菌、黄色瘤胃球菌、甲烷菌无显著影响。茶皂素可以选择性的促进奶牛瘤胃中拟杆菌门与普氏菌属细菌，增加瘤胃细菌的多样性。茶皂素显著影响奶牛瘤胃前庭亚纲、内毛目的原虫，降低原虫多样性。茶皂素显著降低牛奶中乳糖率，高剂量茶皂素显著降低产奶量和乳脂矫正乳；使奶牛乳脂率和乳蛋白率有升高的趋势，尿素氮和体细胞数有降低的趋势。

CHAPTER 3

生物碱

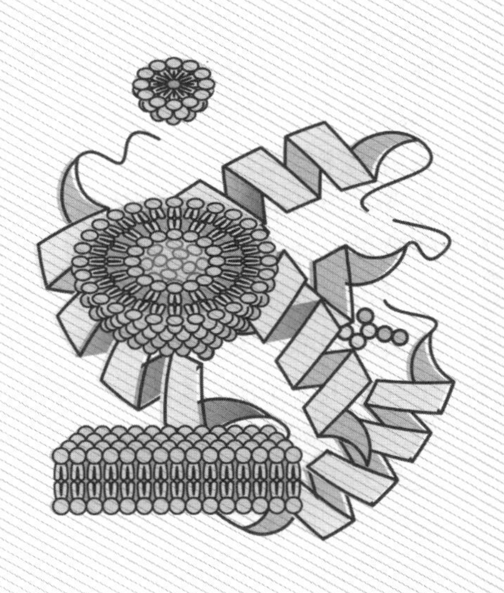

基于 MAPK/NF-κB 信号通路研究苦参碱对无乳链球菌诱导的奶牛乳腺上皮细胞炎症反应机制

奶牛乳腺上皮细胞是防御越过乳头导管侵入到乳池的病原体的第一道屏障。当病原体冲破奶牛机体免疫时，细胞中的炎症信号通路发挥抗炎作用，释放各种炎性因子，招募免疫细胞来抵御病原体的入侵。丝裂原活化蛋白激酶（mitogen-activated protein kinase，MAPK）是一个蛋白-丝氨酸/苏氨酸激酶家族，在奶牛乳腺炎症的整个发病过程中起着至关重要的作用，是经典的炎症信号通路之一。核转录因子-κB（NF-κB）家族是机体炎症反应和免疫应答的一个关键调控因子，参与调节许多免疫相关基因的表达，尤其是编码炎性细胞因子、趋化性细胞因子以及其他对免疫系统生长发育重要的基因。此外，NF-κB 途径诱导 NLRP3 炎性小体的激活，促进 IL-1β 和 IL-18 的成熟与渗出，对于激活炎症的级联反应也是十分重要的。JAK/STAT 3 和 PI3K/Akt 通路在调节细胞生长和存活方面发挥着重要作用，参与炎症和癌症的发病机制。

苦参碱类生物碱因其广泛的生物活性和药理特性在奶牛养殖业中已经得到了关注和应用。目前的应用主要针对金黄色葡萄球菌引起的奶牛机体感染。苦参碱应用于奶牛子宫内膜炎主要致病菌的体外抑菌试验，结果显示大肠杆菌和金黄色葡萄球菌对苦参碱有较高的敏感性。此外，对于金黄色葡萄球菌诱导的 bMECs 炎症，苦参碱能够抑制病原菌对 bMECs 的黏附，且能够抑制 NF-κB 通路 p65 蛋白的表达。冷秀芬挑选了隐性和临床乳腺炎奶牛各 30 头给予注射治疗，结果表明苦参碱类生物碱对临床乳腺炎奶牛的治愈率要高于青、链霉素，二者对隐性乳腺炎奶牛的治愈率相当。这说明，苦参碱在对缓解奶牛机体炎症方面有着明显的效果。通过对诱发奶牛隐性乳腺炎的主要致病菌——无乳链球菌进行的前期研究表明，苦参碱可以抑制无乳链球菌的毒力因子，干扰其黏附定殖，并使其被免疫系统及时清除。当苦参碱添加浓度为 2 mg/mL 时能够显著抑制无乳链球菌 ATCC13813 的生物膜形成以及对奶牛乳腺上皮细胞的黏附率；在 4～8 mg/mL 时能够显著抑制无乳链球菌的抗血液杀伤能力。但是苦参碱对无乳链球菌诱导的 bMECs 的保护作用尚未研究。本研究旨从营养与免疫学科交叉入手，定性、定量分析无乳链球菌型奶牛乳腺炎下泛素化修饰途径及其关键泛素化蛋白的变化，阐述泛素化修饰参与无乳链球菌型奶牛乳腺炎调控的分子机制；并探究苦参碱对无乳链球菌诱导型奶牛乳腺上皮细胞的保护作用，从泛素化角度出发，为无乳链球菌型奶牛乳腺炎开展营养调控、预防及治疗等提供理论依据，进而提高奶牛的健康养殖水平。

1 GBS 诱导 bMECs 炎性损伤过程中泛素化关键靶蛋白的筛选

1.1 试验材料与方法

试验分为对照组和 GBS 组，每组 3 个重复。将奶牛乳腺上皮细胞接种于 6 孔板中，待 6

孔板中的单层细胞密度超过 90%时，用无菌 PBS 清洗 2 次。对照组不添加无乳链球菌；GBS 组直接用无乳链球菌（MOI=50∶1）感染细胞 6 h。收集两组细胞，进行 4D Label-free 定量蛋白质组学研究。

取适量样品于研钵中，液氮研磨至粉末状。然后放入 4 倍体积的裂解缓冲液（8 mol/L 尿素，1%蛋白酶抑制剂，50 μmol/L PR-619），超声波裂解细胞。收集上清液，用 BCA 试剂盒测定蛋白质浓度，并调整各组蛋白浓度一致。各组加入终浓度为 20% 的 TCA，4℃沉淀 2h。4 500*g* 离心 5 min。丙酮预冷，洗涤沉淀 2～3 次。晾干沉淀后加入终浓度 200 mmol/L 的 TEAB，超声波打散沉淀，以 1∶50 的比例添加胰蛋白酶，酶解过夜。加入二硫苏糖醇（DTT）还原 30 min。最后添加碘乙酰胺（IAM）室温黑暗处理 15 min。将肽段溶解在 IP 缓冲溶液中（100 mmol/L NaCl，1 mmol/L EDTA，50 mmol/L Tris-HCl，0.5% NP-40，pH 8.0），转移上清液至提前洗涤好的泛素化树脂中（抗体树脂货号 PTM-1104，来源于杭州景杰生物科技股份有限公司），在旋转摇床上于 4℃旋转过夜。翌日依次添加 IP 缓冲溶液清洗树脂 4 次，去离子水清洗 2 次。最后加入 0.1%三氟乙酸洗脱肽段 3 次，真空冷冻抽干洗脱液，并按照 C18 ZipTips 说明书指示除盐。溶解肽段，应用 NanoElute 超高效液相系统分离。液相梯度设置：0～42 min，7%～24%B；42～54 min，24%～32%B；54～57 min，32%～80%B；57～60 min，80%B。分离肽段后进行电离，然后利用 timsTOF Pro 质谱进行分析。

1.2 试验结果与分析

本研究在两组细胞样本中共鉴定到了 2 684个差异表达修饰位点和 1 388 个差异表达蛋白，如图 1 所示。差异表达量变化大于 1.5 且 P<0.05 为显著上调，差异表达量变化小于 1/1.5 且 P<0.05 为显著下调。其中，泛素化上调位点为 1 805 个，泛素化下调位点为 904 个，前者约为后者的 2 倍；泛素化上调蛋白有 879 个，约为泛素化下调蛋白 484 个的 1.8 倍。总的来说，当 GBS 侵袭 bMECs 时，细胞中的蛋白质大多发生了泛素化上调修饰，导致了蛋白质含量的下调。

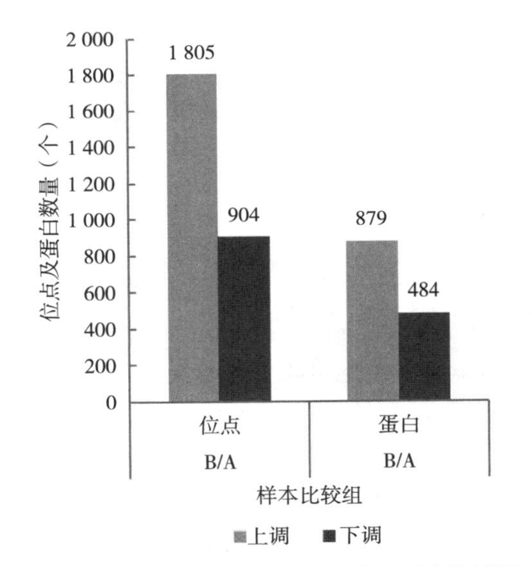

图 1 差异表达修饰位点和差异表达蛋白统计图

依据参与的生物过程、细胞组分和分子功能，将定量到的 879 个泛素化上调蛋白在 GO 二级注释中的分布进行了统计（图 2）。结果显示，生物过程主要注释到细胞过程（687 个）、生物调节（591 个）、代谢过程（436 个）和对刺激的反应（412 个）。细胞成分注释到细胞（745 个）、细胞内（727 个）、含蛋白质复合物（368 个）。生物过程主要注释到黏合物（548 个）和催化活性（268 个）。

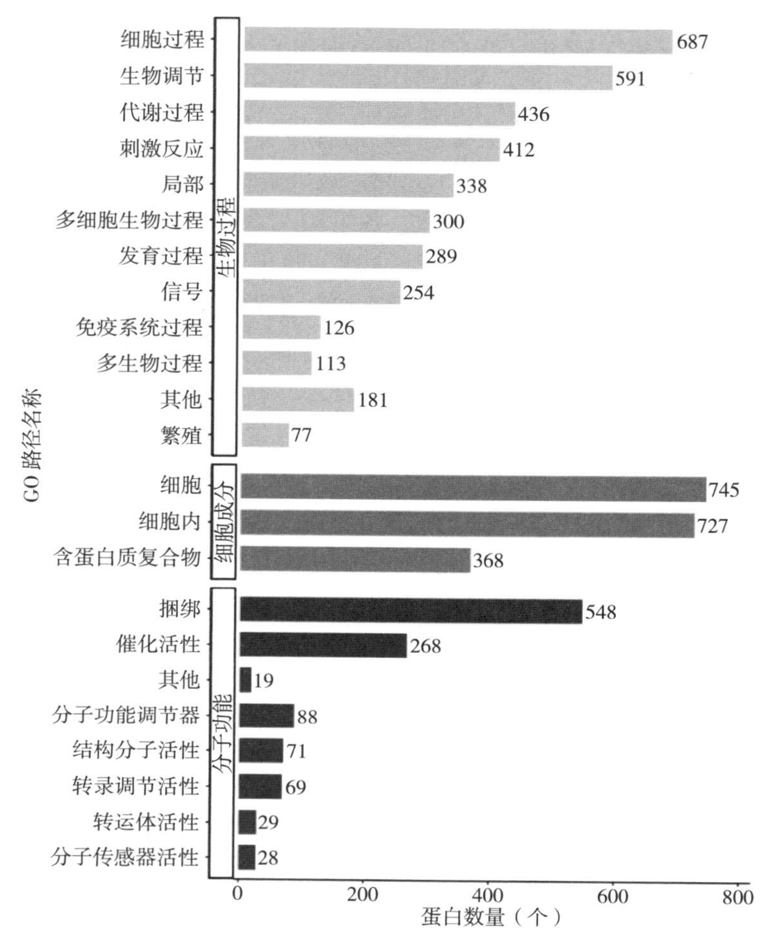

图 2　泛素化上调差异表达蛋白的 GO 二级分类注释

注：GO 注释分为 3 个大类，即生物过程、细胞组分和分子功能，从不同角度阐释蛋白的生物学作用

将差异表达蛋白进行功能分类统计（图 3）。KOG 是真核生物直系同源蛋白簇，总共分为 24 类。细胞过程和信号传导（502 个）结果显示，在信号转导机制（194 个），翻译后修饰、蛋白周转、分子伴侣（99 个），细胞骨架（81 个）和细胞内运输、分泌，囊泡运输（76 个）4 个方面聚集的最多；在细胞外结构（11 个），核结构（6 个），细胞壁/细胞膜/包膜合成（5 个），细胞运动（1 个）4 个方面聚集的最少。信息存储与处理（280 个）结果显示，在转录（72 个）、RNA 加工和修饰（58 个），翻译、核糖体结构和生物发生（57 个）3 个方面聚集的较多；在染色质结构与动力学（18 个），复制、重组和修复（17 个）2 个方面聚集的较少。代谢（42 个）结果显示，主要聚集在脂质运输与代谢（23 个）方面。

从图 4（彩图 23）可以看出，泛素化上调蛋白质显著富集到了黏附连接、细菌对上皮细胞的侵袭、Hippo 信号通路、紧密连接、核糖体、白细胞跨内皮迁移、黏着斑、细胞周期、致病性大肠杆菌感染、Rap1 信号通路。其中，包含蛋白质最多的通路为紧密连接。

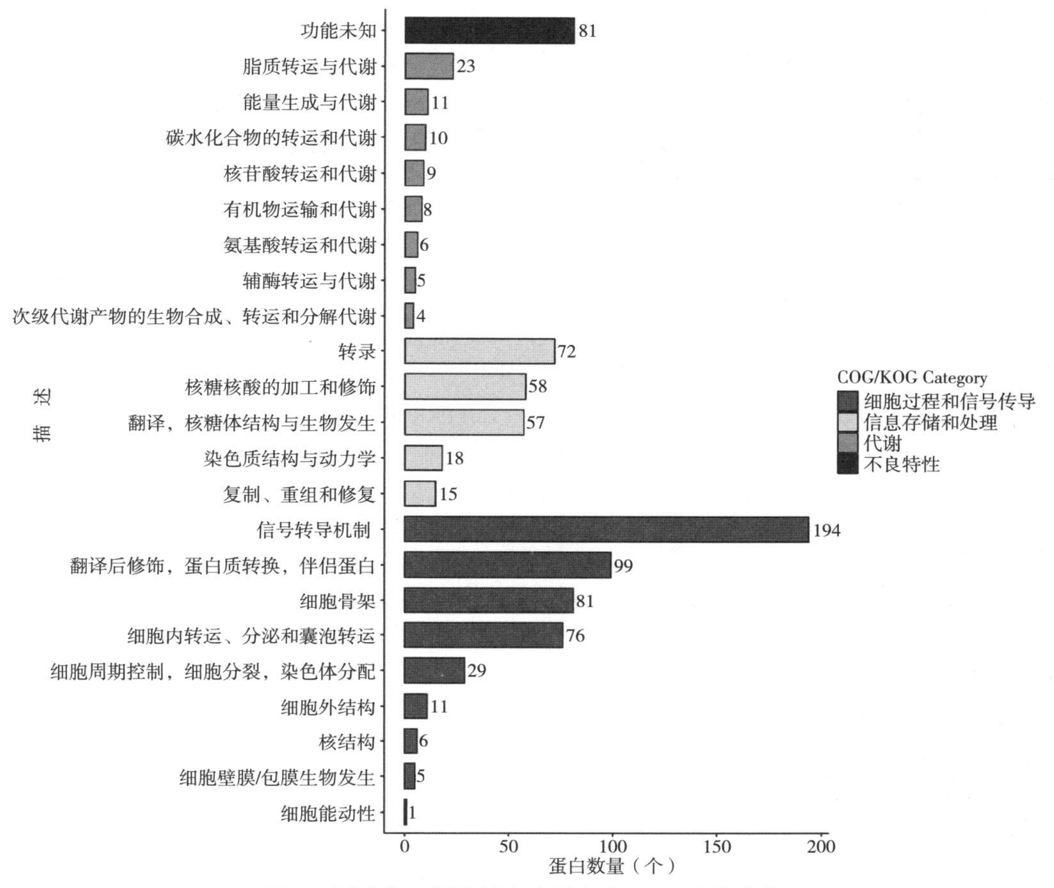

图 3　泛素化上调差异表达蛋白的 KOG 功能分类

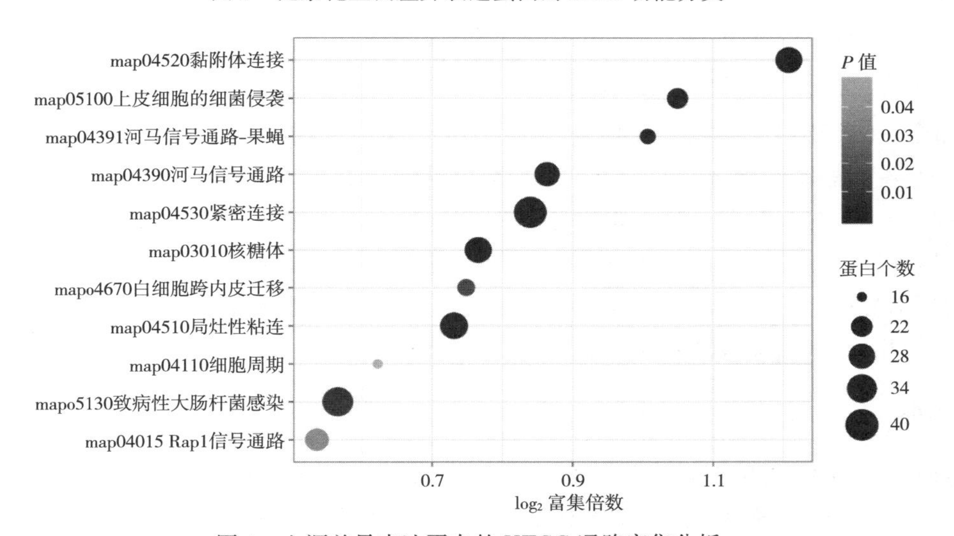

图 4　上调差异表达蛋白的 KEGG 通路富集分析

注：气泡图中纵轴为功能分类或通路，横轴数值为差异蛋白在该功能类型中所占比例相比于鉴定蛋白所占比例的变化倍数的 $\log_2$ 转换后的数值。圆圈颜色表示富集显著性 P 值，圆圈大小表示功能类或通路中差异蛋白个数

表 1 展示了富集到这些信号通路的蛋白质。ROCK 的泛素化上调广泛参与调控细胞迁移，TAK1 的泛素化上调广泛参与炎性通路的信号转导。本研究选用炎性通路相关蛋白 TAK1 作为后续泛素化研究的靶点。

表 1 信号转导机制涉及的通路及其相关蛋白

KEGG 通路	通路相关蛋白
map04520 黏附体交叉点 map04520 Adherens junction	ERBB2 CTNNB1 PTPRJ CTNND1 MAP3K7 IGF1R EGFR AFDN CSNK2A1 MET TJP LMO7 YES1 PTPRF INSR
map04360 轴突导向 map04360 Axon guidance	EPHB4 EPHA2 ABLIM1 GNAI EPHB2 PLXNB1 SRGAP1 ROCK2 MET PAK ABLIM3 PLXNB2 ARHGEF11 MYL12B ILK FES PARD6B
map04530 紧密连接 map04530 Tight junction	ERBB2 ARHGAP PRKCI PPP2R PRKAA1 ARHGEF2 SCRIB AFDN ROCK2 TJP MYL12B PARD6B
map04015 Rap1 信号通路 map04015 Rap1 signaling pathway	AFDN EPHA2 MAP2K3 KRIT1 MAPK14 SIPA1L1 PRKCI CTNNB1 MET GNAI CTNND1 IGF1R DOCK4 INSR EGFR PARD6B
map04510 焦点黏合 map04510 Focal adhesion	ERBB2 CTNNB1 IGF1R ZYX EGFR PPP1CA PDPK1 ROCK2 MET ARHGAP PAK MYL12B ILK
map04670 白细胞跨内皮迁移 map04670 Leukocyte transendothelial migration	AFDN MAPK14 CTNNB1 ROCK2 GNAI ARHGAP CTNND1 MYL12B
map04071 鞘脂信号通路 map04071 Sphingolipid signaling pathway	NSMAF PDPK1 MAPK14SPHK1 ROCK2 GNAI PPP2R
map04390 海马信号通路 map04390 Hippo signaling pathway	PPP1CA PRKCI TP53BP2 CTNNB1 PPP2R SCRIB PARD6B FRMD6
map04010 MAPK 信号通路 map04010 MAPK signaling pathway	EPHA2 MAP2K3 MAPK14 ERBB2 MET TAB1 RPS6KA4 MAP3K7 PAK IGF1R INSR MAP4K4 EGFR
map04152 AMPK 信号通路 map04152 AMPK signaling pathway	PDPK1 PPP2R MAP3K7 IGF1R PRKAA1 MTOR INSR

如图 5（彩图 24）所示，GBS 感染的奶牛乳腺上皮细胞蛋白质主要富集到了 10 条 KEGG 通路。根据这 10 条信号通路，我们可以推断，GBS 感染奶牛乳腺上皮细胞时，细胞的应激反应大致分为两类，第一类是 GBS 对细胞的入侵及细胞内皮屏障功能的变化，主要包括紧密连接、黏附连接、黏着斑、Rap1 信号通路、轴突导向和鞘脂信号通路；第二类是细胞内部信号通路的传导，调节细胞内部信号以应对 GBS 感染的刺激，主要包括 MAPK、AMPK、Hippo 和白细胞跨内皮迁移。

1.3 小结

本研究采用 4D Label-free 定量蛋白质组学技术在对照组和 GBS 感染组的 6 个样本中共鉴定到了 2 684 个差异表达修饰位点和 1 388 个差异表达蛋白，且泛素化上调，蛋白质含量下调是主要的差异表达类型。KOG 功能分类结果表明，泛素化上调蛋白主要聚集在信号转导机制方面；KEGG 通路富集分析表明，细胞迁移和炎性相关通路在无乳链球菌感染

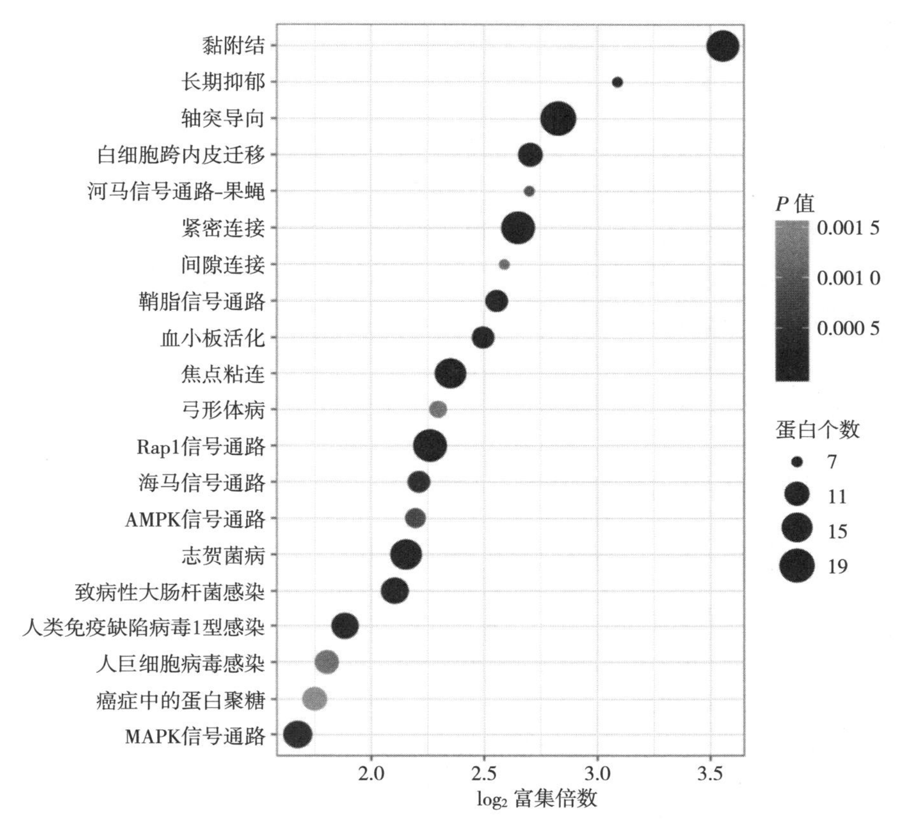

图 5　KEGG 通路富集分析

注：气泡图中纵轴为功能分类或通路，横轴数值为差异蛋白在该功能类型中所占比例相比于鉴定蛋白所占比例的变化倍数的 $\log_2$ 转换后的数值。圆圈颜色表示富集显著性 P 值，圆圈大小表示功能类或通路中差异蛋白个数

bMECs 过程中发挥着重要作用。TAK1 蛋白泛素化在炎症信号转导方面发挥着重要作用，可以选用其作为探究缓解 GBS 诱导 bMECs 炎性损伤的后续研究靶点。

2　苦参碱对无乳链球菌诱导的奶牛乳腺上皮细胞炎性损伤的保护作用

2.1　试验材料与方法

试验分为对照组、GBS 组和 Mat＋GBS 共处理组，每组 3 个重复。将奶牛乳腺上皮细胞接种于 6 孔板中，待细胞生长至同一密度进行分组：对照组不添加无乳链球菌和苦参碱；GBS 组直接用无乳链球菌（MOI＝50∶1）感染细胞 6 h；Mat＋GBS 共处理组更换为含不同浓度苦参碱（50、75 和 100 μg/mL）的细胞培养液继续培养 24 h 后，无乳链球菌（MOI＝50∶1）感染细胞 6 h。细胞培养液收集完成后，在皿中加入 1 mL 胰酶（不含 EDTA）消化细胞，将细胞与培养液放在同一个离心管中离心。弃去上清液，用 1 mLPBS 继续洗涤 1 次，用 195 μL 结合液悬起细胞之后，加入 5 μL FITC 和 10 μL PI 溶液，缓缓摇匀，黑暗中反应 10 min。此外，需要准备 FITC 和 PI 单染样品，样品在染色前要在 56℃水浴锅或者烘箱加热 1 min，然后用 FITC/PI 染色。最后在全部样品反应管中加 500 μL PBS 后，用流式细胞仪进行检测。使用 MTT 法、CCK-8 法、LDH 法检测苦参碱对奶牛乳腺上皮细胞活性和毒性的影响。

将 bMECs 接种在 24 孔板中，待 24 孔板中的单层细胞达到 90%以上融合时，添加含不同浓度苦参碱（0、50、75 和 100 μg/mL）的培养液，24 h 后使用含有无乳链球菌（MOI=50∶1）的细胞维持培养基在 24 孔板中进行感染，在 37℃，5% CO_2 条件下处理 6h；并设置空白对照组（均不添加苦参碱和 GBS），确保细菌培养板无外源感染情况。无菌 PBS 洗涤细胞 5 次，添加 250 μg/mL 庆大霉素，将样品在 37℃，5% CO_2 条件下处理 30 min，用 PBS 洗涤 5 次，尽可能地去除庆大霉素。用 0.5% Triton X-100 裂解细胞 15 min，将剩余的活细菌连续稀释，接种在 BHI 固体培养基中并进行菌落计数（colony forming units，CFU）。

侵入率（%）=苦参碱添加组细胞内无乳链球菌数量/GBS 感染组细胞内无乳链球菌数量×100

2.2 试验结果与分析

图 6 结果显示，苦参碱在 25～125 μg/mL 时无细胞毒性，并有促进细胞增殖的作用。与对照组相比，25～125 μg/mL 的苦参碱与 bMECs 共孵育 24 h 时，可以显著提高细胞的活性（$P<0.05$），当苦参碱浓度为 150 μg/mL 时，细胞活性与对照组相比差异不显著（$P>0.05$），但是略低于对照组。当苦参碱浓度为 75 μg/mL 时，细胞活性最大，是正常细胞的 124.82%；其次是 100 和 50 μg/mL 的苦参碱，细胞活性分别为正常细胞的 123.07%和 117.20%，且 3 组之间的细胞活性无显著差异（$P>0.05$）。

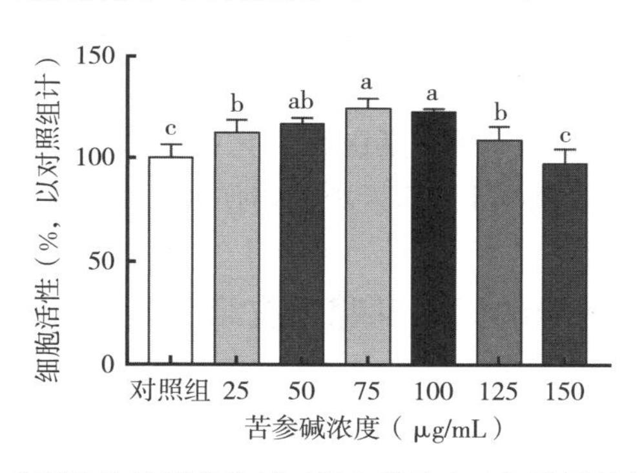

图 6 MTT 法检测苦参碱对奶牛乳腺上皮细胞活性的影响

注：图中相同字母表示组间差异不显著（$P>0.05$），不同字母表示组间差异显著（$P<0.05$）。下同

图 7 结果显示，苦参碱在 50～125 μg/mL 时无细胞毒性，并有促进细胞增殖的作用。当苦参碱浓度为 25 μg/mL 时，细胞活性与对照组无显著差异（$P>0.05$）。当苦参碱浓度为 50～125 μg/mL 时，细胞活性得到了显著的提高（$P<0.05$），50 μg/mL 苦参碱作用时，细胞活性为正常细胞的 118.10%；100 μg/mL 苦参碱作用时，细胞活性为 127.08%；100 μg/mL 苦参碱作用时，细胞活性为 117.94%。当苦参碱浓度为 150 μg/mL 时，细胞活性降低为 91.50%，差异不显著（$P>0.05$）。

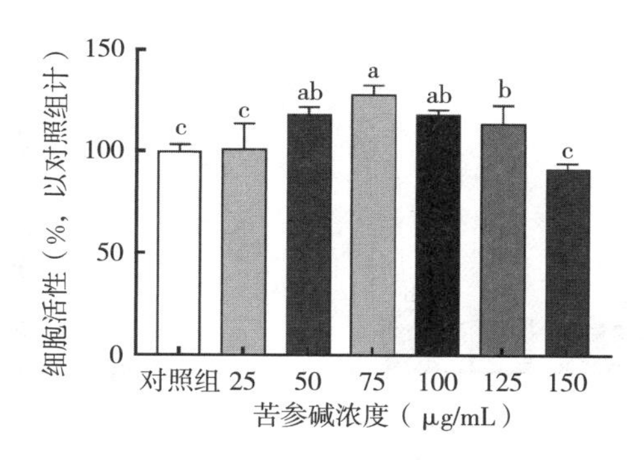

图 7　CCK-8 法检测苦参碱对奶牛乳腺上皮细胞活性的影响

由图 8 可知，当不添加苦参碱时，用 GBS 感染 bMECs 造成的细胞毒性最大，细胞死亡率得到了显著提高（$P<0.05$），为 32.22%；当苦参碱浓度为 25 μg/mL 时，细胞死亡率为 30.68%，与仅 GBS 感染组差异不显著（$P>0.05$）；当苦参碱浓度≥50 μg/mL 时，苦参碱显示出明显的细胞毒性抑制作用，细胞死亡率分别为 26.77%、26.15%、23.85%、26.77%和 27.21%，其中当苦参碱浓度为 100 μg/mL 时死亡率最低，其次是 75 和 50 μg/mL，但是 50、75、125、150 μg/mL 4 组之间无显著差异（$P>0.05$）。

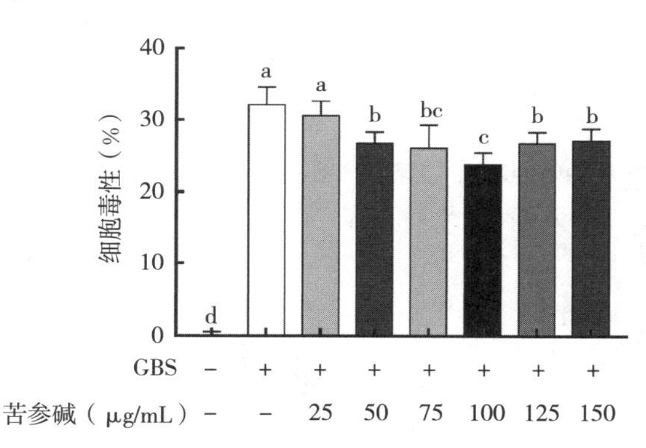

图 8　LDH 法检测苦参碱对无乳链球菌诱导的奶牛乳腺上皮细胞毒性的影响

如图 9A 所示，与空白对照组相比，GBS 感染 bMECs 之后，细胞死亡率超过 40%，得到了显著上升（$P<0.05$）。在用 3 种浓度的苦参碱（50、75 和 100 μg/mL）预处理之后，细胞死亡率均得到了显著的下降（$P<0.05$），并且与对照组之间无显著差异（$P>0.05$）。当苦参碱浓度为 50 μg/mL 时，细胞死亡率降低为 7.92%；当苦参碱浓度为 75 μg/mL 时，细胞死亡率降低为 8.72%；当苦参碱浓度为 100 μg/mL 时，细胞死亡率降低为 9.35%，但是 3 种浓度苦参碱处理组之间差异不显著（$P>0.05$）。如图 9B、C 所示，在 GBS 感染之后，早期凋亡率高达 42.64%，是细胞凋亡的主要形式，并且 3 种浓度的苦参碱都显著抑制了 GBS 感染之后的早期凋亡（$P<0.05$），与对照组之间无显著差异（$P>0.05$）。与对照组相比，GBS 感染组的晚期细胞凋亡率显著下降（$P<0.05$）；50 μg/mL 苦参碱预处理组的晚期细胞凋亡率有所上升，但差异不显著（$P>0.05$），75 和 100 μg/mL 苦参碱预处理组的晚期细胞凋亡率显著上升（$P<0.05$）（彩图 25）。

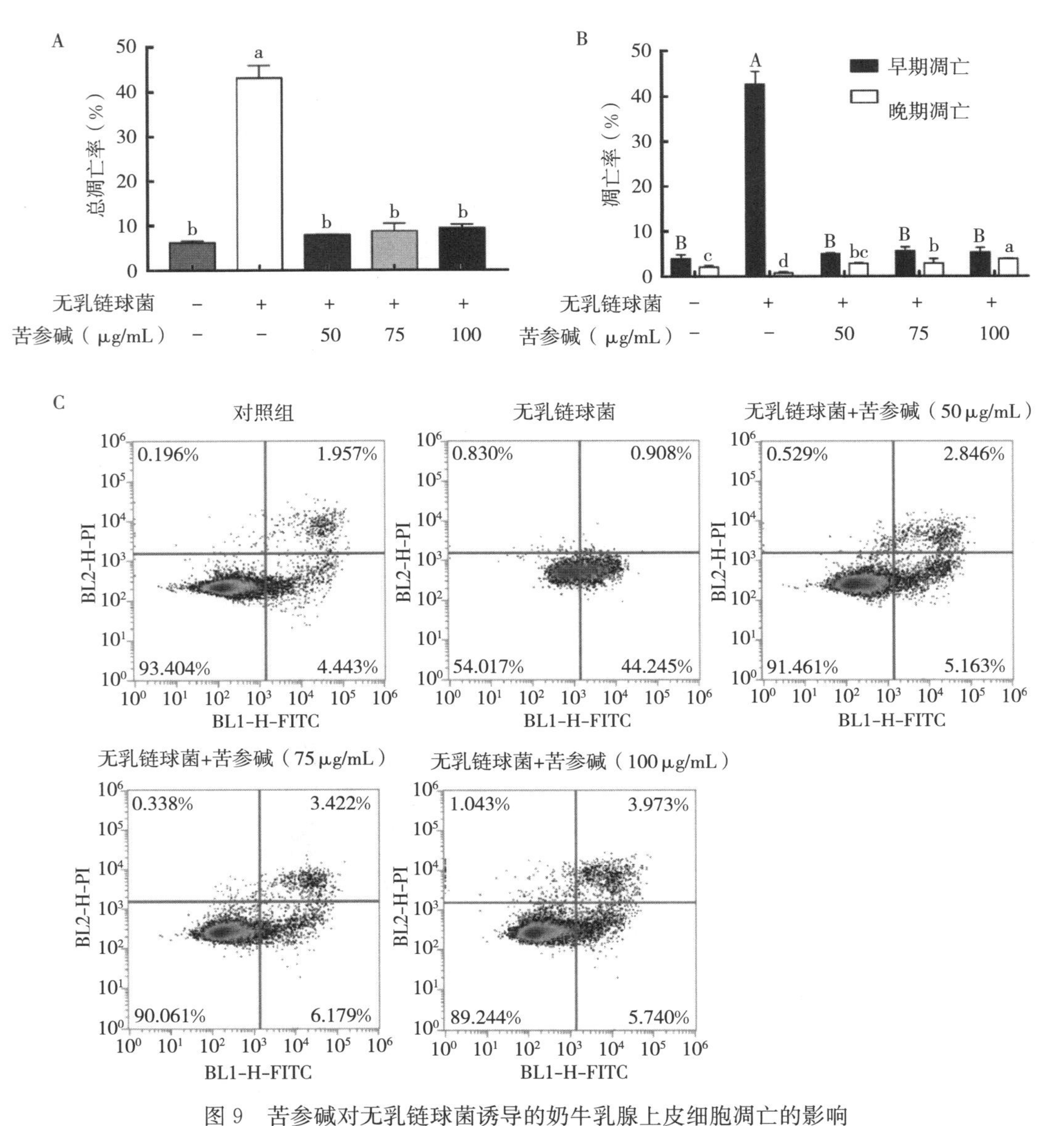

图 9 苦参碱对无乳链球菌诱导的奶牛乳腺上皮细胞凋亡的影响

A. 总细胞凋亡率统计图 B. 早期和晚期细胞凋亡率统计图 C. 凋亡流式图

注：第一象限，坏死细胞；第二象限，晚期凋亡细胞；第三象限，正常细胞；第四象限，早期凋亡细胞

不同浓度的苦参碱对 GBS 侵袭 bMECs 有抑制作用。如图 10 可知，空白对照组中的培养板中未出现菌落；在 bMECs 中仅添加 GBS 时，侵入细胞中的 GBS 显著增加（$P<0.05$）；在 bMECs 中添加了 50、75 和 100 μg/mL 的苦参碱与 GBS 共作用时，侵入细胞中的 GBS 随着苦参碱浓度的增加而降低，并且呈现出浓度依赖性关系（$P<0.05$）。

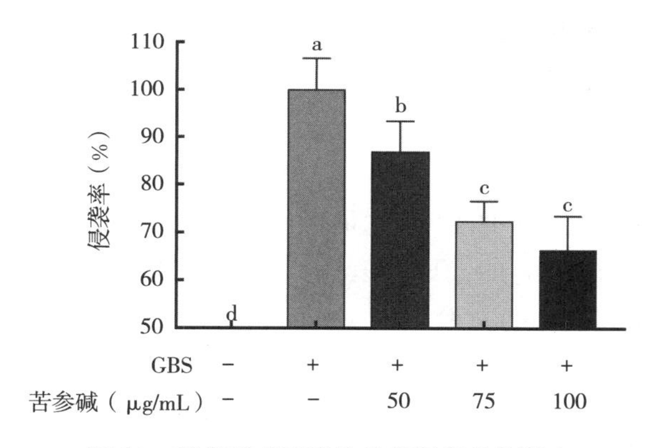

图 10 苦参碱对无乳链球菌侵袭率的影响

2.3 小结

苦参碱浓度为 50～125 μg/mL 时无细胞毒性，能够显著促进乳腺上皮细胞的增殖，抑制 GBS 诱导的细胞毒性作用，作用效果最好的 3 个浓度依次为 100、75 和 50 μg/mL。100、75 和 50 μg/mL 3 种浓度的苦参碱能够显著抑制 GBS 侵袭到细胞内部，显著抑制 GBS 诱导的细胞凋亡，以抑制早期凋亡为主，且较高浓度苦参碱作用效果更好。

3 苦参碱对 MAPK/NF-κB 炎症信号通路中 TAK1 蛋白泛素化的调节作用

3.1 试验材料与方法

将奶牛乳腺上皮细胞接种于 6 孔板中，在 37℃，5%CO_2的细胞培养箱中培养。待细胞密度达到 80%～90%，更换培养基，对照组不添加 GBS 和苦参碱；GBS 组直接用无乳链球菌（MOI＝50∶1）感染细胞 6h；Mat＋GBS 共处理组更换为含不同浓度苦参碱（50、75、100 μg/mL）的细胞培养液继续培养 24 h 后，无乳链球菌（MOI＝50∶1）感染细胞 6 h。所有操作都在冰上进行。首先吸取培养基，用 PBS 清洗 2 次，吸净 PBS。在各孔加入 800 μL Trizol，将细胞全部刮下转移到 1.5 mL 无 RNA 酶离心管，振动 5 min。加入 160 μL 氯仿，混匀静放片刻后，离心 15 min（4℃，12 000 *g*）。转移上层水相至新的无 RNA 酶离心管，加入等量异丙醇，混匀静放 10 min 后，离心 10 min（4℃，12 000 *g*）。然后往离心管中加入 1 mL 75%乙醇清洗，离心 5 min（4℃，7 500 *g*），重复清洗 1 次。最后，空离 3 min（4℃，12 000 *g*），吸干上清液，在空气中干燥 3～5 min，加入 50 μL 的 DEPC 水溶解，获得总 RNA。按照 TaKaRa 反转录试剂盒进行操作，合成 cDNA。将反转录成功的 *TNF-α*、*IL-1β*、*IL-6*、*IL-8* 和 *TAK1* 的 cDNA 样品分别配置 PCR 反应系统。将 GAPDH 作为内参基因，利用 $2^{-\Delta\Delta Ct}$方法计算 mRNA 的相对表达量。

将 1 mL RIPA 强裂解液与 10 μL PMSF 混合，用于裂解细胞，4℃预冷备用。取出细胞，清洗 2 次后加入 1 mL 裂解液，刮下全部细胞转移至 1.5 mL 离心管中，并做好分组标记。将细胞裂解物在 4℃，12 000 r/min 条件下离心 10 min，留上清液。用 BCA 试剂盒测定上清液中的蛋白浓度，并调整各组蛋白浓度一致。沸水浴 10 min 后，在－80℃下储存。使用免疫荧光技术检测 TAK1 蛋白表达情况。

3.2 试验结果分析

由图 11 可知，以对照组的 mRNA 表达量为“1”，当 GBS 感染 bMECs 时，炎性因子包括 *IL*-1*β*、*IL*-6、*IL*-8、*TNF*-*α* 的 mRNA 表达量显著上升（$P<0.05$），其中 *IL*-6 和 *IL*-8 的 mRNA 表达量上升最多，约为对照组的 15 倍；*IL*-1*β* 约为对照组的 6 倍；*TNF*-*α* 约为对照组的 2.5 倍。当添加了 50、75、100 μg/mL 的苦参碱之后，4 种炎性基因的 mRNA 表达量出现了不同程度的降低。当添加了 50 和 75 μg/mL 的苦参碱之后，*IL*-1*β* 和 *IL*-6 的 mRNA 表达量最低，且两种浓度组之间无显著差异（$P>0.05$）；当添加了 75 和 100 μg/mL 的苦参碱之后，*TNF*-*α* 的 mRNA 表达量最低，与 50 μg/mL 差异显著（$P<0.05$）；*IL*-8 的 mRNA 表达量在 3 个浓度组之间无显著差异（$P>0.05$）。

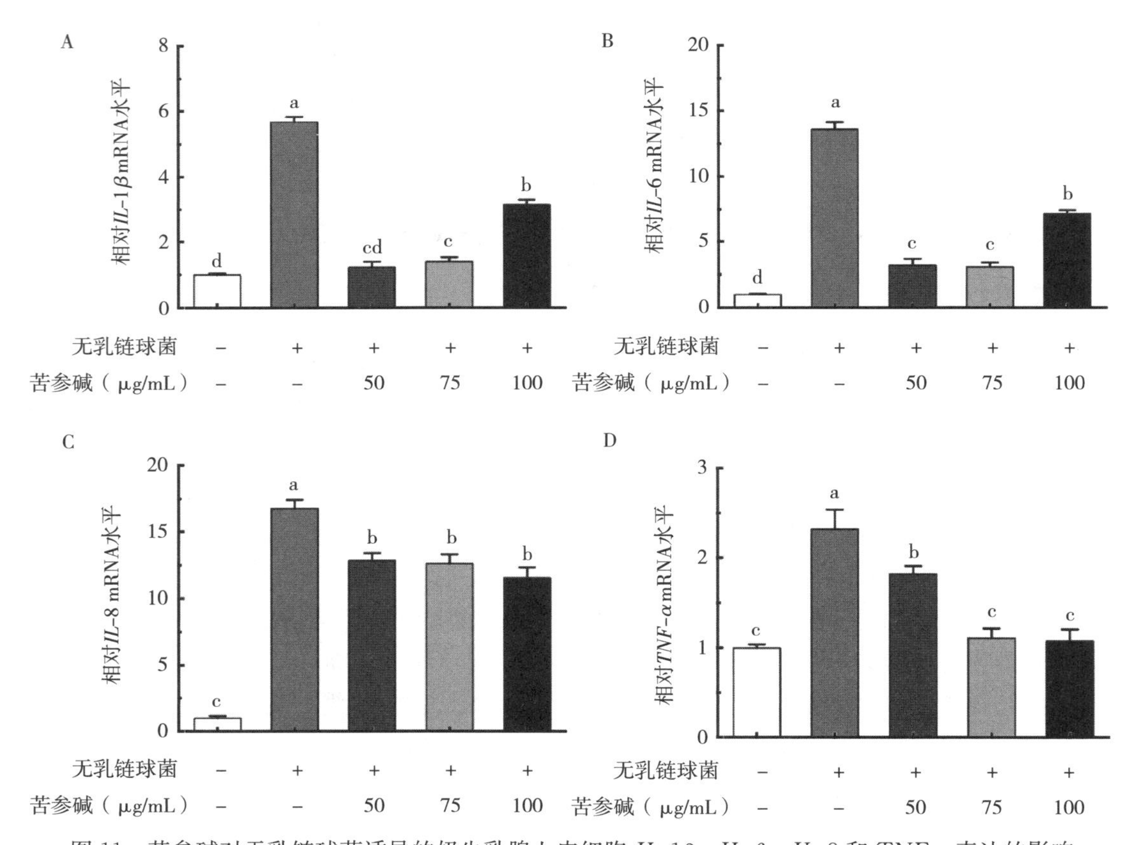

图 11 苦参碱对无乳链球菌诱导的奶牛乳腺上皮细胞 *IL*-1*β*、*IL*-6、*IL*-8 和 *TNF*-*α* 表达的影响

A. *IL*-1*β* 的 mRNA 相对表达量 B. *IL*-6 的 mRNA 相对表达量

C. *IL*-8 的 mRNA 相对表达量 D. *TNF*-*α* 的 mRNA 相对表达量

如图 12A、B 所示，GBS 与 bMECs 共培养 6 h 之后，会激活 MAPK 炎症信号通路，此时 p38 和 ERK 蛋白的磷酸化程度显著增加（$P<0.05$）。3 种浓度的苦参碱（50、75 和 100

μg/mL）预处理细胞之后，p38 和 ERK 蛋白的磷酸化程度被显著抑制（$P<0.05$），其中 75 和 100 μg/mL 的苦参碱作用效果最好，p38 和 ERK 蛋白的磷酸化几乎被完全抑制。如图 12C、D 所示，GBS 与 bMECs 共培养 6 h 之后，会激活 NF-κB 炎症信号通路，此时 IκB-α 和 p65 蛋白的磷酸化程度显著增加（$P<0.05$）。3 种浓度的苦参碱（50、75 和 100 μg/mL）预处理细胞之后，IκB-α 和 p65 蛋白的磷酸化程度被显著抑制（$P<0.05$）。

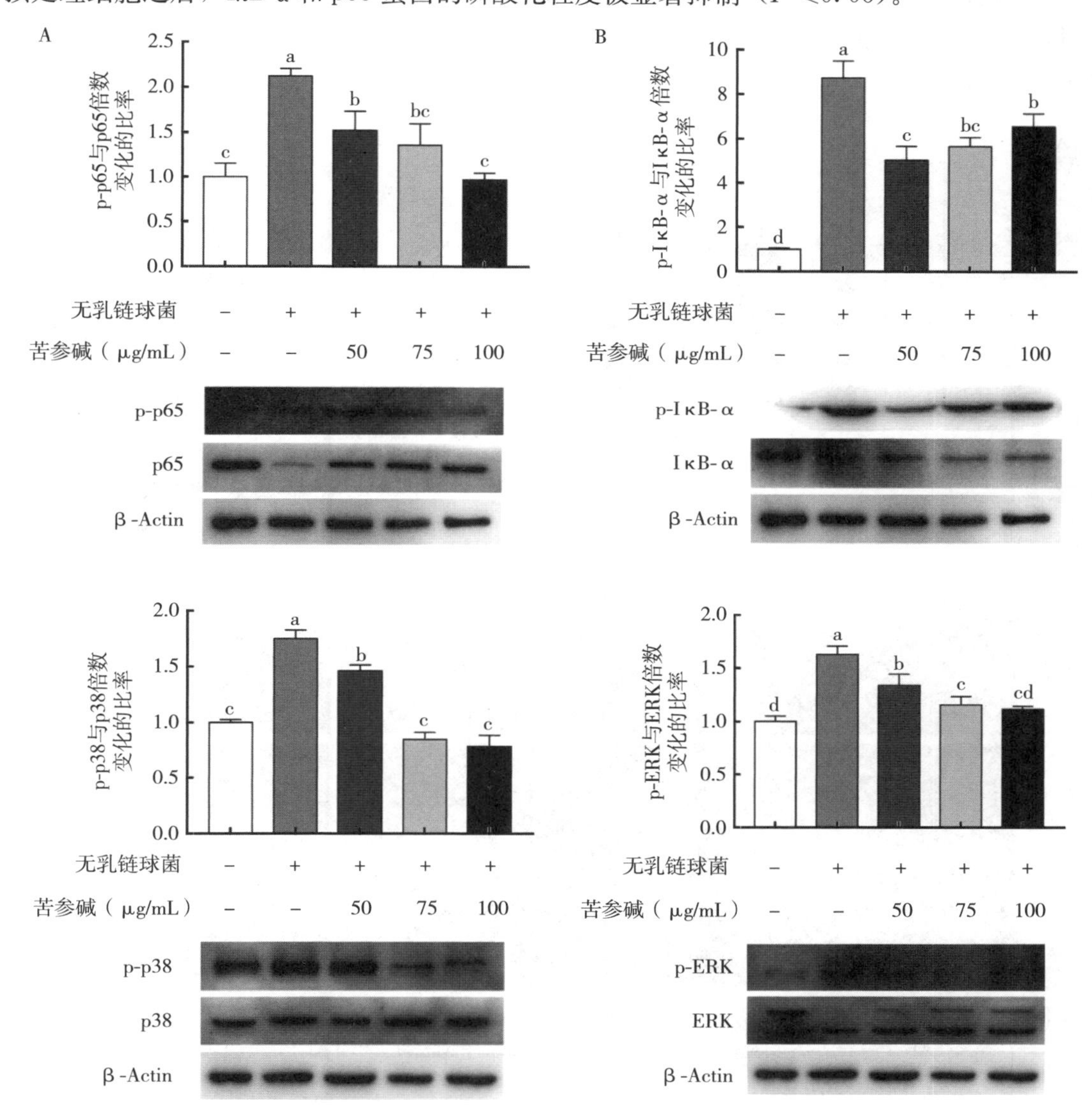

图 12　苦参碱对无乳链球菌诱导的牛乳腺上皮细胞 NF-κB（p65 和 IκB-α）及 MAPK（p38 和 ERK）活化的影响

A. p65 及其磷酸化蛋白表达量　B. IκB-α 及其磷酸化蛋白表达量

C. p38 及其磷酸化蛋白表达量　D. ERK 及其磷酸化蛋白表达量

如图 13A 所示，对照组、GBS 组和 Mat＋GBS 共处理组之间的 TAK1 的 mRNA 相对表达量没有显著的差别（$P>0.05$），GBS 和苦参碱的添加对 TAK1 的基因表达没有明显的作用。值得注意的是，不同处理组之间的 TAK1 蛋白表达量表现出了差异。如图 13B 所示，与对照组相比，GBS 的添加导致了 TAK1 蛋白的显著下降（$P<0.05$），说明 GBS 导致了 TAK1 的泛素化降解；而 50、75 和 100 μg/mL 的苦参碱的添加显著抑制了 TAK1 蛋白的降低（$P<0.05$），说明苦参碱能够缓解 TAK1 的泛素化降解。免疫荧光染色结果与 Western blot 结果相似，如图 13C 所示，GBS 的添加导致了 TAK1 荧光的减弱，3 种浓度的苦参碱的预处理抑制了荧光强度的减弱，说明苦参碱能够缓解 GBS 诱导的 bMECs 中 TAK1 的泛素化降解（彩图 26）。

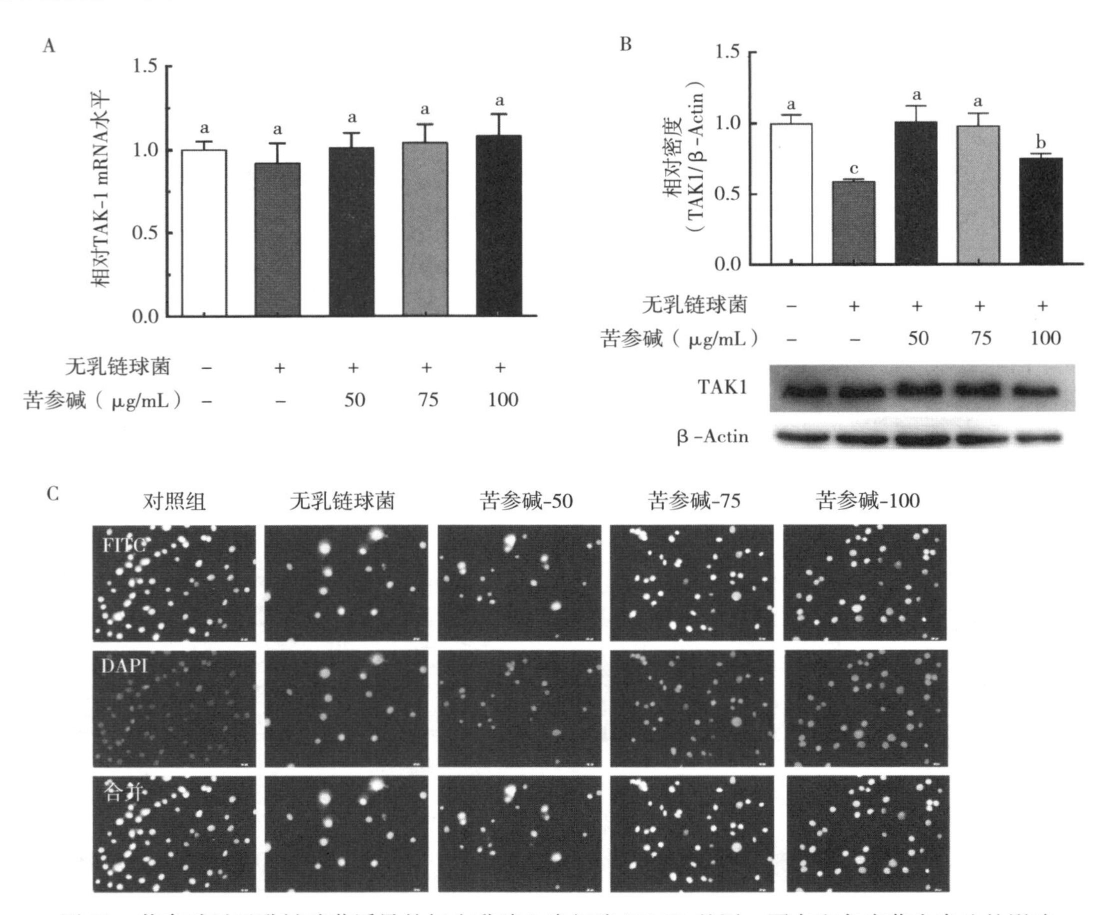

图 13 苦参碱对无乳链球菌诱导的奶牛乳腺上皮细胞 TAK1 基因、蛋白和免疫荧光表达的影响

A. TAK-1 的 mRNA 相对表达量 B. TAK1/β-Actin 的相对密度 C. TAK1 的免疫荧光表达

3.3 小结

苦参碱能够显著降低无乳链球菌诱导的奶牛乳腺上皮细胞炎性因子的表达。当添加了 50 和 75 μg/mL 的苦参碱之后，*IL-1β* 和 *IL-6* 的 mRNA 表达量最低；当添加了 75 和 100 μg/mL 的苦参碱之后，*TNF-α* 的 mRNA 表达量最低；*IL-8* 的 mRNA 表达量在 3 个浓度组之间无显著差异。苦参碱通过抑制 MAPK 和 NF-κB 信号通路的转导，减少奶牛乳腺上皮细

胞炎性因子的表达，从而降低无乳链球菌诱导产生炎症的损伤作用。50～100 μg/mL 的苦参碱能够通过抑制 TAK1 蛋白的泛素化降解，进而抑制 MAPK 和 NF-κB 信号通路的激活，有效减少炎性因子造成的损伤。

4 结论

GBS 感染会造成 bMECs 中的大多数蛋白质发生泛素化上调，导致蛋白质含量下降；这些蛋白质主要聚集在细胞迁移和炎性相关通路方面，可以选用炎性信号转导通路泛素化相关蛋白 TAK1 作为后续研究靶点。苦参碱能够显著提高 bMECs 的活性，降低 GBS 诱导的 bMECs 毒性和细胞凋亡，降低 GBS 的侵入率，缓解 GBS 诱导的 bMECs 炎症损伤。

苦参碱对牛源无乳链球菌毒力及其毒力基因的影响

无乳链球菌（*S. agalactiae*）又称B族链球菌（Group B Streptococcus，GBS），是当前中国奶牛养殖场诱发乳腺炎广泛流行的主要病原体之一，因为GBS多不引起乳腺炎临床症状，许多养殖者无法察觉到其感染，因此给奶牛养殖业带来重大的损失。奶牛的乳质量、产奶量与乳腺的健康密切直接相关，因此保障奶牛乳腺健康是生产高品质牛奶的必要保障。天然植物提取物因其相对低廉的价格和良好的治疗效果在对乳腺炎的治疗和预防应用中独树一帜。近年来研究发现，苦参碱（Matrine）不仅具有抗氧化、免疫调节、对心血管内皮细胞具有一定的保护作用，还可通过影响相关炎性因子的表达，调节细胞凋亡相关通路，抑制心肌纤维化等方式，对血液循环系统进行保护，并有预防癌症发生等作用。因此，在全面禁用抗生素的背景下，苦参碱在畜牧生产中的应用推广具有广阔的前景。

随着细胞水平及分子水平研究的深入、基因组学和转录组学等方面技术的发展，逐渐加深了对无乳链球菌的毒力因子的全面认识。而且，一些针对毒力因子的天然活性成分物质不断被研究，如芦丁、壳聚糖和白藜芦醇等均表现出对毒力因子良好的抑制作用。高新科技的发展及中医药理论的全新解读，对无乳链球菌的毒力因子的致病机制和防控手段的研究将更加完备，深入地了解无乳链球菌的毒力因子的调控手段，将对无乳链球菌型临床型和亚临床型乳腺炎的预防和治疗具有重要的意义。

1　苦参碱对无乳链球菌的抑菌作用

1.1　试验材料与方法

本试验于2020年8—10月在北京市周边某商业化牛场进行，根据加州乳腺炎快速检测法（CMT）的体细胞计数（SCC）测试结果，选取SCC计数20万个/mL以上的泌乳期奶牛。在CMT测试前使用加入消毒剂的温水（养殖企业自研）清洁乳头，弃前三把奶。取15 mL乳汁样品于测试盘内，加入CMT试剂。在测试为+时，取20 mL的乳汁样品于液氮中备用。取10 mL乳汁样品用于细菌的分离培养。

将乳汁样品稀释10倍后涂布于血琼脂以及麦康凯琼脂平板于37℃培养24 h。根据菌落结构和形态特征，初步筛选，接种于含有4 mL脑心浸出液液体培养基的试管中培养，于摇床中37℃培养过夜，用于菌群的分离鉴定。使用接种环蘸取5 μL磷酸盐缓冲液到载玻片，再将菌液与PBS混匀，自然风干，固定2～3次。加草酸结晶紫染色固定1 min，冲洗30 s，擦干，滴碘液固定1 min，冲洗30 s，擦干，90%乙醇洗脱20 s，冲洗30 s，滴加番红固定1 min，冲洗30 s，擦干载玻片并应用滴管滴半滴香柏油，之后使用光学显微镜的油镜观察。

将 100 μL 3% H_2O_2溶液置于载玻片上，使用接种环将菌液接触 H_2O_2溶液，观察 H_2O_2是否分解产生氧气气泡，判断是否有过氧化氢酶，进一步鉴别 GBS。CAMP 试验为无乳链球菌的特征性反应，将接触酶试验结果呈阴性的结果对应菌株，划线接种到血琼脂平板上，再将金黄色葡萄球菌垂直但不相交地接种于血琼脂平板中，37℃培养过夜。观察是否有半月状的溶血带形成。取对数期生长的细菌 1 mL 于 1.5% mL EP 管中，12 000 r/min 离心 2 min，弃掉澄清液体。收集菌体沉淀。按照 TIANGEN 试剂盒的说明书操作，将 DNA 使用 Takara 试剂盒和引物 27F（AGA GTT TGA TCM TGG CTC AG）和 1492R（CGG TTA CCT TGT TAC GAC TT）进行 PCR 扩增。扩增后的产物送到上海生工生物工程有限公司进行 16S rDNA 测序分析。

无乳链球菌的复苏：取少量 GBS 菌株菌种接种于灭菌完成的含有 3～5 mL BHI 的试管中，脑心浸出液配制方法为 37 g 脑心浸出液加超纯水至 1L。于摇床中在 37℃，100～200 r/min 培养 18 h，此时细菌浓度约为 10^9 CFU/mL，将培养后的菌液取 100 μL 稀释至 1 mL，如此倍比稀释 7～9 次，将 100 μL 的菌种接种于细菌培养皿中。在 37℃的恒温恒湿培养箱中培养 18 h。使用接种环挑取单 GBS 菌落，再次接种在含有 3～5 mL 完成灭菌的脑心浸出液试管中，于摇床中在 37℃，100～200 r/min 增殖 18 h，将生长后的菌液吸 100 μL 稀释至 1 mL，如此倍比稀释 7～9 次，取 100 μL 稀释液接种在含有琼脂的脑心浸出液培养基的细菌培养皿中，在 37℃的恒温恒湿培养箱中培养 18 h，记菌落数备用。细菌浓度应为 10^8～10^{10} CFU/mL。

将含有不同浓度梯度的苦参碱培养基溶液，分别添加至无菌的 96 孔细菌培养皿中，每孔 100 μL，苦参碱浓度为 0、1、2、4、6、8 和 10 mg/mL，每组 3 个重复。含量为 0 的培养基作为空白对照组，之后一半加入 GBS 培养稀释物，另一半加入培养基作为对照。进行 3 次重复试验。结果判断将试验板与对照板所得 OD600 取差值即为细菌浓度。药物完全抑制 GBS 生长的最小的苦参碱含量即苦参碱对无乳链球菌的最小抑菌浓度（OD600 使用酶标仪标定）。并且仅当空白对照的无乳链球菌正常生长且未污染，即表明试验正常，可以记录数据。

1.2 试验结果与分析

染色后显微镜下观察试验结果为：单个菌体表现为球状，多个菌体连接呈链状排列（图 1、彩图 27），综合试验结果表明无乳链球菌革兰氏接触酶阴性，未产生气泡，CAMP 试验

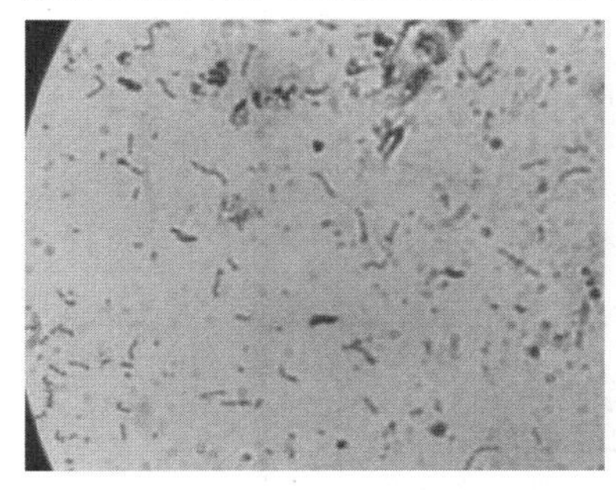
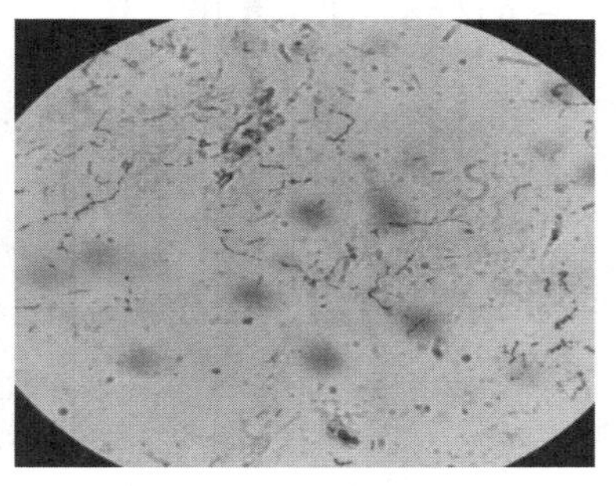

图 1　GBS 革兰氏染色图

出现半圆的溶血环（图 2、彩图 28）。综上，结合 16S 扩增子测序技术分析结果，确定菌株为无乳链球菌。

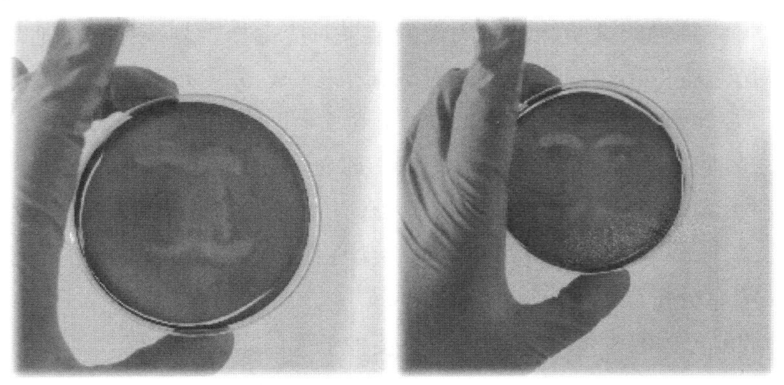

图 2　无乳链球菌 CAMP 阳性图

苦参碱在同标准菌株共培养 24 h 后，当苦参碱浓度为 2 mg/mL 时，细菌增殖能力显著下降，与未加入苦参碱组存在极显著的差异（$P<0.01$）；当苦参碱的浓度高于 4 mg/mL 时，完全抑制了无乳链球菌的生长，差异极显著（$P<0.01$）（图 3A）。苦参碱在同临床分

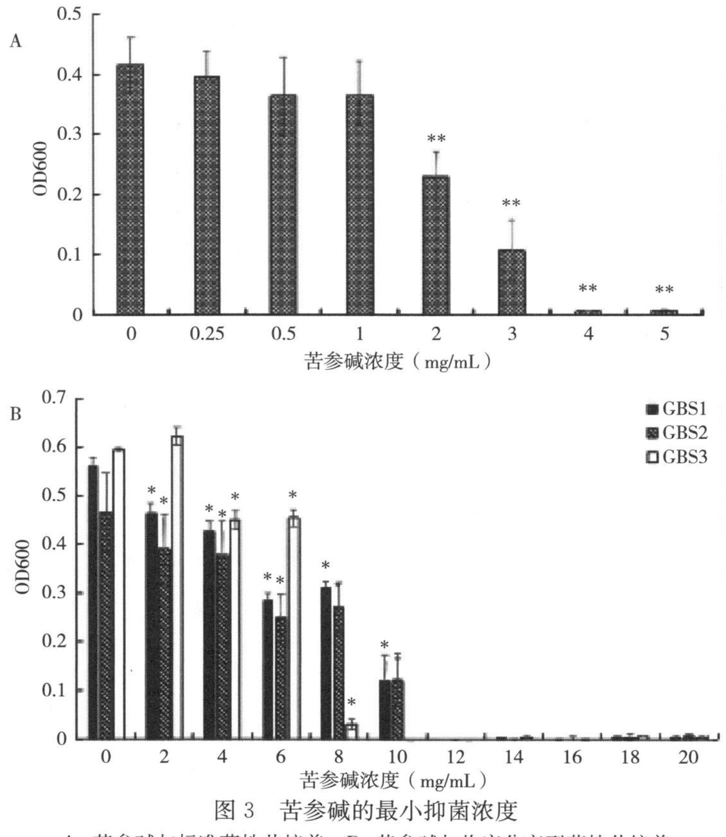

图 3　苦参碱的最小抑菌浓度

A. 苦参碱与标准菌株共培养　B. 苦参碱与临床分离型菌株共培养

注：“*”表示差异显著（$P<0.05$），“**”表示差异极显著（$P<0.01$）。下同

离型菌株共培养 24h 后，当苦参碱浓度为 2～4mg/mL 时，细菌增殖能力显著下降，与未加入苦参碱组存在极显著的差异（$P<0.01$）；当苦参碱的浓度高于 10～12 mg/mL 时，完全抑制了无乳链球菌的生长，差异极显著（$P<0.01$）（图 3B）。

由图 4（彩图 29）可知，标准菌株生长迟缓期（4～6 h）开始逐渐延长，在菌株生长对数期晚期（12 h）达到最大值，生长对数期结束进入平台期 12～24 h 后开始下降。2 mg/mL和 3 mg/mL的苦参碱浓度在 6 h 开始即可显著影响无乳链球菌的生长，并使无乳链球菌 OD600 最大值下降；在苦参碱浓度为 4 mg/mL 时完全抑制了无乳链球菌的生长。

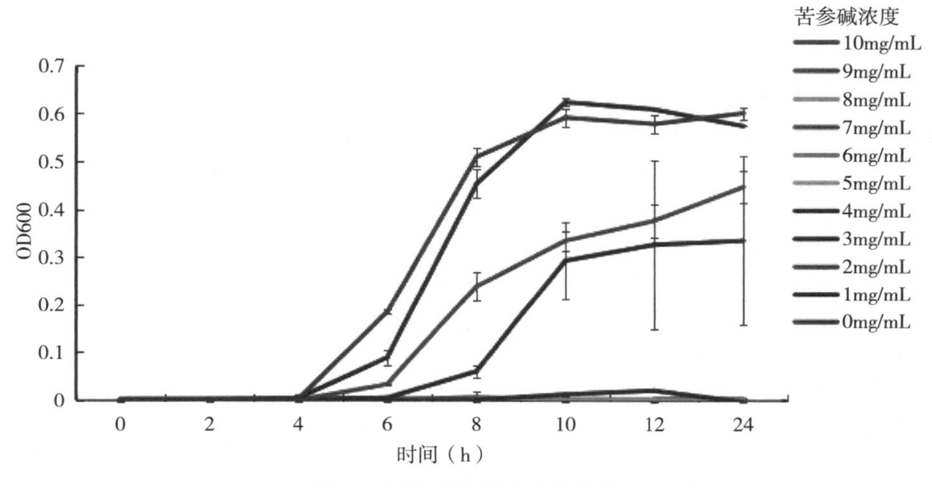

图 4　苦参碱抑菌的生长曲线

1.3　小结

无乳链球菌为亚临床型乳腺炎的重要致病源之一，占分离的致病菌的 11.81%。苦参碱呈浓度依赖性抑制无乳链球菌的活性，且临床分离的无乳链球菌菌株和标准菌株对苦参碱的敏感度存在差异。苦参碱对标准菌株的最低抑菌浓度（MIC）为 4 mg/mL；对临床无乳链球菌的 MIC 范围为 10～12 mg/mL，并在 6 h 开始抑制无乳链球菌的生长。

2　苦参碱对无乳链球菌毒力的影响

2.1　试验材料与方法

试验组取培养好的无乳链球菌菌株，分别加入 1 体积不同浓度的苦参碱（0、2、4、6、8、10 和 12 mg/mL）于 9 体积的制备好的菌液中，对照物为 1 体积培养基加入 9 体积的菌液共培养，37℃培养 18 h，待测。

取共培养无乳链球菌菌液，用细胞维持培养液（不含双抗）将无乳链球菌稀释至 10^5 CFU/mL 所需浓度。待 96 孔细胞培养板中的单层细胞成熟，吸出培养液，PBS 冲洗 2 次，每孔加入 1 mL 稀释好的无乳链球菌培养液悬液，在含有 5% CO_2 培养箱中于 37℃培养。在感染后 2.5 h 取样，检测无乳链球菌对乳腺上皮细胞的黏附性。取出上述感染后的样品，保留原液，每孔加入 1 mL 1% Tritonx-100（v/v），释放感染样品细胞内的细菌，常温反应 10 min，混匀反应液。吸出该反应液，使用 PBS 倍比稀释的方法进行 10 倍的稀释，吸取 100 μL 上述裂解液接种到 BHI 固体平板，37℃培养箱中生长 48～72 h，进行菌落计数，计算每孔无乳链球菌总数。

于奶牛晨饲前使用真空采血管，使用尾中静脉采血法，用左手食指和中指将牛尾抬起，大拇指和食指持 10 mL 采血管，右手大拇指和食指捏住采血针于尾部正中根部上 10～15 cm 处倾斜插入尾中静脉，见到采血针有少量回血产生，使用一次性采血针的尾部插入肝素钠采血管，静脉血成血流状流出可继续采集静脉血液样本，每管采血 10 mL，若不成血流状流出则需要调整采血针位置或重新采集。使用含肝素钠的真空采血管进行抗凝，尾中静脉取静脉血后于 4℃保存备用。取无菌奶牛全血（肝素钠抗凝），将细菌培养至对数期，12 000 r/min 离心 2 min 后收集细菌，PBS 洗 3 次，用 PBS 将细菌浓度调整至 10^5 CFU/mL，将 370 μL 全血＋20 μL PBS 稀释药物和 PBS 空白对照与 10 μL 的菌液混合均匀，37℃孵育 3 h 结束后，将试验血液按上述试验方法进行稀释并使用 BHI 培养平皿进行 GBS 的菌落计数，与血液中 3 h GBS 数与起始 GBS 浓度之比被认为是 GBS 在血液中的存活率。

将临床型和标准 GBS 以及 MIC 浓度及空白组别在 BHI 里中过夜培养，12 000r/min 分离 2 min，PBS 清洗 3 次后，每个样品加入 2 mL 电镜固定液，4℃固定 1.5 h。细胞脱水与干燥用 30、50、70、80、90 和 100%酒精脱水，每次脱水 15 min；随后用叔丁醇置换酒精 3 次，每次 10 min；最后使细菌玻片置于超低温冷冻干燥机里冻干。将处理后的 GBS 置于样品台指定位置，喷金使用扫描电镜观察 GBS 的细胞形态。

将无乳链球菌菌液接种于培养基中，THB 培养基培养过夜。然后稀释成麦氏比浊度 OD600 为 0.05。取稀释好的菌液接种到 96 孔培养板上，每种菌 3 个复孔，并以培养基为空白对照，置于培养箱中培养 24 h 固定。用 PBS 冲洗 2 次，自然晾干后，每孔加多聚甲醛 200 μL 固定 20 min，弃固定液，再用 PBS 冲洗 2 次。用 1%结晶紫染色 20 min，然后用水冲去未黏附的染液及浮游菌，置室温自然风干。用酶标仪于 OD600 下检测。

将菌液接种至 THB 培养基中，过夜培养，然后稀释至 OD＝0.05。取 6 孔细胞培养板放入无菌盖玻片后加入菌悬液，于 48h 后终止培养，用灭菌 PBS 冲洗 2 次。使用 PBS 清洗后，在表面滴加荧光染液死活试剂（SYTO9 和 PI）进行避光孵育 15 min。再使用 PBS 冲洗 2 次后取出盖玻片，使用观察激光共聚焦，在激发光波长为 488 nm 和 533 nm 下激发 SYTO9 和 PI。并分别在 500～540 nm 和 590～630 nm 下进行检测接收信号。

2.2 试验结果与分析

苦参碱浓度为 2 mg/mL 时，标准菌株对乳腺上皮细胞的黏附率降低为 63.2%（$P<0.05$）（图 5），临床分离型菌株在 6 mg/mL 时其在乳腺上皮细胞黏附率降低为 14.6%（$P<0.05$）（图 6）。

全血杀伤试验结果表明，4 mg/mL 的苦参碱浓度使无乳链球菌在血液中的存活率降低

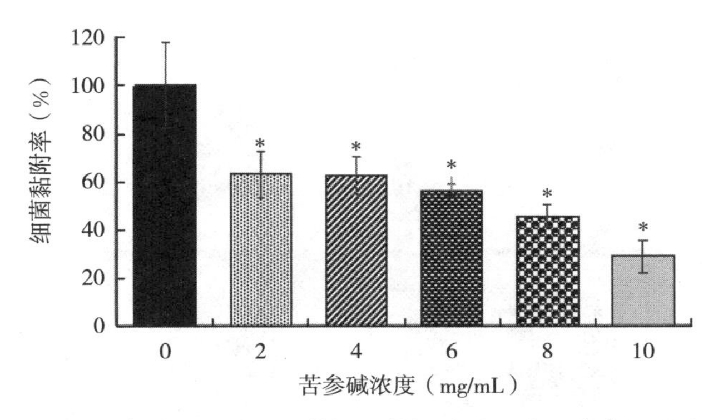

图 5　苦参碱对无乳链球菌标准菌株乳腺上皮黏附率的影响

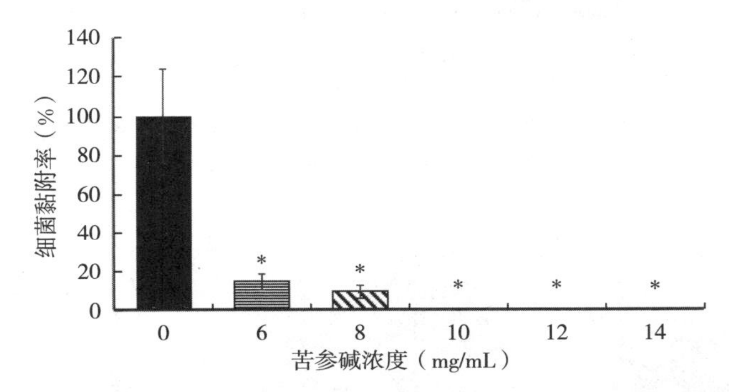

图 6　苦参碱对无乳链球菌临床分离型菌株乳腺上皮黏附率的影响

到 70.40%（$P<0.05$）；当苦参碱浓度为 6 mg/mL 时，无乳链球菌在血液中的存活率降为 41.40%（$P<0.05$）；而苦参碱浓度为 8 mg/mL 时，无乳链球菌在血液中的存活率降低为 17.98%（$P<0.05$）（图 7）。

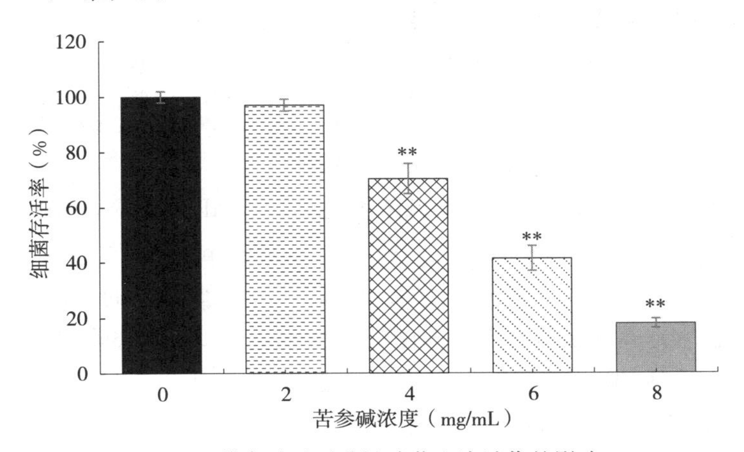

图 7　苦参碱对无乳链球菌血液杀伤的影响

扫描电镜结果表明，临床分离型菌株和标准菌株无乳链球菌的多糖荚膜在添加 MIC 的苦参碱后均被显著抑制（图 8、彩图 30）。未加药的无乳链球菌具有较厚的多糖荚膜，丰富且清晰，而加药后细胞膜表面光滑，失去了多糖荚膜（图 9、彩图 31）。

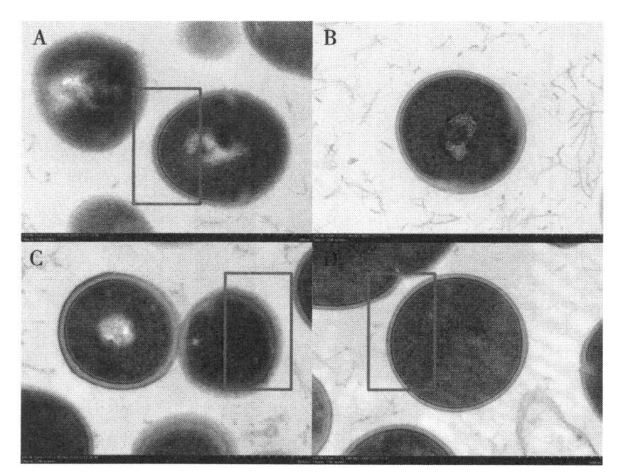

图 8 苦参碱对无乳链球菌菌株荚膜生成的影响

A. 标准菌株未加苦参碱 B. 标准菌株加 MIC 苦参碱

C. 临床分离型菌株未加苦参碱 D. 临床分离型菌株加 MIC 苦参碱

注：方框所示为加 MIC 苦参碱后多糖荚膜的变化

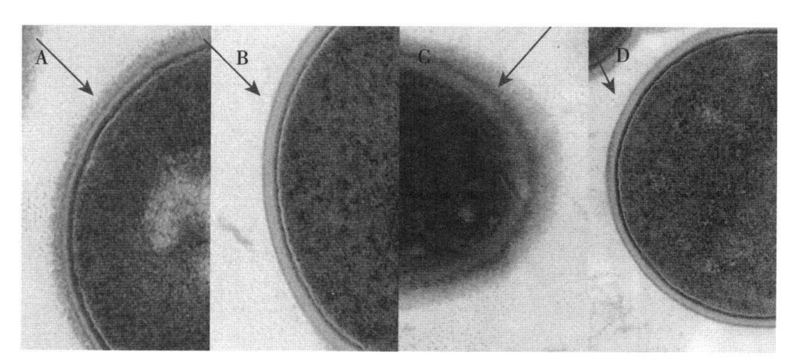

图 9 苦参碱对无乳链球菌菌株荚膜生成的影响

A. 标准菌株未加苦参碱 B. 标准菌株加 MIC 苦参碱

C. 临床分离型菌株未加苦参碱 D. 临床分离型菌株加 MIC 苦参碱

注：箭头所示为加 MIC 苦参碱后多糖荚膜的变化

生物膜结晶紫染色结果表明，当苦参碱浓度为 2 mg/mL 时，标准菌株的生物膜活性降低至 72.64%（$P<0.05$）；当苦参碱浓度分别为 4、6 和 8 mg/mL 时，生物膜活性分别降至 44.06、46.18 和 16.40%（$P<0.05$）（图 10）；临床分离型菌株的 GBS1 在苦参碱浓度为 6 mg/mL 时可将临床分离型菌株无乳链球菌的生物膜活性降低为 66.00%（$P<0.05$）。苦参碱浓度在 8 mg/mL 和 10 mg/mL 时生物膜活性分别降低为 51.90%和 31.19%（$P<0.05$）（图 11）。图 12（彩图 32）所示为加入或未加入苦参碱的无乳链球菌生物膜的一个随机视野，其中绿色信号为 STYO9 着色，代表活菌，红色信号为 PI 着色，代表死菌。从图 12 可知，未加入苦参碱无乳链球菌开始黏附于盖玻片上，有大量的红色信号和绿色信号，而加入苦参碱后无论是死菌和活菌基本完全消失，此结果与结晶紫染色测定的结果相一致。

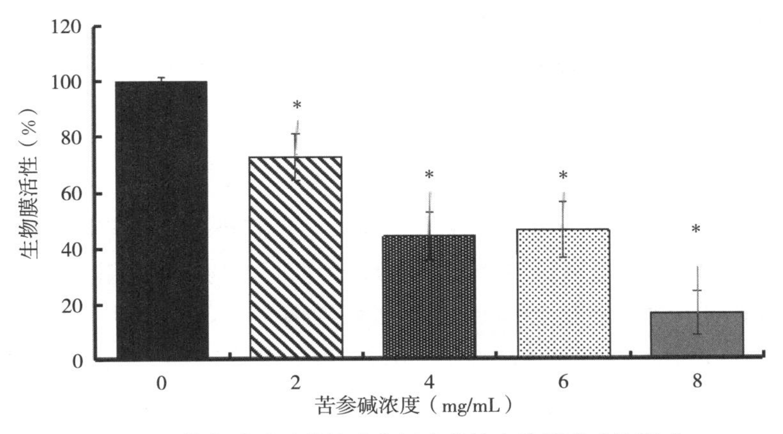

图 10 苦参碱对无乳链球菌标准菌株生物膜形成的影响

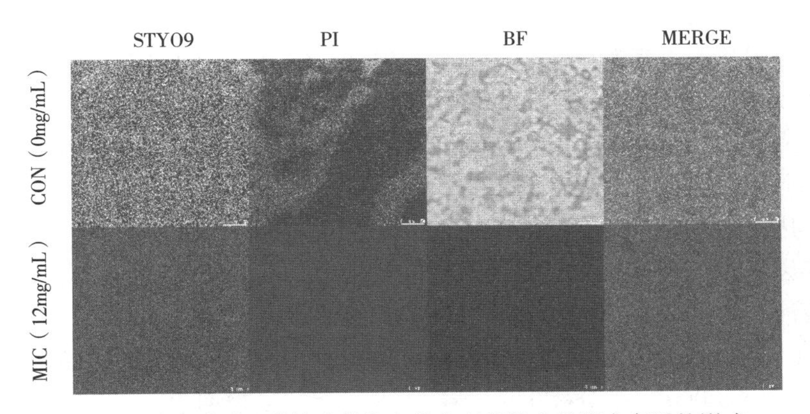

图 11 苦参碱对无乳链球菌临床分离型菌株生物膜内存活的影响

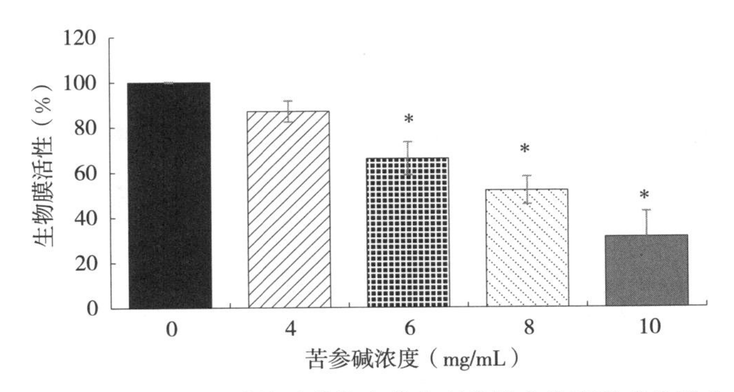

图 12 苦参碱对无乳链球菌临床分离型菌株生物膜形成的影响

2.3 小结

苦参碱能显著抑制无乳链球菌在奶牛乳腺上皮细胞上的黏附，降低 GBS 对奶牛乳腺上皮的损伤。此外，苦参碱显著减少了血液中无乳链球菌的存活数量，证明苦参碱降低了牛源无乳链球菌对血液杀伤的抵抗能力。苦参碱能显著减少 GBS 荚膜多糖的生成，降低 GBS 的免疫逃避和侵袭能力，可抑制 GBS 生物膜的形成。

3 苦参碱对无乳链球菌毒力基因表达的影响

3.1 试验材料与方法

取出共培养细菌，预冷 PBS 洗涤 3 次后，制备含有 15 mg/mL 溶菌酶的 TE Buffer（30 mmol/L Tris·Cl，1 mmol/L EDTA，pH8.0），计算所需的细菌培养量（1 体积），2 体积 RNA 保护细菌试剂入管，在试管中加入 1 体积细菌培养，立即用涡旋振荡 5 s 后室温（15～25℃）孵育 5 min，5 000 *g* 离心 10 min，弃掉上清液。转置除去残余液，在含有溶菌酶的 TE Buffer 中加入 10～20 μg 蛋白酶 K，并将混合物添加到菌体中。小心地重新悬浮球团，上下穿插几次，用涡旋混合 10s 后于室温（15～25℃）孵育 10 min。在孵化过程中，至少每 2 min 在摇床孵化器或漩涡上孵育 10 s。添加适当的 Bufferrlt 并大力涡旋。如果有可见颗粒物质，则通过离心将其颗粒化，将 7.5×10^8～1.5×10^9 的细菌加入 RneasyMini 柱，并依次加入 TE 缓冲液 200 μL、RLT Buffer 2 000 μL 和无水乙醇 3 500 μL。混合均匀（Rneasemini 程序）或用力摇动（Rneasemidi 程序），不要离心，将 700 mL 的样品（包括沉淀物）转移到放置在 2 mL 收集管中的 Rneasemini 旋转柱上。盖上盖子，在 8 000 *g* 下离心 15 s。丢弃废液，将 700 μL Buffer RW1 添加到 Rneasespin 列。盖上盖子，在 8 000 *g* 下离心 15 s，弃废液，在 Rneasespin 列中添加 500 μL Bufferr PE。盖上盖子，在 8 000 *g* 下离心 15 s，弃废液，在 Rneasespin 列中添加 500 μL Bufferr PE。盖上盖子，在 8 000 *g* 下离心 2 min，在一个新的 1.5 mL 收集管 RNAsyspin 柱。直接于旋转柱过滤层注入 30～50 mL RNaseDD 水，在≥8 000 *g* 下分离 1 min 释放 RNA。如果预期 RNA 产量＞30 μg，则使用 30～50 μL 无 RNase 酶水洗脱。RNA 产量和纯度检测：使用微量分光光度仪分析 RNA，用琼脂糖凝胶电泳测定 RNA 的分析，产物于－80℃冰箱贮藏。将提取不同浓度药物作用的无乳链球菌的总 RNA 使用转录组的方法进行分析，应用 Illumina Hiseq 2000 仪器进行 RNA 的测序。之后应用随机六聚体引物反转录合格的 mRNA 构建 DNA 数据库，对得到 cDNA 的数据产物进行分析和建库。

3.2 试验结果与分析

与对照组相比，苦参碱对标准菌株发生显著变化的基因有 650 个（其中 469 个基因表达上调，181 个基因表达下调）；而临床分离型菌株发生显著变化的基因有 1 046 个（其中 645 个基因表达上调，401 个基因表达下调）。

图 13 包括在 GO 功能注释的 3 个二级分类，分别为生物过程（biological process，BP）、细胞组分（cellular component，CC）和分子功能（molecular function，MF）。其中在临床分离型菌株和标准菌株均发生显著变化且与毒力因子表达和分泌相关的生物过程有：糖胺聚糖降解（glycosaminoglycan degradation）、肽聚糖生物合成（peptidoglycan biosynthesis）、ABC 转运蛋白（ABC transporters）、双组分系统（two-component system）、

群体感应（quorum sensing）、生物膜的形成（biofilm formation）、细菌趋化性（bacterial chemotaxis）、蛋白质的分泌（protein export）和细菌分泌系统（bacterial secretion system）。这些生物过程与细菌毒力的产生具有密切的关系。

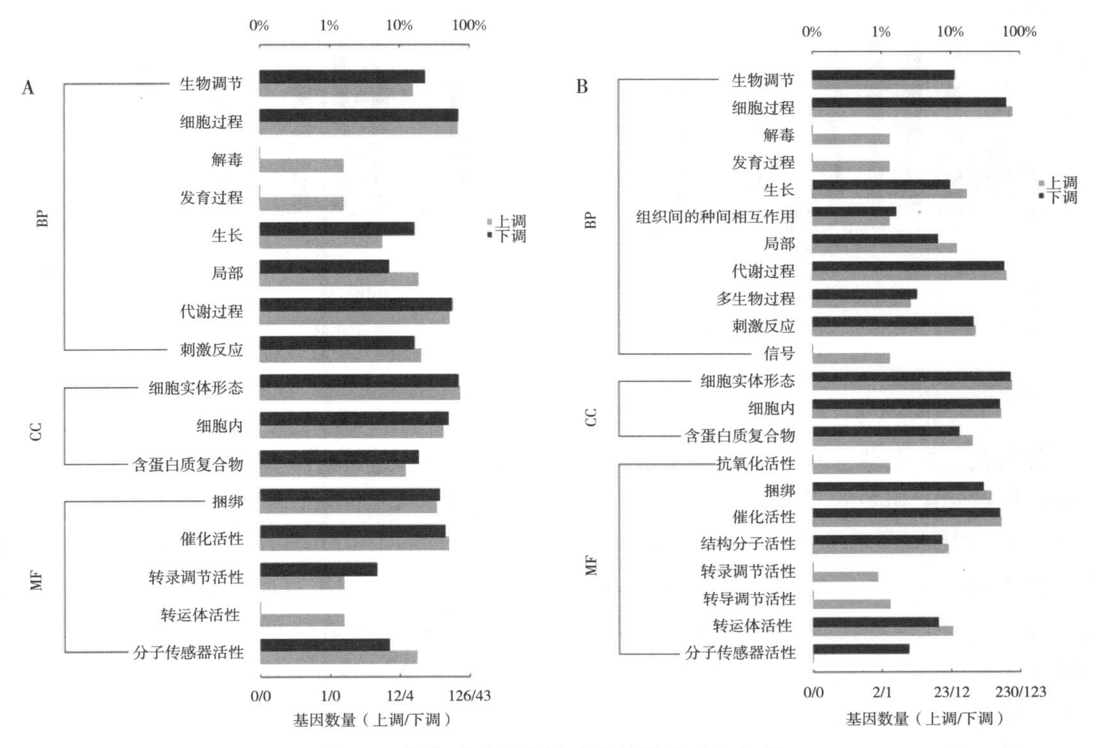

图 13　苦参碱对无乳链球菌基因的 GO 注释

采用 qRT-PCR 的方法对发生显著变化的毒力基因进行验证。结果表明，与毒力因子黏附作用显著相关的 C 蛋白的 β 亚基（*Bac*）、层粘连蛋白结合蛋白（*Lmb*）、菌毛蛋白（*PI-2b*）、BIBA 表面蛋白（*BIBA*）和纤维蛋白原结合蛋白（*FbsB*）等基因，在标准菌株和临床分离型菌株中表达量均显著降低（$P<0.05$）（图 14）。

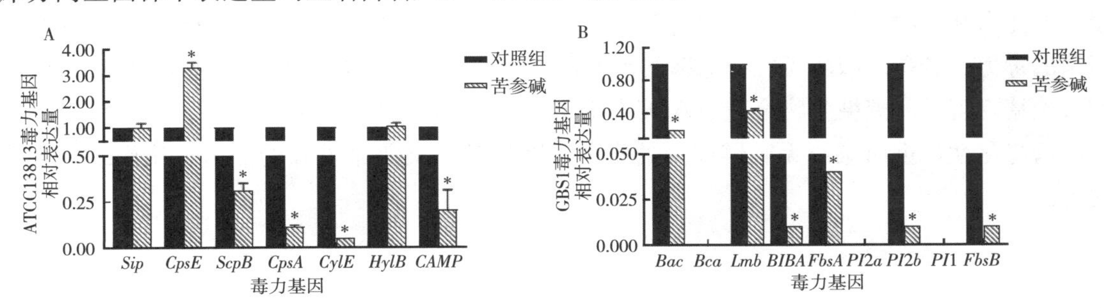

图 14　苦参碱对无乳链球菌侵袭和免疫逃避基因的影响

A. 苦参碱对标准菌株侵袭和免疫逃避基因的影响　B. 苦参碱对临床分离型菌株侵袭和免疫逃避基因的影响

与侵袭和免疫逃避相关的基因如溶血色素（*CylE*）、CAMP 因子（*CAMP*）、C5 补体切割酶（*ScpB*）和组装荚膜多糖的基因（*CpsA*），在临床分离型菌株和标准菌株中表达量均显著下调（$P<0.05$），而与生成荚膜多糖密切相关的 *CPsE* 基因则显著上升（$P<0.05$）（图 15）。

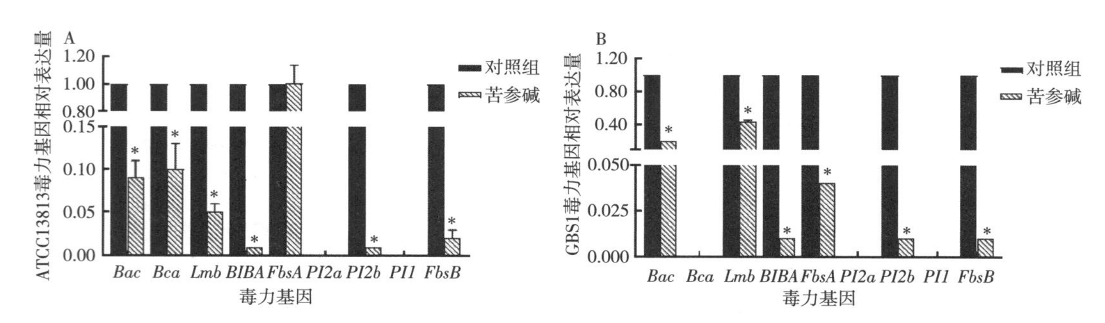

图 15 苦参碱对无乳链球菌黏附基因的影响

A. 苦参碱对标准菌株侵袭和免疫逃避基因的影响 B. 苦参碱对临床分离型菌株侵袭和免疫逃避基因的影响

3.3 小结

苦参碱对标准菌株和临床分离型菌株无乳链球菌起毒力调控作用的双组分调控系统产生影响，导致黏附相关的 C 蛋白的 β 亚基（*Bac*）、层粘连蛋白结合蛋白（*Lmb*）、菌毛蛋白（*PI-2b*）、BIBA 表面蛋白（*BIBA*）和纤维蛋白原结合蛋白（*FbsB*）等基因表达量明显降低，侵袭和免疫逃避毒力基因的溶血色素（*CylE*）、CAMP 因子（*CAMP*）、C5 补体切割酶（*ScpB*）和组装荚膜多糖的基因（*CpsA*）的表达量也显著降低。苦参碱通过下调对 *Lmb* 和 *CPSA* 基因的表达量，使得无乳链球菌的荚膜生成减少，达到抑制无乳链球菌黏附能力、侵袭能力和免疫逃避能力的作用。苦参碱通过抑制生物膜合成、群体感应和细菌趋化性等信号通路，减少无乳链球菌生物膜的形成，降低其侵袭和免疫逃避能力。

4 结论

苦参碱抑制无乳链球菌标准菌株和临床分离型菌株的黏附能力、全血杀伤生存能力、荚膜生成能力和生物膜形成，以及生物膜内生存能力，结果表明，苦参碱有效地降低了无乳链球菌的毒力。苦参碱减弱无乳链球菌的毒力，可能是通过调控毒力基因的差异表达实现的，如胺聚糖降解、肽聚糖生物合成、ABC 转运蛋白、双组分系统、群体感应、生物膜的形成和细菌趋化性，进而减弱无乳链球菌的毒力，降低其感染奶牛乳腺的能力，从而维持乳腺健康。

CHAPTER 4

多　　糖

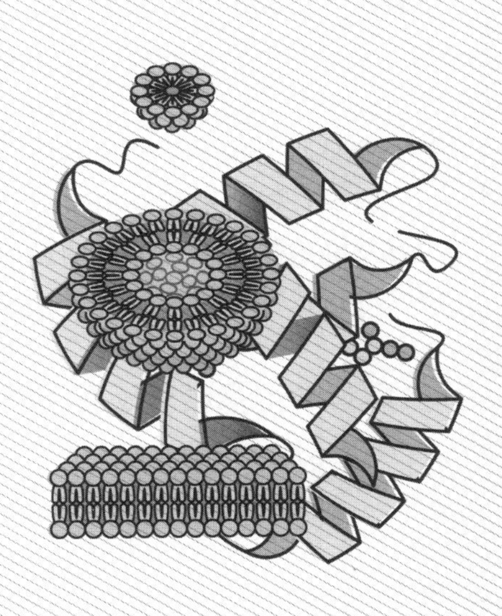

酵母β-葡聚糖对泌乳中期奶牛生产性能、血清指标、瘤胃发酵参数及细菌菌群的影响

β-葡聚糖作为多糖研究领域中的一个重要分支，是多糖发挥生物学活性和功能的主要物质。研究表明，β-葡聚糖具有改善肠道菌群结构、促进肠道发育、增强机体抗氧化能力、抑制肿瘤、降低血糖、降低血脂及增强机体免疫力等作用，被称为高效的生物反应调节因子。β-葡聚糖又称右旋糖酐，是一类非淀粉多糖，在自然界中含量丰富，广泛存在于谷物、细菌、真菌及藻类中。通过大量查阅国内外β-葡聚糖相关文献发现，β-葡聚糖已被国家列为新食品原料，在医学领域、化妆品领域及食品领域应用广泛。在畜禽养殖方面，β-葡聚糖在单胃动物与水产动物中的研究常见报道，在反刍动物中的研究应用相对较少。近几年，β-葡聚糖被发现能够提高羔羊生长性能、促进犊牛肠道发育及缓解围产期奶牛氧化应激，表明β-葡聚糖对反刍动物也能发挥积极作用，且具有一定的研究价值。此外，β-葡聚糖作为一类非淀粉多糖，具有抗内源性酶的特性，发挥生物学活性和功能依赖于胃肠道中的菌群。反刍动物的瘤胃中含有大量的微生物，包括细菌、真菌、古菌及原虫。瘤胃中微生物的高丰度和高多样性为β-葡聚糖在反刍动物中的研究应用奠定了基础。到目前为止，国内外尚未见关于β-葡聚糖对泌乳中期奶牛影响的研究报道。此外，酵母β-葡聚糖是研究较多的β-葡聚糖。因此，本研究选取30头健康的泌乳中期荷斯坦奶牛作为研究对象，探究酵母β-葡聚糖对荷斯坦泌乳中期奶牛生产性能、血清生化、抗氧化指标、瘤胃发酵参数及细菌菌群的影响，旨在为酵母β-葡聚糖在泌乳中期奶牛中的应用提供科学的理论依据与数据支持。

1　酵母β-葡聚糖对泌乳中期奶牛生产性能及血清指标的影响

1.1　试验材料与方法

试验于2020年8月15日至10年31日在北京某牛场进行，采用随机区组设计将30头胎次［(2.74±0.71) 胎］、产奶量［(40.32±5.66) kg/d］、泌乳日龄［(95.15±46.25) d］相近的健康荷斯坦奶牛随机分为3组（记为C组、L组、H组）。C组奶牛饲喂TMR日粮，L组奶牛在饲喂TMR日粮的基础上每头每天投喂20 g酵母β-葡聚糖，H组奶牛在饲喂TMR日粮的基础上每头每天投喂40 g酵母β-葡聚糖。试验共计75 d，预试期15 d，正试期60 d。

于正试期第1、15、30、45、60天采集奶样，将同一天采集的早、中、晚3次奶样按照4∶3∶3的比例进行混合，取50 mL混合奶样置于奶牛生产性能测定（DHI）专用瓶中，并

加入溴硝丙二醇防腐剂，混匀，4 ℃保存并测定乳中乳脂、乳糖、乳蛋白含量及体细胞数。于正试期第 1、15、30、45、60 天采集血样。使用一次性采血针和普通采血管采集 20 mL 尾静脉血，并使用 Sorvall MTX 150 型台式离心机（赛默飞世尔科技有限公司）室温下以 4 000 r/min 离心 10 min，取上清液分装于 2 mL 离心管，－80 ℃保存。血清指标均使用试剂盒检测。

1.2 试验结果与分析

由表 1 可知，与 C 组相比，L 组与 H 组的产奶量均极显著提高（$P<0.01$）；L 组 4% 乳脂校正乳产量、乳脂率及乳糖率显著高于 C、H 组（$P<0.05$）；其他乳成分在各组间无显著差异（$P>0.05$）。

表 1　酵母 β-葡聚糖对泌乳中期奶牛生产性能的影响

项目	C 组	L 组	H 组	SEM	P 值
产奶量（kg/d）	39.65^{B}	41.25^{A}	41.31^{A}	0.12	<0.01
4%乳脂校正乳产量（kg/d）	22.28^{b}	23.73^{a}	22.77^{ab}	0.28	0.03
乳脂率（%）	3.60^{b}	3.84^{a}	3.66^{ab}	0.04	0.04
乳蛋白率（%）	3.19	3.17	3.15	0.02	0.79
乳糖率（%）	4.99^{b}	5.05^{a}	5.01^{ab}	0.01	0.05
体细胞数（10^3个/mL）	56.18	64.46	68.65	2.66	0.15

注：C、L、H 组分别表示酵母 β-葡聚糖添加量为 0、20、40 g/d；同行数据肩标不同小写字母表示差异显著（$P<0.05$），不同大写字母表示差异极显著（$P<0.01$）。下同。

由表 2 可知，L 组奶牛血清中葡萄糖与甘油三酯的浓度显著高于 C、H 组（$P<0.05$），其他指标差异各组间无显著差异（$P>0.05$）。

表 2　酵母 β-葡聚糖对泌乳中期奶牛血清生化指标的影响

项目	C 组	L 组	H 组	SEM	P 值
白蛋白（g/L）	36.28	37.49	36.58	0.52	0.61
总蛋白（g/L）	79.33	79.91	79.97	1.20	0.97
葡萄糖（mmol/L）	3.30^{b}	3.51^{a}	3.37^{ab}	0.04	0.04
总胆固醇（mmol/L）	6.26	6.54	6.26	0.10	0.45
甘油三酯（mmol/L）	0.47^{b}	0.56^{a}	0.50^{ab}	0.02	0.04
高密度脂蛋白胆固醇（mmol/L）	1.34	1.36	1.37	0.04	0.95
低密度脂蛋白胆固醇（mmol/L）	4.49	4.25	4.28	0.09	0.52
游离脂肪酸（mmol/L）	186.25	194.08	193.84	2.82	0.43

由表3可知，L组泌乳中期荷斯坦奶牛血清中谷胱甘肽过氧化物酶活性显著升高（$P<0.05$），丙二醛含量显著下降（$P<0.05$），其他指标无显著变化（$P>0.05$）。

表3　酵母β-葡聚糖对泌乳中期奶牛血清抗氧化指标的影响

项目	C组	L组	H组	SEM	P值
丙二醛（nmol/mL）	3.84[a]	3.40[b]	3.45[ab]	0.08	0.03
过氧化氢酶（U/mL）	1.48	1.43	1.32	0.08	0.60
总抗氧化能力（U/mL）	1.75	1.70	1.93	0.10	0.63
谷胱甘肽过氧化物酶（U/mL）	309.30[b]	342.51[a]	317.70[ab]	5.93	0.02
硫氧还蛋白氧化还原酶（U/mL）	1.75	1.88	1.97	0.08	0.52

1.3　小结

酵母β-葡聚糖能够提高泌乳中期奶牛的产奶量，提高泌乳中期奶血清中甘油三酯与葡萄糖浓度，为乳腺组织合成乳脂、乳糖提供充足的前体物；同时，酵母β-葡聚糖能够提高泌乳中期奶牛血清中谷胱甘肽过氧化物酶活力，降低丙二醛含量，提高机体的抗氧化能力。

2　酵母β-葡聚糖对泌乳中期奶牛瘤胃发酵参数及细菌菌群的影响

2.1　试验材料与方法

于正试期第0、15、30、45、60天采集瘤胃液。晨饲后2 h用口腔采液器采集150 mL瘤胃液，前50 mL瘤胃液须舍弃（避免牛口腔黏液和采液器残留液体的影响）。瘤胃液经4层纱布过滤后立即使用pH计（Testo 205、Testo AG、Lenzkirch、Germany）测定pH。测定后分装于2 mL的冻存管和15 mL的离心管中。2 mL冻存管立即放于液氮中，−80 ℃保存，用于后续瘤胃细菌菌群的测定；15 mL离心管保存于−20 ℃冰箱中，用于氨态氮、挥发性脂肪酸的测定。

综合考虑C、L、H组的生产性能与发酵参数，选取C、L组瘤胃液样品进行16S rRNA进行检测。

2.2　试验结果与分析

由表4可知，与C组相比，L组泌乳奶牛瘤胃液中乙酸和丁酸的浓度均显著增加（$P<0.05$）；H组泌乳奶牛瘤胃液中丁酸的浓度显著增加（$P<0.05$）；C、L、H组泌乳奶牛瘤胃液中的pH、氨态氮浓度、丙酸浓度、异戊酸浓度、总挥发酸浓度和乙酸/丙酸无统计学差异（$P>0.05$）。

表 4　酵母 β-葡聚糖对泌乳中期奶牛瘤胃发酵参数的影响

项目	C 组	L 组	H 组	SEM	P 值
pH	6.51	6.41	6.47	0.02	0.09
氨态氮（mg/dL）	15.67	16.54	14.56	0.58	0.16
乙酸（mmol/L）	58.19^{b}	61.65^{a}	59.62^{b}	0.56	0.04
丙酸（mmol/L）	22.57	23.36	23.74	0.29	0.20
乙酸/丙酸	2.60	2.66	2.54	0.23	0.15
丁酸（mmol/L）	11.44^{b}	12.57^{a}	12.14^{a}	0.17	0.03
异戊酸（mmol/L）	1.87	2.11	1.97	0.04	0.08
戊酸（mmol/L）	1.66	1.89	1.85	0.04	0.09
总挥发性脂肪酸（mmol/L）	95.73	101.50	99.32	0.97	0.08

由表 5 可知，L 组与 C 组的 Coverage 指数差异不显著（$P>0.05$），但两组的 Coverage 指数均大于 0.99，表明试验样本序列覆盖度满足要求，本次测序结果能够代表瘤胃微生物的真实情况。Chao 1 指数、Shannon 指数和 Simpson 指数同样在 C、L 组中无显著性差异（$P>0.05$）。

表 5　酵母 β-葡聚糖对瘤胃微生物多样性指数的影响

α 多样性分析	C 组	L 组	SEM	P 值
Chao 1 指数	2 118.60	2 086.20	1.11	0.49
Shannon 指数	6.13	6.02	0.12	0.12
Simpson 指数	0.009 9	0.012 0	0.001 3	0.40
Coverage 指数	0.99	0.99	0.02	0.68

表 6 和表 7 分别揭示了 C 组与 L 组泌乳期奶牛瘤胃微生物在属水平上的组成以及相对丰度 top18 的菌属的相对丰度变化。在 C、L 组泌乳期奶牛瘤胃中共存在 385 个菌属，其中普雷沃氏菌属（*Prevotella*）、琥珀酸菌属（*Succiniclasticum*）、NK4A214 菌群（NK4A214 group）、*Christensenellaceae* _ R-7 _ group、*Muribaculaceae* _ norank 这 5 个菌属的相对丰度均大于 5%。普雷沃氏菌属相对丰度分别在 C、L 组中分别占比 22.03%、27.62%，为属水平的优势菌属。与 C 组相比，L 组泌乳期奶牛瘤胃中纤维降解菌 *Muribaculaceae* _ norank、*Succinivibrionaceae* _ UCG-002、*Clostridia* _ UCG-014 _ norank 菌属的相对丰度显著下降（$P<0.05$）；*Rikenellaceae* _ RC9 _ gut _ group、*Bacteroidales* _ RF16 group _ norank 相对丰度升高（$0.05<P<0.10$）。

表 6 C、L 组中优势菌门及其相对丰度变化

菌门	C组	L组	SEM	P 值
拟杆菌门 Bacteroidota	40.17	44.75	1.81	0.21
厚壁菌门 Firmicutes	52.26	47.63	1.80	0.21
髌骨细菌门 Patescibacteria	1.41	1.29	0.06	0.31
变形菌门 Proteobacteria	2.82	3.31	0.23	0.31

表 7 C、L 组中优势菌属及其相对丰度的变化

菌属	C组	L组	SEM	P 值
普雷沃氏菌属 *Prevotella*	22.03	27.62	2.01	0.08
解琥珀酸菌属 *Succiniclasticum*	9.54	9.93	0.69	0.60
未分类木杆菌科 *Muribaculaceae* _norank	6.10[a]	4.20[b]	0.48	0.05
NK4A214 菌群 NK4A214 group	5.62	6.61	0.46	0.16
克里斯滕森菌科 _R-7 组 *Christensenellaceae* _R-7 _group	4.71	5.10	0.42	0.41
瘤胃球菌属 *Ruminococcus*	4.93	3.81	0.33	0.06
未分类 F082 F082 _norank	3.59	3.11	0.24	0.32
理研菌科 _RC9 组 *Rikenellaceae* RC9 _gut _group	3.25	4.17	0.27	0.07
丁酸弧菌属 *Butyrivibrio*	2.90	2.16	0.30	0.23
未分类梭菌 _UCG-014 *Clostridia* _UCG-014 _norank	2.47[a]	1.59[b]	0.13	0.03
毛螺旋菌属 _NK3A20 组 *Lachnospiraceae* _NK3A20 _group	2.01	1.81	0.14	0.48
普雷沃氏菌属 _UCG-001 *Prevotellaceae* _UCG-001	1.41	1.33	0.08	0.63
产乙酸糖发酵菌属 *Saccharofermentans*	1.39	1.10	0.08	0.08
UCG-005	1.31	1.07	0.15	0.45
普雷沃氏菌属 _UCG-003 *Prevotellaceae* _UCG-003	1.16	1.21	0.10	0.80
毛螺旋菌属 _XPB1014 组 *Lachnospiraceae* _XPB1014 _group	1.11	0.78	0.10	0.14
螺旋弧菌属 _UGG _002 *Succinivibrionaceae* _UCG-002	1.28[a]	0.52[b]	0.20	0.01
未分类拟杆菌属 _RF16 组 *Bacteroidales* _RF16 _group _norank	0.75	1.11	0.10	0.06

由 LDA 分析柱图（图 1）可以看出，在两组中共存在 56 种差异物种，其中 C 组存在 24 种差异物种，L 组存在 32 种差异物种。在 C 组中起重要作用的差异物种有 12 种，在 L 组中起重要作用的差异物种有 20 种。结果表明，酵母 β-葡聚糖能够影响瘤胃细菌菌群的丰度。表 8 罗列了在两组中发挥重要作用的差异物种。

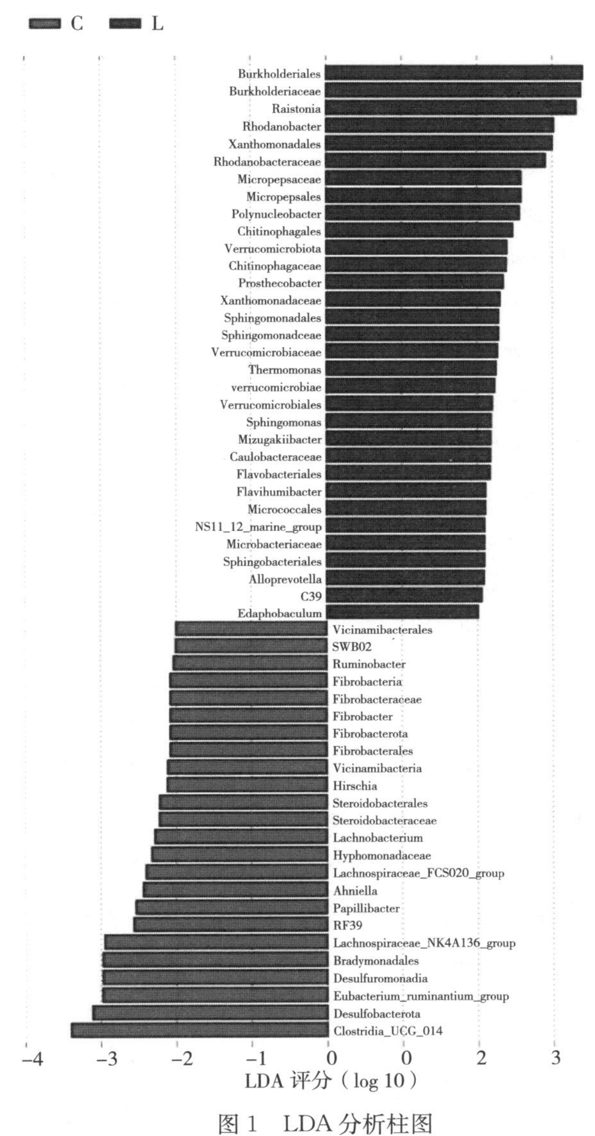

图 1　LDA 分析柱图

表 8　C、L 组中起重要作用的差异物种

物种	符号	丰度	组别	LDA 值	*P* 值
副氨基菌属 *Vicinamibacterales*	a	2.18	C	2.00	0.03
副氨基菌 *Vicinamibacteria*	b	2.38	C	2.11	0.04
微杆菌科 Microbacteriaceae	c	2.61	L	2.10	0.05
微球菌目 Micrococcales	d	2.63	L	2.11	0.04
噬几丁质菌科 Chitinophagaceae	e	2.19	L	2.01	<0.01
噬几丁质菌目 Chitinophagales	f	2.96	L	2.48	0.01

（续）

物种	符号	丰度	组别	LDA 值	*P* 值
黄杆菌目 Flavobacteriales	g	2.41	L	2.17	0.04
NS11 _12 _marine _group	h	2.34	L	2.10	<0.01
鞘氨醇杆菌目 Sphingobacteriales	i	2.35	L	2.10	0.01
慢生单胞菌目 Bradymonadales	j	3.64	C	2.97	<0.01
脱硫单胞菌属 *Desulfuromonadia*	k	3.64	C	2.97	<0.01
纤维杆菌科 Fibrobacteraceae	l	2.80	C	2.08	0.03
纤维杆菌目 Fibrobacterales	m	2.80	C	2.08	0.03
纤维杆菌 *Fibrobacteria*	n	2.80	C	2.08	0.03
RF39	o	3.41	C	2.56	<0.01
梭菌属 *Clostridia* _UCG-014	p	4.35	C	3.40	0.05
茎杆菌科 Caulobacteraceae	q	2.61	L	2.17	0.03
嗜血单胞菌科 Hyphomonadaceae	r	2.63	C	2.33	0.02
微蛋白菌科 Micropepsaceae	s	2.91	L	2.59	0.00
微蛋白菌目 Micropepsales	t	2.91	L	2.59	0.00
鞘单胞菌科 Sphingomonadaceae	u	2.93	L	2.29	0.01
鞘单胞菌科 Sphingomonadales	v	2.93	L	2.29	0.01
伯克氏菌科 Burkholderiaceae	w	3.89	L	3.38	0.01
伯克氏菌目 Burkholderiales	x	3.95	L	3.40	0.00
类固醇杆菌科 Steroidobacteraceae	y	2.49	C	2.23	0.01
类固醇杆菌目 Steroidobacterales	z	2.49	C	2.22	0.01
罗丹杆菌科 Rhodanobacteraceae	a0	3.39	L	2.91	0.01
黄单胞菌科 Xanthomonadaceae	a1	2.60	L	2.31	0.01
黄单胞菌目 Xanthomonadales	a2	3.46	L	3.00	0.01
疣微菌科 Verrucomicrobiaceae	a3	2.61	L	2.27	0.03
疣微菌目 Verrucomicrobiales	a4	2.64	L	2.20	0.04
疣微菌 *Verrucomicrobiae*	a5	2.66	L	2.23	0.03

注：a 表示起重要作用的差异物种；b 表示与进化分支图中的字母对应；c 表示差异物种在差异组的相对丰度。

2.3 小结

酵母 β-葡聚糖能够降低泌乳中期奶牛瘤胃 pH，显著提高了乙酸、丁酸浓度，不改变泌乳中期奶牛瘤胃菌群的丰度与多样性，但能够增加伯克氏菌目/科、黄色单胞菌目菌群的丰度，

显著降低 *Muribaculaceae* _norank、*Clostridia* _ UCG-014 _norank、*Succinivibrionaceae* _ UCG-002 菌属的相对丰度，改变瘤胃内纤维降解的作用方式。

3 结论

酵母 β-葡聚糖能够提高泌乳中期奶牛血清中甘油三酯与葡萄糖水平，增强了机体抗氧化能力，并能改善其生产性能，酵母 β-葡聚糖能够改变泌乳中期奶牛瘤胃内不同纤维降解菌的相对丰度，改善瘤胃发酵。

壳聚糖对无乳链球菌诱导的奶牛乳腺上皮细胞炎性损伤的保护作用机制研究

奶牛乳腺炎是奶牛乳腺的炎症反应，是奶牛的常见疾病，通常造成奶牛奶产量和乳品质下降，严重危害着奶牛业的发展。奶牛乳腺炎作为乳制品行业中最普遍的疾病之一，产奶量的减少是乳腺炎造成的最大间接损失。奶牛乳腺炎引起的乳腺损伤和功能破坏是病原体直接作用的结果，也是宿主免疫反应（即与白细胞反应、蛋白酶和炎症介质相关的影响）的结果。奶牛乳腺上皮细胞是乳腺内一种重要的细胞类型，参与乳腺内感染后的免疫反应。奶牛乳腺上皮细胞是抵御病原微生物入侵的重要防线。

无乳链球菌是引起奶牛乳腺炎的常见和主要致病菌之一，在11%～43%的感染中可导致亚临床乳腺炎。该病原菌通常会导致低级别的持续感染，并且自身治愈率不高。壳聚糖由甲壳素获得，而甲壳素是天然大分子中最丰富的多糖，具有良好的吸附性、吸湿性、成膜性、通透性以及较好的生物相容性、生物降解性和低过敏等特性，还具有抗微生物、抗肿瘤和抗胆固醇血症等功能。壳聚糖由于良好的抗菌作用在畜牧业尤其是在反刍动物瘤胃发酵、免疫以及疾病预防和治疗方面有很大的应用潜力。

无乳链球菌是引起奶牛隐性乳腺炎的主要致病菌，而目前针对隐性乳腺炎的预防和治疗手段仍很局限。本研究旨在探究体外无乳链球菌对奶牛乳腺上皮细胞的感染特性和炎性损伤作用，探究无乳链球菌诱导的奶牛乳腺上皮细胞炎性损伤的作用机制，探究壳聚糖对无乳链球菌诱导的奶牛乳腺上皮细胞炎性损伤作用的调控机制。

1　无乳链球菌对奶牛乳腺上皮细胞的感染特性和损伤作用

1.1　试验材料和方法

奶牛乳腺上皮细胞由东北农业大学生物化学与分子实验室惠赠。无乳链球菌为中国兽医药品监察所购买的标准菌株（CVCC3940）。经细胞冻存、细胞复苏和细胞传代进行奶牛乳腺上皮细胞的培养，无乳链球菌用 BHI 培养基培养。观察无乳链球菌对奶牛乳腺上皮细胞活性的影响、无乳链球菌对奶牛乳腺上皮细胞凋亡的影响、无乳链球菌对奶牛乳腺上皮细胞形态的影响以及无乳链球菌对奶牛乳腺上皮细胞内部结构的影响。

1.2　试验结果与分析

与对照组相比，无乳链球菌感染奶牛乳腺上皮细胞 1 h 后，细胞活性有一定下降，但不显著；无乳链球菌感染 2 h 后，奶牛乳腺上皮细胞活力显著下降到 72.9%（$P<0.05$），感

染 12 h 后，奶牛乳腺上皮细胞的活力极显著下降到 11.4%（$P<0.01$）（图 1）。奶牛乳腺上皮细胞的活性随着无乳链球菌感染时间的延长，呈时间依赖型下降。

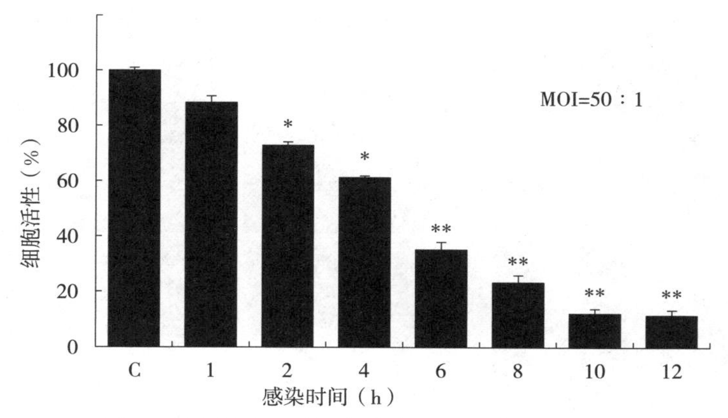

图 1　无乳链球菌对奶牛乳腺上皮细胞活性的影响

注：C 代表对照组；与对照组比较，“*”表示差异显著（$P<0.05$），“**”表示差异极显著（$P<0.01$）。下同

与对照组相比，无乳链球菌感染 2 h 后的奶牛乳腺上皮细胞凋亡率略有增加，但不显著；感染 6 h 后，细胞早期凋亡率极显著上升（$P<0.01$）；感染 12 h 后，细胞早期凋亡率显著上升（$P<0.05$），晚期凋亡和坏死细胞极显著上升（$P<0.01$）（图 2）。

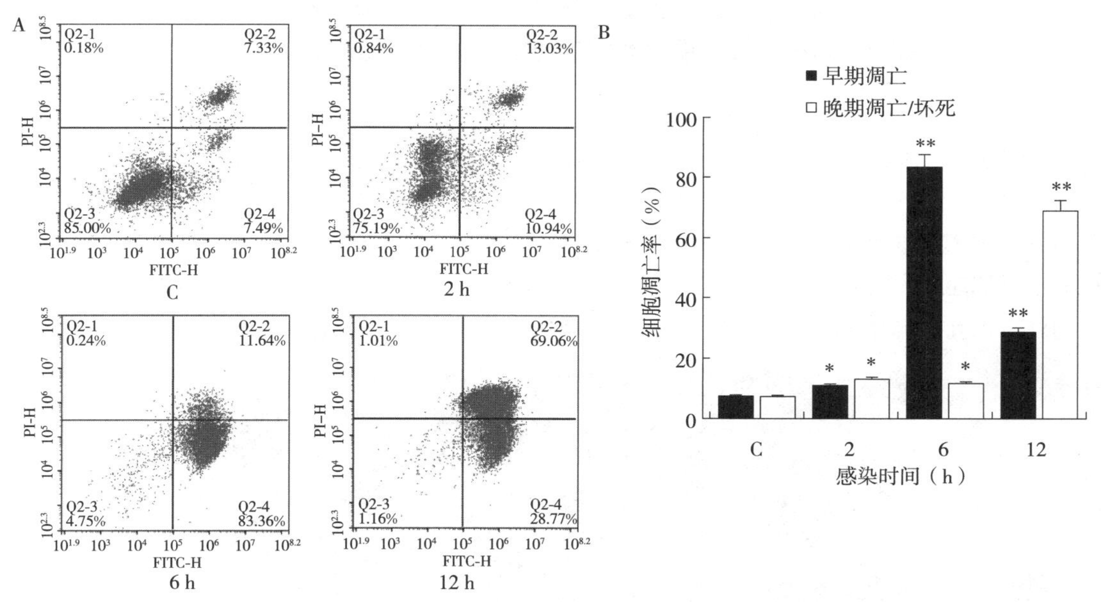

图 2　无乳链球菌对奶牛乳腺上皮细胞凋亡的影响

A. 细胞凋亡流式图（第一象限：坏死细胞；第二象限：晚期凋亡细胞；第三象限：正常细胞；第四象限：早期凋亡细胞）　B. 细胞凋亡率统计图

应用扫描电镜观察无乳链球菌对奶牛乳腺上皮细胞形态的改变。如图 3（彩图 33）所示，未感染的奶牛乳腺上皮细胞形态清晰完整，呈圆形或椭圆形平铺在底面（图 3A）；无乳链球菌呈单个或长链的形式存在（图 3B）；感染 2 h 后，奶牛乳腺上皮细胞表现出轻微收缩（图 3C），并且少量无乳链球菌接触细胞（图 3D）；感染 4 和 6 h 后，细胞表现出明显的皱

缩、变形、细胞边缘脱离，部分细胞发生断裂，无乳链球菌大量黏附在细胞表面，并且分泌黏性物质附着在细胞表面（图 3E～H）；感染 8 h 后，大量细胞破裂死亡（图 3I）。

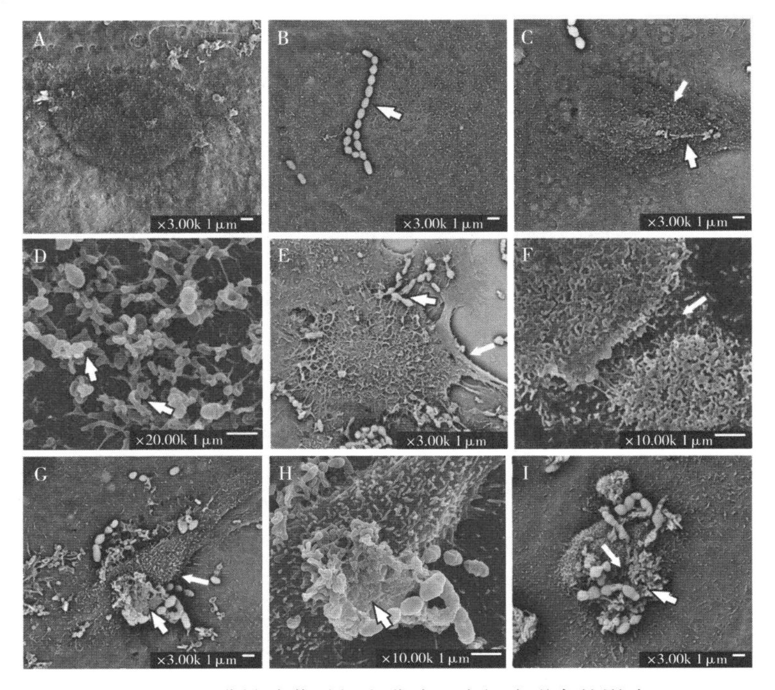

图 3 无乳链球菌对奶牛乳腺上皮细胞形态的影响

A. 未感染的奶牛乳腺上皮细胞 B. 无乳链球菌 C、D. 无乳链球菌感染 2 h 后的奶牛乳腺上皮细胞 E、F. 无乳链球菌感染 4 h 后的奶牛乳腺上皮细胞 G、H. 无乳链球菌感染 6 h 后的奶牛乳腺上皮细胞 I. 无乳链球菌感染 8 h 后的奶牛乳腺上皮细胞

应用透射电镜观察无乳链球菌对奶牛乳腺上皮细胞超微结构的改变。如图 4（彩图 34）所示，对照组细胞结构完整，细胞膜清晰，微绒毛丰富，胞质核区明显，线粒体丰富（图 4A～B）。无乳链球菌感染 6 h 后，细胞超微结构发生明显改变，包括细胞器紊乱、微绒毛丢

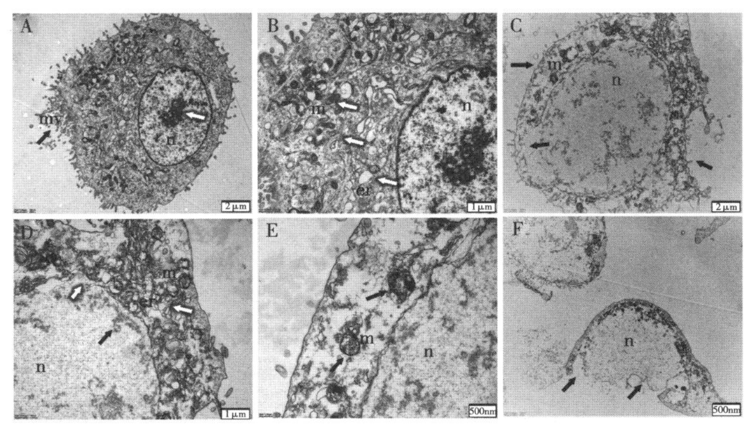

图 4 无乳链球菌对奶牛乳腺上皮细胞内部结构的影响

A、B. 未感染的奶牛乳腺上皮细胞 C～F. 无乳链球菌感染 6 h 后的奶牛乳腺上皮细胞

失和核周间隙扩大，内质网肿胀，线粒体嵴变形并出现致密颗粒堆积，染色质断裂并向核膜边缘扩散，甚至细胞膜破裂（图 4 C～F）。

1.3 小结

无乳链球菌可以黏附奶牛乳腺上皮细胞，并且具有很强的毒性作用，导致细胞皱缩，细胞膜破裂，细胞器紊乱和丢失，染色质固缩，核膜破裂，最终细胞发生凋亡或坏死。本试验结果为下一节无乳链球菌诱导奶牛乳腺上皮细胞炎症反应的研究提供一定基础。

2 无乳链球菌感染对奶牛乳腺上皮细胞炎症基因表达的影响

2.1 试验材料和方法

奶牛乳腺上皮细胞由东北农业大学生物化学与分子实验室惠赠。无乳链球菌为中国兽医药品监察所购买的标准菌株（CVCC3940）。经细菌感染、RNA 提取、RNA 产量和纯度检测、cDNA 合成和实时荧光定量 PCR，检测相关基因的表达。

2.2 试验结果与分析

如图 5 所示，无乳链球菌感染奶牛乳腺上皮细胞后，随着感染时间的延长，*IL*-1*β*、*IL*-6、*TNF*-*α* 和 *IL*-8 的 mRNA 表达量都发生了不同程度的上调。*IL*-1*β* 的 mRNA 表在感染 2 h 后，呈极显著升高（$P<0.01$）。IL-6 的 mRNA 表达量呈现随感染时间依赖性的上升，在无乳链球菌感染 1 h 后，极显著升高（$P<0.01$）。TNF-α 的 mRNA 表达有些特殊，在感染 1 h 后，表达量出现显著降低（$P<0.05$）；在感染 2 和 4 h 后则表达差异不显著；在感染 6 和 8 h 后，表达量极显著升高（$P<0.01$）。IL-8 的 mRNA 表达量也表现为随感染时间依赖性的上升趋势，但程度较为平缓，在感染 1 h 后，显著升高（$P<0.05$）；感染 2 h 后，极显著升高（$P<0.01$）。

如图 6 所示，无乳链球菌感染奶牛乳腺上皮细胞后，与对照组相比，细胞的 *TLR*2 mRNA 表达量在感染 1、2、4 和 6 h 后呈时间依赖性极显著升高（$P<0.01$），在感染 6 h 后，达到感染前的 4.5 倍左右；在感染 8 h 后，表达量虽有所下降，但仍旧极显著升高（$P<0.01$），为感染前的 4 倍左右。细胞的 *TLR*4 mRNA 表达量在无乳链球菌感染 2 h 后有上升趋势，但不显著；在感染 4 h 后，呈现显著升高（$P<0.05$）；在感染 6 和 8 h 后，极显著升高（$P<0.01$）。

如图 7 所示，无乳链球菌感染奶牛乳腺上皮细胞后，细胞 TLR 通路上的关键基因 *MyD*88、*IRAK*4、*IRAK*1、*TRAF*6 和 *TAK* 1 的 mRNA 相对表达量都出现了不同程度的上升。*MyD*88 的 mRNA 表达量在感染 1、2、4 和 6 h 后表现时间依赖性的极显著上升（$P<0.01$），在感染 6 h 后达到顶峰；在感染 8 h 后，相对于对照组也呈极显著升高（$P<0.01$）。*IRAK*4 的 mRNA 表达量在感染 1 h 后就极显著升高（$P<0.01$）；在感染 2 h 后，相对于 1 h 后有所下降；在感染 4、6 和 8 h 后，也均呈现极显著上升（$P<0.01$），但表现为时间依赖性下降。*IRAK*1 的 mRNA 表达量在感染 1 和 2 h 后，相对于对照组差异不显著；在感染 4、6 和 8 h 后，呈现极显著升高（$P<$

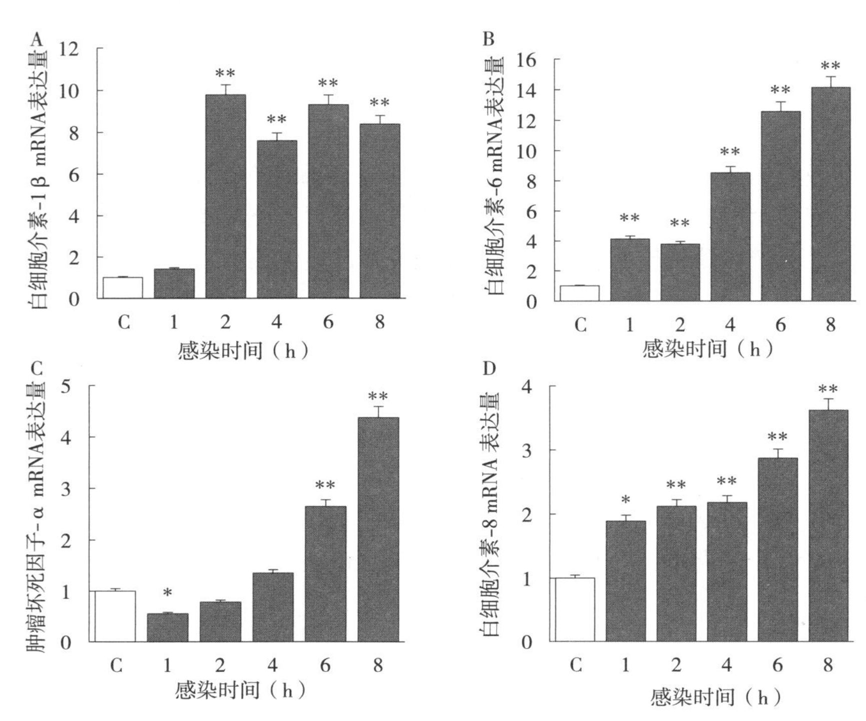

图 5　无乳链球菌感染对奶牛乳腺上皮细胞炎性因子 mRNA 表达的影响

A. *IL*-1*β* mRNA 相对表达量　B. *IL*-6 mRNA 相对表达量

C. *TNF*-*α*mRNA 相对表达量　D. *IL*-8 mRNA 相对表达量

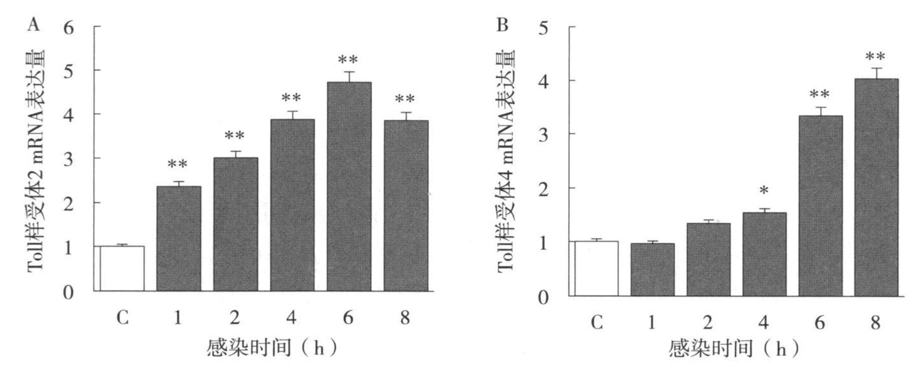

图 6　无乳链球菌感染对奶牛乳腺上皮细胞 *TLR*2 和 *TLR*4 mRNA 表达的影响

A. *TLR*2 mRNA 相对表达量　B. *TLR*4 mRNA 相对表达量

0.01)，且在 6 h 达到最高。*TRAF*6 和 *TAK* 1 的 mRNA 表达量相较于对照组细胞，上升比较轻微；在感染 6 h 后，显著上升（$P<0.05$）；在感染 8 h 后，极显著上升（$P<0.01$）。

2.3　小结

体外无乳链球菌感染能促进奶牛乳腺上皮细胞多种细胞因子的表达，包括炎性因子 IL-1β、TNF-α、IL-6 和趋化因子 IL-8，诱导炎症的发生。奶牛乳腺上皮细胞通过 TLR2 识别

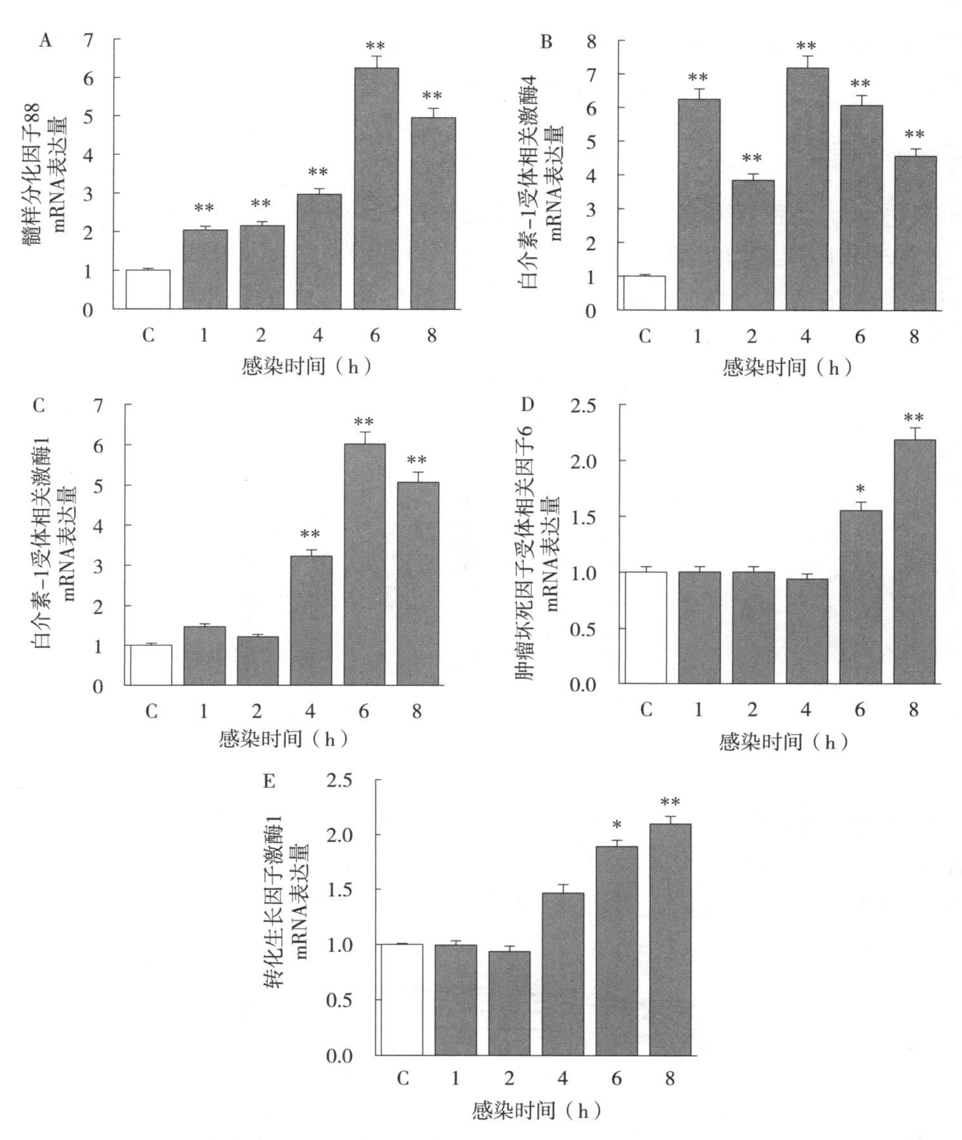

图 7　无乳链球菌感染对奶牛乳腺上皮细胞 *MyD*88、*IRAK*4、*IRAK*1、*TRAF*6 和 *TAK*1 mRNA 表达的影响

A. *MyD*88 mRNA 相对表达量　B. *IRAK*4 mRNA 相对表达量　C. *IRAK*1 mRNA 相对表达量　D. *TRAF*6 mRNA 相对表达量　E. *TAK*1 mRNA 相对表达量

无乳链球菌，激活 TLRs 信号通路，激活细胞的免疫防御系统。

3　壳聚糖对无乳链球菌诱导的奶牛乳腺上皮细胞炎性损伤作用的调控

3.1　试验材料和方法

奶牛乳腺上皮细胞由东北农业大学生物化学与分子实验室惠赠。无乳链球菌为中国兽医药品监察所购买的标准菌株（CVCC3940）。

观察壳聚糖（CTS）对奶牛乳腺上皮细胞活性的影响、壳聚糖对无乳链球菌活性的影响、实时荧光定量 PCR 检测相关基因表达和 Western Blot 检测相关蛋白的表达。

3.2 试验结果与分析

如图 8 所示，当细菌培养 12 h 时，15.625、31.25 和 62.5 mg/mL 的壳聚糖浓度显著提高了奶牛乳腺上皮细胞的活性（$P<0.05$），1 000 mg/mL 的壳聚糖浓度极显著降低了奶牛乳腺上皮细胞的活性（$P<0.01$）；24 h 时，12.625 和 500 mg/mL 的壳聚糖浓度显著提高了奶牛乳腺上皮细胞的活性（$P<0.05$），31.25、62.5、125 和 250 mg/mL 的壳聚糖浓度极显著提高了奶牛乳腺上皮细胞的活性（$P<0.01$）。

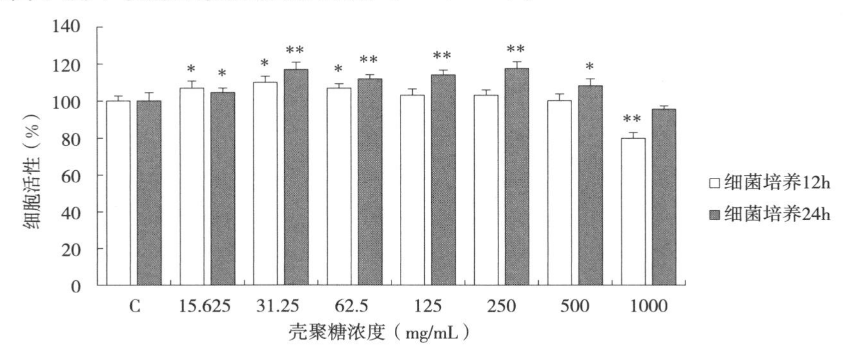

图 8 壳聚糖对奶牛乳腺上皮细胞活性的影响

如图 9 所示，在细菌培养 6 和 8 h 时，所有浓度的壳聚糖均表现出对无乳链球菌增殖呈浓度依赖性的抑制效果（$P<0.05$）；当细菌培养 12 h 以上时，125、250、500 和 1 000 mg/mL 的壳聚糖浓度表现出对无乳链球菌增殖呈浓度依赖性的抑制效果（$P<0.05$）。

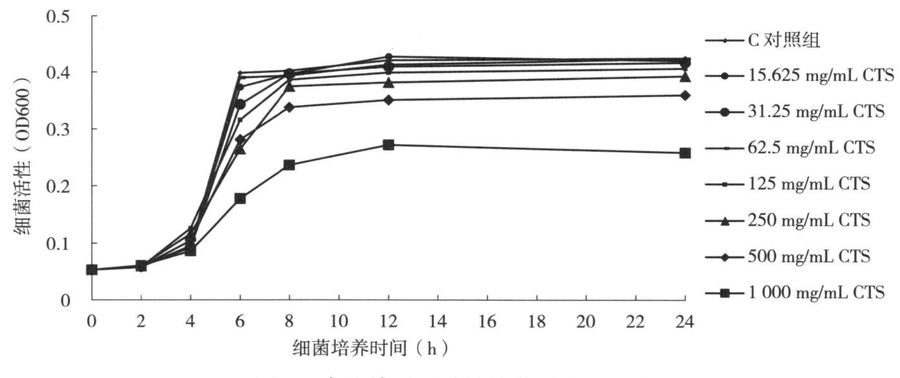

图 9 壳聚糖对无乳链球菌增殖的影响

由图 10 可知，与对照组相比，无乳链球菌极显著提高了奶牛乳腺上皮细胞的 *IL*-6、*IL*-1β、*TNF*-α 和 *IL*-8 mRNA 表达量（$P<0.01$）。但与无乳链球菌组相比，31.25 和 125 mg/mL 的壳聚糖浓度极显著降低了无乳链球菌引起的 *IL*-6、*IL*-1β、*TNF*-α 和 *IL*-8 的 mRNA 表达量（$P<0.01$）；250 mg/mL 的壳聚糖浓度显著降低了无乳链球菌引起的 *IL*-1β 的 mRNA 表达量（$P<0.05$），极显著降低了 *IL*-6、*TNF*-α 和 *IL*-8 的 mRNA 表达量（$P<0.01$）。

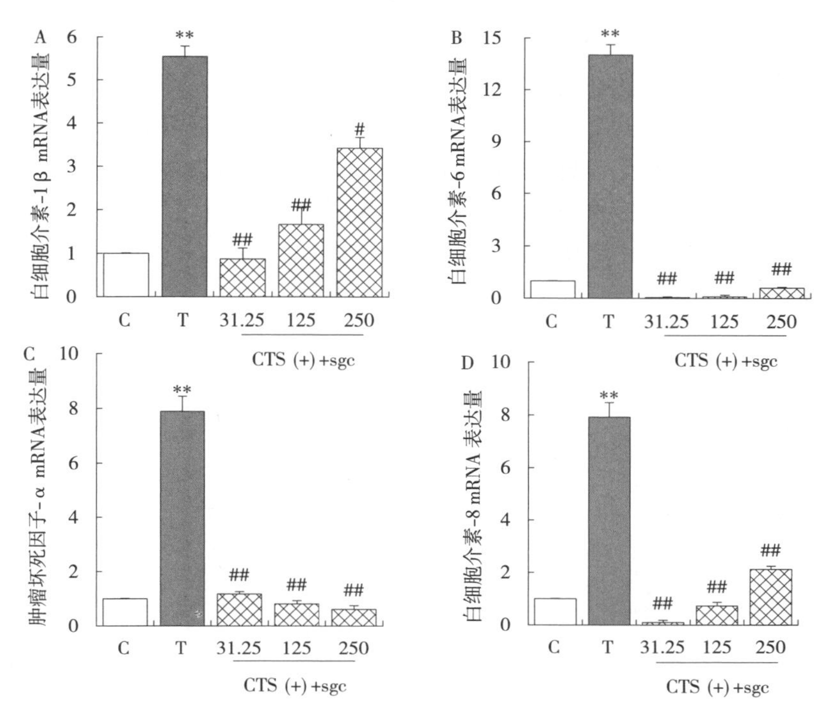

图 10 壳聚糖对无乳链球菌引起的奶牛乳腺上皮细胞炎性因子 mRNA 表达的影响

A. *IL*-1*β* mRNA 相对表达量 B. *IL*-6 mRNA 相对表达量

C. *TNF*-*α* mRNA 相对表达量 D. *IL*-8 mRNA 相对表达量

注：C代表对照组；T代表无乳链球菌组；CTS(＋)＋sgc 代表 CTS(＋)＋sgc 组；31.25、125、250 分别代表 31.25 mg/mL、125 mg/mL、250 mg/mL CTS组。与对照组相比，“*”表示差异显著（$P<0.05$），“**”表示差异极显著（$P<0.01$）。与无乳链球菌组相比，“#”表示差异显著（$P<0.05$），“##”表示差异极显著（$P<0.01$）。下同

如图 11 所示，与对照组相比，无乳链球菌极显著提高了奶牛乳腺上皮细胞 *TLR*2 和 *TLR*4 的 mRNA 表达量（$P<0.01$），而 31.25、125 和 250 mg/mL 壳聚糖浓度均极显著降低了无乳链球菌引起的 *TLR*2 和 *TLR*4 的 mRNA 表达量（$P<0.01$）。

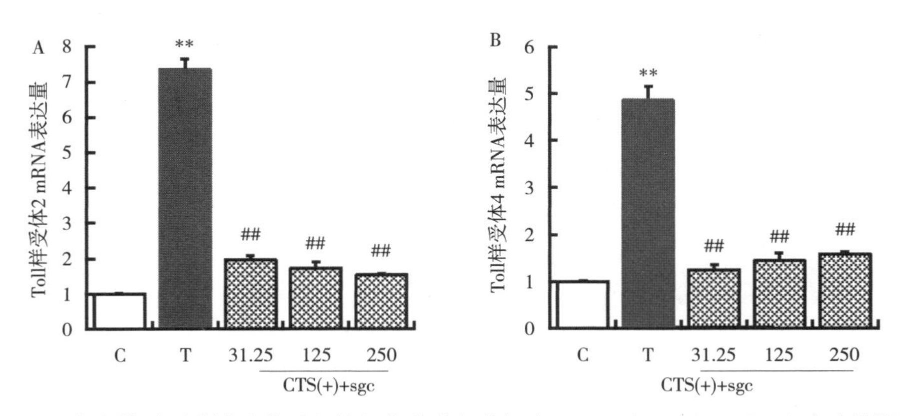

图 11 壳聚糖对无乳链球菌引起的奶牛乳腺上皮细胞 *TLR*2 和 *TLR*4 mRNA 表达的影响

A. *TLR*2 mRNA 相对表达量 B. *TLR*4 mRNA 相对表达量

如图 12 所示，与对照组相比，无乳链球菌极显著提高了奶牛乳腺上皮细胞的 *MyD*88、

*IRAK*4、*IRAK*1、*TRAF*6 和 *TAK*1 mRNA 表达量（$P<0.01$）。与无乳链球菌组相比，31.25 mg/mL 的壳聚糖浓度极显著降低了 *MyD*88、*IRAK*4、*IRAK*1、*TRAF*6 和 *TAK*1 的 mRNA 表达量（$P<0.01$）；125 mg/mL 的壳聚糖浓度显著降低了 *TRAF*6 的 mRNA 表达量（$P<0.05$），极显著降低了 *MyD*88、*IRAK*4、*IRAK*1 和 *TAK*1 的 mRNA 表达量（$P<0.01$）；250 mg/mL 的壳聚糖浓度显著降低了 *MyD*88 和 *TRAF*6 的 mRNA 表达量（$P<0.05$），极显著降低了 *IRAK*4、*IRAK*1 和 *TAK*1 的 mRNA 表达量（$P<0.01$）。

如图 13 所示，与对照组相比，无乳链球菌显著提高了奶牛乳腺上皮细胞的 IκB-α 和 p-

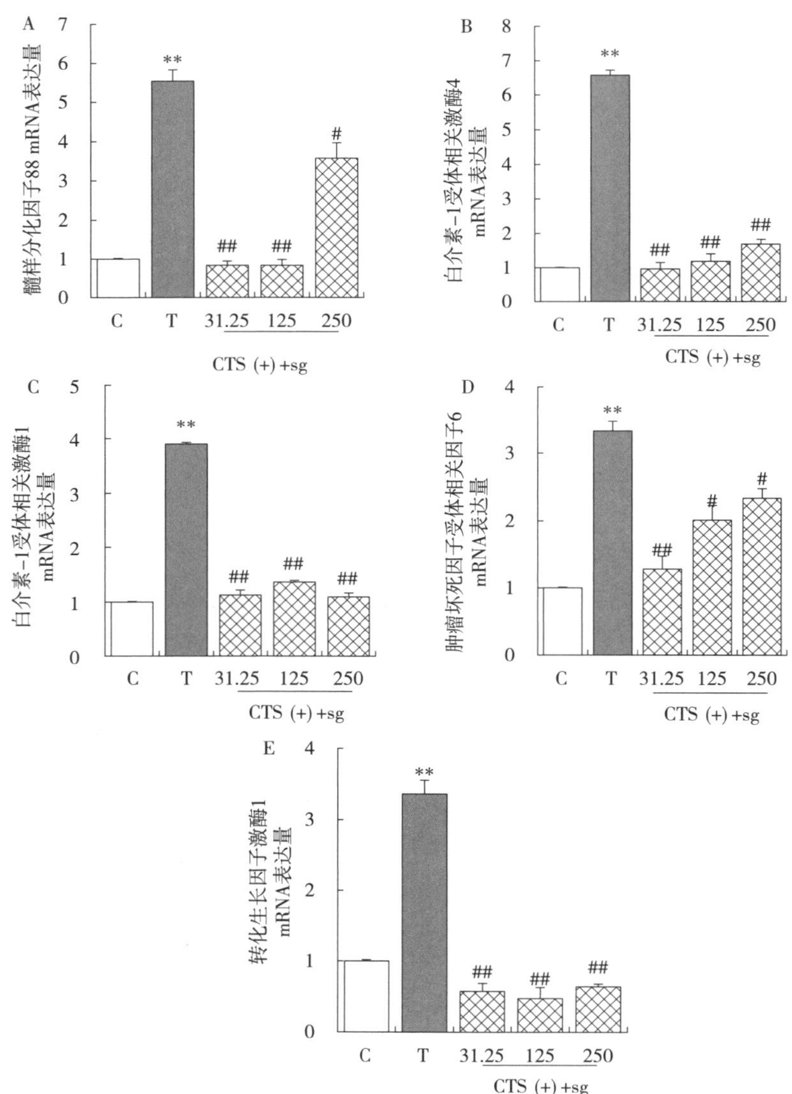

图 12　壳聚糖对无乳链球菌引起的奶牛乳腺上皮细胞的 *MyD*88、*IRAK*4、*IRAK*1、*TRAF*6 和 *TAK*1 mRNA 表达的影响

A. *MyD*88m RNA 相对表达量　B. *IRAK*4 mRNA 相对表达量　C. *IRAK*1 mRNA 相对表达量　D. *TRAF*6 mRNA 相对表达量　E. *TAK*1 mRNA 相对表达量

NF-κB-p65 的蛋白表达量（$P<0.05$），而 31.25、125 和 250 mg/mL 的壳聚糖浓度均极显著降低了无乳链球菌诱导的 IκB-α 和 p-NF-κB-p65 的蛋白表达量（$P<0.01$）。

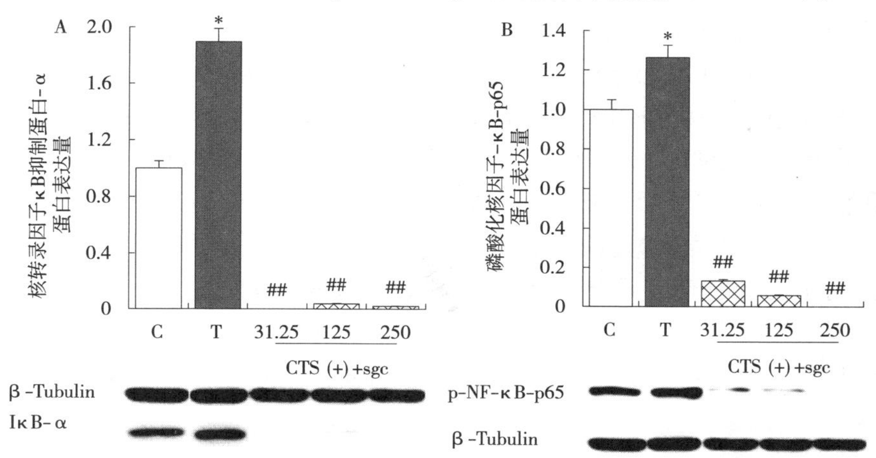

图 13　壳聚糖对无乳链球菌引起的奶牛乳腺上皮细胞 IκB-α 和 p-NF-κB-p65 蛋白表达的影响

A. IκB-α 蛋白表达量　B. p-NF-κB-p65 蛋白表达量

如图 14 所示，与对照组相比，无乳链球菌显著提高了奶牛乳腺上皮细胞的 p-p38 和 p-JNK 蛋白表达量（$P<0.05$），而 31.25、125 和 250 mg/mL 的壳聚糖浓度极显著降低了无

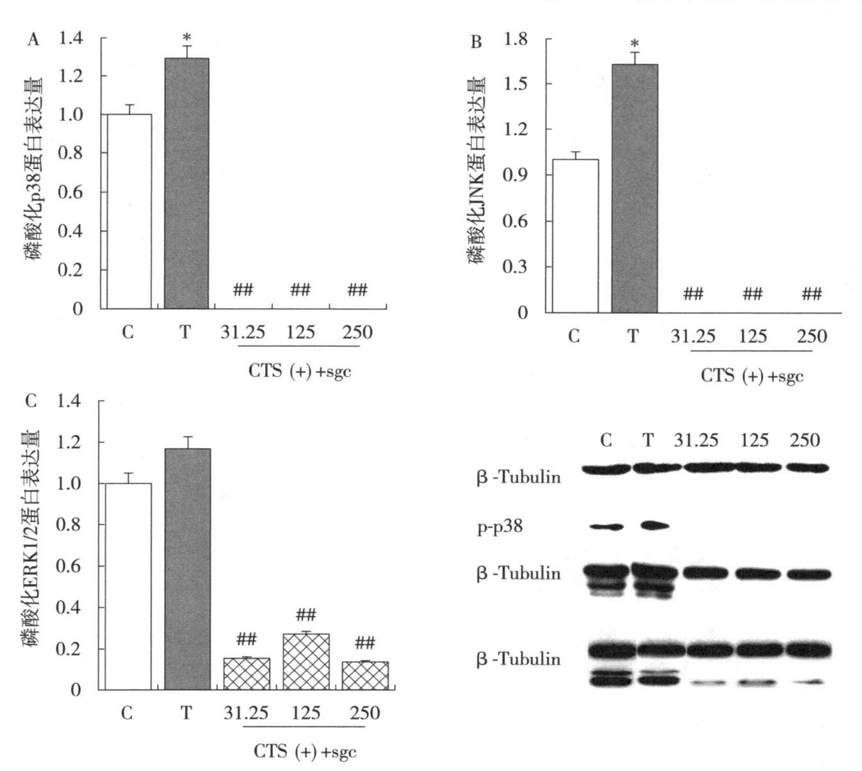

图 14　壳聚糖对无乳链球菌引起的奶牛乳腺上皮细胞 p-p38、p-JNK 和 p-ERK1/2 蛋白表达的影响

A. p-p38 蛋白表达量　B. p-JNK 蛋白表达量　C. p-ERK1/2 蛋白表达量

乳链球菌诱导的 p-p38、p-JNK 和 p-ERK1/2 蛋白表达量（$P<0.01$）。

由图 15 可知，壳聚糖作用奶牛乳腺上皮细胞 24 h 后，31.25 mg/mL 的壳聚糖浓度极显著降低了奶牛乳腺上皮细胞的 *IL*-6 和 *IL*-8 mRNA 表达量（$P<0.01$）；125 mg/mL 的壳聚糖浓度显著降低了奶牛乳腺上皮细胞的 *IL*-6 mRNA 表达量（$P<0.05$），极显著降低了奶牛乳腺上皮细胞的 *IL*-8 mRNA 表达量（$P<0.01$）；250 mg/mL 的壳聚糖浓度极显著升高了奶牛乳腺上皮细胞的 *IL*-6、*IL*-1β 和 *TNF*-α mRNA 表达量（$P<0.01$）。无乳链球菌感染奶牛乳腺上皮细胞 6 h 后，极显著升高了细胞的 *IL*-6、*IL*-1β、*TNF*-α 和 *IL*-8 mRNA 表达量（$P<0.01$），而壳聚糖预处理细胞 24 h 后再感染，31.25 和 125 mg/mL 的壳聚糖浓度极显著抑制了无乳链球菌诱导的奶牛乳腺上皮细胞的 *IL*-6、*IL*-1β、*TNF*-α 和 *IL*-8 mRNA 表达量（$P<0.01$）；250 mg/mL 的壳聚糖浓度极显著抑制了无乳链球菌诱导的奶牛乳腺上皮细胞的 *IL*-6、*TNF*-α 和 *IL*-8 mRNA 表达量（$P<0.01$），其中 31.25 mg/mL 的

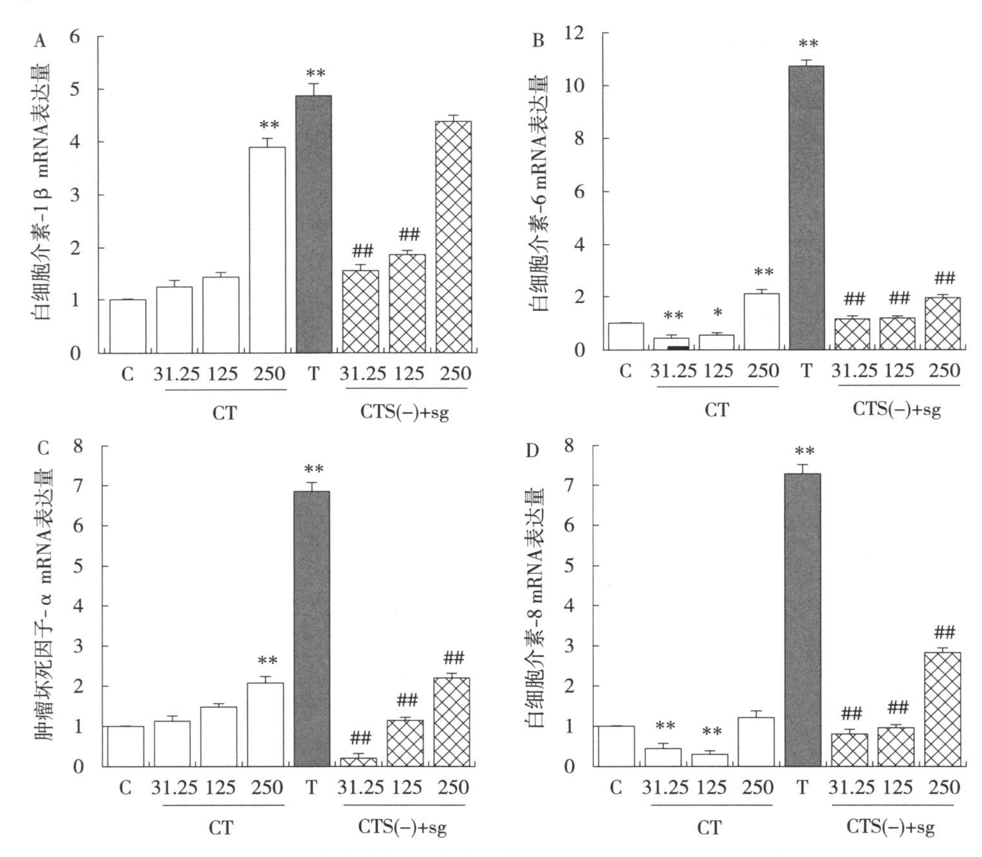

图 15 壳聚糖对奶牛乳腺上皮细胞炎性因子表达的影响

A. *IL*-1β mRNA 相对表达量 B. *IL*-6 mRNA 相对表达量

C. *TNF*-α mRNA 相对表达量 D. *IL*-8 mRNA 相对表达量

注：C 代表对照组；T 代表无乳链球菌组；CTS 代表 CTS 组；CTS（一）＋sgc 代表 CTS（一）＋sgc 组；31.25、125、250 分别代表 31.25 mg/mL、125 mg/mL、250 mg/mLCTS 组。与对照组相比，“*”表示差异显著（$P<0.05$），“**”表示差异极显著（$P<0.01$）。与无乳链球菌组相比，“#”表示差异显著（$P<0.05$），“##”表示差异极显著（$P<0.01$）。下同

壳聚糖浓度抑制效果最显著。

如图 16 所示，壳聚糖作用奶牛乳腺上皮细胞 24 h 后，31.25 和 125 mg/mL 的壳聚糖浓度极显著降低了奶牛乳腺上皮细胞的 *TLR*2 mRNA 表达量（$P<0.01$）；无乳链球菌感染 6 h 后，极显著升高了奶牛乳腺上皮细胞的 *TLR*2 和 *TLR*4 mRNA 表达量（$P<0.01$），而壳聚糖预处理细胞 24 h 后再感染，31.25、125 和 250 mg/mL 的壳聚糖浓度均极显著抑制了无乳链球菌诱导的奶牛乳腺上皮细胞的 *TLR*2 和 *TLR*4 mRNA 表达量（$P<0.01$），且 31.25 mg/mL 的壳聚糖浓度抑制效果最显著。

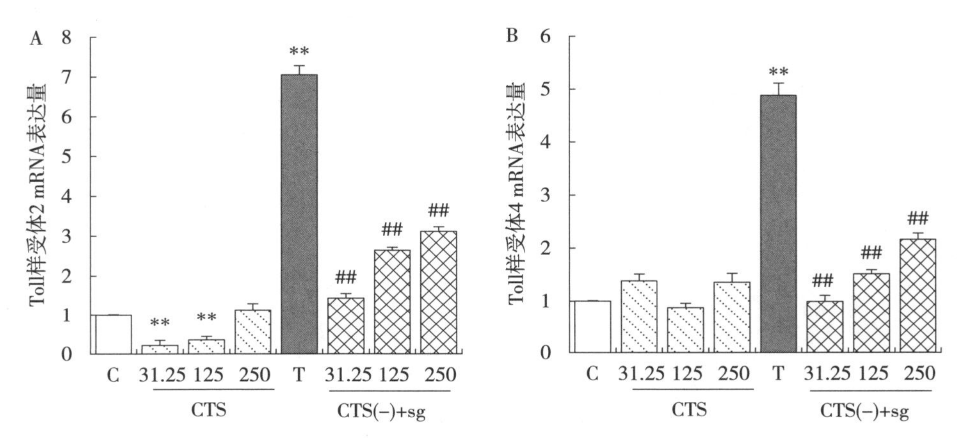

图 16　壳聚糖对奶牛乳腺上皮细胞的 *TLR*2 和 *TLR*4 mRNA 表达的影响

A. *TLR*2 mRNA 相对表达量　B. *TLR*4 mRNA 相对表达量

如图 17 所示，壳聚糖作用奶牛乳腺上皮细胞 24 h 后，31.25 mg/mL 的壳聚糖浓度显著降低了奶牛乳腺上皮细胞的 *MyD*88 mRNA 表达量（$P<0.05$），极显著降低了奶牛乳腺上皮细胞的 *IRAK*4 和 *TRAF*6 mRNA 表达量（$P<0.01$）。无乳链球菌感染 6 h 后，极显著提高了奶牛乳腺上皮细胞的 *MyD*88、*IRAK*4、*IRAK*1、*TRAF*6 和 *TAK* 1 mRNA 表达量（$P<0.01$），而壳聚糖预处理细胞 24 h 后再感染，31.25、125 和 250 mg/mL 的壳聚糖浓度均极显著抑制了无乳链球菌诱导的奶牛乳腺上皮细胞的 *MyD*88、*IRAK*4、*IRAK*1、*TRAF*6 和 *TAK* 1 mRNA 表达量（$P<0.01$），且 31.25 mg/mL 的壳聚糖浓度抑制效果最显著。

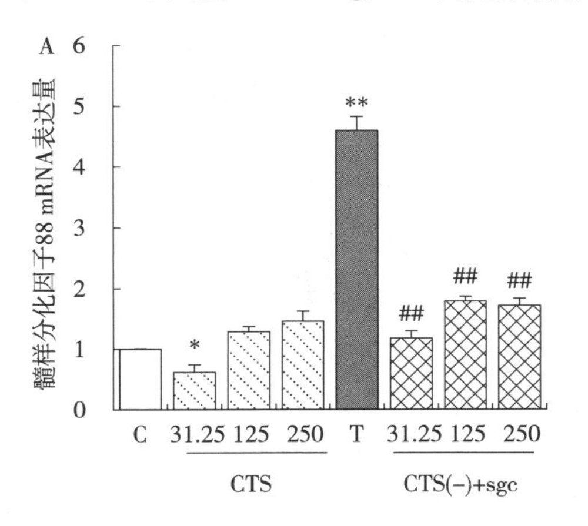

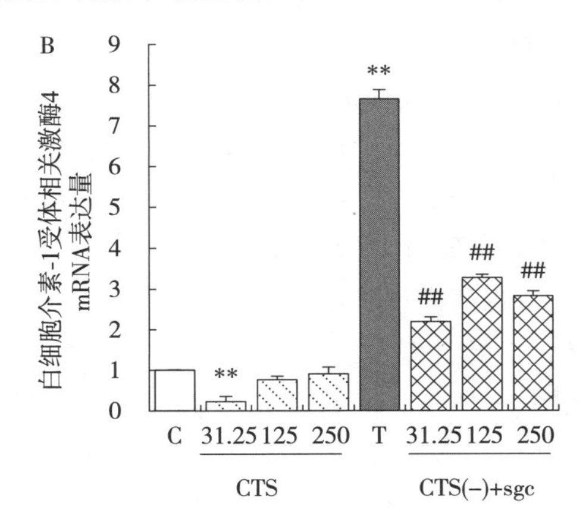

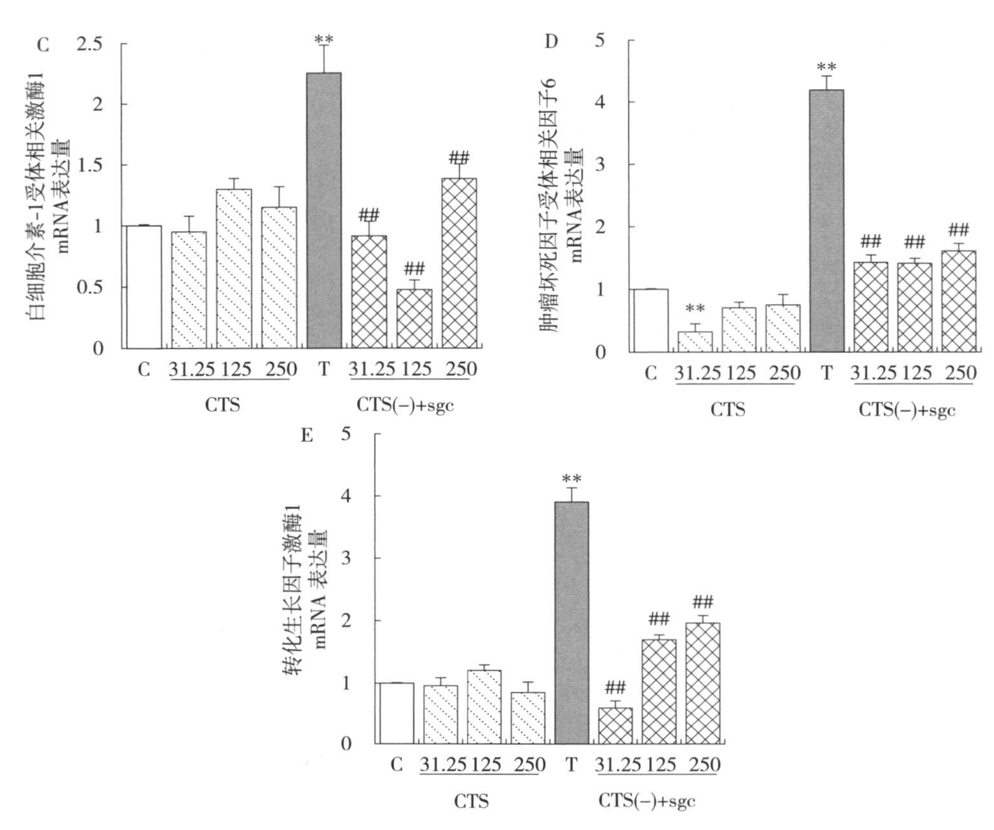

图 17 壳聚糖对奶牛乳腺上皮细胞的 *MyD*88、*IRAK*4、*IRAK*1、*TRAF*6 和 *TAK*1 mRNA 表达的影响

A. *MyD*88 mRNA 相对表达量 B. *IRAK*4 mRNA 相对表达量 C. *IRAK*1 mRNA 相对表达量 D. *TRAF*6 mRNA 相对表达量 E. *TAK*1 mRNA 相对表达量

如图 18 所示，壳聚糖作用奶牛乳腺上皮细胞 24 h 后，31.25 mg/mL 的壳聚糖浓度显著降低了奶牛乳腺上皮细胞的 p-NF-κB-p65 蛋白表达量（$P<0.05$）；125 mg/mL 的壳聚糖浓度显著降低了奶牛乳腺上皮细胞的 IκB-α 蛋白表达量（$P<0.05$），极显著降低了 p-NF-κB-p65 蛋白表达量（$P<0.01$）；250 mg/mL 的壳聚糖浓度极显著降低了奶牛乳腺上皮细胞的 p-NF-κB-p65 蛋白表达量（$P<0.01$）。无乳链球菌感染 6 h 后，显著提高了奶牛乳腺上皮细胞的 IκB-α 和 p-NF-κB-p65 蛋白表达量（$P<0.05$）；而壳聚糖预处理细胞 24 h 后再感染，31.25 和 125 mg/mL 的壳聚糖浓度极显著抑制了无乳链球菌诱导的奶牛乳腺上皮细胞的 IκB-α 蛋白表达量（$P<0.01$），显著抑制了 p-NF-κB-p65 蛋白表达量（$P<0.05$）；250 mg/mL 的壳聚糖浓度极显著抑制了无乳链球菌诱导的奶牛乳腺上皮细胞的 IκB-α 和 p-NF-κB-p65 蛋白表达量（$P<0.01$）。

如图 19 所示，壳聚糖作用奶牛乳腺上皮细胞 24 h 后，31.25、125 和 250 mg/mL 的壳聚糖浓度均极显著降低了奶牛乳腺上皮细胞的 p-p38、p-JNK 和 p-ERK1/2 蛋白表达量（$P<0.01$），且基本呈浓度依赖性趋势。无乳链球菌感染 6 h 后，分别显著和极显著提高了

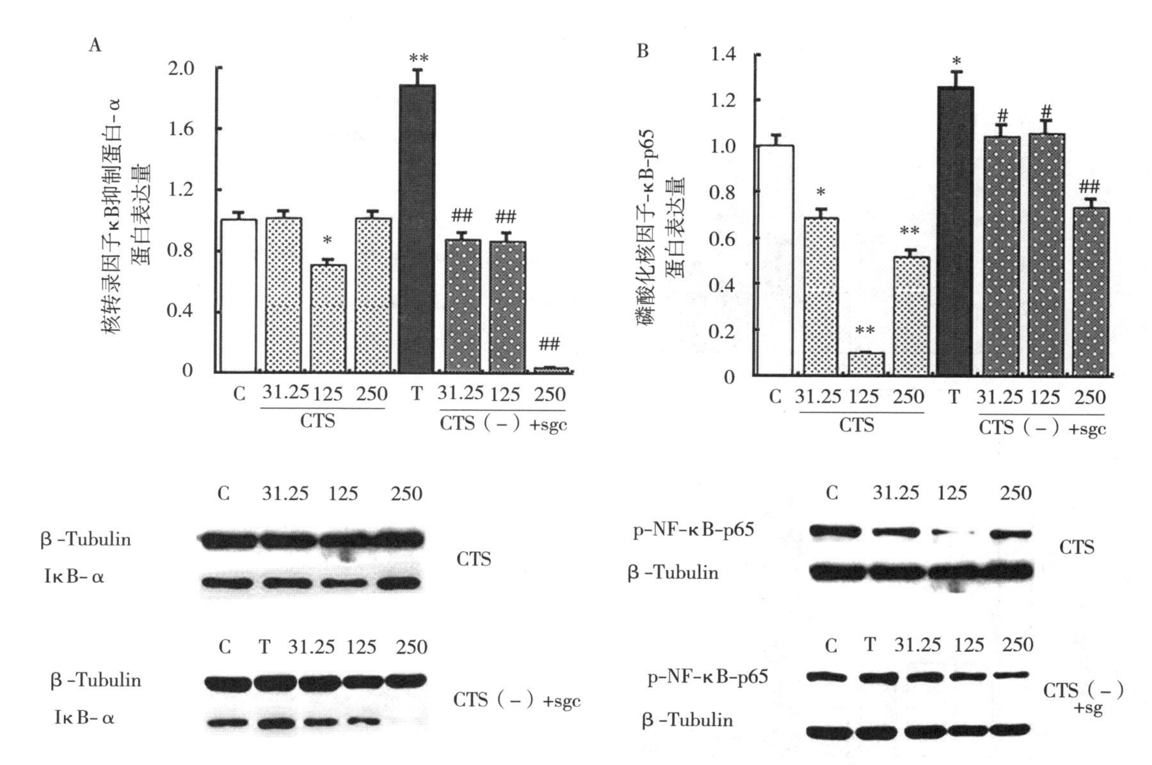

图 18 壳聚糖对奶牛乳腺上皮细胞 IκB-α 和 p-NF-κB-p65 蛋白表达的影响

A. IκB-α 蛋白表达量 B. p-NF-κB-p65 蛋白表达量

奶牛乳腺上皮细胞的 p-p38（$P<0.05$）和 p-JNK 蛋白表达量（$P<0.01$），并且轻微提高了 p-ERK1/2 蛋白表达量，但差异不显著，而壳聚糖预处理细胞 24 h 后再感染，31.25、125 和 250 mg/mL 的壳聚糖浓度均极显著抑制了无乳链球菌诱导的奶牛乳腺上皮细胞的 p-p38、p-JNK 和 p-ERK1/2 蛋白表达量（$P<0.01$）。

3.3 小结

（1）壳聚糖在 15.625～500 mg/mL 浓度范围内对细胞没有毒性，并且可以提高细胞活性；壳聚糖呈浓度依赖性抑制无乳链球菌活性。

（2）壳聚糖能够显著降低无乳链球菌诱导的奶牛乳腺上皮细胞 TLR 通路相关基因和 p-NF-κB-p65、p-p38、p-JNK 和 p-ERK1/2 蛋白的表达，因此，壳聚糖通过抑制 NF-κB 和 MAPK 信号通路的转导，减少奶牛乳腺上皮细胞炎性因子的表达，从而降低无乳链球菌诱导产生炎症的损伤作用，且低浓度的壳聚糖效果更佳。

（3）低浓度的壳聚糖可以显著降低奶牛乳腺上皮细胞 TLR2 和 TLR 通路相关基因的表达，这可能是低浓度壳聚糖更好的调控无乳链球菌诱导的炎症反应的重要原因；壳聚糖可以显著抑制奶牛乳腺上皮细胞 NF-κB-p65、p38、JNK 和 ERK1/2 的磷酸化水平，降低炎症的损伤作用。

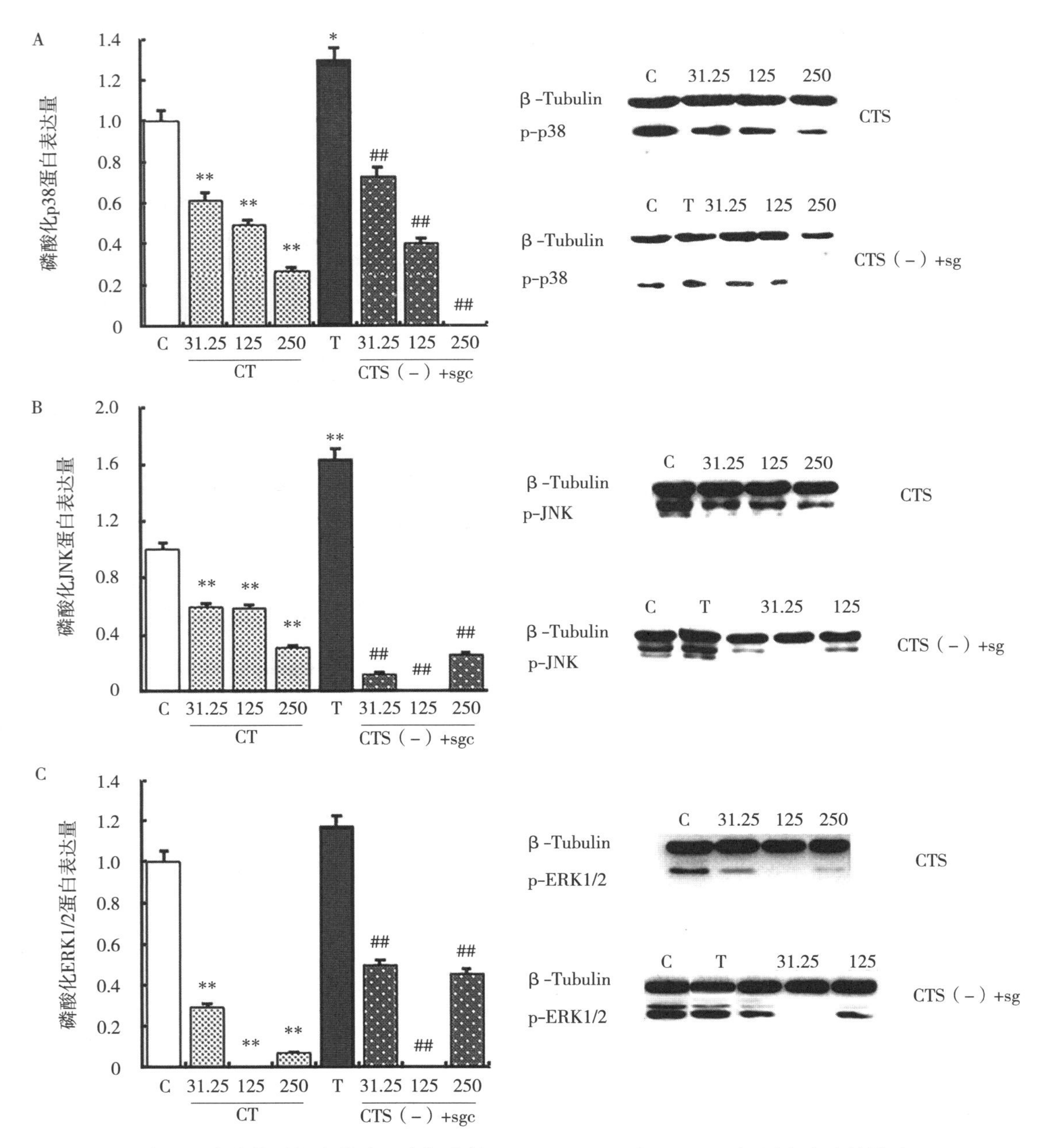

图 19　壳聚糖对奶牛乳腺上皮细胞的 p-p38、p-JNK 和 p-ERK1/2 蛋白表达的影响

A. p-p38 蛋白表达量　B. p-JNK 蛋白表达量　C. p-ERK1/2 蛋白表达量

4　结论

（1）无乳链球菌能够损伤奶牛乳腺上皮细胞的形态结构，促进细胞的凋亡，降低细胞的活力，影响细胞的正常生理功能。

（2）无乳链球菌能够诱导奶牛乳腺上皮细胞炎性基因表达上调，引起炎症反应，TLR信号转导通路在诱导的奶牛乳腺上皮细胞炎性损伤中发挥重要作用。

（3）壳聚糖主要通过抑制奶牛乳腺上皮细胞 NF-κB 和 MAPK 信号通路的转导，减少细胞炎性因子的释放，从而有效保护细胞，减弱了奶牛乳腺上皮细胞的炎性损伤作用，而低剂量壳聚糖通过抑制 TLR2 和 TLR 通路相关基因的表达表现出更显著的作用效果。

CHAPTER 5

其　　他

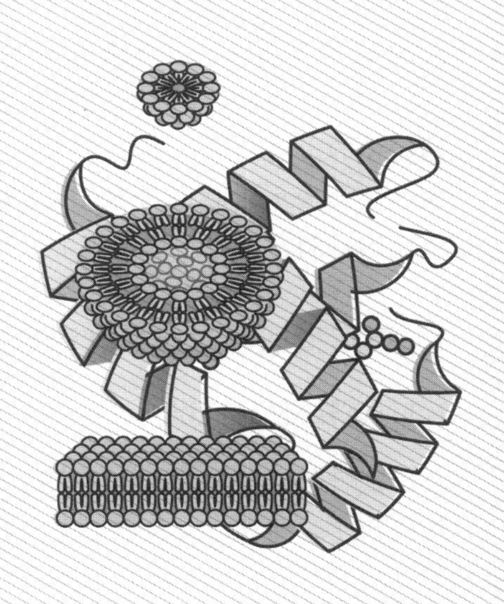

青蒿素对奶牛乳汁代谢产物的影响及其调控机制

青蒿是一年生草本植物，在我国十几个省区分布，而其提取物为含有倍半萜内酯的化合物，具有抗氧化、抗炎与抗菌、抗肿瘤、提高免疫力等功能。国内外专家学者发现，青蒿素不仅可以抗疟疾，在畜牧业也有较好的应用前景。植物提取物的饲喂可提高奶牛体液免疫的水平，为奶牛乳腺炎提供新的治疗途径。

代谢组学是一个新兴的研究领域，可以利用高通量的方法对生物样品中的小分子代谢物进行定量测定。通过对这些代谢物的鉴定和综合分析，可知机体在受到内部或外部刺激条件下，从分子和细胞水平全面的揭示这种变化规律。而在代谢组学技术中，液相色谱-串联质谱法（LC-MS）由于其具有准确、特异的特点得到了广泛的应用。

奶牛乳腺的发育与其泌乳期的生产性能密不可分，由皮肤汗腺衍生而来，在中胚层和外胚层的分化过程中形成了乳腺组织。牛奶主要由水、无机盐、蛋白质、脂肪、糖和维生素等。乳脂含量是评估奶牛品质的重要指标，合成乳脂肪酸占比最大的为饱和脂肪酸，它是从乳腺血液循环中摄入或是由乳腺的短中链脂肪酸合成。乳脂肪关键信号的转导通路有：AMPK 信号通路、mTOR 信号通路、SREBP 信号通路和 PI3K-AKT 信号通路。

本试验通过非靶向代谢组学技术，探究青蒿素对奶牛乳汁样品中脂质代谢产物及脂肪代谢途径的影响。进一步在 BMECs 上通过确定青蒿素的最佳浓度及作用时间，在分子及蛋白表达层面揭示青蒿素对 BMECs 乳脂合成途径 PI3K-AKT-mTOR 和 AMPK-mTOR 的影响及作用机制，为青蒿素在奶牛生产中提一定的理论依据。

1 青蒿提取物对奶牛乳汁代谢产物的影响

1.1 试验材料与方法

试验采用 2～4 胎次、体重（590±15.5）kg、泌乳量和泌乳天数相近的 18 头荷斯坦奶牛作为实验动物，由北京延庆区某奶牛养殖场提供。试验随机分为 3 组，按 6 头/组进行饲养试验。对照组（A 组）饲喂全混合日粮（TMR），试验组（B 组）除饲喂 TMR 之外，投喂 60 g/d 的青蒿提取物。晨饲前进行投药，每天投药 1 次。试验进行 35 d，预试期 7 d，饲喂期 14 d，停止饲喂期 14 d。在第 0、14、28 天，早、中、晚按 4∶3∶3 采集奶样，并记录产奶量。

在试验的第 0、14、28 天，对每头试验牛进行奶样的采集，采样时间为 8：20、15：20、20：20，早、中、晚按 4∶3∶3 混合奶样，置于 4 ℃下贮藏，用于乳中体细胞数目、乳成分及相关代谢组学的分析，并记录每天奶牛产奶量，试验期的平均产奶量代表该阶段的产奶量。乳中体细胞数目检测采用（Fossomatic 5000，丹麦 FOSS 公司）体细胞计数仪测定。

1.2 试验结果与分析

从表 1 中可以看出，与 A 组相比，饲喂 60 g/d 青蒿素组奶牛的平均产奶量与 A 组相比增长了 3.27%，显著提高了乳脂校正乳产量和乳脂率（$P<0.05$）；奶牛乳中体细胞数有一定程度的下降（$0.05<P<0.1$），降低了 18.95%。由此可见，青蒿提素对奶牛机体无不良影响，在一定程度上提升了奶牛的产奶性能，并降低了奶牛乳中的体细胞数。

表 1 青蒿素对奶牛生产性能的影响

项目	A 组	B 组	SEM	*P* 值
产奶量（kg/d）	30.23	31.22	0.201	0.058
乳脂校正乳（kg/d）	34.77^{b}	38.25^{a}	0.442	0.032
乳脂率（%）	5.00^{b}	5.40^{a}	0.052	0.043
乳蛋白率（%）	3.36	3.27	0.031	0.409
乳糖率（%）	4.28	4.50	0.044	0.157
尿素氮（mg/dL）	12.47	12.39	0.066	0.873
体细胞数（$\times10^{4}$个/mL）	12.77	10.35	3.24	0.056

注：同行数据肩标不同小写字母表示差异显著（$P<0.05$），相同或无字母表示差异不显著（$P>0.05$）。A 组饲喂 TMR，B 组 TMR 添加 60 g/d 的青蒿素。下同。

如表 2 所示，本试验中共检测出青蒿素组与对照组之间具有显著性差异（$P<0.05$）的代谢物 32 种，其中上调了 15 种代谢产物，主要由脂类与类固醇组成：溶血磷脂酸/溶血卵磷脂、磷脂酰胆碱、甘油磷脂、神经鞘磷脂、1，2-二癸酰基甘油；下调的 17 种代谢产物中，主要由有机物及脂肪酸组成。

表 2 对照组与青蒿素组的差异代谢产物

代谢产物	RT（min）	VIP 值	FC 值	*P* 值
溶血磷脂酸/溶血卵磷脂	11.34	12.54	1.233	0.009
磷脂酰胆碱	11.46	9.17	1.277	0.014
麦芽糖	0.587	7.516	1.182	0.004
纤维四糖	0.676	6.592	1.387	0.009
甘油磷脂	10.52	5.805	1.219	0.008
神经鞘磷脂	10.37	4.85	1.201	0.017
羟甲基胆素	0.716	4.825	1.403	0.027
1，2-二癸酰基甘油（10：0）	9.432	4.794	1.573	0.013
PS [18：0/18：3（9Z，12Z，15Z）]	10.962	4.744	1.242	0.046

（续）

代谢产物	RT（min）	VIP 值	FC 值	*P* 值
6″-对香豆素	0.775	8.401	2.525	0.036
Kaempferol 3-neohesperidoside-7-（2″-p-coumaryllaminaribioside）	1.151	3.857	1.283	0.019
7-（6″-香蒲糖苷）4′-葡萄糖苷	0.756	3.831	3.807	0.022
泛酸	1.831	3.378	1.397	0.003
MG（0：0/14：0/0：0）	8.07	3.201	2.66	0.008
1-Monopalmitin	8.77	2.322	1.73	0.025
曲二糖	0.59	17.75	0.856	0.034
1-硬脂酸甘油三酯	8.5	8.73	0.68	0.013
2″-（6′-对香豆酰葡萄糖基）槲皮苷	0.8	6.15	0.417	0.011
PC［16：0/20：4（5Z，8Z，11Z，14Z）］	10.62	5.75	0.705	0.012
2-甲基丁基肉碱	2.25	5.41	0.643	0.035
LysoPC（18：0）	8.81	5.1	0.692	0.027
Kaempferol 3-（2″-rhamnosylgalactoside）7-rhamnoside	0.6	4.62	0.207	0.001
PC［16：0/22：5（4Z，7Z，10Z，13Z，16Z）］	10.59	4.56	0.746	0.011
PC［18：0/20：4（5Z，8Z，11Z，14Z）］	11.09	3.69	0.555	0.004
螺环内酯 e	7.05	2.85	0.204	0.038
PC［18：1（11Z）/20：3（5Z，8Z，11Z）］	10.82	2.58	0.713	0.024
PS［18：0/18：2（9Z，12Z）］	7.03	2.53	0.184	0.034
5-甲基西咪替丁	1.1	2.52	0.686	0.004
3-Glucosyl-2，3′，4，4′，6-pentahydroxybenzophenone	0.59	1.99	0.252	0.001
Pro Phe Pro Met	3.03	1.98	0.28	0.04
N-乙酰半乳糖胺	0.64	1.94	0.603	0.042

（续）

代谢产物	RT（min）	VIP 值	FC 值	*P* 值
PS［18：2（9Z，12Z）/18：0］	10.9	1.69	0.922	0.048

注：VIP 表示正交偏最小二乘判别分析（OPLS-DA）模型中投影（VIP）值具有可变重要性的第一主成分，（阈值>1）；FC 表示变化倍数，FC>1 表明青蒿素组的浓度相对较高，FC<1 表示与对照组相比浓度相对较低。

如表 3 所示，本试验共发现差异代谢途径 6 种。脂质代谢途径的有 3 类，分别是 α-亚麻酸代谢、亚油酸代谢、甘油磷脂代谢；氨基酸代谢途径的有 2 类，分别是赖氨酸降解、β-丙氨酸代谢、淀粉和蔗糖代谢。

表 3　对照组与青蒿素组的差异代谢途径

代谢途径	类别	代谢产物	*P* 值
α-亚麻酸代谢 亚油酸代谢 甘油磷脂代谢	脂质代谢	C04230［LysoPC（18：0）］；C00157｛PC［16：0/20：4（5Z，8Z，11Z，14Z）］｝	0.047
赖氨酸降解 β-丙氨酸代谢	氨基酸代谢	C00990（5-Aminopentanamide）；C00864（Pantothenic Acid）	0.053
淀粉和蔗糖代谢	碳水化合物代谢	C00208（Maltose）	
泛酸与 CoA 生物合成	辅因子与维生素代谢	C00864（Pantothenic Acid）	0.05
玉米素生物合成	萜类化合物和聚酮类化合物代谢	C00147（Adenine）	0.05
碳水化合物消化吸收 维生素消化吸收	消化系统	C00864（Pantothenic Acid）；C00208（Maltose）	0.045

在脂质代谢途径中，代谢产物溶血磷脂酸/溶血卵磷脂、磷脂酰胆碱、甘油磷脂、神经鞘磷脂、1，2-二癸酰基甘油显著上升；氨基酸代谢途径中，TCA 循环中富马酸、氧戊二酸、琥珀酸以及磷酸烯醇丙酮酸显著下调；丙氨酸、天冬氨酸和谷氨酸代谢途径中富马酸、L-谷氨酸、L-天冬酰胺、氧戊二酸、琥珀酸、N-乙酰基-L-天冬氨酸显著下调；精氨酸生物合成途径中富马酸、L-谷氨酸、氧戊二酸、瓜氨酸显著下调；D-谷氨酰胺和 D-谷氨酸代谢途径中 L-谷氨酸、氧戊二酸显著下调。

图 1（彩图 36）所示为奶牛泌乳性能与差异代谢产物相关性分析，现奶牛乳汁中乳脂率和乳蛋白率等与溶血磷脂酸/溶血卵磷脂、磷脂酰胆碱、甘油磷脂、神经鞘磷脂、1，2-二癸酰基甘油呈显著正相关关系，与尿苷及黄嘌呤/鸟嘌呤的比例呈显著负相关关系。与同型异烟酸/4-羟基苯基丙酮酸的比例、黄嘌呤/鸟嘌呤的比例及尿苷等呈显著正相关关系，与羟基丙酸、葡萄糖 1-磷酸、奎尼酸、鸟嘌呤、山梨醇、1，5-无水杂环醇、尿嘧啶/尿苷的比例呈显著负相关关系。

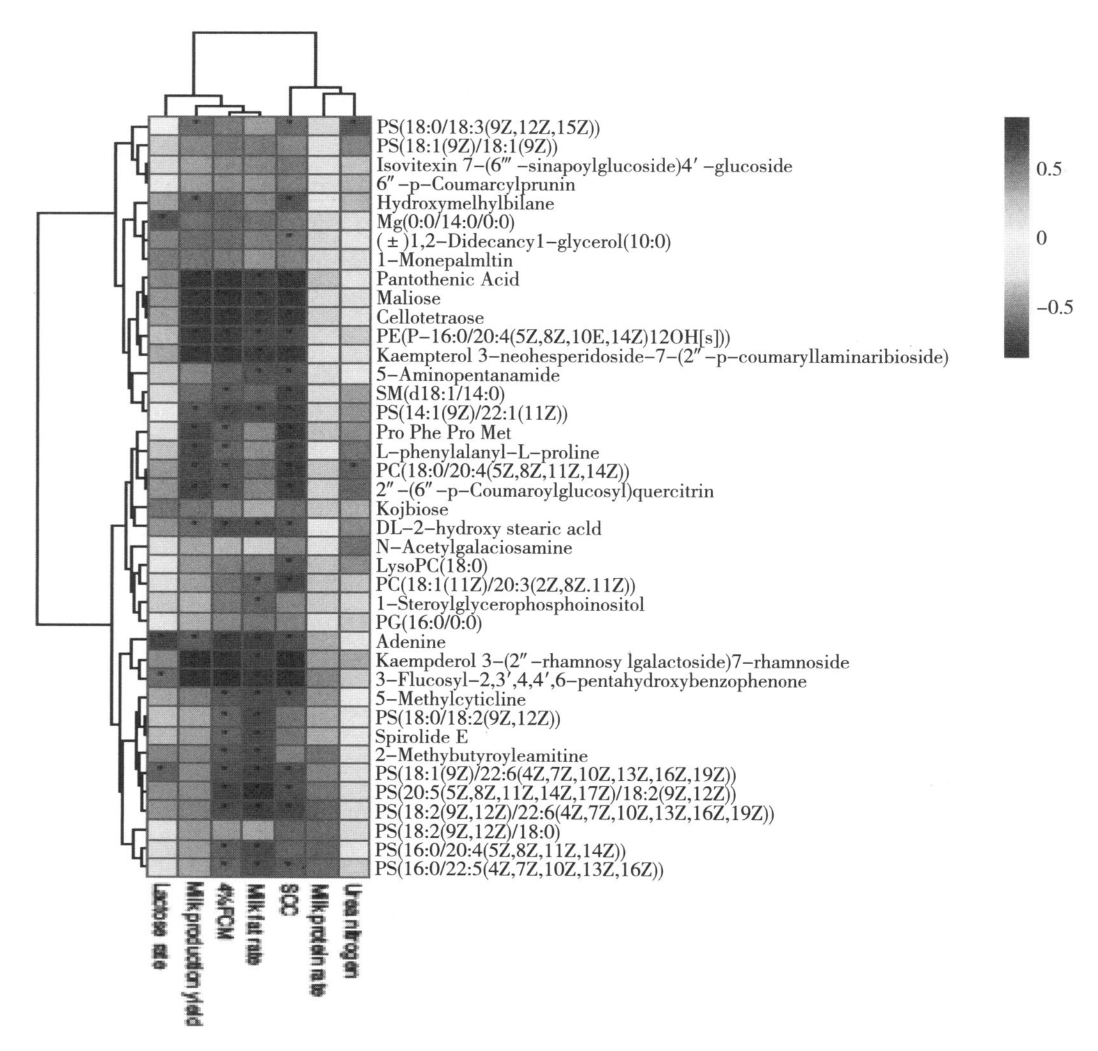

图 1　奶牛泌乳性能成与差异代谢物的相关性热图分析

1.3 小结

（1）本试验共鉴定出 280 种代谢物，其中参与 KEGG 代谢途径的代谢物有 40 种。

（2）本试验共获得 32 种差异显著的代谢物（$P<0.05$），其中所有代谢物的 VIP>1，苯丙酮酸、尿苷、同型异烟酸/ 4-羟基苯基丙酮酸的比例、黄嘌呤/鸟嘌呤的比例和甘油的 FC>2，属于上调代谢物。

（3）本试验共获得 6 条富集差异显著的代谢途径，即脂质代谢、氨基酸代谢、碳水化合物代谢、辅因子与维生素的代谢、萜类化合物和聚酮类化合物的代谢、消化系统。4 种代谢途径属于能量代谢途径和氨基酸代谢途径。

（4）青蒿素对于奶牛泌乳调控的影响，主要是因为青蒿素的饲喂影响了奶牛脂质合成的代谢途径，使一些脂类的代谢产物显著上调；并在一定程度上影响碳水化合物类代谢产物及氨基酸类代谢物，从而提高了乳中乳脂的含量。

（5）通过对生产性能和代谢组学联合分析，青蒿素的饲喂改变了奶牛乳汁中相关代谢产物的比例，最终在一定程度上提高了奶牛的泌乳量，显著提高了奶牛乳中的乳脂含量，提高了乳品质。

2 青蒿提取物对奶牛乳腺上皮细胞活性及乳脂合成的影响

2.1 试验材料与方法

奶牛乳腺上皮细胞来自东北农业大学动物生物化学与分子生物学实验室的惠赠。按照细胞的复苏、细胞换液、细胞传代的步骤进行奶牛乳腺上皮细胞的培养。

当细胞可以传代时，将其稀释后（每孔 2 000 个细胞）接种于 96 孔板中，待 12 h 细胞贴壁后，吸取原培养液，每孔加入 150 μL 含有 100、80、60、40、20、10 μmol/L 的青蒿素药物培养液，对细胞进行刺激 1、3、6、9、12、24 h。到达刺激时间后，每孔加入 MTT 溶液 10 μL，在培养箱培养 4 h 观察细胞中是否出现紫色结晶，如果出现量很少可在培养箱培养 12h 后进行后续试验。待紫色结晶出现较多时，每孔加入 100 μL 的 Formazan 溶解液，适当混匀，在细胞培养箱中继续孵育 3～4 h（在显微镜下观察紫色结晶溶解）。在 570 nm 测定吸光度。

将其稀释后接种于 6 孔板中，待 12 h 细胞贴壁后，吸取原培养液，洗涤细胞，每孔加入 150 μL 含有 100、80、60、40、20、10 μmol/L 的青蒿素药物培养液，继续培养 12 h（每孔及时间点设立 6 个重复和 6 个空白对照组）。进行乳脂合成产物的检测。

2.2 试验结果与分析

结果如图 2 所示，不同剂量的青蒿素和乳腺上皮细胞作用 1～9 h 对细胞活性没有显著的影响，而到 12 h 时，青蒿素浓度为 60、40、20 μmol/L 显著提高了奶牛乳腺上皮细胞的活性（$P<0.01$），青蒿素浓度达到 100 μmol/L 时显著降低了细胞活性，当培养至 24 h 后，100 μmol/L 的青蒿素极显著降低了细胞活性，60、40、20 μmol/L 显著提高了奶牛乳腺上皮细胞的活性（$P<0.01$）。由此可知，青蒿素对奶牛乳腺上皮细胞无毒害作用的剂量为 0～80 μmol/L，其中 60、40、20 μmol/L 在 12 h 发挥的效果最好。

通过对细胞内蛋白浓度的校正得出如图 3 所示的细胞中甘油三酯含量。而甘油三酯的数据进一步验证了油红 O 染色的结果。在不同浓度的青蒿素处理奶牛乳腺上皮细胞 12 h 后，与对照组相比 40 μmol/L 的青蒿素极显著提高了细胞内甘油三酯的含量（$P<0.01$），20、60 μmol/L 的青蒿素显著提高了细胞中甘油三酯的含量（$P<0.05$），而 80 μmol/L 的青蒿素显著抑制了细胞内甘油三酯的含量（$P<0.05$）。可以考虑在以后的试验中剔除 80 μmol/L 的青蒿素组。

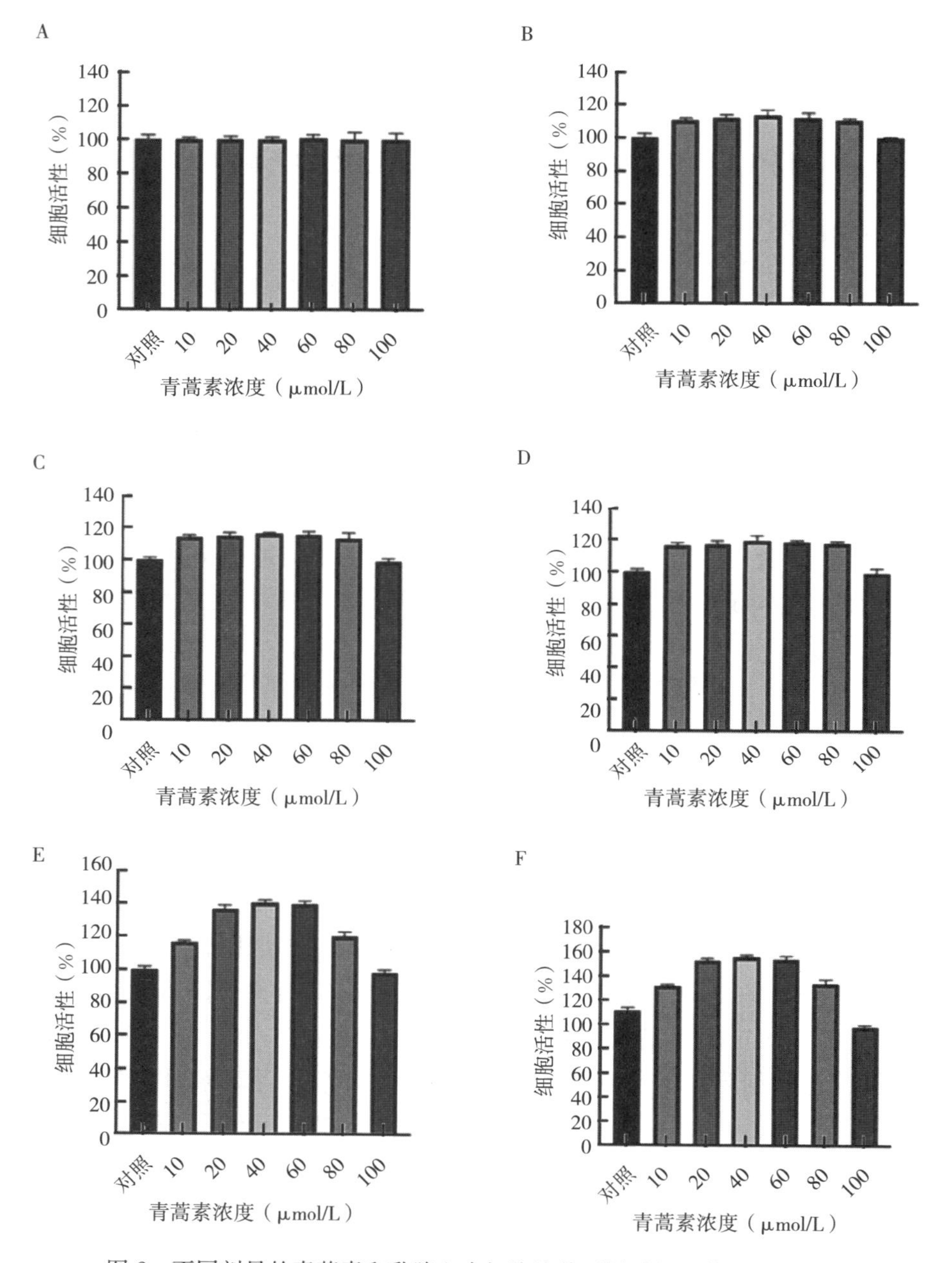

图2 不同剂量的青蒿素和乳腺上皮细胞培养不同时间对其活性的影响

A. 不同浓度青蒿素处理 1 h 后细胞活性 B. 不同浓度青蒿素处理 3 h 后细胞活性
C. 不同浓度青蒿素处理 6 h 后细胞活性 D. 不同浓度青蒿素处理 9 h 后细胞活性
E. 不同浓度青蒿素处理 12 h 后细胞活性 F. 不同浓度青蒿素处理 24 h 后细胞活性

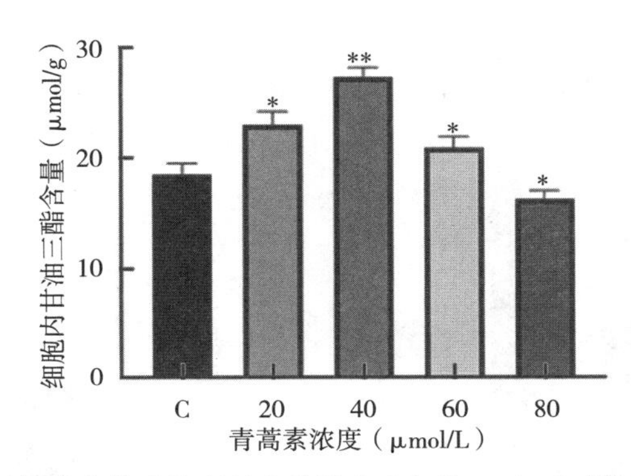

图 3　不同剂量的青蒿素处理奶牛乳腺上皮细胞 12 h 后对脂质代谢的影响

注：数据是 3 个平行样本的平均数±标准误，与对照组（C）比较，“*”表示差异显著（*P*＜0.05），“**”表示差异极显著（P＜0.01）。下同

2.3　小结

本试验通过添加不同浓度（20、40、60、80、100 μmol/L）青蒿素与 bMECs 共培养 1、3、6、9、12、24 h 后发现：

（1）青蒿素与 bMECs 共培养 12h 为最佳作用时间，促进细胞的增殖。

（2）青蒿素与 bMECs 共培养的最佳浓度为 20、40、60 μmol/L，培养时间为 12 h，效果最佳，适用于后期相关分子机制的研究。

3　青蒿提取物影响奶牛乳腺上皮细胞乳脂合成的分子机制

3.1　试验材料与方法

测定青蒿素对奶牛乳腺上皮细胞乳脂合成中相关基因 mRNA 表达的影响和青蒿素对奶牛乳腺上皮细胞乳脂合成相关蛋白的影响。

3.2　试验结果与分析

如图 4 所示，在不同浓度青蒿素处理奶牛乳腺上皮细胞 12 h 后，添加 40μmol/L 的青素可显著提高 PI3K 的 mRNA 的表达水平（*P*＜0.05）。而添加 20 与 60 μmol/L 青蒿素对细胞内 PI3K 的 mRNA 表达量没有影响。与对照组相比，添加 20 与 40μmol/L 的青蒿素极显著提高了处于 PI3K 下游 AKT1 的 mRNA 表达量（*P*＜0.01）；添加 60μmol/L 青蒿素显著提高了 AKT1 的 mRNA 表达量（*P*＜0.05）。

如图 5 所，不同浓度青蒿素处理 bMECs 12h 后，40μmol/L 的青蒿素显著提高了 Cyclin D1 的 mRNA 表达水平（*P*＜0.05），添加 20 与 60μmol/L 青蒿素对细胞内 Cyclin D1 的 mRNA 表达水平没有影响。

如图 6 所示，对于能量代谢起重要作用的 AMPK 的 mRNA 表达量与对照组相比，添加 40 μmol/L 的青蒿素极显著提高（*P*＜0.01）；添加 60 μmol/L 的青蒿素显著提高（*P*＜

0.05)；添加 20 μmol/L 的青蒿素没有变化。对于其下游 mTOR 的基因的 mRNA 表达量，与对照组相比，添加 20 、40 、60 μmol/L 的青蒿素极显著提高（$P<0.01$）。

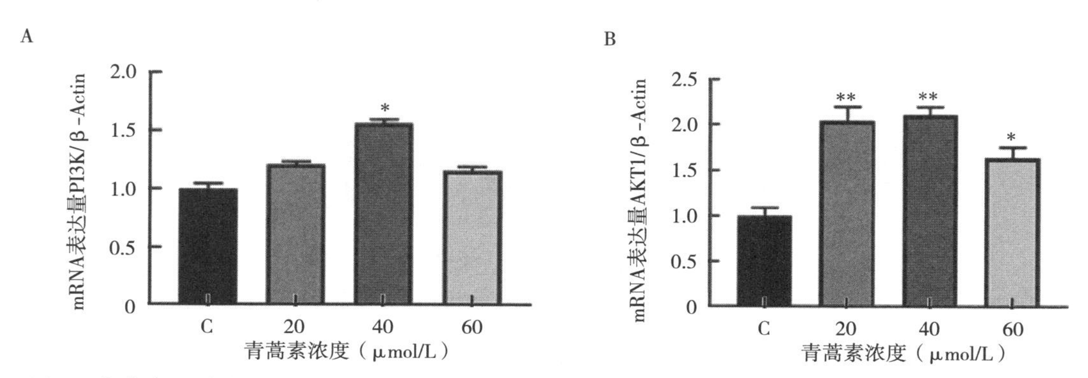

图 4 青蒿素对磷脂酰肌醇 3-激酶（PI3K）（A）和丝氨酸/苏氨酸蛋白激酶 1（AKT1）（B）的 mRNA 表达水平的影响

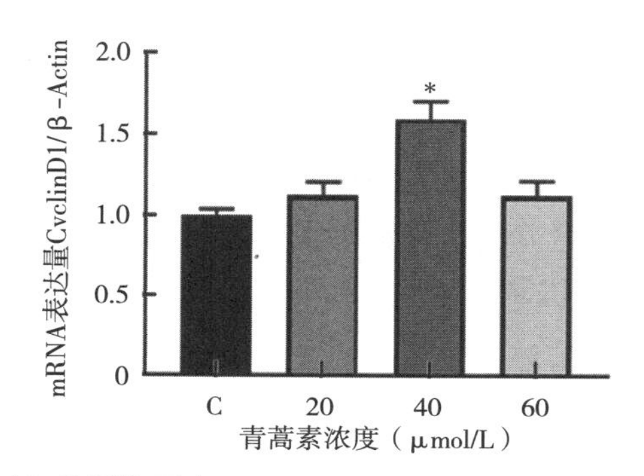

图 5 青蒿素对细胞周期蛋白 D1（CyclinD1）的 mRNA 表达水平的影响

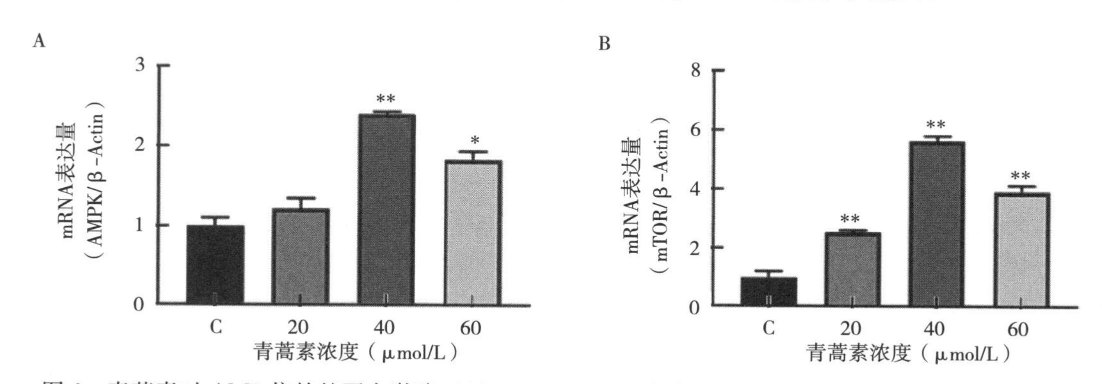

图 6 青蒿素对 AMP 依赖的蛋白激酶（AMPK）（A）和哺乳动物雷帕霉素靶蛋白（mTOR）（B）的 mRNA 表达水平的影响

如图 7 所示，对于奶牛乳脂合成关键基因的 mRNA 表达量与对照组相比，添加 20、40、60 μmol/L 的青蒿素显著提高 *PPARγ* 基因的表达量（$P<0.05$）。添加 20 μmol/L 和 60 μmol/L 的青蒿素著显著提高 *SREBP1-c* 基因的表达量（$P<0.05$），添加 40 μmol/L 的青蒿素极显著提高 *SREBP-c* 基因的表达量（$P<0.01$）。40 μmol/L 与 60 μmol/L 的青蒿素

极显著提高 *ACC* 基因的表达量（$P<0.01$），添加 20 μmol/L 的青蒿素显著提高 *ACC* 基因的表达量（$P<0.05$）。添加 20、40、60 μmol/L 的青蒿素极显著提高 *SCD*1 基因的表达量（$P<0.01$）。

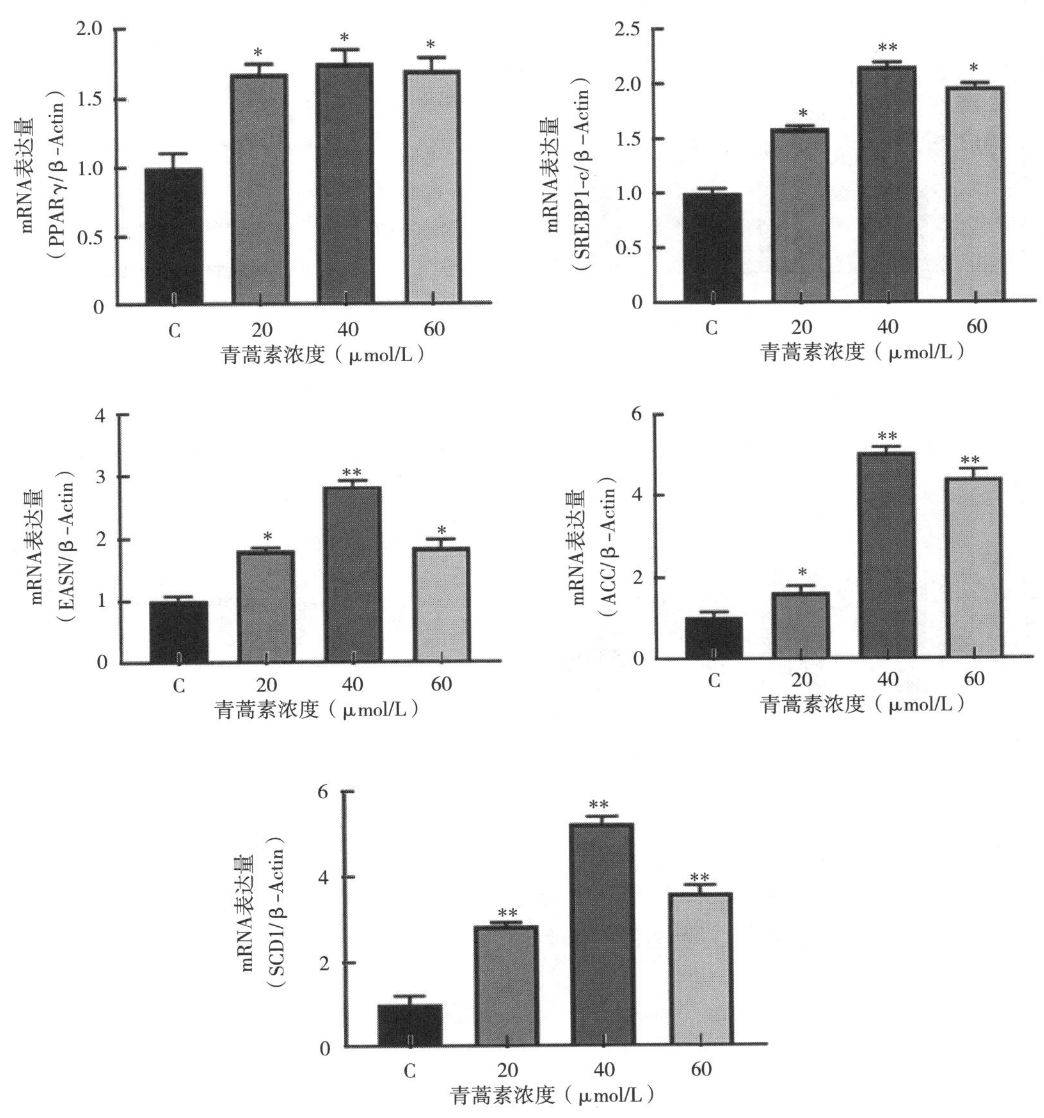

图 7　青蒿素对奶牛乳脂合成相关蛋白的 mRNA 表达水平的影响

A. 过氧化物酶体增殖物激活受体-γ（PPARγ）的 mRNA 表达水平

B：胆固醇调节元件结合蛋白 1（SREBP1-c）的 mRNA 表达水平　C. 脂肪酸合成酶（FASN）的 mRNA 表达水平

D. 乙酰辅酶 A 羧化酶（ACC）的 mRNA 表达水平　E. 硬脂酰辅酶 A 去饱和酶 1（SCD1）的 mRNA 表达水平

使用 Western blot 的方法检测不同浓度青蒿素添加到奶牛乳腺上皮细胞 12h 后，奶牛乳腺上皮细胞中乳脂合成相关通路蛋白的表达情况。并依据 PI3K-AKT-mTOR 和 AMPK-mTOR 两条合成乳脂的关键信号通路，挑选该通路上与乳脂合成密切相关的 10 个关键蛋白，检测其在青蒿素的作用下蛋白表达量的变化情况。如图 8 所示，添加青蒿素与奶牛乳腺上皮细胞共培养 12 h 后，与对照组相比，20 与 40 μmol/L 青蒿素浓度极显著提高了 PI3K 蛋白的表达（$P<0.01$），20、40、60 μmol/L 青蒿素浓度显著提高了 p-PI3K 蛋白的表达（$P<0.05$），青蒿素可能激活磷酸化的 PI3K 发挥作用。

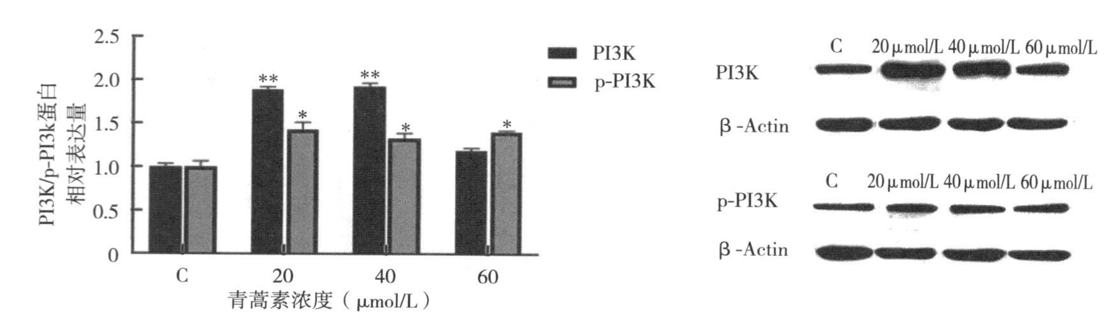

图 8 青蒿素对 PI3K/p-PI3K 蛋白表达量的影响及 Western blot 谱图

如图 9 所示，添加青蒿素与奶牛乳腺上皮细胞共培养 12 h，对 AKT1 与 p-AKT1 蛋白的表达没有影响，青蒿素可能没有激活 PI3K-AKT 这条信号通路调控乳脂的合成。

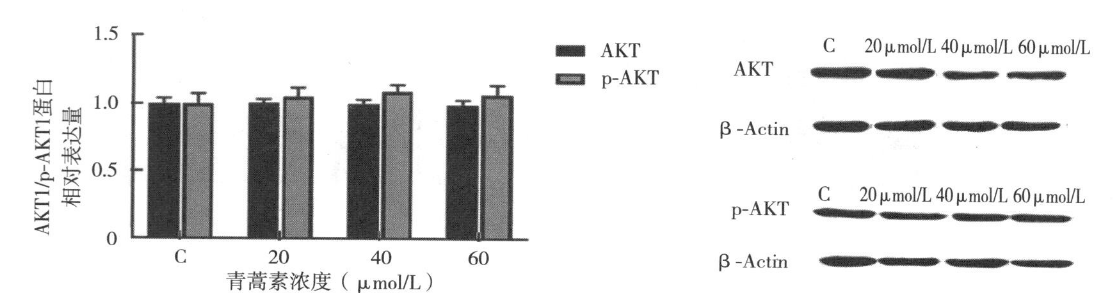

图 9 青蒿素对 AKT1/p-AKT1 蛋白表达量的影响及 Western blot 谱图

如图 10 所示，与对照相比，添加 40μmol/L 青蒿素极显著地提高了 AMPK 蛋白的表达（$P<0.01$），而添加 20 μmol/L 青蒿素显著地提高了 AMPK 蛋白的表达（$P<0.05$），60 μmol/L 青蒿素浓度对其蛋白的表达没有影响。

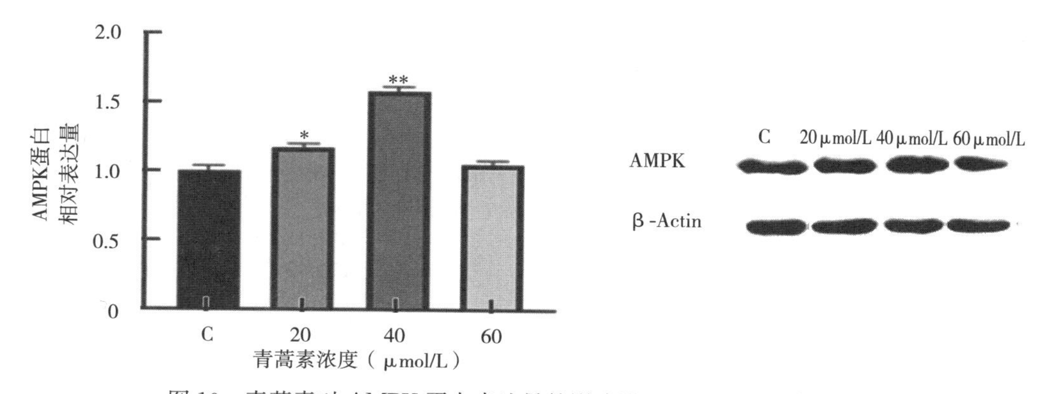

图 10 青蒿素对 AMPK 蛋白表达量的影响及 Western blot 谱图

如图 11 所示，与对照相比，添加 40 μmol/L 青蒿素极显著地提高了 mTOR 蛋白的表达（$P<0.01$），而 20 μmol/L 青蒿素浓度显著地提高了 mTOR 蛋白的表达（$P<0.05$），60 μmol/L 青蒿素对其蛋白的表达没有影响。但是可能这 3 个浓度极显著地提高了 p-mTOR 蛋白的表达（$P<0.01$），青蒿素可能主要是通过激活磷酸化的 mTOR 来发挥调控乳脂的合成。

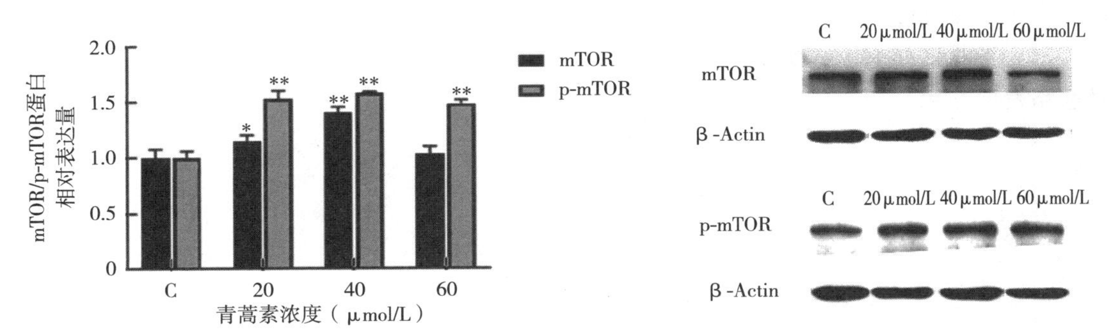

图 11 青蒿素对 mTOR/p-mTOR 蛋白表达量的影响及 Western blot 谱图

如图 12 所示，与对照相比，添加 20、40 μmol/L 青蒿素显著地提高了乳脂合成关键蛋白 PPARγ 与 SREBP1-c 的表达量（$P<0.05$），其中 60 μmol/L 青蒿素浓度只显著地提高了 PPARγ 的表达量（$P<0.05$）。但是可能这 3 个浓度对 Cyclin D1 蛋白的表达并没有显著影响，青蒿素可能主要是通过调控脂质合成影响乳脂含量，并不是因为细胞的增殖所导致。

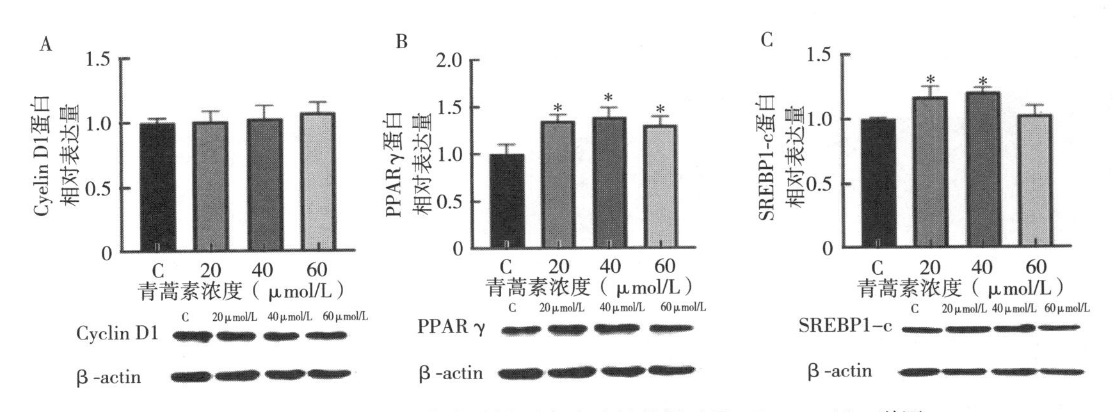

图 12 青蒿素对乳脂合成关键蛋白表达量的影响及 Western blot 谱图

A. Cyclin D1 蛋白表达量及 Western blot 谱图 B. PPARγ 蛋白表达量及 Western blot 谱图
C. SREBP1-c 蛋白表达量及 Western blot 谱图

3.3 小结

（1）40 μmol/L 的青蒿素浓度对提高 bMECs 乳脂合成的效果较好。

（2）青蒿素可能是通过 bMECs 中 AMPK-mTOR 信号的转导激活 AMPK 蛋白表达显著上调，进一步激活其下游 mTOR 与 p-mTOR，最终用于调节脂肪合成的关键蛋白 PPARγ、

SREBP1-c，从而影响乳脂的合成。

4 结论

（1）青蒿素的饲喂影响了奶牛脂质合成的代谢途径，并在一定程度上影响碳水化合物类代谢产物及氨基酸类代谢物，从而提高乳中乳脂的含量，提高乳品质。

（2）青蒿素能够提高奶牛乳腺上皮细胞乳脂的合成，可能是通过激活 AMPK-mTOR 信号通路发挥作用。

青蒿提取物对奶牛瘤胃发酵、微生物区系及血液免疫因子的影响

青蒿提取物是由青蒿中提取出来的一种复合物，现在广泛应用于医药研究。研究发现青蒿提取物含有黄酮类、香豆素类、萜类、苯丙酸类和挥发油。青蒿提取物主要有抗肿瘤、抗寄生虫、抗菌消炎、免疫调节等生物活性。

与马等单胃动物不同的是，奶牛有瘤胃、网胃、瓣胃、皱胃 4 个胃共同完成机体的消化吸收作用。其中瘤胃发挥着不可替代的作用。瘤胃内存在大量的微生物，依靠这些微生物将饲料进行发酵分解，经消化吸收利用转化成 VFA、微生物蛋白、氨态氮等营养物质及维持机体正常生理活动所需的能量。目前对瘤胃微生物的研究方法主要包括传统的纯培养技术和现代分子学技术。但是由于瘤胃微生物数量庞大、种类复杂，而可培养微生物数量较少。故传统的纯培养技术已不能满足目前科学研究所需。近年来，随着现代分子生物学技术不断更新进步，高通量测序技术以高速、通量高、准确度高等优点广泛应用于瘤胃微生物和分子生物学研究，打破了瘤胃微生物难以分离培养的瓶颈，弥补了纯培养技术的不足。高通量测序技术可以帮助我们更加全面深入地解析瘤胃细菌区系。

本试验旨在通过体外法探究青蒿提取物在荷斯坦奶牛瘤胃发酵中的最佳添加剂量，并指导荷斯坦奶牛饲养试验。通过饲喂荷斯坦奶牛青蒿提取物，基于 16S rRNA 高通量测序技术，解析青蒿提取物对奶牛瘤胃发酵参数、微生物区系及免疫功能的影响，为青蒿提取物作为奶牛绿色饲料添加剂提供理论依据。同时达到提高饲料转化率、提高奶产量、改善乳品质、减少抗生素添加剂使用的目的，促进我国奶牛养殖业规模化、健康化、集约化发展，提高奶牛业经济效益。

1 体外法筛选青蒿提取物在奶牛瘤胃发酵中的适宜添加剂量

1.1 试验材料与方法

在北京奶牛中心延庆基地良种场选取 4 头体况相近、胎次相近的健康荷斯坦奶牛作为瘤胃液供体，饲喂日粮精粗比为 40：60，每天 9：30、15：30、21：30 进行饲喂和挤奶，试验牛每天自由运动和饮水。试验采用单因素试验设计，准确称取 500 mg 发酵底物置于 150 mL 厌氧发酵瓶中。称取 1g 青蒿提取物加蒸馏水溶解定容至 100 mL，分别用移液枪取 0、0.125、0.25、0.375、0.5、1 mL 青蒿提取物水溶液加入发酵瓶中，另在对应发酵瓶添加 1、0.825、0.75、0.625、0.5、0 mL 蒸馏水，即发酵体系中分别添加 0（空白对照）、0.25、0.5、0.75、1、2%的青蒿提取物。试验每个批次共 6 个处理组，每组 6 个重复，共

重复进行3个批次。

于晨饲前对4头荷斯坦奶牛通过口腔进行瘤胃液采集，并转移至事先预热达39 ℃并充满CO_2的保温瓶内。收集完毕后迅速带回实验室经4层纱布过滤备用。体外发酵24 h后将发酵瓶置于冰水浴中，停止发酵，立即测定pH。滤液分装于2只2 mL离心管和2只10 mL离心管中。2 mL离心管中的发酵液用于氨态氮（NH_3-N）以及挥发性脂肪酸（VFA）浓度的测定，10 mL离心管发酵液作为备样。

1.2 试验结果与分析

如表1所示，与对照组相比，添加青蒿提取物对奶牛瘤胃体外发酵液的pH影响不显著（$P>0.05$）。发酵液NH_3-N范围在34.25～41.02 mg/dL，试验组与对照组相比差异显著（$P<0.05$）。且当添加0.5%的青蒿提取物时，NH_3-N达到最高值41.02 mg/dL，显著高于对照组（$P<0.05$）。剂量组之间，0.5%、0.75%与2%组NH_3-N浓度差异显著（$P<0.05$）。与对照组相比，当添加0.5%和0.75%的青蒿提取物时，体外发酵的干物质消失率显著升高，且在0.75%组干物质消失率最高（$P<0.01$）。

表1 青蒿提取物对奶牛瘤胃发酵24 h后pH、NH_3-N、干物质消失率的影响

项目	青蒿提取物添加水平（%）						SEM	P值
	0	0.25	0.5	0.75	1	2		
pH	6.61	6.69	6.70	6.67	6.68	6.68	0.007	0.710
NH_3-N（mg/dL）	34.25^c	39.78^{ab}	41.02^a	39.33^a	39.02^{ab}	38.21^b	0.357	<0.05
干物质消失率（%）	73.17^b	73.64^{ab}	73.76^a	73.89^a	73.35^{ab}	73.25^{ab}	0.316	<0.01

注：同行数据肩标不同小写字母表示差异显著（$P<0.05$），相同或无字母肩标表示差异不显著（$P>0.05$）。下同。

由表2可知，与对照组相比，添加不同剂量的青蒿提取物对总挥发酸、乙酸、丁酸、异丁酸、戊酸、异戊酸均无显著影响；与对照组相比，2%组显著降低了丙酸含量，其余三组显著升高了丙酸含量（$P<0.05$），整体呈先升高再降低的趋势；对于乙酸/丙酸，处理组的值均低于对照组，0.5%和0.75%组与对照组相比差异极显著（$P<0.01$），且0.5%组的乙酸/丙酸最低。

表2 青蒿提取物对奶牛瘤胃发酵24 h后挥发性脂肪酸的影响

项目	青蒿提取物添加水平（%）						SEM	P值
	0	0.25	0.5	0.75	1	2		
总挥发性脂肪酸（mmol/L）	70.37	67.98	68.37	68.86	68.16	69.10	0.390	0.190
乙酸（%）	63.19	62.15	61.70	63.37	62.66	63.45	0.235	0.144
丙酸（%）	22.96^b	23.05^a	23.09^a	23.04^a	22.89^b	21.99^c	0.095	<0.05
乙酸/丙酸	2.76^a	2.74^{ab}	2.68^b	2.70^b	2.74^{ab}	2.75^{ab}	0.020	<0.01
丁酸（%）	10.08	11.1	11.5	9.96	10.9	10.8	0.096	0.375
异丁酸（%）	1.19	1.05	1.10	1.03	1.04	1.12	0.014	0.490

（续）

项目	青蒿提取物添加水平（%）						SEM	P 值
	0	0.25	0.5	0.75	1	2		
戊酸（%）	1.04	1.02	1.10	1.08	1.03	1.11	0.013	0.509
异戊酸（%）	1.54	1.63	1.49	1.52	1.48	1.53	0.025	0.586

如表3所示，添加青蒿提取物对奶牛瘤胃体外发酵24 h产气量影响效果不显著。而与对照组相比，0.5%和1%组极显著降低了24 h甲烷产量（$P<0.01$），0.5%时抑制效果最佳且甲烷产量随添加剂量先减少后升高，在2%组时高于对照组。处理组发酵液NDF浓度与对照组相比差异显著，0.5%和0.75%组显著低于对照组，1%和2%组显著高于对照组，组间差异显著，总体呈先降低后升高的趋势（$P<0.05$）。

表3　青蒿提取物对奶牛瘤胃发酵24 h后产气量及甲烷浓度的影响

项目	青蒿提取物添加水平（%）						SEM	P 值
	0	0.25	0.5	0.75	1	2		
24h甲烷产量（%）	20.8[a]	19.5[ab]	18.6[b]	19.2[b]	19.9[ab]	21.7[a]	0.354	<0.01
24h产气量（mL）	79.14	70.70	73.57	64.29	73.47	65.57	1.542	0.54
甲烷浓度（mg/mL）	60.98[b]	60.71[b]	60.32[c]	60.05[c]	61.16[a]	61.80[a]	0.075	<0.05

1.3　小结

（1）在体外条件下，添加青蒿提取物对奶牛瘤胃体外发酵液的pH、总挥发酸、乙酸、丁酸、异丁酸、戊酸、异戊酸、产气量均无显著影响。

（2）当添加0.5%和0.75%的青蒿提取物时，NH_3-N浓度、干物质消失率显著提高。

（3）随剂量增加，青蒿提取物显著降低了乙酸/丙酸值，且0.5%组的乙酸/丙酸值最低青蒿提取物可有效抑制甲烷生成，添加0.5%时抑制效果最佳。

（4）综上，经体外试验筛选，可以选用0.5%的青蒿提取物作为奶牛饲养试验最适宜添加剂量范围。

2　青蒿提取物对奶牛产奶性能及血浆中免疫球蛋白、细胞因子、抗氧化指标的影响

2.1　试验材料与方法

选取20头体况相近、胎次为2～4胎、日产奶量为（33±3.9）kg/d的泌乳中期的健康荷斯坦奶牛作为试验牛。本试验采用随机区组试验设计，将选取的20头试验奶牛按照泌乳期、体重、产奶量、胎次等相似原则随机分为4组，每组5头奶牛。将4组试验奶牛随机分为对照组和试验组，试验组进一步分为0.25%青蒿提取物组、0.5%青蒿提取物组、0.75%青蒿提取物组，故试验组于晨饲前分别投喂50、100、150 g/d的青蒿提取物。试验为期

45 d，其中预试期 10 d，试验期 35 d。试验期间，饲喂日粮为该牛场的全混合日粮，日粮配方及营养水平同上。试验牛于每天 9：30、15：30、21：30 进行饲喂和挤奶，试验期间试验牛自由运动和饮水。

试验期内每天记录试验组牛的产奶量，并计算每组奶牛的日均产奶量。在正试期的－1、6、13、20、27、34 d，分别采集试验各组奶牛早、中、晚的鲜奶样，测定乳脂率、乳蛋白率、乳糖率、乳中尿素氮含量及体细胞数。在正试期的－1、6、13、20、27、34 d，于晨饲前采用含肝素钠抗凝的真空采血管进行尾静脉无菌采血，测定免疫球蛋白、细胞因子和抗氧化指标。

2.2 试验结果与分析

由表 4 可知，与对照组相比，添加青蒿提取物显著升高了试验组奶牛产奶量、牛乳中乳糖率（$P<0.05$）。并且 0.75%青蒿提取物显著升高了 4%校正乳和乳脂校正乳，0.25%剂量青蒿提取物有增加 4%校正乳和能量校正乳的趋势（$P<0.1$）。添加青蒿提取物对乳蛋白率和奶牛体细胞数无显著影响（$P>0.05$）。

表 4　青蒿提取物对奶牛产奶量及乳成分的影响

项目	青蒿提取物添加水平（%）				SEM	P 值
	0	0.25	0.5	0.75		
产奶量（kg/d）	30.3[b]	30.6[b]	31.2[b]	31.7[a]	1.35	0.025
4%校正乳（kg/d）	28.40[b]	33.56[ab]	33.90[ab]	38.12[a]	4.234	0.160
能量校正乳（kg/d）	32.33[b]	34.99[b]	36.94[ab]	40.21[a]	4.763	0.015
乳脂率（%）	5.76	4.82	5.30	4.63	0.641	0.308
乳蛋白率（%）	3.63	3.60	3.25	3.34	0.210	0.195
乳糖率（%）	4.42[c]	4.63[b]	4.77[b]	5.03[a]	0.102	<0.01
尿素氮（mg/dL）	12.46[ab]	10.95[b]	14.28[a]	13.44[a]	0.958	0.005
体细胞数（$\times10^3$ 个/mL）	141.19	166.89	109.73	97.81	36.881	0.236

注：4%校正乳产量＝0.4×产奶量（kg/d）＋15×乳脂产量（kg/d）；
能量校正乳产量＝0.327×产奶量（kg/d）＋12.95×乳脂产量（kg/d）＋7.65×乳蛋白产量（kg/d）。

从表 5 可以看出，青蒿提取物对奶牛血浆中的免疫球蛋白 A、免疫球蛋白 G 含量影响效果不显著（$P>0.05$）。但是，通过添加青蒿提取物可显著升高奶牛血浆中的免疫球蛋白 M 含量（$P<0.05$），且处理组之间差异显著（$P<0.05$），0.75%组效果最佳，达到 175.75 μg/mL。

表 5　青蒿提取物对奶牛血浆中免疫球蛋白的影响

项目	青蒿提取物添加水平（%）				SEM	P 值
	0	0.25	0.5	0.75		
免疫球蛋白 A（ng/mL）	33.13	31.71	30.64	40.34	4.602	0.145
免疫球蛋白 G（ng/mL）	17.37	17.70	17.00	22.77	2.519	0.085

（续）

项目	青蒿提取物添加水平（%）				SEM	P 值
	0	0.25	0.5	0.75		
免疫球蛋白 M（μg/mL）	142.46[c]	160.45[b]	161.39[b]	175.79[a]	6.247	0.042

从表 6 可得出，与对照组相比，高剂量的青蒿提取物显著升高了血浆中的 IL-6、TNF-α 浓度（$P<0.05$），显著降低了 IL-17、IL-1β 的浓度（$P<0.05$），但是低剂量组差异不显著（$P>0.05$）。青蒿提取物对奶牛血浆中的 IL-2、IFN-γ 作用不显著（$P>0.05$）。

表 6　青蒿提取物对奶牛血浆中炎症相关细胞因子的影响

项目	青蒿提取物添加水平（%）				SEM	P 值
	0	0.25	0.5	0.75		
IL-1β（ng/L）	23.92[a]	19.03[b]	19.04[b]	19.04[b]	1.797	0.039
IL-2（ng/L）	169.09	156.91	154.04	164.83	38..865	0.355
IL-6（ng/L）	8.86[b]	8.21[b]	8.15[b]	10.53[a]	0.955	0.024
IL-17（pg/mL）	34.46[b]	33.23[b]	32.89[b]	48.63[a]	7.121	0.029
IFN-γ（ng/L）	728.84	735.30	733.12	760.89	89.628	0.517
TNF-α（ng/L）	187.81[b]	181.23[b]	179.21[b]	223.69[a]	18.739	0.016

由表 7 结果表明，与对照组比较，青蒿提取物可以显著降低血浆中的丙二醛（MDA）浓度（$P<0.05$），可显著提高超氧化物歧化酶（SOD）、谷胱甘肽过氧化物酶（GSH-Px）浓度，尤以高剂量组效果最好（$P<0.05$），但是对过氧化氢酶（CAT）影响不显著（$P>0.05$）。

表 7　青蒿提取物对奶牛血浆中抗氧化物质的影响

项目	青蒿提取物添加水平（%）				SEM	P 值
	0	0.25	0.5	0.75		
丙二醛（nmol/mL）	3.88[a]	3.18[b]	3.15[b]	3.22[b]	0.096	<0.010
超氧化物歧化酶（U/mL）	68.52[c]	69.15[c]	79.68[b]	86.63[a]	4.763	0.015
过氧化氢酶（U/mL）	63.12	59.24	60.39	65.98	3.235	0.573
谷胱甘肽过氧化物酶（μmol/L）	132.17[b]	127.35[b]	135.73[b]	146.38[a]	6.881	0.036

2.3　小结

（1）青蒿提取物可显著升高产奶量、牛乳中乳糖率、4%校正乳和能量校正乳，且饲喂 0.75%青蒿提取物效果最显著，有降低牛乳中体细胞数的趋势。

（2）青蒿提取物显著升高了血浆中的 IgM、SOD、GSH-Px、IL-2、TNF-α 浓度；显著降低了 MDA、IL-17、IL-1β 浓度，总体上提高了奶牛机体的免疫能力。

3 青蒿提取物对奶牛瘤胃微生物区系的影响

3.1 试验材料与方法

选取20头体况相近、胎次为2～4胎，日产奶量为（33±3.9）kg/d的泌乳中期的健康荷斯坦奶牛作为试验牛。本试验采用随机区组试验设计，将选取的20头试验奶牛按照泌乳期、体重、产奶量、胎次等相似原则随机分为4组，每组5头奶牛。将4组试验奶牛随机分为对照组和试验组，试验组于晨饲前分别投喂50、100、150 g/d的青蒿提取物。试验为期45 d，其中预试期10 d，试验期35 d。试验期间，饲喂日粮为该牛场的全混合日粮。试验牛于每天9：30、15：30、21：30进行饲喂和挤奶，试验期间试验牛自由运动和饮水。

在正试期的0、7、14、21、28、35 d，于晨饲前1 h用口腔采集器采集瘤胃液，收集完毕后迅速带回实验室经4层纱布过滤备用。体外发酵24 h后将发酵瓶置于冰水浴中，停止发酵，立即测定pH。滤液分装于2只2 mL离心管和2只10 mL离心管中。2 mL离心管中的发酵液用于氨态氮（NH_3-N）以及挥发性脂肪酸（VFA）浓度的测定，10 mL离心管发酵液作为备样。并基于16S rRNA编码基因序列，对奶牛瘤胃液样品进行高通量测序。

3.2 试验结果与分析

与对照组相比，添加不同剂量的青蒿提取物对奶牛瘤胃发酵的pH、异戊酸、异丁酸浓度无显著影响（$P>0.05$）；显著降低乙酸浓度、乙酸/丙酸值（$P<0.05$）；显著升高NH_3-N、总挥发酸、丙酸、戊酸浓度（$P<0.05$）。

表8 青蒿提取物对奶牛瘤胃发酵的影响

项目	青蒿提取物添加水平（%）				SEM	*P*值
	0	0.25	0.5	0.75		
pH	6.69	6.62	6.58	6.60	0.755	0.289
氨态氮（mg，以100 mL计）	10.14^{c}	14.66^{a}	13.17^{ab}	11.60^{bc}	1.456	0.009
总挥发酸（mmol/L）	65.02^{b}	72.80^{b}	71.42^{ab}	77.22^{a}	3.802	0.014
乙酸（%）	65.09^{b}	63.16^{ab}	63.24^{ab}	62.95^{a}	2.239	0.037
丙酸（%）	21.31^{b}	23.50^{a}	22.52^{a}	22.86^{a}	1.152	0.010
乙酸/丙酸	3.10^{a}	2.80^{b}	2.89^{b}	2.77^{b}	0.097	0.012
异丁酸（%）	0.95^{b}	0.91^{ab}	1.01^{a}	0.93^{a}	0.043	0.028
丁酸（%）	9.90^{b}	9.67^{b}	10.17^{ab}	10.36^{a}	0.458	0.011
异戊酸（%）	1.58^{b}	1.56^{ab}	1.69^{a}	1.57^{a}	0.078	0.074
戊酸（%）	1.17^{b}	1.20^{ab}	1.37^{a}	1.35^{a}	0.084	0.007

由表9可以看出，对照组与0.75%青蒿提取物组奶牛中Shannon指数、Simpson指数差异不显著（$P>0.05$），Chao 1指数、ACE指数差异显著（$P<0.05$）。故0.75%青蒿提取物组的物种丰度高于对照组。

表 9　不同处理组奶牛瘤胃液细菌区系的 α 多样性指数

项目	试验处理		SEM	P 值
	对照组	0.75%青蒿提取物		
Chao 1 指数	922.59	941.94	5.277	0.036
ACE 指数	912.59	932.87	4.890	0.030
Shannon 指数	5.26	5.26	0.059	0.944
Simpson 指数	0.021	0.020	0.0036	0.952
Coverage 指数	0.998	0.998	0.0001	0.670

经 HiSeq 高通量测序平台对 24 个瘤胃液样本进行 16S rRNA 基因 V3～V4 区测序，试验结果发现，从物种分类水平上经过序列比对，969 个瘤胃液细菌 OTU 可归类到 14 个门、23 个纲、30 个目、44 个科、128 个属。结合表 10 来看，青蒿提取物组的拟杆菌门、SR1-Absconditabacteria、疣微菌门、纤维杆菌门显著低于对照组（$P<0.05$），厚壁菌门在两组间无显著性差异（$P>0.05$），变形菌门高于对照组（$P<0.05$）。

表 10　门水平上不同处理组奶牛瘤胃液物种差异分析

物种名称	试验组		对照组		P 值
	平均值（%）	标准差（%）	平均值（%）	标准差（%）	
拟杆菌门 Bacteroidetes	52.37	2.86	56.12	3.69	0.011
厚壁菌门 Firmicutes	32.94	6.74	31.22	5.46	0.473
变形菌门 Proteobacteria	10.48	8.26	6.91	5.33	0.021
隐细菌门 SR1 _ [Absconditabacteria]	1.38	0.26	2.30	0.66	<0.010
螺旋菌门 Spirochaetae	0.65	0.56	0.67	0.48	0.923
疣微菌门 Verrucomicrobia	0.51	0.22	0.77	0.27	0.017
糖杆菌门 Saccharibacteria	0.56	0.19	0.52	0.15	0.560
蓝细菌门 Cyanobacteria	0.36	0.30	0.44	0.55	0.671
软壁菌门 Tenericutes	0.36	0.09	0.40	0.14	0.401
纤维杆菌门 Fibrobacteres	0.12	0.12	0.36	0.42	0.068
其他	0.27	0.10	0.29	0.10	0.613

从表 11 来看，从属水平上对瘤胃液细菌区系物种进行相对丰度分析，发现相对丰度大于 0.01%的属共有 128 个。普雷沃氏菌属 1（*Prevotella* _1）是不同处理组中共有的优势菌属，其中青蒿提取物奶牛瘤胃液细菌区系中普雷沃氏菌属 1 相对丰度显著高于对照组（$P<0.05$），分别为 34.41%、32.68%。*Rikenellaceae* _ RC9 _ gut _ group、琥珀酸菌属（*Succiniclasticum*）青蒿提取物相对丰度显著高于对照组（$P<0.05$），丁酸弧菌属 2（*Butyrivibrio* _2）、瘤胃球菌科 NK4A214 菌群（*Ruminococcaceae* _NK4A214 _group）和瘤胃球菌属 2（*Ruminococcus* _2）对照组相对丰度显著高于青蒿提取物组（$P<0.05$）。琥珀酸弧菌属科 UCG-002（*Succinivibrionaceae* _UCG-002）、月形单胞菌属 1（*Selenomonas* _1）、*Christensenellaceae* _R-7 _group 两组相对丰度差异不显著（$P>0.05$），青蒿提取物组

为6.86%、3.37%、1.17%，对照组为8.13%、3.72%、2.08%；还有部分菌属未分类，每个菌属的相对丰度都不超过0.1%。

表11 属水平上不同处理组奶牛瘤胃液物种差异分析

物种名称	对照组		试验组		P 值
	平均值（%）	标准差（%）	平均值（%）	标准差（%）	
普雷沃氏菌属 1*Prevotella* _1	31.88	1.79	34.41	1.89	0.039
未命名瘤胃细菌 *uncultured _rumen _bacterium*	8.33	4.66	7.89	1.37	0.609
琥珀酸弧菌科 UCG-002 *Succinivibrionaceae* _UCG-002	8.13	2.81	6.86	2.78	0.755
理研菌科 RC9 组 *Rikenellaceae* _RC9 _gut _group	4.55	0.47	5.80	0.83	0.010
丁酸弧菌属 2 *Butyrivibrio* _2	3.91	1.11	1.77	0.53	0.014
月形单胞菌属 1 *Selenomonas* _1	3.72	0.94	3.37	1.42	0.987
解琥珀酸菌属 *Succiniclasticum*	3.16	0.75	4.34	1.73	0.043
瘤胃球菌科 NK4A214 菌群 *Ruminococcaceae* _NK4A214 _group	2.26	0.96	1.55	0.66	0.045
瘤胃球菌 2 *Ruminococcus* _2	1.52	0.59	0.32	0.14	0.025
克里斯滕森菌科 R-7 组 *Christensenellaceae* _R-7 _group	2.08	0.47	1.17	0.44	0.567
其他	23.28	2.50	23.87	0.92	0.599

3.3 小结

（1）青蒿提取物可显著调控奶牛瘤胃发酵。与对照组相比，添加不同剂量的青蒿提取物对pH、异戊酸、异丁酸浓度无显著影响；显著降低乙酸浓度、乙酸/丙酸值；显著升高NH_3-N、总挥发酸、丙酸、戊酸浓度，且0.75%组效果最佳。

（2）高通量测序结果显示共获得1 463 775条优化序列，聚类后得到969个有效OTU。

（3）α多样性指数分析，Simpson指数、Shannon指数无显著性差异；Chao 1指数、ACE指数差异显著，说明0.75%青蒿提取物组的物种丰度高于对照组。

（4）门水平上，0.75%青蒿提取物组与对照组的优势菌门均为拟杆菌门和厚壁菌门，但对照组中拟杆菌门、SR1 _ [Absconditabacteria]、疣微菌门、纤维菌门显著高于0.75%组。

（5）属水平上，0.75%青蒿提取物组与对照组的优势菌属均为普雷沃氏菌属1。0.75%青蒿提取物组奶牛瘤胃液细菌区系中普雷沃氏菌属1相对丰度显著高于对照组。*Rikenellaceae* _RC9 _gut _group、琥珀酸菌属（*Succiniclasticum*）中青蒿提取物相对丰度显著高于对照组，丁酸弧菌属2（*Butyrivibrio* _2）、瘤胃球菌科NK4A214菌群（*Ruminococcaceae* _ NK4A214 _group）和瘤胃球菌属2（*Ruminococcus* _2）对照组相对丰度显著高于青蒿提取物组。

4 结论

本试验中，青蒿提取物对奶牛瘤胃发酵体内外影响有差异。在饲养条件下，0.75%的青蒿提取物可作为奶牛的最适添加剂量。青蒿提取物可显著改善奶牛的产奶性能，提高奶牛机体的免疫能力。青蒿提取物可通过改变普雷沃氏菌属1和瘤胃球菌科的相对丰度，进而调控奶牛瘤胃发酵。青蒿提取物可通过改变瘤胃细菌区系结构，显著调控奶牛瘤胃发酵。

大豆活性肽通过抑制奶牛乳腺上皮细胞氧化应激缓解炎症反应的研究

大豆活性肽（SBP）主要来源于大豆分离蛋白、大豆粕和大豆粉，是由多种肽段组成的肽类混合物。SBP具有免疫调节、抗氧化、抗炎、抗高血脂、抗高血压、抗高血糖及神经调节等多种功能。从大豆中提取的蛋白质可以被蛋白酶水解，产生具有生物功能的SBP。SBP是各种生物活性肽的丰富来源，具有许多潜在的健康益处，包括免疫调节、抗炎、抗氧化等。像露那辛（Lunasin）和大豆素这样的SBP不止具有一种上述这些特性，并已在此基础上建立了各种实验模型。与大豆蛋白相比，SBP易于消化，溶解度高。SBP作为一种良好的营养补充剂，其营养支持有助于减轻氧化损伤和炎症反应，提高与药物结合的细胞因子水平。

SBP是大豆蛋白中具有特殊生理功能的小分子肽，其化学结构不同生理功能就会有所差异。由于我国对SBP的研究起步晚，SBP的功能特性、制备以及产业化应用等方面的研究尚处于起步阶段。在我国"禁抗"或"限抗"的情况下，基于SBP独特的理化特性和生理学功能开展研究，推进其在畜禽生产上的应用，实现健康养殖，具有重要的经济和社会价值以及广阔的应用前景。

1　大豆异黄酮对奶牛血液及乳中生化指标的影响研究

1.1　试验材料与方法

向离心管中分别依次添加PBS（0.2 mol/L，pH 6.6）2.5 mL、不同浓度（0、5、10、15和30 mg/mL）的待测样品或对照样品（阴性对照组：蒸馏水；阳性对照组：维生素C）0.5 mL及K_3［$Fe(CN)_6$］（10 mg/mL，2.5 mL），混匀并水浴（50 ℃，20 min）。用冷水快速冷却数分钟后，加入三氯乙酸（TCA）(100 mg/mL，2.5 mL)，混匀，离心（4 000 r/min，10 min），取上清液。将蒸馏水（2.5 mL）、$FeCl_3$溶液（1 mg/mL，0.5 mL）加入上述所得的上清液（2.5 mL）中，混匀静置10 min，用紫外可见分光光度计（1 cm光径）在700 nm处测各管的OD值。每个处理3个重复，所有测定值均为3次数据平均值。比较还原能力。

将10 mL ABTS溶液（7 mmol/L）与5 mL $K_2S_2O_8$溶液（2.45 mmol/L）混合，室温避光14 h左右，即可获得$ABTS^+$溶液。用醋酸钠缓冲液（pH=4.5）稀释$ABTS^+$溶液，在734 nm处调节至吸光度值Ac=0.707（符合OD值=0.70±0.02）。将待测样品（0.1 mL）加入$ABTS^+$溶液中，混匀，避光反应5～10 min，于734 nm处测定吸光度值As。计算公式：清除率（%）=（1－As/Ac）×100，测定$ABTS^+$清除率。

将 0.1 mL 待测样品（空白对照：蒸馏水）与 3 mL DPPH 溶液（39.43 μg/mL）混匀，室温避光，静置 30 min。于 517 nm 处测样品的吸光度值 As 及对照的吸光度值 Ac。计算公式：清除率（%）＝（1－As/Ac）×100。测定 DPPH 清除率。

将所有管标记好，每管中分别加入相对应的 100 μL 样品和 285 μL Tris-HCl 缓冲液（pH＝8.2，0.05 mol/L），再将上述所有管和配好的邻苯三酚（6 mmol/L）于 25 ℃水浴锅中预热，将第一管中加入 100 μL 邻苯三酚（6 mmol/L），快速混匀，在 320 nm 波长处每 30 s 读一次吸光度值，持续 4 min，每个管共读出 8 个吸光度值。按照上述操作，依此类推第二、第三……最后一管。计算公式：清除率（%）＝（1－As/Ac）×100。As：加入样品后，OD 值的变化量/min；Ac：无样品添加，邻苯三酚 OD 值的变化量/min。测定 O_2^- 清除能力。

1.2 试验结果与分析

还原能力的高低是由 OD 值的大小来体现的。OD 值越大，还原能力就越高。在 1～30 mg/mL 范围内，SBP 还原能力随着质量浓度的升高而增大。当 SBP 和维生素 C 的 OD 值均约为 0.25 时，它们的质量浓度分别为 15、0.05 mg/mL，维生素 C 的质量浓度约是 SBP 的 0.33%。说明两者质量浓度相等时，维生素 C 的还原能力要远远高于 SBP（图 1A）。

与维生素 C 相比，本研究反映出 SBP 清除 $ABTS^+$ 的能力（图 1B）。SBP 在 0.1～3.0 mg/mL 的浓度下显示出剂量依赖性反应。结果表明，在 0.1～3.0 mg/mL 质量浓度范围内，SBP 对 $ABTS^+$ 有较强的清除活性，且质量浓度越大，清除 $ABTS^+$ 的能力也就越强。然而，SBP 清除 $ABTS^+$ 的能力略低于维生素 C，但相差不大。因此，说明 SBP 具有较高的抗氧化活性。

以维生素 C 为阳性对照，SBP 的 DPPH 清除能力如图 1C 所示。研究发现，维生素 C 和 SBP 均以浓度依赖性方式清除 DPPH，SBP 清除 DPPH 的能力虽极低于维生素 C，但仍具有清除 DPPH 的活性。在 0.1～3.0 mg/mL 质量浓度范围内，SBP 的 DPPH 清除率在 0.21%～2.25%；而维生素 C 在 0.01～0.30 mg/mL 浓度下的 DPPH 清除率却高达 1.42%～45.13%。此外，在各自的质量浓度范围内，随着质量浓度的增加，维生素 C 与 SBP 之间清除 DPPH 能力的差距也会越来越大。

本研究测定了 SBP 清除 O_2^- 的能力，观察了其浓度在 0.1～3.0 mg/mL 时的量效关系（图 1D）。结果表明，0.1～1.0 mg/mL SBP 的 O_2^- 清除能力与 0.01～0.10 mg/mL 维生素 C 的 O_2^- 清除能力相当；而 0.1～0.3 mg/mL 维生素 C 却显示出比 1.0～3.0 mg/mL SBP 具有更强的 O_2^- 清除能力，但两者相差不大。由此说明，SBP 具有较强的 O_2^- 清除能力。

1.3 小结

SBP 具有抗氧化和清除自由基能力，为天然抗氧化剂的发展提供了试验依据，评价 SBP 的抗氧化能力用清除 $ABTS^+$、O_2^- 活性的测定方法较优。

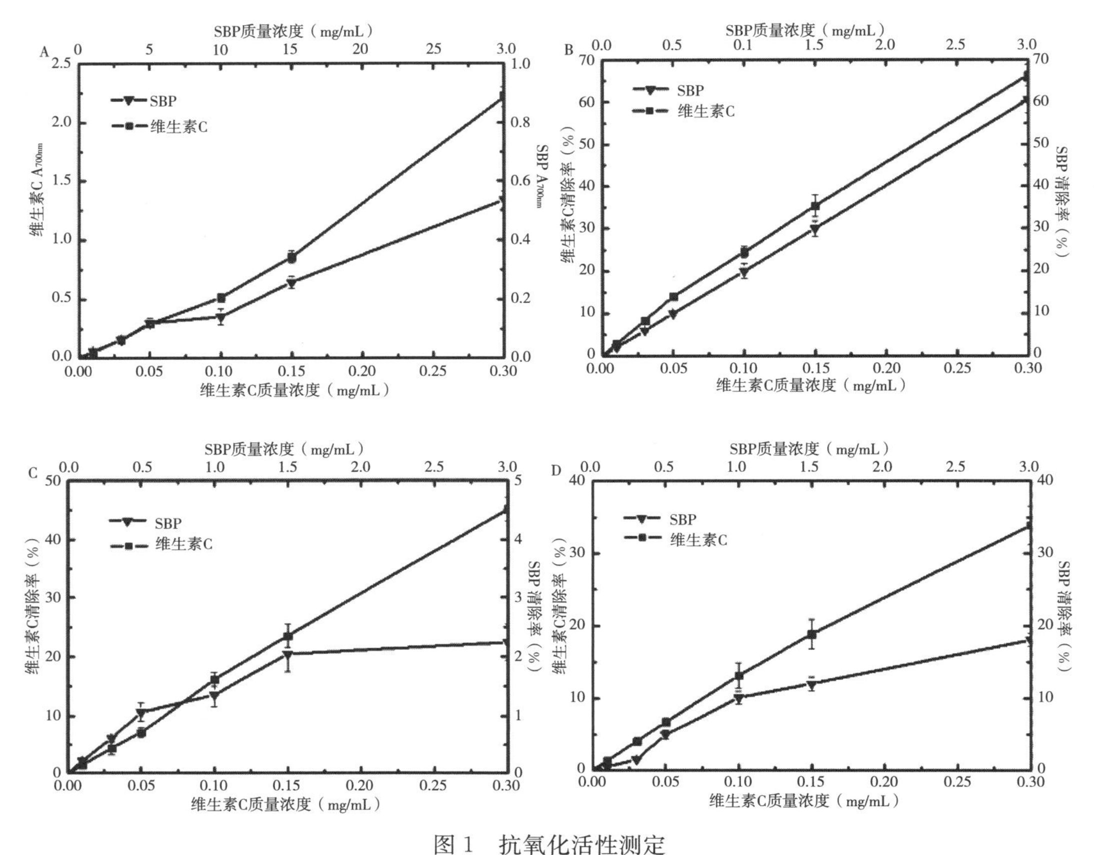

图 1 抗氧化活性测定

A. SBP 还原能力 B. SBP 清除 ABTS⁺ 能力 C. SBP 清除 DPPH 能力 D. SBP 清除 O_2^- 能力

2 H_2O_2诱导 MAC-T 细胞氧化应激引发炎症反应

2.1 试验材料与方法

用血球计数板计数每盘细胞培养皿（100 mm×20 mm）中对数生长期的 MAC-T 细胞个数，将密度为 1×10^2个/μL 的细胞悬液按 100 μL/孔接种于 96 孔板中，板边缘四周的每孔中各加入 100 μL PBS，经 24 h 培养后，于荧光倒置显微镜下观察，若细胞贴壁达 80%～90%，需继续于 100 μL 细胞维持培养液中饥饿培养 12 h。饥饿培养后，用 PBS 清洗 2 次，对每组进行处理。空白组：仅有新的 DMEM/F12 培养基 100 μL；对照组：DMEM/F12 培养基 100 μL+细胞；处理组：分别加入含 H_2O_2 浓度为 300、600、900、1 200 μmol/L 的诱导培养基 100 μL+细胞，每个浓度设置 5 个重复孔。试验分别处理 12 和 24 h 后，采用 PBS 清洗细胞 2 次，向每孔加入 100 μL 检测液（90 μL DMEM/F12 培养基+10 μL CCK-8）于恒温培养箱（37 ℃，5%CO_2）孵育 4 h。随后，检测每孔在 450 nm 处的 OD 值，并进行计算各组细胞存活率，从而来确定 H_2O_2处理细胞的最佳适宜条件。计算公式：细胞活力=（$OD_{处理}$－$OD_{空白}$）/（$OD_{对照}$－$OD_{空白}$）×100%。用 DCFH-DA 染色法测定细胞内 ROS。将处理后的细胞用 10 μM DCFH-DA 孵育 20 min。然后用无血清培养液清洗细胞并将其重新悬浮在 PBS 中，用流式细胞仪测定荧光（用 FITC 的参数设置）。细胞内 ROS 的浓度报告为相对荧光，标准化为对照。

MAC-T 细胞内 GSH-Px 含量、CAT 活力、T-SOD 含量、T-AOC 含量、MDA 含量检测使用相应试剂盒检测。

将密度为 2.5×10^6 个/mL 的细胞悬液按 1 mL/孔接种于 6 孔板中，待细胞汇合度≥80%时，弃细胞完全培养液，PBS 洗 2 次，加入新的 1 mL DMEM/F12 培养基/孔，饥饿培养 12 h，吸出上述培养液，PBS 洗 2 次，每孔再分别加入 1 mL 的 0、300、600、900、1 200 μmol/L H_2O_2 培养 12 h，吸出不同浓度的处理液，用 PBS 洗 1 次，向每孔中加入能均匀分布整皿的 350 μL Buffer RLS（含约 1.96%的 50×DTT Solution）裂解液，吹打细胞使其脱落于裂解液中，然后将内含细胞的裂解液收集进 1.5 mL 离心管(RNase free)中，漩涡混匀至无明显沉淀，室温静置 120 s。将收集的裂解液吸入 gDNA Eraser Mini Column 中进行离心（1.2×10^4 r/min，60 s，25 ℃），舍上述吸附柱，将所得滤液吸进 1.5 mL 离心管（RNase free）中，并与 350 μL 乙醇（含量为 70%）混合均匀（以免出现无黏稠物或沉淀干扰），将上述所有液体全部转移至 Universal RNA Mini Column 中进行离心（1.2×10^4 r/min，60 s，25 ℃），弃去 Collection tube 中的滤液，向 Universal RNA Mini Column 中加入 Buffer RWA（600 μL）进行离心（1.2×10^4 r/min，60 s，25 ℃），弃滤液，再向 Universal RNA Mini Column 中加入 650 μL Buffer RWB（含 70%的无水乙醇）进行离心（1.2×10^4 r/min，60 s，25 ℃），弃滤液，然后将 50 μL DNase 反应液（RNase free DNase I：10×DNase I Buffer：RNase free water=4：5：41）滴入至 Universal RNA Mini Column 膜中央，静置 0.25 h 后，接着加入 350 μL Buffer RWB（含 70%的无水乙醇）离心（1.2×10^4 r/min，60 s，25 ℃），弃滤液，再接着加入 650 μL Buffer RWB（含 70%的无水乙醇）进行离心（1.2×10^4 r/min，60 s，25 ℃）。随后先将上述 Universal RNA Mini Column 的吸附柱换上新的 Collection tube 进行离心（1.2×10^4 r/min，120 s，25 ℃），最后再安置于 RNase free tube 上，在吸附柱膜中央滴加 50 μL RNase free water，静置 300 s，离心（1.2×10^4 r/min，120 s，25 ℃）洗脱及溶解 RNA。按照 cDNA 反转录试剂盒（TaKaRa，RR037A）说明书进行操作：cDNA 为模板，用 Oligo 合成的目的基因 A（*IL*-6、*IL*-8）及管家基因 B（*GADPH*）引物进行 PCR 扩增。计算公式：Rel. Qty. $=2^{-[\text{Ct(检测样品的A}-\text{检测样品的B)}-\text{Ct(对照样品的A}-\text{对照样品的B)}]}$。*IL*-6、*IL*-8 基因的表达水平通过同时测量 *GAPDH* 水平来标准化。

2.2 试验结果与分析

MAC-T 细胞的活性随着 H_2O_2 浓度的增加和时间的延长，呈时间和剂量依赖性抑制。不同浓度的 H_2O_2（0、300、600、900 和 1 200 μmol/L）分别刺激细胞 12 和 24 h，对 MAC-T 细胞的活力有不同的影响。300 μmol/L H_2O_2 处理 MAC-T 细胞 12 或 24 h，对 MAC-T 细胞活性均无显著影响（$P>0.05$）。600 μmol/L H_2O_2 刺激 MAC-T 细胞 12 或 24 h 时，均极显著降低了 MAC-T 细胞活性（$P<0.01$），两者细胞活性均低于 80%。900 μmol/L H_2O_2 刺激 MAC-T 细胞 12 或 24 h 时，MAC-T 细胞活性均极显著降低（$P<$

0.01），前者细胞活性低于75%。后者细胞活性低于65%。1 200 μmol/L H_2O_2刺激MAC-T细胞12或24 h时，MAC-T细胞活性均极显著降低（$P<0.001$），前者细胞活性低于60%，后者细胞活性低于50%（图2）。因此，本试验选择600 μmol/L H_2O_2刺激MAC-T细胞12 h作为后续研究的条件。

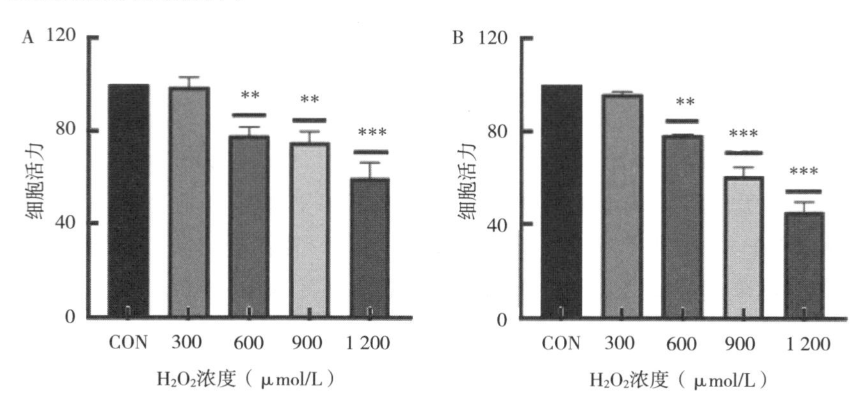

图2 H_2O_2对MAC-T细胞活力的影响

A. 不同浓度H_2O_2处理MAC-T细胞12 h B. 不同浓度H_2O_2处理MAC-T细胞24 h

注：通过CCK-8测定法检测细胞活力，每组重复5次，并进行3次独立试验。数值为平均数（Mean）±标准误（SEM）（$n=5$）。"**"和"***"表示与对照组（CON）相比有极显著差异（$P<0.01$和$P<0.001$）。下同

不同浓度H_2O_2处理MAC-T细胞12或24 h后，均可极显著提高细胞内ROS的生成（$P<0.001$），且在600 μmol/L处理时达到最高（图3）。因此在后续试验中采用600 μmol/L H_2O_2刺激细胞12 h后检测MAC-T细胞内ROS变化。

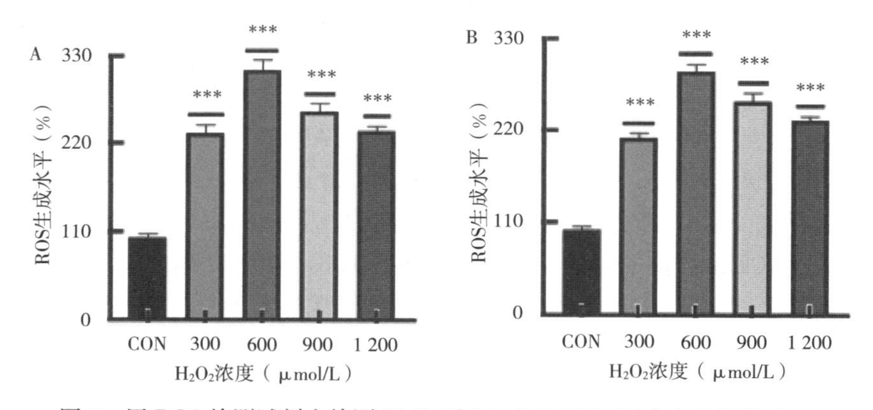

图3 用ROS检测试剂盒检测H_2O_2对MAC-T细胞ROS水平的影响

A. 不同浓度H_2O_2处理MAC-T细胞12 h B. 不同浓度H_2O_2处理MAC-T细胞24 h

注：数值为平均数（Mean）±标准误（SEM）（$n=3$）

为了验证H_2O_2诱导的MAC-T细胞氧化损伤模型的成功构建，接下来对MAC-T细胞内氧化应激标志物进行了检测。结果表明，与对照组相比，600 μmol/L H_2O_2处理MAC-T细胞12 h，比处理24 h更能体现出GSH-Px（$P<0.001$）、CAT（$P<0.001$）、T-SOD（$P<0.001$）和T-AOC（$P<0.001$）的活力水平极显著降低，MDA含量极显著升高（$P<0.001$）（图4），说明用600 μmol/L H_2O_2诱导MAC-T细胞12 h是氧化损伤模型构建成功的条件。

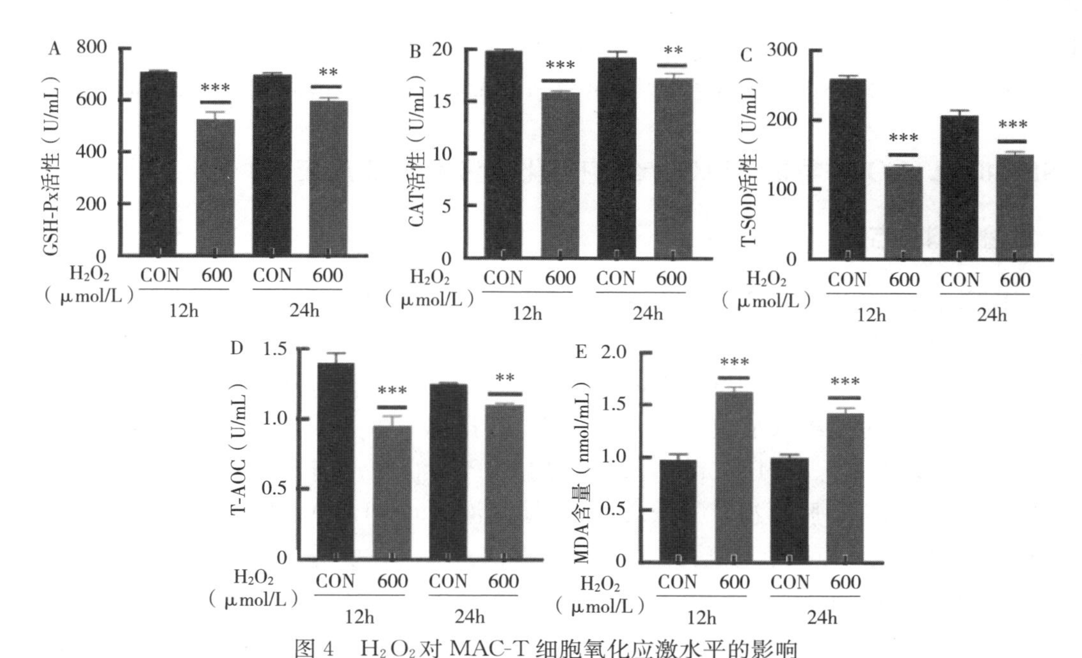

图 4 H_2O_2 对 MAC-T 细胞氧化应激水平的影响

A. MAC-T 细胞中的谷胱甘肽过氧化物酶（GSH-PX）活力 B. MAC-T 细胞中的过氧化氢酶（CAT）活力 C. MAC-T 细胞中的总超氧化物歧化酶（T-SOD）活力 D. MAC-T 细胞中的总抗氧化能力（T-AOC） E. MAC-T 细胞中的丙二醛（MDA）含量

注：数值为平均数±标准误（$n=3$）

与对照组相比，不同浓度梯度的 H_2O_2（300、600、900 和 1 200 μmol/L）处理 MAC-T 细胞 12 h，均极显著增加了 MAC-T 细胞内炎症因子 *IL*-6（$P<0.01$）、*IL*-8（$P<0.001$）mRNA 的表达量，且在 H_2O_2 浓度为 600 μmol/L 时，*IL*-6（$P<0.001$）、*IL*-8（$P<0.001$）mRNA 的表达水平均达到最高值（图 5），说明 H_2O_2 可诱导 MAC-T 细胞发生炎症反应。

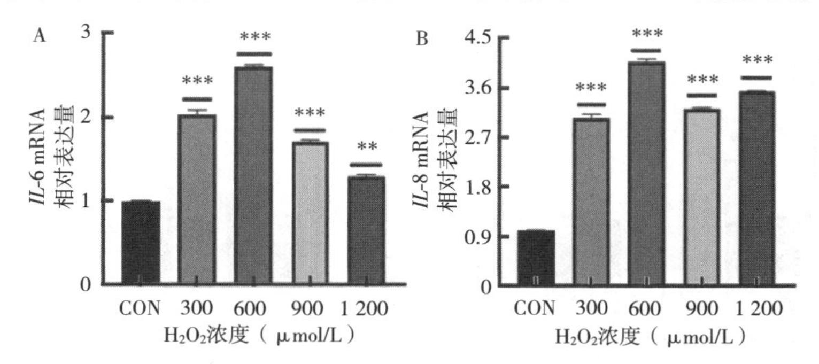

图 5 H_2O_2 对细胞炎症因子表达的影响

A. 不同浓度 H_2O_2 处理 MAC-T 细胞 12 h 的 *IL*-6 mRNA 水平

B. 不同浓度 H_2O_2 处理 MAC-T 细胞 12 h 的 *IL*-8 mRNA 水平

注：数值为平均数±标准误（$n=3$）

2.3 小结

H_2O_2 刺激可引起 MAC-T 细胞氧化应激损伤，主要表现为细胞活力下降，这些损伤可能

是因为 H_2O_2 引起了细胞内氧化还原平衡的破坏。H_2O_2 可引起 MAC-T 细胞发生炎症反应，主要体现在促炎因子 mRNA 表达水平的升高，这可能是氧化应激激活促炎信号通路而引起的。

3　SBP 抑制 H_2O_2 诱导的 MAC-T 细胞氧化应激和炎症反应

3.1　试验材料与方法

采用不同浓度 SBP 处理 MAC-T 细胞 6 或 12 h，通过 CCK-8 法检测细胞活力。将密度为 1×10^4 个/100 μL 的细胞悬液按 100 μL/孔接种于 96 孔板中，待细胞汇合度≥90%时，吸出细胞完全培养液，用 PBS 清洗 2 次，更换新的 SBP 溶液。试验分为空白组（DMEM/F12 培养基 100 μL）、对照组（细胞用 DMEM/F12 培养基 100 μL）、处理组（浓度为 0.075、0.15、0.30、0.6、1.2、2.4 和 4.8 mg/mL 的 SBP 溶液）。待细胞处理相对应的时间后，弃培养基，PBS 清洗细胞 2 次，加入 100 μL 检测液（90 μL DMEM/F12 培养基和 10 μL CCK-8）。每组处理设为 5 个重复孔，试验重复 3 次。

刺激 MAC-T 细胞后，收集相应的样品。根据 ROS 检测试剂盒的说明对 ROS 的水平进行测定。根据试剂盒的说明对 GSH-PX、CAT、T-SOD、T-AOC、MDA 和 NO 的水平进行测定。用 qPCR 定量分析相关基因表达水平。根据试剂盒说明书通过酶联免疫吸附法（ELISA）测定炎性细胞因子 TNF-α、IL-6 的浓度。

3.2　试验结果与分析

如图 6 所示，随着 SBP 浓度的增加，MAC-T 细胞活力以浓度和时间依赖的方式降低。当 SBP 作用于 MAC-T 细胞 6 h 时，浓度为 0.075、0.15 和 0.30 mg/mL 的 SBP 显著升高细胞活力（$P<0.05$）；浓度为 0.6 mg/mL 的 SBP 对细胞活性无显著影响（$P>0.05$）；而浓度为 1.2、2.4 和 4.8 mg/mL 的 SBP 显著下降细胞活力（$P<0.05$）。当 SBP 作用于 MAC-T 细胞 12 h 时，浓度为 0.075、0.15 和 0.30 mg/mL 的 SBP 对细胞活性无显著影响（$P>0.05$）；其

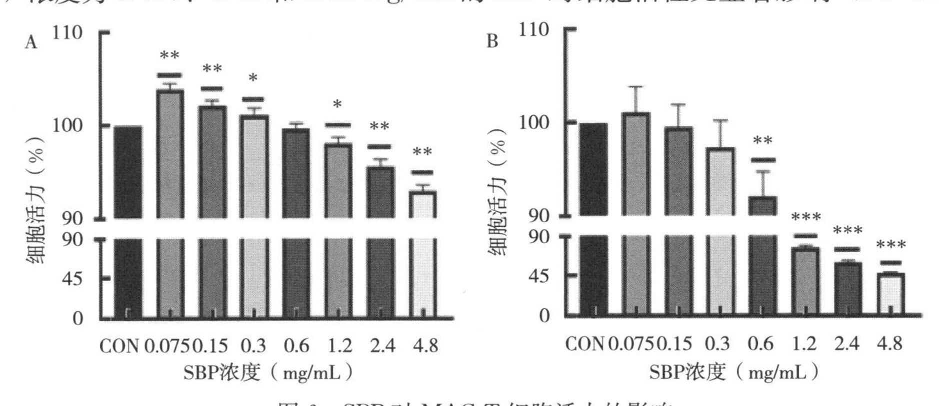

图 6　SBP 对 MAC-T 细胞活力的影响

A. 不同浓度 SBP 处理 MAC-T 细胞 6 h　B. 不同浓度 SBP 处理 MAC-T 细胞 12 h

注：每组重复 5 次，并进行 3 次独立试验。数值为平均数±标准误（$n=5$）。“*”表示与对照组（CON）相比有显著差异（$P<0.05$）“**”和“***”表示有极显著差异（$P<0.01$ 和 $P<0.001$）

余浓度为 0.6、1.2、2.4 和 4.8 mg/mL 的 SBP 极显著降低细胞活力（$P<0.01$），表明 MAC-T 细胞严重受损。因此，在后续的试验中选择 0.075、0.15、0.30 和 0.6 mg/mL 的 SBP 为适宜浓度，选择 6 h 为 SBP 的最佳处理时间。

与对照组相比，600 μmol/L H_2O_2 处理提高了 MAC-T 细胞内 ROS 的水平（$P<0.001$）。然而，SBP 和 H_2O_2 共同处理细胞后，ROS 水平显著降低（$P<0.05$）（图 7）。

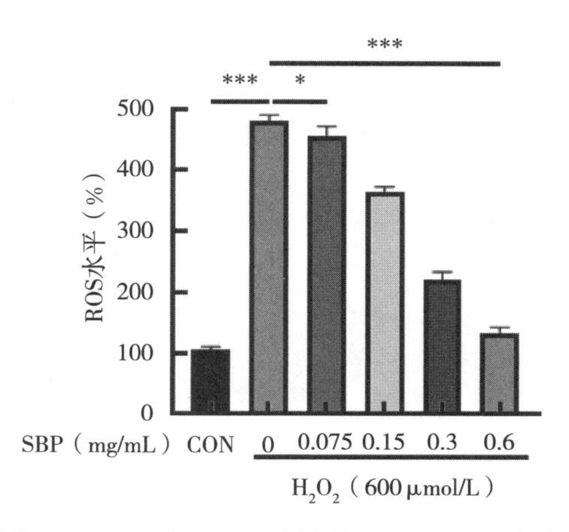

图 7　SBP 对 H_2O_2 诱导的 MAC-T 细胞内 ROS 水平的影响

注：图示为在有 SBP（0、0.075、0.15、0.3 和 0.6 mg/mL）的情况下，用 H_2O_2（600 μmol/L）处理 12 h 后，MAC-T 细胞中的 ROS 水平。未处理组的数据用于标准化每个处理组的数据。数值为平均数±标准误（$n=3$）。“*”表示与单用 H_2O_2 处理相比有显著差异（$P<0.05$），“***”表示有极显著差异（$P<0.001$）

本试验进一步检测了氧化应激相关指标，如 T-AOC、T-SOD、GSH-PX、CAT 和 MDA 的水平，旨在探究 SBP 抑制 H_2O_2 诱导的 MAC-T 细胞氧化应激。与对照组相比，用 600 μmol/L H_2O_2 处理 MAC-T 细胞后，GSH-PX、CAT、T-SOD 和 T-AOC 水平极显著降低（$P<0.01$）（图 8A～D），极显著促进 MDA 含量的升高（$P<0.01$）（图 8E），促进氧化应激的发生。

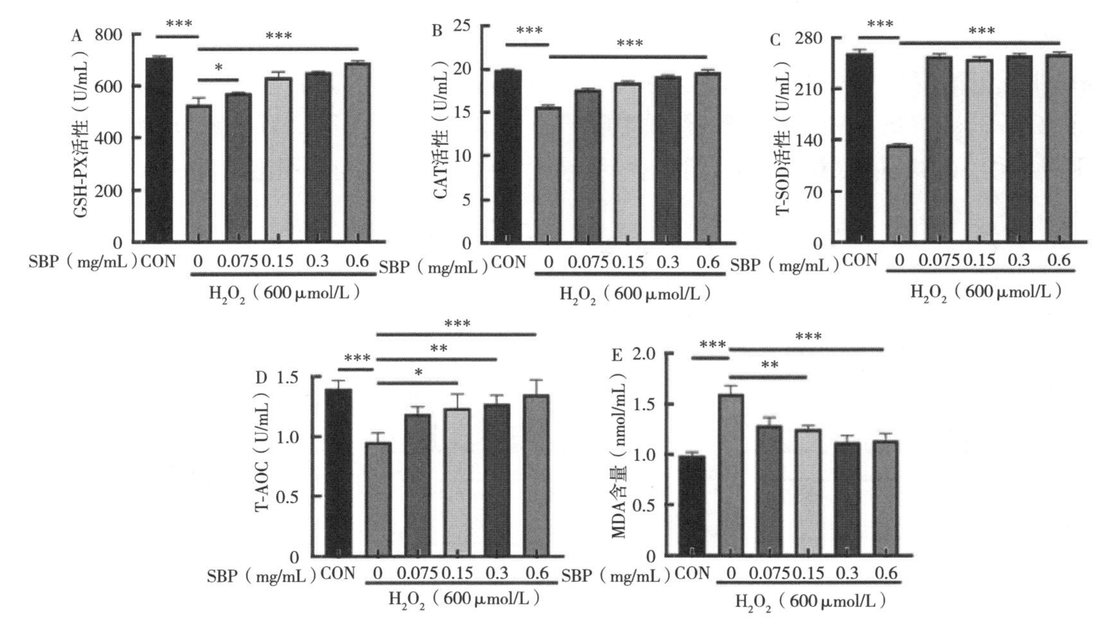

图 8　SBP 对 H_2O_2 诱导的 MAC-T 细胞氧化应激标志物的影响

A. MAC-T 细胞中的 GSH-PX 活力　B. MAC-T 细胞中的 CAT 活力　C. MAC-T 细胞中的 T-SOD 活力　D. MAC-T 细胞中的 T-AOC　E. MAC-T 细胞中的 MDA 含量

注：图示为在有 SBP（0、0.075、0.15、0.3 和 0.6 mg/mL）的情况下，用 H_2O_2（600 μmol/L）处理 12 h，MAC-T 细胞氧化应激标志物的水平。未处理组的数据用于标准化每个处理组的数据。数值为平均数±标准误（$n=3$）。“*”表示与单用 H_2O_2 处理相比有显著差异（$P<0.05$）；“**”和“***”表示有极显著差异（$P<0.01$ 和 $P<0.001$）

与对照组相比，单用600 μmol/L H_2O_2 诱导了MAC-T细胞中NO的产生（$P<0.05$）。与单用600 μmol/L H_2O_2 处理组相比，600 μmol/L H_2O_2 与不同浓度SBP联合处理的MAC-T细胞内NO水平降低（$P<0.05$），且恢复水平与对照组相近（图9）。

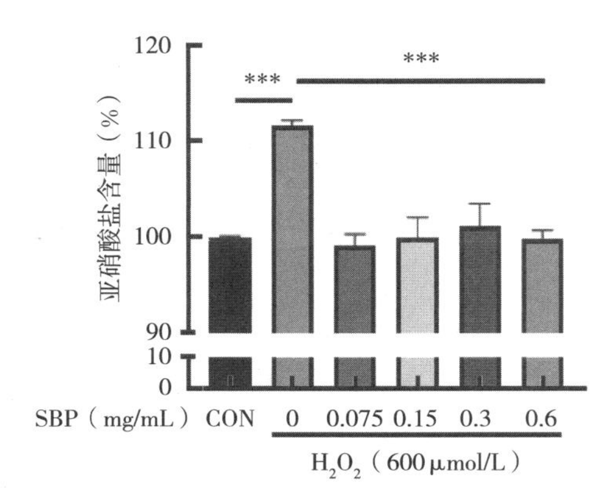

图9 SBP对 H_2O_2 诱导的MAC-T细胞NO生成的影响

注：MAC-T细胞中的NO［相对于对照（100%）检测结果］。未处理组的数据用于标准化每个处理组的数据。数值为平均数±标准误（$n=3$）。“***”表示与单用 H_2O_2 处理相比有极显著差异（$P<0.001$）

结果表明，与对照组相比，在单用600 μmol/L H_2O_2 处理的MAC-T细胞中，炎症介质（*COX*-2、*iNOS*、*MCP*-1）和促炎因子（*TNF*-α、*IL*-6、*IL*-8和*IL*-1β）mRNA的表达水平均极显著上调（$P<0.001$）（图10A～G）。与单用600 μmol/L H_2O_2 处理组相比，SBP（高、中、低浓度）预处理均极显著降低了600 μmol/L H_2O_2 诱导的MAC-T细胞内炎症介质（*COX*-2、*iNOS*、*MCP*-1）和促炎因子（*TNF*-α、*IL*-6、*IL*-8、*IL*-1β）mRNA的表达水平（$P<0.001$）（图10 A～G），且这些结果大约可以恢复到与对照组相近的水平。

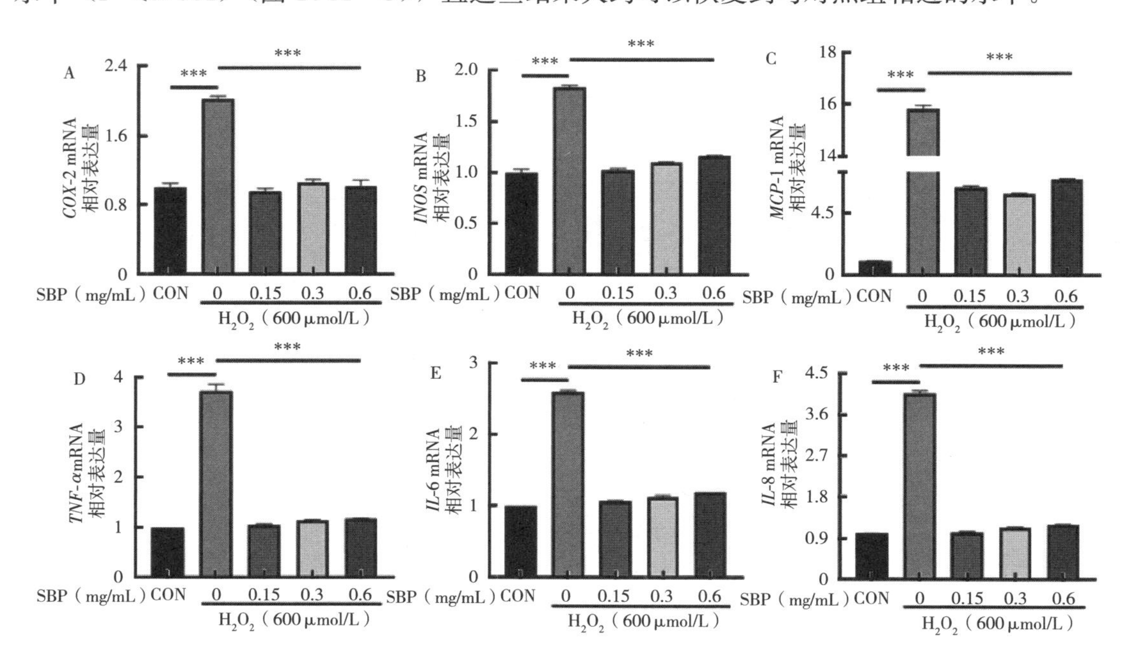

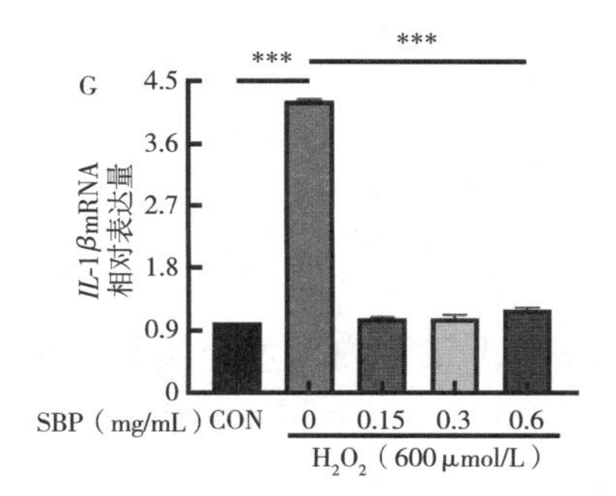

图 10 SBP 对 H_2O_2 诱导的 MAC-T 细胞炎症反应相关基因表达的影响

A. 环氧化酶-2 mRNA 表达水平 B. 诱导性一氧化氮合酶 mRNA 表达水平

C. 人巨噬细胞趋化蛋白-1 mRNA 表达水平 D. 肿瘤坏死因子-α mRNA 表达水平

E. 白细胞介素-6 mRNA 表达水平 F. 白细胞介素-8 mRNA 表达水平

G. 人白细胞介素-1β mRNA 表达水平细胞。

注：*GADPH* 用作内部对照。通过 qPCR 分析基因表达水平。未处理组的数据用于标准化每个处理组的数据。数值为平均数±标准误（$n=3$）。"***" 表示与 600 μmol/L H_2O_2 处理组相比有极显著差异（$P<0.001$）

与对照组相比，600 μmol/L H_2O_2 刺激的 MAC-T 细胞上清液中 TNF-α 和 IL-6 的表达极显著增加（$P<0.001$），增加了 3～3.5 倍（图 11）。与 600 μmol/L H_2O_2 处理组相比，600 μmol/L H_2O_2 与 SBP（高、中、低浓度）联合使用均可极显著降低 MAC-T 细胞中 TNF-α、IL-6 水平（$P<0.001$），尤其是高浓度 SBP 预处理组使 TNF-α、IL-6 水平降低至对照组（图 11）。

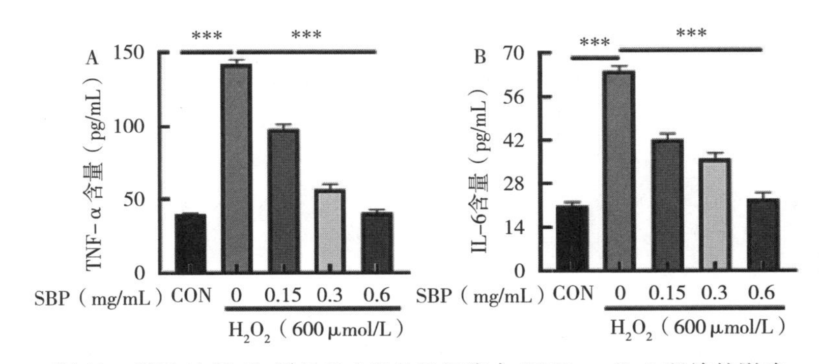

图 11 SBP 对 H_2O_2 诱导的 MAC-T 细胞中 TNF-α、IL-6 释放的影响

A. 肿瘤坏死因子-α 蛋白水平 B. 白细胞介素 6-蛋白水平

注：使用 ELISA 试剂盒测定蛋白含量。数值为平均数±标准误（$n=3$）。"***" 表示与 600 μmol/L H_2O_2 处理组相比有极显著差异（$P<0.001$）

3.3 小结

SBP 通过增强奶牛乳腺上皮细胞的抗氧化能力，抑制 H_2O_2 刺激下的 ROS 和 NO 的生成，保护奶牛乳腺上皮细胞抵御 H_2O_2 引起的氧化应激损伤。通过抑制 H_2O_2 诱导的奶牛乳腺上皮细胞炎症因子 *iNOS*，*COX*-2，*MCP*-1，*TNF*-α，*IL*-6，*IL*-8 及 *IL*-1β 的表达和炎

症蛋白 TNF-α、IL-6 的释放，缓解细胞炎症反应的发生。

4 结论

SBP 通过重新平衡 NO 及氧化应激各项指标含量来减轻 H_2O_2诱导的 MAC-T 细胞氧化损伤；通过抑制 H_2O_2诱导的 MAC-T 细胞内促炎介质和促炎因子的释放来降低炎症反应。SBP 不仅是一种有效的抗氧化剂，也是与炎症相关疾病的潜在天然替代品，对 MAC-T 细胞内氧化应激和炎症反应有显著的双重保护作用，其可能是通过抑制 H_2O_2诱导的 MAC-T 细胞发生氧化应激来减轻细胞的炎症反应。

沙葱及其提取物对羊肉品质和风味物质组成的影响

羊肉以其低脂肪、低胆固醇、高不饱和脂肪酸含量、鲜嫩多汁等特点而深受消费者喜爱，且消费量逐年上升。我国目前的肉羊养殖羊中也存在一系列问题，如品种良种化低、养殖卫生不标准、饲养方式滞后、羊肉存在安全隐患、羊肉品质不佳等。随着抗生素的禁用，绿色添加剂代替抗生素的使用已成为畜牧业发展的方向。酶制剂、中草药制剂、沙葱及其提取物等一系列绿色饲料添加剂的使用对减少环境污染、促进肉羊生长、改善羊肉品质和风味等方面起到了积极的作用。

植物提取物含有黄酮、多糖、精油、生物碱等活性成分，其有效成分的含量稳定且无毒副作用，以一定的剂量添加到动物日粮中，可以提高动物生产性能、免疫力、肉品质和风味。研究表明，复合植物提取物后可降低三黄鸡肌内脂肪含量，增加呈味氨基酸、不饱和脂肪酸、必需脂肪酸等的含量，显著提高肌肉品质和风味。苜蓿和红车轴草黄酮能显著提高肉羊的日增重，降低料重比，提高谷胱甘肽过氧化物酶（GSH-Px）、超氧化物歧化酶（SOD）和过氧化氢酶（CAT）活性，降低丙二醛（MDA）的含量，增强羊肉脂质稳定性。由此可见，日粮中添加植物提取物不仅能提高羊肉品质和风味，也能提高肉羊的免疫抗氧化能力，可以缓解抗生素对养殖业带来的威胁。

沙葱的营养价值较高，不同生长时期的沙葱营养价值大不相同，现蕾期的沙葱含有 7 种人体必需氨基酸，含有人体需要的常量和微量矿物质和含量较高的不饱和脂肪酸。沙葱也是一种优质的饲用植物，可作为牛、羊等的饲料添加剂，对提高其生产性能和改善肉风味有积极作用。沙葱脂溶性提取物中的有效成分包括黄酮类、胆碱类、酚类、生物碱等物质，研究表明，沙葱可以增加肉羊肌肉中肌苷酸含量，从而提高肉的鲜味，提高肌内脂肪中的 PUFA 含量，使肾脂和体脂 CLA 增多。饲喂沙葱可以提高舍饲肉羊的免疫抗氧化能力、改善肉品质和风味。为了进一步阐明沙葱及其提取物对羊肉品质和风味物质组成的影响，本研究欲通过日粮中添加沙葱粉或沙葱提取物（水提物和脂提物），检测肉羊背最长肌中的氨基酸、脂肪酸组成与含量，抗氧化酶的含量或活性，以及挥发性风味物质的含量，研究沙葱及其提取物对肉羊屠宰性能、肉品质、抗氧化性能以及羊肉中风味物质含量的影响，进一步揭示沙葱及其提取物对羊肉风味物质的影响机制，以期为沙葱及其提取物在改善羊肉品质和风味方面的实际应用提供科学依据。

1　沙葱及其提取物对肉羊屠宰性能和羊肉背最长肌常规指标的影响

1.1　试验材料与方法

选取经检疫合格的体重（35～40 kg）、月龄（4～4.5 月龄）相近的健康断奶杜寒母羔羊 60 只，随机分为 4 组，每组 15 只，每只羊分别饲喂基础日粮（对照组）、基础日粮＋沙葱粉（10 g/d）、基础日粮＋沙葱水溶性提取物（3.2 g/d）、基础日粮＋沙葱脂溶性提取物（2.8 g/d）。试验期为 75 d，其中预试期 15 d，正试期 60 d。在预试期对所有试验羊进行统一编号、分组和防疫，保证其处于健康的生理条件。预试期间羊只自由采食、饮水，以估测试验羊每天的平均采食量，为正试期的日粮饲喂量提供依据。试验期每天分别在 7：00 和 18：00 饲喂 2 次；每天清扫羊舍，洗刷水槽，保持羊舍卫生和羊只健康。试验结束后，每组随机选取 3 只经检疫合格的羊进行屠宰，宰前空腹称重。屠宰后称其胴体重，测定屠宰性能、胴体脂肪含量（GR 值）、背部脂肪厚度、眼肌面积，并立即采集 30 g 背最长肌样品，包入锡箔纸内，装入 4 号自封袋分组标记，－80 ℃保存，用于测定其脂肪酸、氨基酸、抗氧化酶活性和含量等；另取 100 g 背最长肌样品立即检测羊肉理化指标。

1.2 试验结果与分析

由表 1 可知，宰前活重、胴体重、屠宰率 3 个试验组与对照组相比差异均不显著（$P>0.05$）。与对照组相比，提取物组显著提高了 GR 值（$P<0.05$），且水提物组和脂提物组之间无显著差异（$P>0.05$）；沙葱组与对照组差异不显著（$P>0.05$），但有升高的趋势。GR 值的增加趋势为脂提物组＞水提物组＞沙葱组＞对照组。与对照组相比，3 个试验组（沙葱组、水提物组、脂提物组）均提高了眼肌面积且差异显著（$P<0.05$）；其中水提物组与沙葱组之间差异显著（$P<0.05$）；眼肌面积的提高趋势为水提物组＞脂提物组＞沙葱组＞对照组。与其他三组（对照组、沙葱组、脂提物组）相比，水提物显著提高了（$P<0.05$）肉羊的背膘厚度。

表 1 沙葱及其提取物对肉羊屠宰性能的影响

项目	试验处理				SEM	P 值
	对照	沙葱	水提物	脂提物		
宰前活重（kg）	47.77	48.50	50.00	48.50	0.43	0.48
胴体重（kg）	24.33	24.30	25.87	25.00	0.39	0.49
屠宰率（%）	50.95	50.10	51.75	51.50	0.45	0.71
GR 值（cm）	15.23[c]	17.37[bc]	19.87[ab]	21.80[a]	0.42	0.00
眼肌面积（cm^2）	20.12[c]	23.04[b]	26.52[a]	24.07[ab]	0.39	0.00
背膘厚度（mm）	10.40[b]	12.10[b]	14.33[a]	11.78[b]	0.35	0.01

注：同行数据肩标不同小写字母代表差异显著（$P<0.05$），相同小写字母代表差异不显著（$P>0.05$）。下同。

由表 2 可见，各试验组肌肉中的水分含量无显著差异（$P>0.05$），但对照组的水分高于 3 个试验组。3 个试验组肌肉中的粗蛋白含量均高于对照组，但差异不显著（$P>0.05$）。与对照组相比，沙葱组及提取物组均明显提高肌肉中的粗脂肪含量（$P<0.05$）；沙葱组肌肉中粗脂肪含量显著低于水提物组（$P<0.05$），但与脂提物组无显著差异（$P>0.05$）。对照组和 3 个试验组肌肉中灰分和钙的含量基本相同（$P>0.05$）。3 个试验组肌肉中的磷含量均高于对照组，其中 2 个提取物组显著高于对照组（$P<0.05$），沙葱组与各提取物组肌肉

中的磷含量无显著差异（$P>0.05$）。

表 2 沙葱及其提取物对羊肉背最长肌中常规养分的影响（%）

项目	简称	试验处理				SEM	P 值
		对照	沙葱	水提物	脂提物		
水分	Moisture	74.94	73.34	74.04	74.17	0.23	0.19
粗蛋白	CP	17.83	21.07	20.47	19.74	0.88	0.62
粗脂肪	EE	4.14[c]	6.15[b]	6.94[a]	6.70[ab]	0.11	0.00
灰分	Ash	5.65	6.01	5.85	5.82	0.17	0.90
钙	Ca	0.08	0.08	0.06	0.08	0.01	0.44
磷	P	0.16[b]	0.25[ab]	0.28[a]	0.29[a]	0.02	0.09

由表 3 可知，试验羊肌肉的 pH_{45min}、pH_{24h} 在各个试验组中差异均不显著（$P>0.05$）。3 个试验组与对照组相比显著降低了（$P<0.05$）背最长肌的剪切力，3 个试验组背最长肌的剪切力差异不显著（$P>0.05$）。与对照组相比，沙葱组和水提物组显著提高了背最长肌熟肉率（$P<0.05$），脂提物组数值上显示提高了背最长肌的熟肉率（$P>0.05$）。沙葱组与 2 个提取物组相比，背最长肌的熟肉率差异不显著（$P>0.05$），水提物组背最长肌的熟肉率显著高于脂提物组（$P<0.05$）。对照组的背最长肌失水率显著高于（$P<0.05$）沙葱组和水提物组，与脂提物组无显著差异（$P>0.05$）；沙葱组的失水率显著低于（$P<0.05$）脂提物组，与水提物组无显著差异（$P>0.05$），两组提取物之间差异不显著（$P>0.05$）。

表 3 沙葱及其提取物对肉羊背最长肌理化性质的影响

项目	试验处理				SEM	P 值
	对照	沙葱	水提物	脂提物		
pH_{45min}	6.41	6.57	6.45	6.42	0.10	0.26
pH_{24h}	5.69	5.70	5.72	5.76	0.09	0.67
剪切力（N）	33.83[a]	22.92[b]	19.75[b]	21.787[b]	0.46	0.00
熟肉率（%）	61.63[c]	63.64[ab]	65.11[a]	62.87[bc]	0.31	0.00
失水率（%）	7.15[a]	3.66[c]	4.89[bc]	5.63[ab]	0.33	0.01

由表 4 可知，与对照组相比，沙葱组和水提物组能提高肌肉 T-SOD、GHX-P 酶活性和 T-AOC 能力，但差异不显著（$P>0.05$）；脂提物组显著提高了肌肉 T-SOD、GHX-P 酶活性和 T-AOC 能力，分别提高了 28.41%、21.78%、58.52%（$P<0.05$）。沙葱组和水提物组肌肉的 T-SOD、GSH-Px 酶活性差异不显著（$P>0.05$）。脂提物组肌肉的 T-SOD 酶活性显著高于沙葱组（$P<0.05$），与水提物组差异不大（$P>0.05$）。脂提物组肌肉的 GSH-Px 酶活性显著高于沙葱组和水提物组，分别提高了 21.29%、18.79%（$P<0.05$）。3 个试验组（沙葱组、水提物组、脂提物组）肌肉的 T-AOC 差异不显著（$P>0.05$）。日粮中添加沙葱及提取物能降低肌肉中 MDA 的含量，提高 CAT 酶活性，但差异不显著（$P>0.05$）。

表 4 沙葱其及提取物对羊肉背最长肌抗氧化性能的影响

项目	试验处理				SEM	P 值
	对照	沙葱	水提物	脂提物		
超氧化物歧化酶（U/mg）	56.131[b]	62.740[b]	63.693[ab]	72.079[a]	1.29	0.02
谷胱甘肽过氧化物酶（U/mg）	72.160[b]	72.454[b]	73.979[b]	87.878[a]	1.08	0.01
总抗氧化能力（mmol/g）	0.176[b]	0.251[ab]	0.237[ab]	0.279[a]	0.01	0.16
丙二醛（nmol/mg）	3.469	3.175	3.001	1.758	0.18	0.33
过氧化氢酶（U/mg）	2.097	2.906	2.566	2.188	0.22	0.58

1.3 小结

日粮中添加沙葱及提取物增加了肉羊的眼肌面积、GR 值、背膘厚度，提高了肉羊的产肉性能；降低了肉羊背最长肌的剪切力和失水率，提高了熟肉率，达到了改善羊肉品质的功效；增加了背最长肌中的肌内脂肪含量；提高了背最长肌的总抗氧化能力（T-AOC）、总超氧化物歧化酶（T-SOD）活力、过氧化氢酶（CAT）活力、谷胱甘肽过氧化物酶（GSH-Px）活力，降低了背最长肌中丙二酸（MDA）含量，减缓了羊肉的脂质氧化，从而延长了羊肉的货架期。

2 沙葱及其提取物对肉羊背最长肌中脂肪酸、氨基酸组成的影响

2.1 试验材料与方法

饲养结束屠宰肉羊后立即取新鲜的背最长肌 30 g，置于－80 ℃的冰箱冷冻保存。取存于－80 ℃保存的样品 5 g 左右，放到 4 ℃冰箱解冻后，剔除表面筋膜和肌肉内的间质、脂肪，用研钵捣碎，并称取 1 g 左右肉样放在 25 mL 的水解管中，加入约 100 mg 焦性没食子酸，再加 2 mL 95％乙醇和 4 mL 的水，混匀。在加入 10 mL 的盐酸溶液，混匀。将水解管放入 75 ℃左右的水浴锅中水解 40 min，每隔 10 min 震荡一下水解管，水解后的试样加入 10 mL95％乙醇，混匀。将水解管中的液体转移到分液漏斗中，用 80 mL 乙醚-石油醚混合液冲洗水解管，冲洗液并入分液漏斗中，振摇分液漏斗 5 min，静止 10 min。将醚层提取液收集到 250 mL 烧瓶中，安装到蒸发装置上，浓缩至干，得到脂肪提取物。将脂肪提取物用适量的正己烷溶解到 25 mL 的水解管中，用氮吹仪吹干，再在 25 mL 水解管中加入 2％氢氧化钠甲醇溶液 8 mL，置于（80±1）℃水浴锅中回流，至管壁的油滴消失。从水解管上端加入 7 mL15％三氟化硼甲醇溶液，继续回流 2 min。停止加热，从水浴锅中取出水解管，迅速冷却至室温。准确加入 10 mL 正庚烷，振摇 2 min，再加入饱和氯化钠溶液，静止分层，吸取上层正庚烷提取物溶液大约 5 mL，至 10 mL 试管中，用氮吹仪吹干。加入 2mL 正己烷，加 3～5 g 无水硫酸钠，振摇 1 min，静置 5 min，吸取上层溶液到进样瓶中测定氨基酸的组成和含量。计算必需氨基酸如色氨酸（Trp）、亮氨酸（Leu）、赖氨酸（Lys）、苏氨酸（Thr）、甲硫氨酸（Met）、苯丙氨酸（Phe）、异亮氨酸（Lle）、缬氨酸（Val），以及

鲜味氨基酸如谷氨酸（Glu）、天冬氨酸（Asp）的含量。

2.2 试验结果与分析

由表 5 可知，在背最长肌中一共检测出 14 种脂肪酸。与对照组相比，沙葱组提高了背最长肌中 TFA 的含量（$P>0.05$）、添加水提物显著提高了背最长肌 TFA 的含量（$P<0.05$）、添加脂提物降低了背最长肌 TFA 的含量（$P<0.05$）。背最长肌中 TFA 含量在 3 个试验组（沙葱组、水提物组、脂提物组）之间差异不显著（$P>0.05$）。背最长肌中检测出 8 种 SFA，包括癸酸（C10：0）、十一烷酸（C11：0）、月桂酸（C12：0）、肉豆蔻酸（C14：0）、棕榈酸（C16：0）、十七烷酸（C17：0）、硬脂酸（C18：0）、二十一烷酸（C21：0）。日粮中添加沙葱、水提物和脂提物与对照组相比，降低肉羊背最长肌中 SFA 的含量，分别降低了 36.63%（$P>0.05$）、49.71%（$P<0.05$）、51.85%（$P<0.05$）。水提物组背最长肌中的肉豆蔻酸（C14：0）和二十一烷酸（C21：0）含量显著高于对照组和其他两个试验组，对照组、沙葱组、脂提物组之间背最长肌中的癸酸（C14：0）和二十一烷酸（C21：0）含量差异不显著（$P>0.05$）。与对照组相比，沙葱组能降低背最长肌中硬脂酸的含量，降低了 33.65%（$P>0.05$）；水提物组和脂提物组能显著降低背最长肌中硬脂酸的含量（$P<0.05$），但 3 个试验组背最长肌中硬脂酸的含量差异不显著（$P>0.05$）。对照组和 3 个试验组的其他几种 SFA 含量均无显著性差异（$P>0.05$）。

在背最长肌中共检测出 6 种 UFA，其中包括 4 种 MUFA：棕榈烯酸（C16：1）、银杏酸（C17：1）、反油酸（C18：1n9t）、油酸（C18：1n9c），以及 2 种 PUFA：亚油酸（C18：2n6c）、花生四烯酸（C20：4）。水提物组背最长肌中 UFA、MUFA 的含量显著高于其他各组。水提物组和沙葱组背最长肌中 MUFA 含量显著高于对照组（$P<0.05$），且水提物组显著高于沙葱组（$P<0.05$）。沙葱组显著增加背最长肌中反油酸（C18：1n9t）的含量（$P<0.05$），水提物组和脂提物组背最长肌中反油酸（C18：1n9t）的含量与对照组差异不显著（$P>0.05$），水提物组背最长肌反油酸（C18：1n9t）的含量显著高于脂提物组（$P>0.05$）。与对照组相比，沙葱组和水提物组显著提高了背最长肌中油酸（C18：1n9c）含量（$P<0.05$）；脂提物组背最长肌中油酸（C18：1n9c）含量无显著变化（$P>0.05$）。3 个试验组中，水提物组背最长肌中油酸（C18：1n9c）含量显著高于沙葱组和脂提物组（$P<0.05$）；沙葱组和脂提物组背最长肌中油酸（C18：1n9c）含量无显著差异（$P>0.05$）。与对照组相比，水提物组能显著提高背最长肌中 PUFA 的含量（$P<0.05$）；沙葱组和脂提物组对背最长肌中 PUFA 的含量影响不显著（$P>0.05$）。沙葱组和两个提取物组之间背最长肌中 PUFA 的含量差异不显著（$P>0.05$）。与对照组相比，水提物组能显著提高背最长肌中亚油酸（C18：2n6c）的含量（$P<0.05$）；沙葱组和脂提物组对背最长肌中亚油酸（C18：2n6c）的含量影响不显著（$P>0.05$），但有提高作用。沙葱组和两组提取物之间背最长肌中亚油酸（C18：2n6c）的含量无显著差异（$P>0.05$）。与对照组相比，沙葱组和脂提物组提高了背最长肌中 PUFA/SFA 的比值，但差异不显著（$P>0.05$）；水提物组显著提高了背最长肌中 PUFA/SFA 的比值（$P<0.05$）。沙葱组、水提物组、脂提物组之间背最长

肌中 PUFA/SFA 的比值差异不显著（$P>0.05$）。

表 5 沙葱及其提取物对肉羊背最长肌脂肪酸含量和组成的影响（mg/g）

项目	分子式	试验处理				SEM	P 值
		对照	沙葱	水提物	脂提物		
癸酸	C10：0	0.001	0.003	0.007	0.003	0.00	0.33
十一烷酸	C11：0	0.208	0.219	0.221	0.210	0.00	0.28
月桂酸	C12：0	0.002	0.002	0.002	0.002	—	—
肉豆蔻酸	C14：0	0.058^{b}	0.120^{b}	0.307^{a}	0.074^{b}	0.02	0.02
棕榈酸	C16：0	4.027	2.286	1.986	1.995	0.32	0.15
棕榈烯酸	C16：1	0.003	0.070	0.088	0.009	0.01	0.20
十七烷酸	C17：0	0.009	0.009	0.009	0.009	—	—
银杏酸	C17：1	0.002^{b}	0.003^{b}	0.005^{a}	0.003^{b}	0.00	0.00
硬脂酸	C18：0	2.924^{a}	1.940^{ab}	1.099^{b}	1.185^{b}	0.23	0.08
反油酸	C18：1n9t	0.020^{bc}	0.101^{a}	0.047^{b}	0.016^{c}	0.00	0.00
油酸	C18：1n9c	1.828^{c}	4.731^{b}	8.865^{a}	2.973^{bc}	0.38	0.00
亚油酸	C18：2n6c	0.389^{b}	0.626^{ab}	1.145^{a}	0.817^{ab}	0.09	0.14
二十一烷酸	C21：0	0.002^{b}	0.002^{b}	0.006^{a}	0.003^{b}	0.00	0.00
花生四烯酸	C20：4	0.139	0.205	0.372	0.346	0.03	0.21
SFA	—	7.230^{a}	4.582^{ab}	3.636^{b}	3.481^{b}	0.47	0.07
UFA	—	2.382^{b}	5.736^{b}	10.520^{a}	4.164^{b}	0.50	0.00
MUFA	—	1.853^{c}	4.905^{b}	9.004^{a}	3.001^{bc}	0.38	0.00
PUFA	—	0.529^{b}	0.831^{ab}	1.517^{a}	1.163^{ab}	0.13	0.16
TFA	—	9.612^{ab}	10.318^{ab}	14.156^{a}	7.645^{b}	0.77	0.13
PUFA/SFA	—	0.081^{b}	0.195^{ab}	0.471^{a}	0.335^{ab}	0.04	0.09

注：同列数据肩标字母相同或没有肩标字母表示差异不显著（$P>0.05$），字母不同表示差异显著（$P<0.05$）。下同。

由表 6 可知，沙葱组可显著降低背最长肌中膻味物质 4-甲基辛酸、4-乙基辛酸的含量（$P<0.05$），对 4-甲基壬酸的含量无显著影响（$P>0.05$）；水提取物组和脂提取物组均能显著降低背最长肌中 4-甲基辛酸、4-甲基壬酸、4-乙基辛酸的含量（$P<0.05$）；沙葱粉组、水提取物组和脂提取物组之间背最长肌中 4-甲基辛酸、4-甲基壬酸和 4-乙基辛酸的含量差异不显著（$P>0.05$）。

表 6 沙葱及其提取物对肉羊背最长肌 3 种短链脂肪酸含量的影响（g/kg）

项目	试验处理				SEM	P 值
	对照	沙葱	水提物	脂提物		
4-甲基辛酸	17.88^{a}	4.43^{b}	3.63^{b}	2.80^{b}	0.29	<0.001
4-甲基壬酸	16.31^{a}	9.57^{ab}	4.43^{b}	3.60^{b}	0.55	<0.001
4-乙基辛酸	10.18^{a}	2.77^{b}	2.43^{b}	4.47^{b}	0.39	<0.001

由表 7 可知，3 个试验组和对照组之间其背最长肌总氨基酸含量和必需氨基酸的含量无显著差异。3 个试验组背最长肌中总鲜味氨基酸含量均显著高于对照组（$P<0.05$），3 个试验组之间差异不显著（$P>0.05$）。沙葱及其提取物组与对照组相比显著提高了天冬氨酸的含量（$P<0.05$），但 3 个试验组之间差异不显著（$P>0.05$）。与对照组相比，脂提物组显著提高了（$P<0.05$）蛋氨酸的含量。其余氨基酸含量试验组均高于对照组，但差异不显著（$P>0.05$）。

表 7 沙葱及其提取物对肉羊背最长肌肉氨基酸组成和含量的影响（mg/g）

项目	简称	试验处理				SEM	*P* 值
		对照	沙葱	水提物	脂提物		
天冬氨酸	Asp	2.43^{b}	5.65^{a}	6.00^{a}	6.16^{a}	0.23	0.00
苏氨酸	Thr	1.88	2.51	2.70	2.85	0.15	0.31
丝氨酸	Ser	1.49	2.00	2.16	2.30	0.12	0.28
谷氨酸	Glu	5.94	7.76	8.20	9.18	0.49	0.31
甘氨酸	Gly	1.88	2.53	2.80	2.82	0.15	0.29
丙氨酸	Ala	2.32	3.14	3.37	3.53	0.19	0.29
胱氨酸	Cys	0.38	0.543	0.56	0.55	0.02	0.27
缬氨酸	Val	2.02	2.79	2.93	3.19	0.15	0.22
蛋氨酸	Met	0.85^{b}	1.29^{ab}	1.25^{ab}	1.48^{a}	0.07	0.13
异亮氨酸	Ile	2.04	2.73	2.92	3.08	0.16	0.31
亮氨酸	Leu	3.51	4.76	5.08	5.36	0.29	0.31
酪氨酸	Tyr	1.27	1.75	1.92	2.06	0.10	0.20
苯丙氨酸	Phe	1.85	2.52	2.88	2.90	0.15	0.20
赖氨酸	Lys	3.75	5.03	5.36	5.43	0.32	0.42
组氨酸	His	1.75	2.23	2.34	2.42	0.15	0.56
精氨酸	Arg	3.75	5.03	5.36	5.43	0.32	0.42
必需氨基酸	EAA	15.87	21.64	23.11	24.28	1.37	0.29
非必需氨基酸	NEAA	20.54^{b}	28.70^{ab}	30.69^{ab}	32.69^{a}	1.60	0.16
总鲜味氨基酸		8.15^{b}	13.42^{a}	14.23^{a}	15.34^{a}	0.74	0.07
总氨基酸	TAA	36.39	51.64	55.16	58.18	3.05	0.22

2.3 小结

日粮中添加沙葱及其提取物能有效地增加背最长肌中不饱和脂肪酸和必需脂肪酸的含量，降低硬脂酸等饱和脂肪酸的含量，提高羊肉的营养价值；可降低羊肉中致膻物质 4-甲基辛酸、4-甲基壬酸、4-乙基辛酸的含量，从而改善羊肉风味；可以有效地增加总氨基酸和鲜味氨基酸的含量，其中天冬氨酸（鲜味氨基酸）的含量明显增加。

3 沙葱及其提取物对羊肉背最长肌中挥发性风味物质组成的影响

3.1 试验材料与方法

于－20 ℃的冰箱中冷冻保存的肌肉在 4 ℃条件下解冻后，将肌肉组织剪成细碎，称取 5 g组织样，加入 20 mL 顶空瓶中，并加入 1 g 氯化钠，摇匀后拧紧瓶盖，放在 120 ℃油浴中加热 1 h。自然冷却，于 60 ℃下平衡 5 min 后，用固相微萃取针萃取 30 min，移去萃取针，用气相色谱-质谱联用仪检测挥发性风味物质的组成和含量。

3.2 试验结果与分析

由表 8 可知，4 个试验组之间的烯烃类化合物含量差异显著（$P<0.05$）。与对照组相比，沙葱组和脂提物组酯类化合物的含量差异不显著（$P>0.05$），水提物显著降低了酯类化合物的含量（$P<0.05$）；水提物组酯类化合物的含量显著低于沙葱组（$P<0.05$），与脂提物组差异不显著（$P>0.05$）。与对照组相比，沙葱组显著提高了酸类化合物的含量（$P<0.05$），显著降低了杂环类化合物的含量（$P<0.05$）；水提物组对酸类化合物含量影响不大（$P>0.05$）、显著降低了杂环类化合物（$P<0.05$）；脂提物组显著降低了酸类化合物含量（$P<0.05$），对杂环类化合物的含量影响不显著（$P>0.05$）。3 个试验组肌肉中酸类化合物的含量差异显著（$P<0.05$）。沙葱组、水提物组的杂环类化合物含量差异不显著（$P>0.05$），脂提物显著提高了杂环类化合物含量（$P<0.05$）。

表 8 沙葱及其提取物对肉羊背最长肌中挥发性风味物质组成和含量的影响（%）

项目	试验处理				SEM	P 值
	对照	沙葱	水提物	脂提物		
烷烃类	16.19	13.62	10.75	13.25	1.04	0.39
烯烃类	2.74[a]	1.91[c]	1.44[d]	2.31[b]	0.03	0.00
芳香烃类	11.77	12.23	10.20	12.02	1.04	0.39
醇类	27.78	27.93	26.97	34.17	1.12	0.16
酮类	17.71	20.14	21.74	21.18	0.79	0.35
醛类	28.54	27.88	32.38	28.44	1.76	0.86
酯类	2.37[a]	2.26[a]	1.05[b]	1.84[ab]	0.12	0.02
酸类	3.51[b]	4.59a	3.50[b]	2.72[c]	0.10	0.00
杂环类	6.37[a]	4.55[b]	4.56[b]	5.87[a]	0.15	0.00
含硫类	2.14	2.17	1.82	3.66	0.16	0.01

由表 9 可知，背最长肌中检测出三类烃化合物，分别是烷烃类、烯烃类、芳香烃类。4 个试验组检测出烃类的数量不同，含量不一。对照组共检测出 25 种烃类化合物，分为 10 种烷烃类化合物、4 种烯烃类物质化合物、11 种芳香烃类化合物，化合物相对含量≥1%的包

括：正己烷（2.51%）、三氯甲烷（10.26%）、环庚三烯（1.68%）、甲苯（1.11%）、苯甲醛（4.02%）、2-氨基-6-甲基苯甲酸（2.14%）、2-氨基-5-甲基苯甲酸（1.05%）、苯甲醇（1.31%）、甲氧基苯基肟（1.28%）。沙葱组背最长肌中共检测出22种烃类化合物分，为9种烷烃类化合物、3种烯烃类物质化合物、10种芳香烃类化合物，化合物相对含量≥1%的包括：正己烷（1.24%）、三氯甲烷（9.48%）、环庚三烯（1.31%）、甲苯（1.11%）、苯甲醛（5.4%）、2-氨基-6-甲基苯甲酸（1.78%）、苯甲醇（2.46%）。水提物组背最长肌中共检测出26种烃类化合物分，为12种烷烃类化合物、4种烯烃类物质化合物、10种芳香烃类化合物，化合物相对含量≥1%的包括：正己烷（1.18%）、庚烷（1.73%）、三氯甲烷（6.56%）、苯甲醛（4.82%）、苯甲醇（2.91%）。脂提物组背最长肌中共检测出20种烃类化合物分，为8种烷烃类化合物、3种烯烃类物质化合物、9种芳香烃类化合物，化合物相对含量≥1%的包括：正戊烷（1.38%）、正己烷（1.87%）、三氯甲烷（7.89%）、环庚三烯（1.8%）、甲苯（1.35%）、苯甲醛（6.15%）、苯甲醇（2.46%）。

表9　肉羊背最长肌中烃类物质的组成及相对含量（%）

序列	化合物名称	CAS号	烃类物质相对含量			
			对照	沙葱	水提物	脂提物
烃类			30.64	27.76	22.40	27.58
烷烃			16.19	13.62	10.75	13.25
1	正戊烷	109-66-0	0.95	0.75	0.93	1.38
2	正己烷	110-54-3	2.51	1.24	1.18	1.87
3	正辛烷	111-65-9	0.40	0.43	0.70	0.53
4	庚烷	142-82-5	—	—	1.73	—
5	十一烷	1120-21-4	—	—	0.20	—
6	正十四烷	629-59-4	—	—	0.23	—
7	正十五烷	629-62-9	0.41	0.28	0.19	0.34
8	正十六烷	544-76-3	0.13	—	—	—
9	正十七烷	629-78-7	0.30	—	—	—
10	三十一烷	630-04-6	—	0.13	—	—
11	三氯甲烷	67-66-3	10.26	9.48	6.56	7.89
12	2-乙氧丙烷	625-54-7	0.29	0.11	0.11	0.41
13	六甲基环三硅氧烷	541-05-9	0.28	0.29	0.20	0.28
14	2-乙酰基环氧乙烷	4401-11-0	0.93	0.99	0.12	0.56
15	1，2-环氧十二烷	2855-19-8	—	—	0.13	—
烯烃			2.74	1.91	1.44	2.31
1	反式-2-烯	18829-55-5	0.85	0.46	0.43	0.36
2	环庚三烯	544-25-2	1.68	1.31	0.85	1.80
3	环辛四烯	629-20-9	0.14	—	—	—

（续）

序列	化合物名称	CAS号	烃类物质相对含量			
			对照	沙葱	水提物	脂提物
4	1-辛烯	111-66-0	—	—	0.07	—
5	3-乙基-2-甲基-1，3-己二烯	61142-36-7	0.16	0.15	0.14	0.16
芳香烃			11.71	12.23	10.20	12.02
1	苯并环丁烯	694-87-1	0.13	0.15	0.09	0.09
2	苯乙烯	100-42-5	0.13	0.13	0.06	0.11
3	甲苯	108-88-3	1.11	1.11	0.77	1.35
4	苯	71-43-2	0.36	0.41	0.33	0.63
5	苯甲醛	100-52-7	4.02	5.40	4.82	6.15
6	2-氨基-6-甲基苯甲酸	4389-50-8	2.14	1.78	0.52	0.78
7	2-氨基-5-甲基苯甲酸	2941-78-8	1.05	0.12	0.37	0.07
8	苯甲醇	100-51-6	1.31	2.46	2.91	2.46
9	甲氧基苯基肟	1000222-86-6	1.28	0.78	0.30	0.55
10	1-氨基蒽	610-49-1	0.46	0.43	—	—
11	萘	91-20-3	—	—	0.08	—

由表10可知，从4个试验组背最长肌中检测出的醇类化合物的种类、相对含量均不同。对照组共检测出20种醇类化合物，化合物相对含量≥1%的包括：乙醇（7.17%）、1-戊醇（2.88%）、1-辛烯-3-醇（1.79%）、1-壬烯-3-醇（1.99%）、2，3-丁二醇（4.76%）、（2R，3R）-（—）-2，3-丁二醇（3.53%）。沙葱组共检测出17种醇类化合物，化合物相对含量≥1%的包括：乙醇（4.12%）、1-戊醇（2.15%）、1-辛烯-3-醇（1.52%）、1-壬烯-3-醇（1.19%）、2，3-丁二醇（8.63%）、（2R，3R）-（—）-2，3-丁二醇（5.55%）。水提物组共检测出18种醇类化合物，化合物相对含量≥1%的包括：4-氨基-1-醇（1.3%）、乙醇（4.62%）、1-戊醇（2.65%）、1-辛烯-3-醇（1.75%）、2，3-丁二醇（8.07%）、（2R，3R）-（—）-2，3-丁二醇（4.67%）。脂提物组共检测出19种醇类化合物，化合物相对含量≥1%的包括：4-氨基-1-醇（1.56%）、乙醇（7.66%）、正丁醇（1.16%）、1-戊醇（2.52%）、1-辛烯-3-醇（1.8%）、1-壬烯-3-醇（1.76%）、2，3-丁二醇（5.6%）、（2R，3R）-（—）-2，3-丁二醇（7.21%）、（S）-（+）-2-辛醇（4.73%）。

表10 肉羊背最长肌中醇类物质的组成及含量（%）

序列	化合物名称	CAS号	醇类物质相对含量			
			对照	沙葱	水提物	脂提物
醇类			27.78	27.93	26.97	34.17
1	4-氨基-1-醇	927-55-9	0.91	0.98	1.30	1.56
2	乙醇	64-17-5	7.17	4.12	4.62	7.66
3	异丁醇	78-83-1	0.51	0.43	0.42	0.51

（续）

序列	化合物名称	CAS号	醇类物质相对含量			
			对照	沙葱	水提物	脂提物
4	正丁醇	71-36-3	0.51	0.44	0.53	1.16
5	1-戊烯-3-醇	616-25-1	0.23	0.17	0.23	0.26
6	1-戊醇	71-41-0	2.88	2.15	2.65	2.52
7	正己醇	111-27-3	0.58	0.46	0.49	0.42
8	1-辛烯-3-醇	3391-86-4	1.79	1.52	1.75	1.80
9	1-壬烯-3-醇	21964-44-3	1.99	1.19	0.08	1.76
10	正庚醇	111-70-6	0.67	0.56	0.50	0.42
11	正辛醇	111-87-5	0.85	0.77	0.90	0.69
12	2，3-丁二醇	513-85-9	4.76	8.63	8.07	5.60
13	2，3-丁二醇	24347-58-8	3.53	5.55	4.67	7.21
14	2-甲基环戊醇	20461-31-8	0.72	0.36	0.33	0.30
15	环辛醇	696-71-9	0.27	0.25	0.21	0.21
16	反式-2-癸烯醇	18409-18-2	0.16	0.28	0.13	0.26
17	2-乙基-1-乙醇	104-76-7	0.10	—	—	—
18	2-甲基-3-辛醇	26533-34-6	0.30	—	—	—
19	3-乙基-2-戊醇	609-27-8	0.15	—	—	—
20	异丙醇	67-63-0	0.25	—	—	—
21	α-松油醇	10482-56-1	—	0.24	0.14	—
22	2-己醇	626-93-7	—	—	—	—
23	2-辛醇	123-96-6	—	—	—	0.29
24	(S)-(+)-2-辛醇	6169/6/8	—	—	—	4.73
25	(S)-(+)-5-甲基-1-己醇	57803-73-3	—	—	—	0.47

由表11可知，对照组检测出14种酮类化合物，主要包括：丙酮（2.53%）、2-丁酮（1.14%）、3-羟基-2-丁酮（7.05%）、羟基丙酮（1%）、2，3-戊二酮（1.24%）。沙葱组检测出13种酮类化合物，主要包括：丙酮（2.25%）、2-丁酮（1.34%）、乙酰丙酮（1.13%）、3-羟基-2-丁酮（10.12%）、羟基丙酮（1.14%）。水提物组检测出16种酮类化合物，主要包括：丙酮（1.97%）、2，3-丁二酮（1.03%）、3-羟基-2-丁酮（13.81%）。脂提物组检测出14种酮类化合物，主要包括：丙酮（3.63%）、2-丁酮（1.82%）、3-羟基-2-丁酮（7.85%）、羟基丙酮（1.23%）。

表11 肉羊背最长中酮类物质的组成及含量（%）

序列	化合物名称	CAS号	酮类物质相对含量			
			对照	沙葱	水提物	脂提物
酮类			17.71	20.14	21.74	21.18

（续）

序列	化合物名称	CAS号	酮类物质相对含量			
			对照	沙葱	水提物	脂提物
1	丙酮	67-64-1	2.53	2.25	1.97	3.63
2	2-丁酮	78-93-3	1.14	1.34	0.98	1.82
3	2-戊酮	107-87-9	0.55	0.51	0.19	0.73
4	2，3-丁二酮	431-03-8	0.64	0.57	1.03	0.91
5	乙酰丙酮	123-54-6	0.79	1.13	0.28	0.91
6	3-乙酮	589-38-8	0.49	0.52	0.28	0.66
7	2-庚酮	110-43-0	0.76	0.63	0.75	0.73
8	3-羟基-2-丁酮	513-86-0	7.05	10.12	13.81	7.85
9	羟基丙酮	116-09-6	1.00	1.14	0.79	1.23
10	乙酰氧基丙酮	592-20-1	0.41	0.27	0.21	0.42
11	3-甲基-2-丁酮	563-80-4	0.33	0.45	0.27	0.77
12	5-甲基-2-己酮	110-12-3	0.74	0.63	0.75	0.73
13	2,3-戊二酮	600-14-6	1.24	0.58	0.33	0.76
14	2,3-辛二酮	585-25-1	0.15	—	—	—
15	6-甲基-2 庚酮	928-68-7	—	—	0.11	—
16	仲辛酮	111-13-7	—	—	0.10	0.14
17	环十二酮	3618-12-0	—	—	0.06	—

由表12可知，4个试验组背最长肌中都检测出5种含硫类化合物。对照组主要的含硫类化合物为二甲基硫（0.6%）、硫脲（0.52%）。沙葱组主要的含硫类化合物为二甲基硫（0.6%）、二甲基二硫（0.52%）。水提物组主要的含硫类化合物为二甲基二硫（0.5%）。脂提物组主要的含硫类化合物为二甲基二硫（1.22%）、二甲基硫（0.82%）、二甲基三硫（0.69%）、硫脲（0.6%）。

表12 羊肉背最长中含硫类物质的组成及含量（%）

序列	化合物名称	CAS号	硫类物质相对含量			
			对照	沙葱	水提物	脂提物
含硫类			2.14	2.17	1.82	3.66
1	二甲基硫	75-18-3	0.60	0.60	0.48	0.82
2	二甲基二硫	624-92-0	0.32	0.52	0.50	1.22
3	二甲基三硫	3658-80-8	0.35	0.36	0.29	0.69
4	硫脲	62-56-6	0.52	0.44	0.35	0.60
5	甲硫醇	74-93-1	0.35	0.25	0.19	0.33

由表13可知，4个试验组（对照组、沙葱组、水提物组、脂提物组）检测出的醛类化合物的种类分别是22、20、19、20。对照组主要包括3-甲基丁醛（2.58%）、乙醛

(11.43%)、庚醛（3.23%）。沙葱组主要包括乙醛（14.68%）、庚醛（2.16%）。水提物组主要包括乙醛（13.14%）、庚醛（2.49%）、壬醛（2.04%）。脂提物组主要包括乙醛(12.51)、3-甲基丁醛（2.54%）。

表 13 肉羊背最长肌中醛类物质的组成及含量（%）

序列	化合物名称	CAS 号	醛类物质相对含量			
			对照	沙葱	水提物	脂提物
醛类			28.54	27.88	32.38	28.44
1	2-甲基丁醛	96-17-3	1.01	0.82	0.67	1.17
2	3-甲基丁醛	590-86-3	2.58	1.23	1.54	2.54
3	正戊醛	110-62-3	1.60	1.81	1.50	1.45
4	乙醛	66-25-1	11.43	14.68	13.14	12.51
5	庚醛	111-71-7	3.23	2.16	2.49	1.80
6	壬醛	124-19-6	1.95	1.26	2.04	1.59
7	反-2-十二烯醛	20407-84-5	0.80	0.60	0.33	0.41
8	反-2-辛烯醛	2548-87-0	0.63	0.60	0.41	0.45
9	反式-2-壬烯醛	18829-56-6	1.19	1.24	1.12	0.97
10	顺式-2-庚烯醛	57266-86-1	0.78	0.53	0.43	0.35
11	反，反-2，4-壬二烯醛	5910-87-2	0.14	0.13	0.12	0.10
12	2-十一烯醛	2463-77-6	0.60	0.41	0.36	0.38
13	2-十三（碳）烯醛	7069-41-2	0.62	0.50	0.20	0.38
14	2，4-癸二烯醛	2363-88-4	0.32	0.22	0.20	0.23
15	反，反-2，4 癸二烯醛	25152-84-5	0.31	0.22	0.15	0.24
16	十六醛	629-80-1	0.14	0.43	0.24	0.58
17	反式-2-癸烯醛	3913-81-3	0.62	0.71	0.44	0.31
18	2-甲基戊醛	123-15-9	0.09	—	—	—
19	癸醛	112-31-2	0.16	—	—	—
20	肉豆蔻醛	124-25-4	0.54	—	—	0.42
21	巴豆醛	4170-30-3	0.85	—	—	0.31
22	糠醛	1998/1/1	0.15	0.10	—	—
23	正辛醛	124-13-0	—	0.35	0.40	—
24	十五醛	2765/11/9	—	0.22	0.41	—
25	3-羟基丁醛	107-89-1	—	—	—	0.09

由表 14 可知，4 个试验组（对照组、沙葱组、水提物组、脂提物组）检测出的酸类化合物的种类分别是 4、3、4、4。主要包括正己酸、丁酸，对照组、沙葱组、水提物组、脂提物组相对含量分别为 1.1%、1.82%；1.07%、2.97%；1.49%、1.78%；1.31%、1.13%。

表 14 肉羊背最长中酸类物质的组成及含量（%）

序列	化合物名称	CAS号	酸类物质相对含量			
			对照	沙葱	水提物	脂提物
酸类			3.51	4.59	3.50	2.72
1	乙酸	64-19-7	0.55	0.55	0.20	0.19
2	正己酸	142-62-1	1.10	1.07	1.49	1.31
3	丁酸	107-92-6	1.82	2.97	1.78	1.13
4	富马酸	110-17-8	0.10	—	—	—
5	胍基乙酸	352-97-6	—	—	0.10	—
6	异戊酸	503-74-2	—	—	—	0.29

由表 15 可知，对照组检测出 5 酯类化合物，主要包括 4-羧基丁酸乙酰酯（0.99%）、乙酸乙酯（0.99%）。沙葱组、水提物和脂提物组都检测出 3 种酯类化合物，主要的酯类化合物是 4-羧基丁酸乙酰酯，相对含量分别是 1.10%、0.43%、0.70%。

表 15 肉羊背最长肌中酯类物质的组成及含量（%）

序列	化合物名称	CAS号	酯类物质相对含量			
			对照	沙葱	水提物	脂提物
酯类			2.37	2.26	1.05	1.84
1	4-羧基丁酸乙酰酯	591-81-1	0.99	1.10	0.43	0.70
2	γ-丁内酯	96-48-0	0.61	0.87	0.34	0.63
3	乙二醇二乙酸酯	111-55-7	0.30	0.29	0.27	0.47
4	甲酸异丙酯	625-55-8	0.44	—	—	—
5	乙酸乙酯	96-48-0	0.99	—	—	—
6	山梨酸乙酯	2396-84-1	—	—	—	0.11

由表 16 可知，4 个试验组都检测出 6 种杂环类化合物。对照组和脂提物组主要包括吡啶、2-正丁基呋喃、2-正戊基呋喃，相对含量分别为 2.51%、1.50%、1.15%；1.41%、1.80%、1.40%。沙葱组和水提物组主要为吡啶，相对含量分别为 1.64%、2.34%。

表 16 肉羊背最长肌中杂环类物质的组成及含量（%）

序列	化合物名称	CAS号	杂环类物质相对含量			
			对照	沙葱	水提物	脂提物
杂环类			6.37	4.55	4.56	5.87
1	2-乙基呋喃	3208-16-0	0.46	0.49	0.35	0.62
2	2-正戊基呋喃	3777-69-3	1.15	0.85	0.93	1.40
3	2-正丁基呋喃	4466-24-4	1.50	0.80	0.46	1.80
4	2-乙酰基吡咯	1072-83-9	0.76	0.78	0.48	0.65
5	吡啶	110-86-1	2.51	1.64	2.34	1.41
6	2 苯并呋喃	132-64-9	0.46	0.49	0.35	0.62

从表 17 中可以看出，4 个试验组检测出的挥发性物质均由烷烃类、烯烃类、芳香烃类、醇类、酮类、醛类、酯类、酸类、杂环类、含硫类，这 10 类物质组成。4 个试验组（对照组、沙葱组、水提物组、脂提物组）中的各类挥发性化合物的种类与所占比例都不相同，为了选取更能代表羊肉风味的物质和对羊肉风味影响较大的因素，故根据表 16 中的 10 类挥发性风味物质，进行 PCA 分析。

表 17　沙葱及其提取物处理的肉羊背最长肌挥发性风味物质的数量变化

项目	挥发性风味物质数量变化							
	对照组（检出总数 100）		沙葱组（检出总数 88）		水提物组（检出总数 96）		脂提物组（检出总数 91）	
	检出数	比例（%）	检出数	比例（%）	检出数	比例（%）	检出数	比例（%）
烷烃类	10	10	9	10.23	12	12.50	8	8.79
烯烃类	4	4	3	3.41	4	4.17	3	3.30
芳香烃类	11	11	10	11.36	10	10.42	9	9.89
醇类	20	20	17	19.32	18	18.75	19	20.88
酮类	14	14	13	14.77	16	16.67	14	15.38
醛类	22	22	20	22.73	19	19.79	20	21.98
酸类	4	4	3	3.41	4	4.17	4	4.40
酯类	5	5	3	2.26	3	3.13	4	4.40
杂环类	5	5	5	5.68	5	5.21	5	5.49
含硫类	5	5	5	5.68	5	5.21	5	5.49

由表 18 可知，第一主成分和第二主成分的特征值分别为 5.64、2.87，累计贡献率为 56.38%、85.10%，前两个主成分的累计贡献率高于 85%，所以能够代表原始数据所反映的信息，故提取前两个主成分来反映不同日粮处理对肉羊背最长肌中 10 类风味物质的原始信息。

表 18　主成分特征值与贡献率

主成分	特征值	特征值之差	方差贡献率（%）	累计贡献率（%）
一	5.64	2.76	56.38	56.38
二	2.87	1.383	28.72	85.10
三	1.49	—	14.90	100.00

表 19 是旋转前后的主成分矩阵，可以看到公因子的数值均是 1，说明所选取的主成分能较多的反应风味信息，整个羊肉的风味能被这两个主成分很好的解释。在旋转前的两个主成分中都包含 0.5 左右的信息数值，导致变量的归属主成分不明确，为了更容易看出变量所属的主成分，所以把矩阵正交旋转，使复杂的矩阵变得简洁，经过旋转后，主成分所代替的原变量更加准确和客观。第一主成分由 7 种风味物质组成，分别是烷烃类、烯烃类、芳香烃类、酮类、醛类、酯类、杂环类，第二主成分由 3 种风味物质组成，分别是醇类、酸类、含

硫类。主成分矩阵可以作为度量主成分贡献值的大小，绝对值越大，说明其贡献率越大，所以第一主成分中 7 种风味物质的贡献率大小顺序为烷烃类>酯类>烯烃类>酮类>醛类>杂环类>芳香烃类，第二主成分中 3 种风味物质的贡献率大小顺序为醇类>含硫类>酸类。

表 19 各变量的旋转主成分矩阵和公因子方差

变量	旋转前主成分		旋转后主成分		公因子方差
	第一主成分	第二主成分	第一主成分	第二主成分	
烷烃类	0.929	−0.311	0.996	−0.066	1.00
烯烃类	0.949	0.039	0.934	0.225	1.00
芳香烃类	0.838	0.009	0.730	0.415	1.00
醇类	0.393	0.889	0.105	0.993	1.00
酮类	−0.747	0.549	−0.908	0.387	1.00
醛类	−0.892	0.061	−0.813	−0.339	1.00
酸类	−0.102	−0.860	0.074	−0.668	1.00
酯类	0.908	−0.365	0.940	−0.003	1.00
杂环类	0.789	0.271	0.748	0.321	1.00
含硫类	0.453	0.856	0.170	0.985	1.00

为了了解第一、二主成分中风味物质所起影响作用的异同，所以根据肉羊背最长肌中 10 种风味物质在第一、二主成分中绘制散点图。由图 1 可知，背最长肌中的 10 种风味物质对羊肉的整体风味产生的影响可以分为 7 种，分别是烯烃类、酯类、含硫类和杂环类物质，烷烃类，芳香烃类，酮类，醛类，醇类、酸类，这 7 种风味影响共同构成了羊肉的特征气味，用以区别其他肉类。

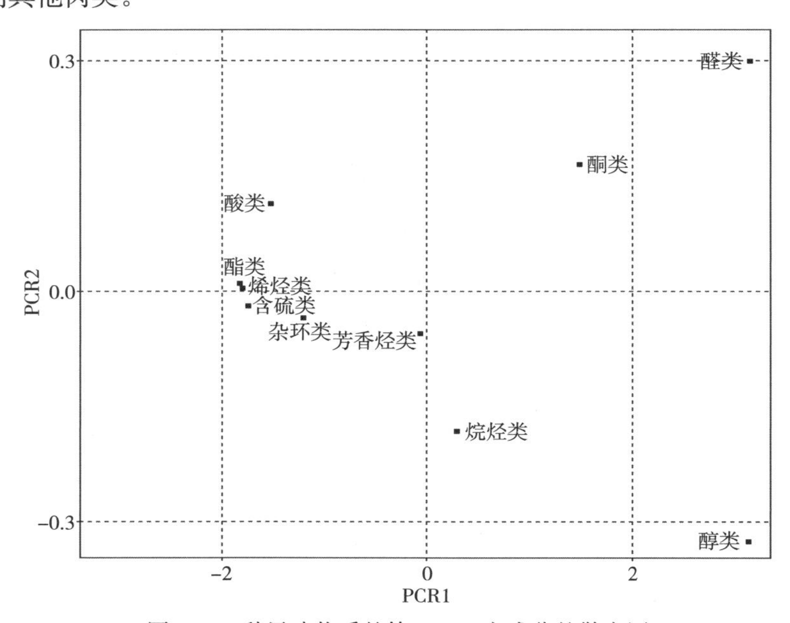

图 1 10 种风味物质的第一、二主成分的散点图

由图 2 可知，脂提物组在第二主成分中得分最高，对照组在第一主成分中的得分最高。第一主成分对 4 个试验组风味物质影响大小依次为对照组>脂提物组>沙葱组>水提物组；第二主成分对 4 个试验组风味物质影响大小依次为脂提物组>水提物组>对照组>沙葱组。

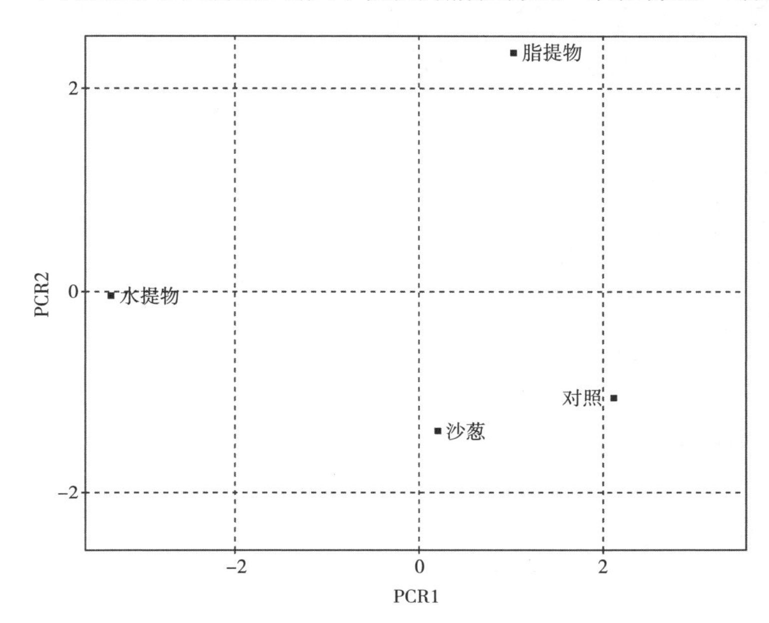

图 2　日粮的第一、二主成分的散点图

3.3　小结

4 个试验组均检测出挥发性风味物质，且均由烷烃类、烯烃类、芳香烃类、醇类、酮类、醛类、酯类、酸类、杂环类、含硫类，这 10 类化合物组成。从对照组、沙葱组、水提物组、脂提物组中检测出挥发性风味物质的数量分别为 100、88、96、91。

沙葱组和提取物组比对照组显著降低肉羊背最长肌中烷烃类物质（$P<0.05$）。与对照组相比：日粮中添加沙葱能显著降低杂环类物质（$P<0.05$）、显著增加酸类物质的相对含量（$P<0.05$）；日粮中添加水提物能显著降低酯类、杂环类物质的相对含量（$P<0.05$）；日粮中添加脂提物能显著降低酸类物质的相对含量（$P<0.05$）。

第一主成分中 7 种风味物质的贡献率大小顺序为烷烃类>酯类>烯烃类>酮类>醛类>杂环类>芳香烃类；第二主成分中 3 种风味物质的贡献率大小顺序为醇类>含硫类>酸类。

4　结论

日粮中添加沙葱及其提取物能通过提高羊肉背最长肌抗氧化酶活性，提高脂质氧化稳定性；通过提高背最长肌理化指标，增加不饱和脂肪酸含量，在一定程度上改善羊肉品质；通过降低背最长肌中致膻物质，提高鲜味氨基酸和芳香类化合物及不饱和醛、酮化合物的含量，从而改善羊肉风味。

沙葱及其提取物对杜寒杂交羊肌肉脂肪代谢相关基因表达及甲基化的影响

脂肪代谢对机体有重要的意义，脂肪代谢异常可能导致血脂异常、Ⅱ型糖尿病、动脉粥样硬化、高血压、心血管疾病以及某些癌症的发生。在畜牧业中，脂肪代谢如动物组织脂肪沉积规律往往对动物的生产性能或许多经济指标产生影响。葱属植物及其分离提取的活性成分能够调节机体脂肪代谢。研究发现，洋葱对高脂日粮诱导的肥胖症具有一定的改善作用，其水提物和乙醇提取物可以减少高脂日粮处理组大鼠的体重、肝脏和脂肪组织重量及脂肪细胞大小，其乙醇提取物还可改善大鼠的血清脂质含量，从而抑制肥胖大鼠机体脂质的积累。黑蒜提取物能显著降低血液甘油三酯（TG）、总胆固醇（TC），降低 *SREBP-1c* 基因表达，致使脂代谢及胆固醇代谢下调，缓解高脂日粮导致的脂代谢紊乱，但并非所有的大蒜及其提取物制剂均有降脂作用。此外，大蒜通过降低血清低密度脂蛋白胆固醇（LDL-C）、总胆固醇（TC）、甘油三酯（TG）、极低密度脂蛋白胆固醇（VLDL-C），提高高密度脂蛋白胆固醇（HDL-C）而预防心血管疾病。

沙葱作为一种营养物质含量均衡的百合科葱属植物，是一种可以提高免疫力、具有保健作用的天然牧草。沙葱及其提取物具有抗菌、抗炎、抗病毒、抗肿瘤、抗氧化活性。研究表明，沙葱及其提取物不仅可以提高肉羊免疫机能，还能调控肉羊机体脂肪酸的组成与分布，提高其肉品质。沙葱水溶性提取物中的主要活性成分为半胱氨酸衍生物、大蒜素、苯并吡喃衍生物、螺甾烷衍生物、黄芪甙衍生物；沙葱脂溶性提取物中的主要活性成分为烷烃、氨类化合物、醇类、酸类、酚类。沙葱水溶性提取物可以显著降低肉羊背最长肌中饱和脂肪酸含量；沙葱水溶性提取物和脂溶性提取物能够显著增加肉羊背最长肌中单不饱和脂肪酸含量和C18：2/C18：3 比例。沙葱黄酮提取物可以显著增加背最长肌含量，还能够显著降低肉羊背最长肌 SFA、C18：0 含量，提高二十碳五烯酸和 MUFA 含量；沙葱黄酮提取物能够显著影响与肌肉风味相关的支链脂肪酸（4-甲基辛酸、4-甲基壬酸）的浓度。沙葱及其提取物对肉羊胴体脂肪分布、脂肪中脂肪酸组成等表型特征的效应上，未能从分子的角度对其具体机制进行研究。所以，本研究旨在通过在肉羊日粮中添加沙葱及其提取物后对肉羊机体脂肪代谢相关基因表达及甲基化进行检测，探究沙葱及其提取物对肉羊脂肪代谢（脂肪沉积及脂肪酸组成）影响的表观遗传机制，为沙葱及其提取物的进一步开发与应用提供科学依据。

1　沙葱及其提取物对杜寒杂交羊血液脂肪代谢参数的影响

1.1　试验材料与方法

采用单因素完全随机设计，选取 60 只体重相近（35～40 kg）、4.5 月龄的健康无病的杜寒杂交母羊，分为4组，每组15只。每只试验羊，对照组（T1组）饲喂基础饲粮，沙葱粉组（T2组）饲喂基础饲粮＋沙葱粉（10 g/d），沙葱水溶性提取物组（T3组）饲喂基础饲粮＋水溶性提取物（3.2 g/d），沙葱脂溶性提取物组（T4组）饲喂基础饲粮＋脂溶性提取物（2.8 g/d）。试验期间每天6：30和18：30进行饲喂，由固定人员饲喂，减少各种应激，肉羊自由采食与饮水。正试期每天记录肉羊采食量，计算干物质采食量。预试期为15 d，正试期为60 d。在正试期的第0、30、60天早上对试验羊空腹采血，并立即经静置、离心分离血清，存于－20 ℃冰箱，第一次化冻后测定血清各参数。

依据各自的试剂盒说明书分别通过酶比色法CHOD-PAP、GPO-PAP对血清总胆固醇、甘油三酯进行测定，依据直接高、低密度脂蛋白胆固醇试剂盒（D-LDL-C、D-HDL-C），采用清除法测定血清HDL-C、LDL-C。游离脂肪酸测定依据游离脂肪酸微量测定试剂盒（HY-60053）说明书进行。

1.2 试验结果与分析

由表1可知，试验第1～30天，T2组肉羊干物质采食量显著低于其他3组（$P<0.05$），其他3组间差异不显著（$P>0.05$），第31～60天4个组肉羊干物质采食量无显著差异（$P>0.05$）。

表1 沙葱及其提取物对杜寒杂交羊干物质采食量的影响（kg/d）

时间	试验处理				P值
	T1	T2	T3	T4	
第1～30天	1.20±0.01[a]	1.11±0.02[b]	1.20±0.01[a]	1.19±0.01[a]	0.01
第31～60天	1.22±0.02	1.19±0.02	1.23±0.02	1.24±0.01	0.15

注：同行数据肩标相同字母或无字母肩标表示差异不显著（$P>0.05$），不同小写字母表示差异显著（$P<0.05$）。下同。

由表2可知，在第60天4个组的TG、HDL-C、TC、LDL-C血清含量无显著差异（$P>0.05$）。在第0天和第30天，4个组血清游离脂肪酸（NEFA）水平无显著差异（$P>0.05$）。在第60天，T3组血清NEFA水平显著低于T1组（$P<0.05$），低于T2组但差异不显著（$P>0.05$），T4组低于T1和T2组但差异不显著（$P>0.05$）。

表2 沙葱及其提取物对杜寒杂交羊血清血脂相关四项浓度的影响（mmol/L）

时间	试验处理	TG	TC	HDL-C	LDL-C
第0天	T1	1.67±0.06	0.50±0.15[b]	0.34±0.09[b]	0.23±0.05[b]
	T2	1.85±0.08	1.35±0.16[a]	0.94±0.11[a]	0.48±0.08[a]
	T3	1.81±0.10	0.86±0.05[ab]	0.63±0.04[ab]	0.30±0.02[ab]
	T4	1.77±0.08	1.09±0.19[a]	0.77±0.14[a]	0.39±0.06[ab]
	P值	0.46	0.02	0.02	0.07
第60天	T1	1.66±0.02	0.96±0.07	0.58±0.04	0.36±0.04

（续）

时间	试验处理	TG	TC	HDL-C	LDL-C
	T2	1.77±0.05	1.41±0.18	0.87±0.10	0.52±0.09
	T3	1.70±0.04	0.99±0.05	0.59±0.04	0.36±0.01
	T4	1.84±0.10	1.44±0.23	0.84±0.14	0.55±0.10
	P 值	0.24	0.10	0.10	0.17

1.3 小结

沙葱及其提取物饲喂肉羊对其血脂四项指标（TG、TC、HDL-C、LDL-C）无显著影响，而饲养试验结束后，沙葱水溶性提取物及沙葱脂溶性提取物对肉羊血清 NEFA 具有一定的降低作用，对脂肪代谢（血脂代谢）具有一定的影响。

2 沙葱及其提取物对杜寒杂交羊背最长肌脂肪代谢基因表达的影响

2.1 试验材料与方法

试验期结束后，屠宰放血后采集背最长肌样品，剔去表面脂肪与筋膜，迅速分装样品并编号置于液氮中，之后迅速转移至－80 ℃超低温冰箱，根据总 RNA 提取试剂盒提取肌肉组织总 RNA，将 RNA 反转录成 cDNA，使用荧光定量试剂盒进行荧光定量 PCR，测定 *ACACA*、*SCD*、*SREBF1*、*FASN* 基因表达量及甲基化。

取背最长肌样品进行解冻，参考《食品安全国家标准 食品中脂肪的测定》(GB 5009.6—2016)，测定背最长肌中肌内脂肪含量。

2.2 试验结果与分析

由表 3 可知，T2 组 *ACACA* 基因表达显著高于 T1 组（$P<0.05$），*SCD*、*SREBF*1、*FASN* 基因表达高于 T1 组，但差异不显著（$P>0.05$）；T3 组 *ACACA*、*SCD*、*SREBF1*、*FASN* 基因表达均显著高于 T1 组（$P<0.05$）；T4 组 *ACACA*、*SCD* 基因表达高于 T1 组，但差异不显著（$P>0.05$）；3 个处理组中 T3 组 *ACACA*、*SCD*、*SREBF*1、*FASN* 基因表达均高于 T2 组，但差异不显著（$P>0.05$），其 *ACACA*、*SREBF*1、*FASN* 基因表达显著高于 T4 组（$P<0.05$）；T2 组 4 个基因表达均高于 T4 组，但差异不显著（$P>0.05$）。

表 3 沙葱及其提取物对杜寒杂交羊背最长肌脂肪代谢相关基因表达的影响

基因	试验处理				*P* 值
	T1	T2	T3	T4	
乙酰辅酶 A 羧化酶（*ACACA*）	1.00±0.16[c]	2.71±0.47[ab]	3.17±0.54[a]	1.49±0.27[bc]	0.01
硬脂酰辅酶 A 去饱和酶（*SCD*）	1.00±0.07[b]	3.87±1.41[ab]	5.26±1.53[a]	2.50±0.46[ab]	0.09

（续）

基因	试验处理				P 值
	T1	T2	T3	T4	
固醇调控元件结合转录因子 1（*SREBF*1）	1.00±0.09^{b}	1.64±0.27^{ab}	1.83±0.33^{a}	0.99±0.06^{b}	0.06
脂肪酸合成酶（*FASN*）	1.00±0.09^{b}	1.53±0.10^{ab}	3.13±1.17^{a}	0.95±0.10^{b}	0.10

如图 1 所示，T2 组 IMF 含量显著高于其余 3 组（$P<0.05$），其余 3 组中 T4 组 IMF 含量略高于 T1、T3 组，但差异不显著（$P>0.05$），T3 组 IMF 含量高于 T1 组，但差异不显著（$P>0.05$）。T3、T4 组相比于 T1 组可以提高 IMF 含量，但提高作用不显著（$P>0.05$）。

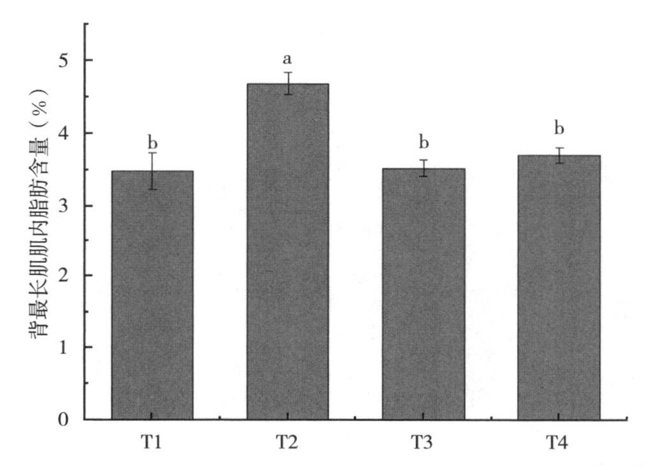

图 1 沙葱及其提取物对杜寒杂交羊背最长肌肌内脂肪（IMF）含量的影响

注：图中相同字母代表差异不显著（$P>0.05$），不同字母代表差异显著（$P<0.05$）

2.3 小结

沙葱及其提取物可以上调脂代谢关键基因（*ACACA*、*SCD*、*SREBF*1、*FASN*）的表达，从而调节杜寒杂交羊肌肉脂肪酸组成与含量，其中沙葱水溶性提取物的上调效果最明显，沙葱粉次之，脂溶性提取物最低。沙葱及提取物还能够在一定程度上增加 IMF 沉积。其中沙葱粉组显著提高 IMF 含量。

3 沙葱及其提取物对杜寒杂交羊背最长肌脂肪代谢相关基因甲基化的影响

3.1 试验材料与方法

取背最长肌样品进行解冻，使用 DNA 提取试剂盒提取 DNA 后，使用甲基化试剂盒将浓度和纯度均符合要求的基因组 DNA 被甲基化修饰的胞嘧啶转化为胸腺嘧啶，经多重 PCR 扩增，建立文库，进行高通量测序，获得 FastQ 数据，FastQ 序列与绵羊基因组参考序列进行比对，平均甲基化水平=片段内所有检测的甲基化水平的均值。

3.2 试验结果与分析

由表4可知，这4个脂肪代谢相关基因CpG岛的平均甲基化程度在4个组中均为低甲基化水平，且组间无显著差异（$P>0.05$）。

表4 沙葱及其提取物对杜寒杂交羊背最长肌脂肪代谢基因平均甲基化水平的影响

基因CpG岛	试验处理				P值
	T1	T2	T3	T4	
乙酰辅酶A羧化酶CpG岛1（*ACACA*M1）	1.12±0.03	1.05±0.04	1.05±0.03	1.08±0.03	0.32
乙酰辅酶A羧化酶CpG岛2（*ACACA*M2）	1.22±0.10	1.21±0.08	1.00±0.05	0.98±0.08	0.06
硬脂酰辅酶A去饱和酶CpG岛1（*SCD*M1）	0.85±0.01	0.81±0.03	0.81±0.03	0.82±0.02	0.63
硬脂酰辅酶A去饱和酶CpG岛2（*SCD*M2）	0.78±0.03	0.74±0.03	0.73±0.02	0.77±0.01	0.50
固醇调控元件结合转录因子1CpG岛1（*SREBF*1M1）	0.82±0.03	0.81±0.02	0.83±0.02	0.85±0.03	0.87
固醇调控元件结合转录因子1CpG岛2（*SREBF*1M2）	2.77±0.34	2.47±0.08	3.28±0.26	3.18±0.41	0.22
脂肪酸合成酶CpG岛（*FASN*M）	0.84±0.02	0.88±0.02	0.90±0.02	0.85±0.02	0.16

*ACACA*M1的23个CpG位点中54、61 bp位点的甲基化水平相对高于其他位点，T2、T3组在54 bp位点的甲基化程度低于T1、T4组，T2组在61 bp位点的甲基化程度低于T3组，T3组又低于T1、T4组（图2、彩图36）。

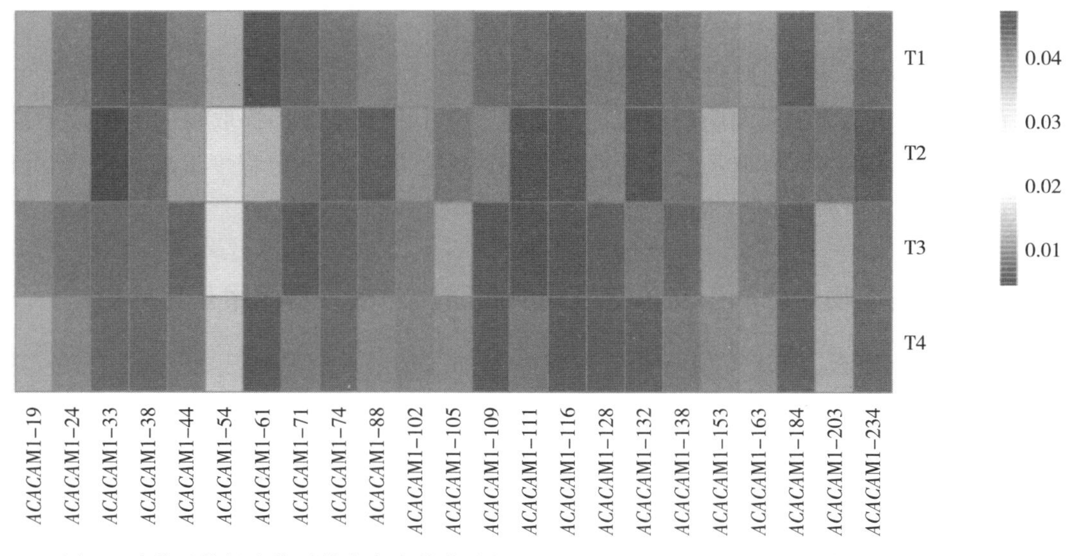

图2 沙葱及其提取物对杜寒杂交羊背最长肌*ACACA*M1内各CpG位点甲基化水平的影响

*ACACA*M2 的 11 个 CpG 位点中 137、142 bp 位点的甲基化水平相对高于其他位点，T3、T4 组在 137 bp 位点的甲基化程度低于 T2 组，T2 组又低于 T1 组，T4 组在 142 bp 位点的甲基化程度低于 T2 组，T2 组又低于 T1、T3 组（图 3、彩图 37）。

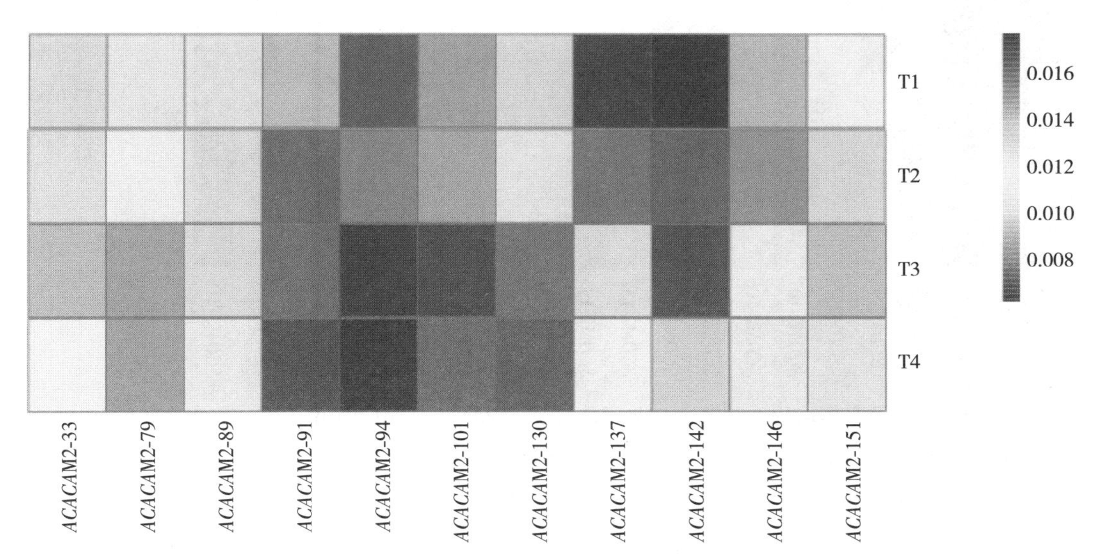

图 3　沙葱及其提取物对杜寒杂交羊背最长肌 *ACACA*M2 内各 CpG 位点甲基化水平的影响

*SCD*M1 的 31 个 CpG 位点中，T3 组在 46 bp 位点的甲基化程度高于 T1、T4 组，T1、T4 组又高于 T2 组（图 4、彩图 38）。

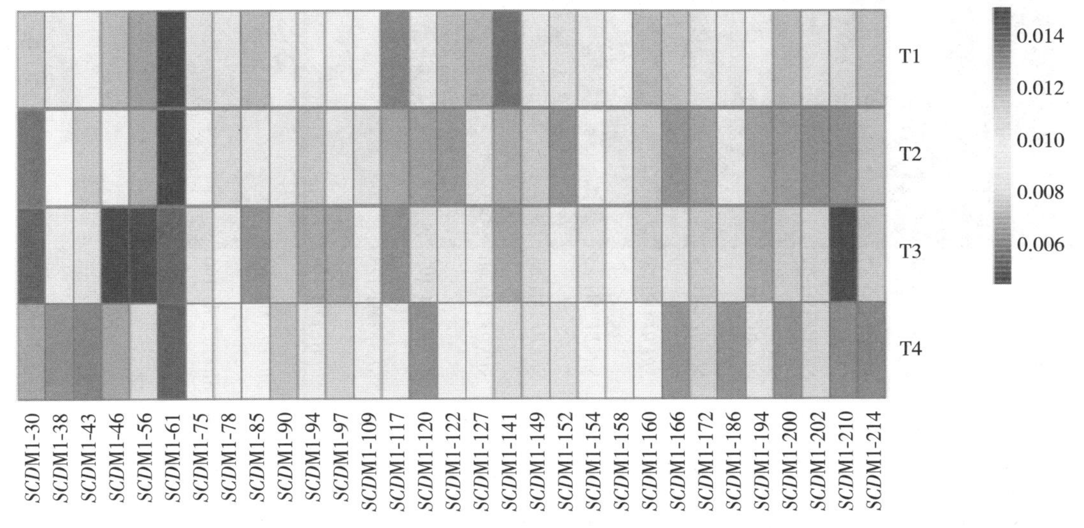

图 4　沙葱及其提取物对杜寒杂交羊背最长肌 *SCD*M1 内各 CpG 位点甲基化水平的影响

*SCD*M2 的 21 个 CpG 位点中 211、216 bp 位点的甲基化水平相对高于其他位点，且 T1 组在 211 bp 位点的甲基化程度高于 T2 组，T2 组又高于 T3、T4 组（图 5、彩图 39）。

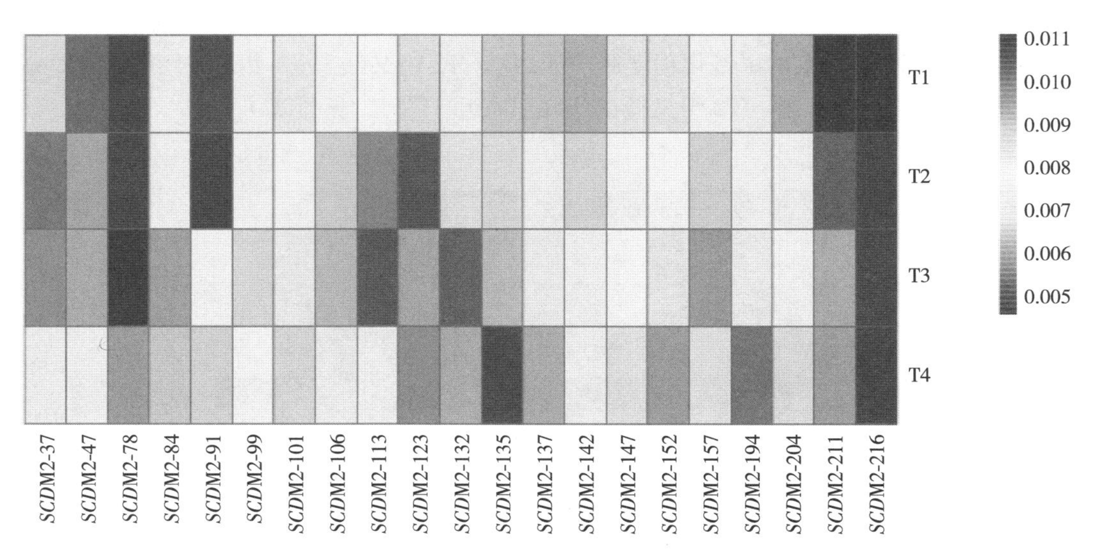

图 5 沙葱及其提取物对杜寒杂交羊背最长肌 *SCD*M2 内各 CpG 位点甲基化水平的影响

*SREBF*1M1 的 16 个 CpG 位点中 125、190 bp 位点的甲基化水平相对高于其他位点，T4 组在 190 bp 位点的甲基化程度高于 T1、T3 组，T1、T3 组又高于 T2 组（图 6、彩图40）。

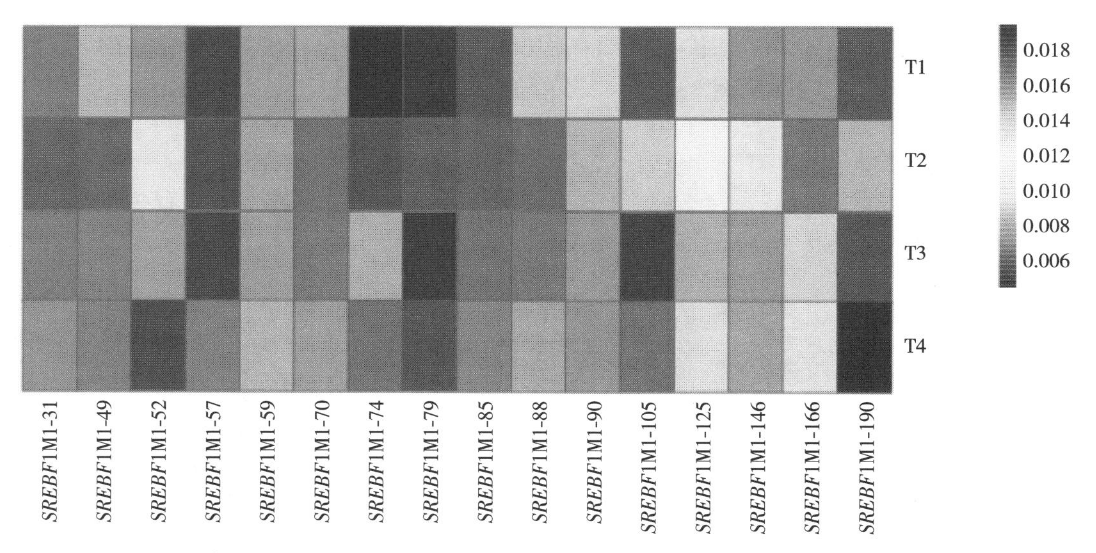

图 6 沙葱及其提取物对杜寒杂交羊背最长肌 *SREBF*1M1 内各 CpG 位点甲基化水平的影响

*SREBF*1M2 的 26 个 CpG 位点中 48、54、59、61、71、77 bp 位点的甲基化水平相对高于其他位点，甲基化水平在 4%～12%。T4 组在 48 bp 位点的甲基化程度低于 T2 组，T2 组又低于 T1、T3 组；T4 组在 54 bp 位点的甲基化程度高于 T3 组，T3 组又高于 T1、T2 组。T2 组在 61 bp 位点的甲基化程度低于 T3 组，T3 组又低于 T1、T4 组；T2 组在 71 bp 位点的甲基化程度低于其他三组。T3 组在 77 bp 位点的甲基化程度高于 T1 组，T1 组又高

于 T2、T4 组（图 7、彩图 41）。

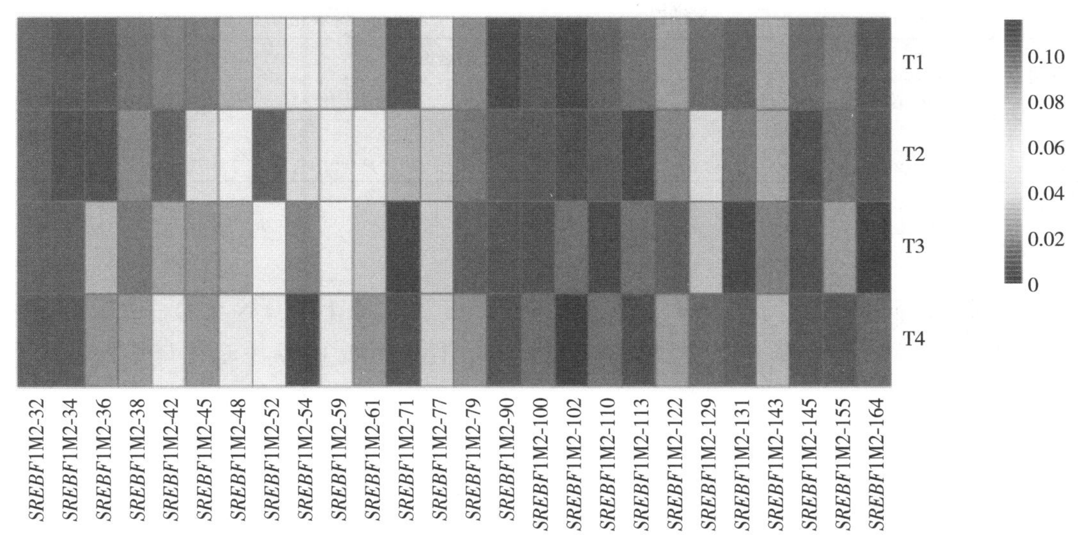

图 7　沙葱及其提取物对杜寒杂交羊背最长肌 *SREBF*1M2 内各 CpG 位点甲基化水平的影响

*FASN*M 的 22 个 CpG 位点中 31、39、45 bp 位点的甲基化水平相对高于其他位点，T3 组在 31 bp 位点的甲基化程度高于 T2、T4 组，T2、T4 组又高于 T1。T2 组在 39 bp 位点的甲基化程度高于 T1 组，T1 组又高于 T3、T4 组。T4 组在 45 bp 位点的甲基化程度高于 T2、T3 组，T2、T3 组又高于 T1 组（图 8、彩图 42）。

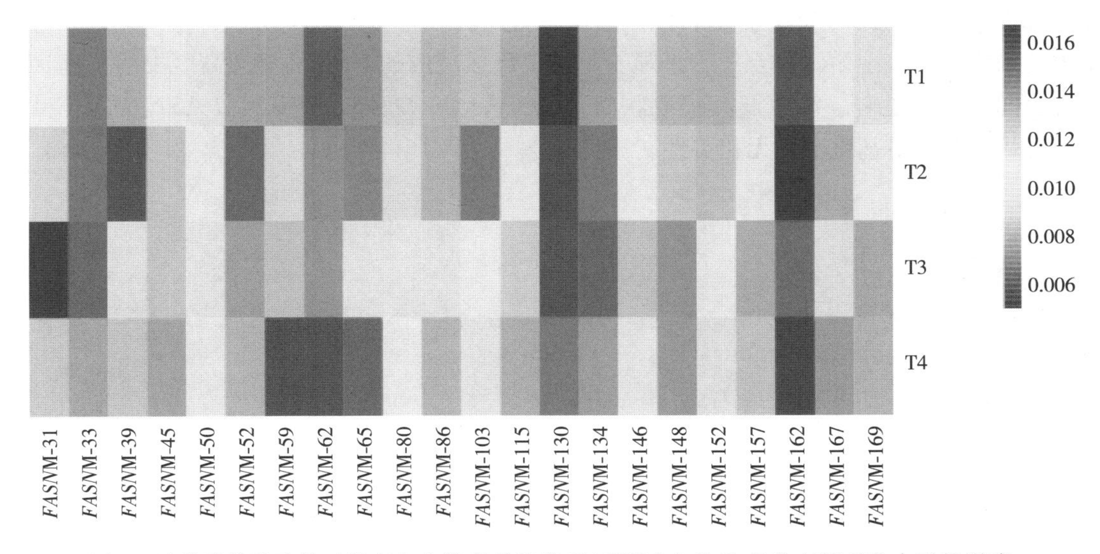

图 8　沙葱及其提取物对杜寒杂交羊背最长肌 *FASN*M 内各 CpG 位点甲基化水平的影响

相关性分析结果如表 5 所示，*ACACA* 基因 mRNA 表达与 *ACACA*M1、*ACACA*M2 甲基化不相关（$P>0.05$）。*SCD* 基因 mRNA 表达与 *SCD*M1、*SCD*M2 甲基化不相关（$P>0.05$）。*SREBF*1 基因 mRNA 表达与 *SREBF*1M1、*SREBF*1M2 甲基化不相关（$P>$

0.05)。*FASN* 基因 mRNA 表达与 *FASN*M 不相关（$P>0.05$）。

表 5 基因特定区域 CpG 岛的平均甲基化水平与基因相对表达量的相关分析

项目	基因 CpG 岛						
	*ACACA*M1	*ACACA*M2	*SCD*M1	*SCD*M2	*SREBF*1M1	*SREBF*1M2	*FASN*M
相关性	$R=-0.18$ $P=0.57$	$R=-0.29$ $P=0.35$	$R=0.07$ $P=0.82$	$R=-0.31$ $P=0.32$	$R=-0.26$ $P=0.41$	$R=-0.08$ $P=0.80$	$R=0.22$ $P=0.49$

3.3 小结

ACACA、*SCD*、*SREBF*1、*FASN* 基因的转录起始位点上游 2 K 至第一外显子下游 1 K 区域内各 CpG 岛及 CpG 位点均为低甲基化状态，且该区域 CpG 甲基化与基因表达无相关性。

4 结论

沙葱及其提取物对杜寒杂交羊血清血脂四项（TG、TC、HDL-C、LDL-C）浓度无显著影响，沙葱水溶性提取物能显著降低其血清 NEFA 浓度；沙葱及其提取物可以上调脂代谢关键基因（*ACACA*、*SCD*、*SREBF*1、*FASN*）的表达，从而调节杜寒杂交羊肌肉脂肪酸组成与含量，其中沙葱水溶性提取物的上调效果最明显，沙葱粉次之，沙葱脂溶性提取物最低。沙葱粉显著提高杜寒杂交羊背最长肌肌内脂肪（IMF）含量，沙葱水溶性提取物和沙葱脂溶性提取物可以提高 IMF 含量，但提高作用不显著；*ACACA*、*SCD*、*SREBF*1、*FASN* 基因转录起始位点上游 2 K 至第一外显子下游 1 K 区域内的 CpG 岛呈现高度去甲基化状态，且各组间差异不显著。沙葱及其提取物对 *ACACA*、*SCD*、*SREBF*1、*FASN* 的上调与其特定区域 DNA 甲基化水平无相关性。

沙葱及其提取物对肉羊血清抗氧化指标、羊肉品质及货架期的影响

肉制品富含蛋白质、脂肪、维生素以及其他营养成分，在加工、储存、运输和销售过程中易引起蛋白质降解、脂肪氧化和抗氧化酶活性下降，导致肉类产品易发生腐败变质，且这些腐败变质的肉类产品被人食入后会对人体健康产生危害。目前可通过以下方法延长肉类产品货架期：其一是添加化学保鲜剂，如丁基羟基茴香醚（BHA）、2,6-二叔丁基-4-甲基苯酚（BHT）和没食子酸丙酯（PG）；其二是按照国家规定添加防腐剂，如山梨酸及其盐类。但是，经动物试验发现BHA、BHT有一定的毒性作用，而现有研究结果表明天然保鲜剂的抗氧化能力高于化学保鲜剂，因此，人们将越来越多的目光投入天然保鲜剂。植物提取物中含有挥发油、生物碱、多糖、黄酮、单宁和各种酚类化合物等生物活性成分，但大多数研究是将植物提取物直接添加到肉类产品表面，可以达到不错的抗氧化、抑菌效果，从而提高肉及肉制品的感官品质。而将植物提取物直接添加到动物饲粮中，以减缓动物宰后肉类产品抗氧化酶和脂肪的氧化速度，从而延长肉类产品货架期的研究是一个具有创新性的研究思路。

为了阐明沙葱及其提取物具有抗氧化特性，进而可以改善羊肉品质及延长其货架期，本研究将在肉羊的基础日粮中添加沙葱及其提取物（沙葱粉、沙葱水提物和沙葱脂提物），探究肉羊血清抗氧化酶活性、宰前肉品质和宰后不同保存时间的抗氧化酶活力、脂质氧化产物、微生物数量和羊肉品质的变化趋势，进一步揭示沙葱及其提取物对羊肉货架期的影响，旨在为开发利用以沙葱及其提取物为核心成分的绿色饲料添加剂实现改善羊肉品质和延长羊肉货架期提供理论支持。

1 沙葱及其提取物对肉羊血清抗氧化能力及羊肉品质的影响

1.1 试验材料与方法

选取经检疫合格，体重相近的60只小尾寒羊，随机分为4组，每组3个重复，每个重复5只羊。试验于2019年4月9日开始进入预试期，6月24日试验结束，共计75 d，其中预试期为15 d，正试期为60 d。试验开始前，统一对羊圈进行消毒，打扫圈舍，清理料槽和安装水盆，并对羊舍进行定期防疫。预饲期，对羊只进行驱虫和耳号记录，并采用自由采食、饮水的方式，预估其采食量，为正试期羊只的日粮采食量提供参考依据。正试期，每天8：00和18：00进行饲喂，每天打扫羊舍，洗刷水槽，保证羊舍的干净和羊只的健康。

正试期的第0、15、30、45和60天，晨饲前使用无抗凝剂的采血管进行颈静脉采血10 mL，待血液静置40 min后析出血清，3 000 r/min离心10 min，并使用干燥EP管收集血

清，即可使用或于－20 ℃保存待用。正试期结束后，每组随机选取 6 只小尾寒羊进行屠宰，并取 50 g 背最长肌样品立即检测羊肉品质指标。检测正试期各个试验羊 5 个时期的总抗氧化能力、谷胱甘肽过氧化物酶活力、总超氧化物歧化酶活力、过氧化氢酶活力和丙二醛含量。

1.2 试验结果与分析

由表 1 可知。第 0 天，组间差异不显著（$P>0.05$），其中沙葱组和水提物组总抗氧化能力（T-AOC）值最高。第 15 天，对照组及试验组 T-AOC 值相比第 0 天均有升高趋势，但差异不显著（$P>0.05$），3 个试验组 T-AOC 值均比对照组高，但组间差异不显著（$P>0.05$）。第 30 天，沙葱组和水提物组的 T-AOC 值显著高于对照组（$P<0.05$），但两组间差异不显著（$P>0.05$），脂提物组与对照组差异不显著（$P>0.05$），但其数值高于对照组。第 45 天，与对照组相比，3 个试验组的 T-AOC 值显著高于对照组（$P<0.05$），其中沙葱组最高，其次是水提物组、脂提物组，后两个试验组间差异不显著（$P>0.05$）。第 60 天，沙葱组 T-AOC 值显著高于对照组（$P<0.05$）。第 60 天与第 0 天相比，对照组及各试验组 T-AOC 值均显著升高（$P<0.05$）。

表 1 沙葱及其提取物对肉羊血清总抗氧化能力的影响（mmol/L）

试验期	试验处理				SEM	*P* 值
	对照	沙葱	脂提物	水提物		
第 0 天	1.54	1.70	1.56	1.69	0.06	0.147
第 15 天	1.67	1.77	1.63	1.73	0.05	0.156
第 30 天	2.05^{b}	2.16^{a}	2.12^{ab}	2.17^{a}	0.03	0.046
第 45 天	2.11^{c}	2.32^{a}	2.21^{b}	2.27^{ab}	0.04	0.004
第 60 天	2.19	2.41	2.26	2.36	0.06	0.068

注：同行数据肩标相同字母代表差异不显著（$P>0.05$），不同字母代表差异显著（$P<0.05$）。下同。

由表 2 可知。第 0 天，组间无显著差异（$P>0.05$），沙葱组的总超氧化物歧化酶（T-SOD）活力最高。第 15 天，对照组及各试验组 T-SOD 活力相比第 0 天呈现上升趋势，3 个试验组 T-SOD 活力低于对照组，但组间差异不显著（$P>0.05$）。第 30 天，3 个试验组 T-SOD 活力高于对照组，但组间差异不显著（$P>0.05$）。第 45 天，对照组及各试验组 T-SOD 活力相比第 30 天呈现上升趋势，差异显著（$P<0.05$），沙葱组、水提物组的 T-SOD 活力显著高于对照组（$P<0.05$），但两个组间差异不显著（$P>0.05$）。第 60 天，与对照组相比，3 个试验组的 T-SOD 活力均显著增高（$P<0.05$），三组间差异不显著（$P>0.05$），其中沙葱组 T-SOD 活力最高，其次是水提物组、脂提物组。

表 2 沙葱及其提取物对肉羊血清总超氧化物歧化酶活力的影响（U/mL）

试验期	试验处理				SEM	*P* 值
	对照	沙葱	脂提物	水提物		
第 0 天	129.50	135.48	124.84	127.08	3.81	0.258

（续）

试验期	试验处理				SEM	P 值
	对照	沙葱	脂提物	水提物		
第 15 天	135.70	140.62	137.31	140.04	1.81	0.055
第 30 天	139.15	144.54	144.48	144.38	1.92	0.161
第 45 天	145.97[b]	155.63[a]	148.64[b]	157.69[a]	1.97	0.001
第 60 天	147.48[b]	161.75[a]	157.96[a]	161.29[a]	2.36	0.001

由表 3 可知。第 0 天，脂提物组过氧化氢酶（CAT）活力高于其他 3 个组，但组间差异不显著（$P>0.05$）。第 15 天，对照组及各试验组 CAT 活力相比第 0 天呈现上升趋势，但试验组组间差异不显著（$P>0.05$）。第 30 天，各组 CAT 活力差异不显著（$P>0.05$），其中脂提物组的 CAT 活力最高。第 45 天，各组 CAT 活力相比第 0 天显著增高（$P<0.05$），3 个试验组 CAT 活力均比对照组高，但组间差异不显著（$P>0.05$）。第 60 天，3 个试验组 CAT 活力均比对照组高，其中脂提物组最高，其次是水提物组、沙葱组。由此看出，饲粮中添加沙葱及其提取物对肉羊血清 CAT 活力有很好的改善作用。

表 3　沙葱及其提取物对肉羊血清过氧化氢酶活力的影响（U/mL）

试验期	试验处理				SEM	P 值
	对照	沙葱	脂提物	水提物		
第 0 天	1.45	1.43	1.50	1.47	0.17	0.994
第 15 天	1.79	1.96	1.97	1.99	0.36	0.979
第 30 天	2.10	2.35	2.52	2.45	0.26	0.679
第 45 天	2.26	2.69	2.75	2.77	0.69	0.946
第 60 天	2.46	3.16	3.54	3.27	0.42	0.335

由表 4 可知。第 0 天，组间差异不显著（$P>0.05$），其中脂提物组谷胱甘肽过氧化物酶（GSH-Px）活力最高。第 15 天，对照组及各试验组 GSH-Px 活力相比第 0 天呈现上升趋势，差异不显著（$P>0.05$），3 个试验组 GSH-Px 活力高于对照组，但组间差异不显著（$P>0.05$）。第 30 天，与对照组相比，各试验组 GSH-Px 活力分别提高了 13.2%、39.0% 和 11.2%，但组间差异不显著（$P>0.05$）。第 45 天，沙葱组和脂提物组 GSH-Px 活力显著高于对照组（$P<0.05$），但两组间差异不显著（$P>0.05$），水提物组 GSH-Px 活力高于对照组，但组间差异不显著（$P>0.05$）。第 60 天，3 个试验组 GSH-Px 活力显著高于对照组（$P<0.05$），其中沙葱组 GSH-Px 活力最高。

表 4　沙葱及其提取物对肉羊血清谷胱甘肽过氧化物酶活力的影响（U/mL）

试验期	试验处理				SEM	P 值
	对照	沙葱	脂提	水提		
第 0 天	119.56	121.21	127.16	121.47	16.61	0.989
第 15 天	122.57	131.52	201.21	132.61	31.59	0.293

（续）

试验期	试验处理				SEM	P 值
	对照	沙葱	脂提	水提		
第 30 天	158.88	179.78	220.80	176.67	31.58	0.570
第 45 天	203.03a	445.35b	381.35b	226.74a	28.31	0.000
第 60 天	237.64a	468.32c	455.06c	366.74b	21.18	0.000

由表 5 可知。第 0 天，3 个试验组丙二醛（MDA）含量低于对照组，但组间差异不显著（$P>0.05$）。第 15 天，对照组及各试验组 MDA 含量相比第 0 天保持下降趋势，但组间差异不显著（$P>0.05$）。第 30 天，3 个试验组 MDA 含量均低于对照组，其中水提物组最低，其次是沙葱组和脂提物组，但组间差异不显著（$P>0.05$）。第 45 天，沙葱组和水提物组的 MDA 含量显著低于对照组（$P<0.05$），但两组间 MDA 含量差异不显著（$P>0.05$），脂提物组 MDA 含量与对照组无显著差异（$P>0.05$）。第 60 天，与对照组相比，3 个试验组一直保持下降趋势，其中水提物组最低，其次是沙葱组和脂提物组，3 个试验组相比对照组分别下降了 41.8%、40.3%和 28.4%，但组间差异不显著（$P>0.05$）。

表 5　沙葱及其提取物对肉羊血清丙二醛含量的影响（nmol/mL）

试验期	试验处理				SEM	P 值
	对照	沙葱	脂提物	水提物		
第 0 天	2.33	2.23	2.27	2.22	0.25	0.988
第 15 天	2.29	1.88	2.09	1.83	0.21	0.397
第 30 天	2.21	1.75	1.80	1.74	0.32	0.678
第 45 天	2.13a	1.27b	1.53a	1.25b	0.16	0.003
第 60 天	2.09	1.20	1.44	1.17	0.29	0.129

由表 6 可知。沙葱及其提取物可提高羊肉 pH_{45min}、pH_{24h} 及红度（a^*）值，降低亮度（L^*）值和黄度（b^*）值，但组间差异不显著（$P>0.05$）。3 个试验组的蒸煮损失相比对照组分别升高了 0.41%、0.7%和 2.85%，但差异不显著（$P>0.05$）。与对照组相比，3 个试验组的剪切力显著降低（$P<0.05$），其中水提物组剪切力最低，其次为沙葱组、脂提物组，但试验组间差异不显著（$P>0.05$）。

表 6　沙葱及其提取物对羊肉品质的影响

项目	试验处理				SEM	P 值
	对照	沙葱	脂提物	水提物		
pH_{45min}	6.50	6.50	6.52	6.54	0.01	0.187
pH_{24h}	5.61	5.63	5.64	5.70	0.02	0.465
亮度（L^*）	37.28	35.77	35.60	34.58	0.44	0.217
红度（a^*）	30.04	30.10	30.11	30.54	0.59	0.990
黄度（b^*）	3.97	3.85	3.76	3.27	0.35	0.903

（续）

项目	试验处理				SEM	P 值
	对照	沙葱	脂提物	水提物		
蒸煮损失（%）	44.88	45.58	47.73	45.29	0.76	0.562
剪切力（N）	35.00^{a}	24.01^{ab}	30.10^{b}	23.19^{b}	1.44	0.029

1.3 小结

（1）动物饲粮中添加沙葱及其提取物可显著提高肉羊血清的 GSH-Px、T-SOD 酶活力和 T-AOC 能力，显著降低 MDA 含量。3 个试验组可提高肉羊血清 CAT 酶活力，但组间差异不显著。从数值可知，肉羊血清的抗氧化能力具有时间依赖性，即饲喂 30 d 后，效果更加显著。

（2）动物饲粮中添加沙葱及其提取物可显著降低羊肉的剪切力，pH、a^* 值和蒸煮损失相比对照组呈现上升趋势，L^* 值和 b^* 值相比对照组呈现下降趋势，由此达到改善羊肉品质的效果。

2 沙葱及其提取物对羊肉货架期的影响

2.1 试验材料与方法

正试期结束后，从 4 个处理组随机选取 6 只试验羊进行屠宰，并取背最长肌 150 g，将其分成 5 个部分，使用真空包装袋包装，并用真空包装机进行真空包装，将其贮藏于 4 ℃保存，分别在第 0、7、14、21 和 28 天检测抗氧化酶活性、脂质氧化产物、微生物数量和羊肉品质等指标。

检测第 0、7、14、21 和 28 天共计 5 个时期的总抗氧化能力（T-AOC）、谷胱甘肽过氧化物酶（GSH-Px）、总超氧化物歧化酶（T-SOD）、丙二醛（MDA）含量和蛋白含量。羊肉样品硫醇含量的检测参考林靖凯的方法，羊肉样品酸价的测定采用直接滴定法，羊肉样品过氧化值的测定参考 Richards 的方法，羊肉样品挥发性盐基氮的测定参考《食品安全国家标准 食品中挥发性盐基氮的测定》（GB 5009.228—2016）并稍做修改。菌落总数按照《食品安全国家标准 食品微生物学检验 菌落总数测定》（GB 4789.2—2022）进行测定，乳酸菌按照《食品安全国家标准 食品微生物学检验 乳酸菌检验》（GB 4789.35—2016）进行测定，肉品质测定 pH、肉色和汁液流失率。

2.2 试验结果与分析

由表 7 可知，第 0 天，3 个试验组 T-AOC 值高于对照组，其中沙葱组 T-AOC 值最高，其次是脂提物组和水提物组。第 7 天，3 个试验组 T-AOC 值显著高于对照组（$P<0.05$），其中沙葱组最高。第 14 天，组间无显著差异（$P>0.05$），其中沙葱组 T-AOC 值最高。第 21 天，对照组及 3 个试验组 T-AOC 值相比第 14 天呈现下降趋势（$P>0.05$），3 个试验组

T-AOC值显著高于对照组（P<0.05），但组间差异不显著（P>0.05）。第28天，组间差异不显著（P>0.05），水提物组T-AOC值最高。由此可知，羊肉T-AOC值随着保存期的延长呈现先上升后下降的发展趋势，饲料中沙葱及其提取物的添加可减缓宰后羊肉T-AOC值降低。

表7 沙葱及其提取物对宰后羊肉总抗氧化能力的影响（mmol/L）

试验期	试验处理				SEM	P值
	对照	沙葱	脂提物	水提物		
第0天	0.14^{b}	0.21^{a}	0.18^{ab}	0.14^{b}	0.02	0.025
第15天	0.24^{c}	0.32^{a}	0.3^{ab}	0.28^{b}	0.01	0.000
第30天	0.30	0.35	0.34	0.30	0.02	0.106
第45天	0.19^{b}	0.24^{a}	0.23^{a}	0.24^{a}	0.01	0.013
第60天	0.23	0.21	0.24	0.25	0.02	0.700

由表8可知，第0天，3个试验组T-SOD活力显著高于对照组（P<0.05），其中水提物组最高。第7天，对照组及各试验组T-SOD活力相比于第0天显著下降（P<0.05），3个试验组T-SOD活力显著高于对照组（P<0.05），但三组间T-SOD活力无显著差异（P>0.05）。第14天，对照组及各试验组T-SOD活力显著高于第7天（P<0.05），3个试验组T-SOD活力显著高于对照组（P<0.05），但组间无显著差异（P>0.05）。第21天，水提物组、脂提物组T-SOD活力显著高于对照组（P<0.05），沙葱组T-SOD活力高于对照组，但无显著差异（P>0.05）。第28天，3个试验组T-SOD活力显著高于对照组，但组间差异不显著（P>0.05）。由数据可知，宰后羊肉T-SOD活力呈现先下降后上升再下降的变化趋势，沙葱及其提取物的添加可减缓宰后羊肉T-SOD活力降低。

表8 沙葱及其提取物对宰后羊肉总超氧化物歧化酶活力的影响（U/mL）

试验期	试验处理				SEM	P值
	对照	沙葱	脂提物	水提物		
第0天	42.91^{c}	53.35^{b}	60.55^{a}	61.96^{a}	1.48	<0.001
第15天	27.53^{b}	34.58^{a}	35.25^{a}	37.42^{a}	2.04	0.016
第30天	51.45^{b}	61.98^{a}	67.61^{a}	63.92^{a}	2.76	0.003
第45天	49.93^{b}	55.87^{ab}	57.32^{a}	58.78^{a}	2.01	0.029
第60天	35.30^{b}	49.16^{a}	44.02^{a}	48.54^{a}	2.49	0.003

由表9可知，第0天，脂提物组GSH-Px活力显著高于对照组（P<0.05），沙葱组和水提物组GSH-Px活力高于对照组，但组间差异不显著（P>0.05）。第7天，对照组及3个试验组的GSH-Px活力相比第0天显著下降（P<0.05），脂提物组的GSH-Px活力显著高于对照组（P<0.05）。第14天，3个试验组GSH-Px活力相比第7天呈现上升趋势（P>0.05），其中沙葱组显著高于对照组（P<0.05）。第21天，组间无显著差异（P>0.05），其中沙葱组GSH-Px活力最高。第28天，水提物组GSH-Px活力显著高于对照组

（$P<0.05$），沙葱组和脂提物组 GSH-Px 活力高于对照组，但组间差异不显著（$P>0.05$）。由此可知，羊肉 GSH-Px 活力随着贮藏期的延长呈现先下降后上升再下降的发展趋势，饲料中沙葱及其提取物的添加可减缓宰后羊肉 GSH-Px 活力降低。

表 9　沙葱及其提取物对宰后羊肉谷胱甘肽过氧化物酶活力的影响（U/mL）

试验期	试验处理				SEM	*P* 值
	对照	沙葱	脂提物	水提物		
第 0 天	76.71	108.84	127.32	115.85	14.29	0.108
第 15 天	48.76	69.18	80.93	73.63	9.08	0.108
第 30 天	74.88	120.67	101.37	93.65	11.84	0.084
第 45 天	47.42	69.68	35.08	54.72	12.80	0.310
第 60 天	38.49	53.36	41.15	72.90	7.55	0.017

由表 10 可知，第 0 天，3 个试验组 MDA 含量低于对照组，但组间差异不显著（$P>0.05$）。第 7 天，对照组及各试验组 MDA 含量相比第 0 天呈现上升趋势，3 个试验组 MDA 含量低于对照组，但组间差异不显著（$P>0.05$）。第 14 天，对照组及各试验组的 MDA 含量相比第 7 天显著下降（$P<0.05$），沙葱组和水提物组 MDA 含量显著低于对照组（$P<0.05$），脂提物组 MDA 含量低于对照组，且组间差异不显著（$P>0.05$）。第 21 天，沙葱组和水提物组 MDA 含量显著低于对照组（$P<0.05$），脂提物组与对照组 MDA 含量差异不显著（$P>0.05$）。第 28 天，组间无显著差异（$P>0.05$），其中水提物组 MDA 含量最低。

表 10　沙葱及其提取物对宰后羊肉丙二醛含量的影响（nmol/mL）

试验期	试验处理				SEM	*P* 值
	对照	沙葱	脂提物	水提物		
第 0 天	5.71	5.57	5.66	5.66	0.60	0.999
第 15 天	6.23	5.63	5.85	5.76	0.38	0.711
第 30 天	4.05^{a}	1.80^{b}	3.57^{a}	1.94^{b}	0.53	0.012
第 45 天	2.61^{a}	1.15^{c}	2.15^{ab}	1.84^{b}	0.24	0.003
第 60 天	1.37	1.05	1.03	1.03	0.15	0.294

沙葱及其提取物对宰后羊肉酸价（AV）的影响见表 11。第 0 天，3 个试验组的酸价显著低于对照组（$P<0.05$），但三组间差异不显著（$P>0.05$）。第 7 天，对照组及 3 个试验组的酸价相比第 0 天呈现上升趋势，3 个试验组酸价低于对照组，但组间无显著差异。第 14 天，脂提物组和水提物组酸价显著低于对照组（$P<0.05$），但两组间无显著差异（$P>0.05$），沙葱组酸价低于对照，但组间无显著差异（$P>0.05$）。第 21 天，对照组及各试验组的酸价相比第 14 天呈现显著上升趋势（$P<0.05$），3 个试验组的酸价显著低于对照组（$P<0.05$），其中沙葱组最低。第 28 天，水提物组酸价显著低于对照组（$P<0.05$），沙葱组和脂提物组酸价低于对照组，但组间差异不显著（$P>0.05$）。整个贮藏期内，羊肉酸价

呈现逐渐上升趋势，沙葱及其提取物可减缓宰后羊肉不饱和脂肪酸的生成，从而延长羊肉货架期。

表 11 沙葱及其提取物对宰后羊肉酸价的影响（mg/g）

试验期	试验处理				SEM	P 值
	对照	沙葱	脂提物	水提物		
第 0 天	4.50^{a}	3.29^{b}	3.66^{b}	3.15^{b}	0.24	0.004
第 15 天	5.16	4.99	4.86	4.78	0.14	0.273
第 30 天	6.99^{a}	6.90^{a}	6.02^{b}	6.33^{b}	0.15	0.000
第 45 天	8.15^{a}	7.45^{b}	7.69^{b}	7.73^{b}	0.14	0.015
第 60 天	8.00^{a}	7.69^{ab}	7.51^{b}	7.26^{b}	0.15	0.013

由表 12 可知，第 0 天，沙葱组和水提组的过氧化值（POV）显著低于对照组（$P<0.05$），但两组间无显著差异（$P>0.05$）。第 7 天，对照组及 3 个试验组的 POV 相比第 0 天显著降低（$P<0.05$），3 个试验组的 POV 均显著低于对照组（$P<0.05$），但三组间差异不显著（$P>0.05$）。第 14 天，3 个试验组 POV 显著高于第 7 天（$P<0.05$），水提物组 POV 低于其余三组，但组间差异不显著（$P>0.05$）。第 21 天，沙葱组和脂提物组 POV 显著高于对照组（$P<0.05$），水提物组 POV 与对照组无显著差异（$P>0.05$）。第 28 天，沙葱组和水提物组 POV 显著低于对照组（$P<0.05$），脂提物组 POV 低于对照组，组间差异不显著（$P>0.05$）。因此，宰后羊肉过氧化值表现出先降低后上升的发展趋势，饲粮中添加沙葱及其提取物可减缓羊肉脂质氧化的程度，从而延长羊肉保存期。

表 12 沙葱及其提取物对宰后羊肉过氧化值的影响

试验期	试验处理				SEM	P 值
	对照	沙葱	脂提物	水提物		
第 0 天	0.61^{a}	0.54^{b}	0.61^{a}	0.50^{b}	0.02	0.000
第 15 天	0.41^{a}	0.25^{b}	0.31^{b}	0.27^{b}	0.03	0.003
第 30 天	0.47	0.44	0.53	0.36	0.04	0.078
第 45 天	0.56^{b}	0.61^{a}	0.64^{a}	0.54^{b}	0.02	0.007
第 60 天	0.78^{a}	0.66^{b}	0.74^{a}	0.60^{b}	0.03	0.000

沙葱及其提取物对宰后羊肉挥发性盐基氮（TVB-N）值的影响见表 13。第 0 天，3 个试验组 TVB-N 值显著低于对照组（$P<0.05$），其中沙葱组最低，其次是水提物组、脂提物组。第 7 天，对照组及 3 个试验组 TVB-N 值相比第 0 天呈现上升趋势，差异显著（$P<0.05$），3 个试验组 TVB-N 值显著低于对照组（$P<0.05$）。第 14 天，对照组及 3 个试验组 TVB-N 值一直保持上升趋势，3 个试验组 TVB-N 值显著低于对照组，其中沙葱组最低，其次是水提物组、脂提物组。第 21～28 天，3 个试验组 TVB-N 值显著低于对照组（$P<0.05$），其中沙葱组和水提物组差异不显著（$P>0.05$）。宰后羊肉 TNB-N 值随着保存时间的延长不断增加，沙葱及其提取物可减缓羊肉蛋白质降解的程度。

表 13　沙葱及其提取物对宰后羊肉挥发性盐基氮的影响（mg，按 100g 计）

试验期	试验处理				SEM	P 值
	对照	沙葱	脂提物	水提物		
第 0 天	21.11^{a}	16.94^{b}	18.25^{ab}	16.39^{b}	1.02	0.018
第 15 天	32.22^{a}	25.17^{b}	27.28^{b}	25.10^{b}	0.90	0.000
第 30 天	52.07	49.24	51.99	47.79	1.98	0.359
第 45 天	82.51^{a}	70.73^{c}	73.99^{b}	62.30^{天}	1.10	0.001
第 60 天	123.02^{a}	100.25^{b}	107.21^{b}	98.19^{b}	2.92	0.001

沙葱及其提取物对宰后羊肉硫醇含量的影响见表 14。第 0 天，脂提组的硫醇含量最高，但组间差异不显著（$P>0.05$）。第 7 天，对照组及 3 个试验组硫醇含量相比第 0 天显著上升（$P<0.05$），但组间无显著差异。第 14 天，除水提物组外，其余三组硫醇含量相比第 7 天第呈现下降趋势，3 个试验组硫醇含量低于对照组，但组间差异不显著（$P>0.05$）。第 21 天，3 个试验组硫醇含量显著高于对照组（$P<0.05$），其中沙葱组最高，其次是脂提物组、水提物组。第 28 天，3 个试验组硫醇含量高于对照组，但组间差异不显著（$P>0.05$）。由此可知，硫醇含量随着羊肉保存时间的延长呈现先上升后下降的趋势，与对照组相比，沙葱及其提取物可防止宰后羊肉蛋白质进一步氧化，进而对羊肉硫醇含量的降低有一定缓解作用。

表 14　沙葱及其提取物对宰后羊肉硫醇含量的影响

试验期	试验处理				SEM	P 值
	对照	沙葱	脂提物	水提物		
第 0 天	0.038	0.040	0.041	0.038	0.001	0.527
第 15 天	0.044	0.045	0.045	0.036	0.003	0.172
第 30 天	0.041	0.040	0.039	0.039	0.001	0.597
第 45 天	0.032^{b}	0.038^{a}	0.037^{a}	0.036^{a}	0.001	0.006
第 60 天	0.038^{b}	0.041^{ab}	0.039^{b}	0.044^{a}	0.001	0.004

由表 15 可知，第 0 天，水提物组的菌落总数显著低于对照组（$P<0.05$），沙葱组与脂提物组菌落总数低于对照组，但组间差异不显著（$P>0.05$）。第 7 天，3 个试验组菌落总数显著低于对照组（$P<0.05$），但组间无显著差异（$P>0.05$）。第 14 天，对照组及 3 个试验组的菌落总数相比第 7 天显著增加（$P<0.05$），沙葱组菌落总数显著低于对照组（$P<0.05$）。第 21 天，对照组及 3 个试验组菌落总数保持上升趋势，沙葱组菌落总数最低，但组间差异不显著（$P>0.05$）。第 28 天，3 个试验组菌落总数低于对照组，但组间差异不显著（$P>0.05$）。从数据可看出，羊肉在第 0～7 天属于二级鲜肉，在第14～28 天细菌含量超过 6（lg CFU/g），属于变质肉。羊肉菌落总数随着保存时间的延长保持上升趋势，沙葱及其提取物的添加可减缓贮藏期内羊肉细菌的增长，从而延长羊肉保存时间。

表 15 沙葱及其提取物对宰后羊肉菌落总数的影响（lg CFU/g）

试验期	试验处理				SEM	*P* 值
	对照	沙葱	脂提物	水提物		
第 0 天	4.12[a]	4.06[ab]	4.10[ab]	4.00[b]	0.02	0.005
第 15 天	5.34[a]	5.10[b]	5.13[b]	5.10[b]	0.03	0.000
第 30 天	7.75	7.38	7.43	7.45	0.11	0.102
第 45 天	8.22	7.98	8.07	8.05	0.11	0.516
第 60 天	8.46	8.42	8.41	8.41	0.03	0.723

沙葱及其提取物对宰后羊肉假单胞菌数的影响见表 16。整个保存期内，对照组及 3 个试验组的羊肉假单胞菌数呈现逐渐上升趋势，且差异显著（$P<0.05$）。从每个时期假单胞菌数上来看，第 0～14 天，3 个试验组假单胞菌数低于对照组，但组间无显著差异（$P>0.05$）；第 14～28 天，3 个试验组假单胞菌数有高于对照组的趋势，但组间无显著差异（$P>0.05$）。因此，随着保存时间的延长，羊肉假单胞菌数逐渐增多，且饲粮中添加沙葱及其提取物可减缓假单胞菌的增长，但效果不显著。

表 16 沙葱及其提取物对宰后羊肉假单胞菌数的影响（lg CFU/g）

试验期	试验处理				SEM	*P* 值
	对照	沙葱	脂提物	水提物		
第 0 天	3.93	3.77	3.87	3.85	0.09	0.612
第 15 天	4.56	4.44	4.47	4.46	0.12	0.897
第 30 天	5.60	5.59	5.57	5.60	0.08	0.989
第 45 天	6.39	6.35	6.38	6.42	0.10	0.965
第 60 天	7.20	7.17	7.18	7.22	0.03	0.530

沙葱及其提取物对宰后羊肉乳酸菌数的影响见表 17。整个贮藏期内，对照组及 3 个试验组羊肉的乳酸菌含量呈现逐渐增长的趋势。第 0 天，3 个试验组的乳酸菌含量相比对照组分别减少了 4.18%、1.76%和 0.70%，但组间差异不显著（$P>0.05$）；第 7～14 天，3 个试验组的乳酸菌数量相比对照组分别减少 1.2%、1.11%和 1.52%，但组间无显著差异（$P>0.05$），说明随着保存时间的延长，沙葱及其提取物具有减少乳酸菌数量的能力也逐渐降低；第 14～28 天，组间差异不显著（$P>0.05$），但 3 个试验组与对照组的乳酸菌含量相差无异，甚至超过对照组。因此，从发展趋势可知，饲粮中添加沙葱及其提取物可减缓羊肉乳酸菌的滋生，从而延长羊肉保存时间。

表 17 沙葱及其提取物对宰后羊肉乳酸菌数的影响（lg CFU/g）

试验期	试验处理				SEM	*P* 值
	对照	沙葱	脂提物	水提物		
第 0 天	4.55	4.36	4.47	4.52	0.12	0.683
第 15 天	5.42	5.33	5.37	5.39	0.04	0.415

（续）

试验期	试验处理				SEM	P 值
	对照	沙葱	脂提物	水提物		
第 30 天	7.23	7.14	7.15	7.12	0.08	0.819
第 45 天	8.06	8.06	8.10	8.09	0.10	0.990
第 60 天	8.24	8.28	8.22	8.23	0.02	0.327

沙葱及其提取物对宰后羊肉 pH 的影响见表 18。第 0 天，沙葱组 pH 显著高于其他三组（$P<0.05$），脂提物组和水提物组 pH 与对照组无显著差异（$P>0.05$）。第 7 天，对照组及 3 个试验组的 pH 相比第 0 天呈现下降趋势，3 个试验组的 pH 高于对照组，其中沙葱组 pH 最高（$P<0.05$）。第 14 天，除脂提物组外，其余三组 pH 相比第 7 天呈现上升趋势，脂提物组 pH 低于对照组，但组间差异不显著（$P>0.05$）。第 21 天，pH 保持上升趋势，沙葱组 pH 高于其余三组，但组间无显著差异（$P>0.05$）。第 28 天，pH 保持上升趋势，但组间无显著差异（$P>0.05$），其中水提物组 pH 最高。从整体来看，宰后羊肉 pH 呈现先下降后上升的变化趋势，而沙葱及其提取物可减缓羊肉 pH 的降低速率。

表 18　沙葱及其提取物对宰后羊肉 pH 的影响

试验期	试验处理				SEM	P 值
	对照	沙葱	脂提物	水提物		
第 0 天	5.85^{b}	5.98^{a}	5.86^{b}	5.87^{b}	0.02	0.006
第 15 天	5.76^{b}	5.88^{a}	5.78^{b}	5.80^{b}	0.02	0.006
第 30 天	5.85	5.98	5.74	5.91	0.06	0.074
第 45 天	6.03	6.19	6.00	6.08	0.07	0.321
第 60 天	6.28	6.32	6.25	6.41	0.08	0.561

由表 19 可知，第 0 天，3 个试验组 a^* 值均比对照组高，但 3 个试验组间无显著差异（$P>0.05$）。第 7 天，对照组及试验组 a^* 值相比第 0 天显著下降（$P<0.05$），但组间差异不显著（$P>0.05$）。第 14 天，对照组及各试验组的 a^* 值一直保持下降趋势，其中水提物组 a^* 值比其他试验组高，但组间差异不显著（$P>0.05$）。第 21 天，沙葱组和水提物组的 a^* 值均显著高于对照组（$P<0.05$），但两组间差异不显著（$P>0.05$），脂提物组 a^* 值高于对照组，但差异不显著（$P>0.05$）。第 28 天，对照组及 3 个试验组的 a^* 值相比第 0 天显著下降（$P<0.05$），各试验组 a^* 值相比对照组分别提高了 14.3%、7.0%和 22.5%，但组间差异不显著（$P>0.05$）。由此可知，羊肉 a^* 值随着保存时间的延长不断下降，但沙葱及其提取物可减缓羊肉 a^* 值的下降。

表 19　沙葱及其提取物对宰后羊肉 a^* 值的影响

试验期	试验处理				SEM	P 值
	对照	沙葱	脂提物	水提物		
第 0 天	30.35	33.84	31.61	35.30	1.20	0.036

（续）

试验期	试验处理				SEM	P 值
	对照	沙葱	脂提物	水提物		
第 15 天	26.32	27.59	26.60	28.37	1.18	0.601
第 30 天	24.90	27.65	25.62	27.38	1.48	0.499
第 45 天	18.14	24.11	21.78	24.53	1.87	0.093
第 60 天	15.18	17.35	16.25	18.59	1.39	0.371

沙葱及其提取物对宰后羊肉汁液流失率的影响见表 20。第 0 天，3 个试验组的汁液流失率显著低于对照组（$P<0.05$），其中沙葱组的汁液流失率最低，其次是水提物组和脂提物组，但三组间差异不显著（$P>0.05$）。第 7 天，对照组及各试验组的汁液流失率显著高于第 0 天（$P<0.05$），但组间差异不显著（$P>0.05$）。第 14 天，对照组及各试验组的汁液流失率相比第 7 天呈现上升趋势，差异不显著（$P>0.05$），对照组汁液流失率高于其他三组，但组间无显著差异（$P>0.05$）。第 21 天，3 个试验组的汁液流失率低于对照组，其中沙葱组最低，其次是水提物组和脂提物组，组间无显著差异（$P>0.05$）。第 28 天，沙葱组汁液流失率显著低于对照组（$P<0.05$），脂提物组和水提物组汁液流失率低于对照组，但组间差异不显著（$P>0.05$）。由此可知，随着贮藏时间的延长，羊肉汁液流失率呈现逐渐上升趋势，而沙葱及其提取物可改善宰后羊肉汁液流失率。

表 20　沙葱及其提取物对宰后羊肉汁液流失率的影响（%）

试验期	试验处理				SEM	P 值
	对照	沙葱	脂提物	水提物		
第 0 天	6.73	4.23	4.94	4.29	0.76	0.102
第 15 天	18.01	16.02	16.79	16.41	0.93	0.480
第 30 天	19.74	17.27	18.39	18.41±	1.11	0.495
第 45 天	21.90	17.88	20.81	19.03	1.42	0.222
第 60 天	22.15	19.31	20.73	20.29	0.86	0.166

2.3 小结

（1）随着保存时间的延长，宰后羊肉抗氧化酶活性呈现下降趋势，但沙葱及其提取物的添加可显著提高羊肉抗氧化酶活性的初始值并减缓其下降幅度。

（2）在保存期内，羊肉 AV 值、TVB-N 值呈现上升趋势，POV 呈现先下降后上升的变化趋势，而硫醇含量恰好与 POV 变化趋势相反。总的来说，饲粮中添加沙葱及其提取物可减缓羊肉脂质氧化反应的发生。

（3）羊肉菌落总数、假单胞菌和乳酸菌含量随着保存时间的延长均呈现上升趋势，但与对照组相比，沙葱及其提取物的添加可抑制羊肉微生物的生长，并得出羊肉货架期为 7 d。

（4）整个贮藏期内，羊肉 pH 呈现先下降后上升的变化趋势，a^* 值和汁液流失率保持上升趋势，但饲粮中添加沙葱及其提取物可改善羊肉酸碱度，进而得到不错的感官品质。

3 结论

（1）饲粮中添加沙葱及其提取物通过提高肉羊血清抗氧化能力，进而减少其氧化损伤产生的自由基，从而改善羊肉品质，且沙葱组和水提物组的作用效果优于脂提物组，但两组间差异不显著，而生产实践中以降低饲料成本为根本原则，因此本试验中沙葱组的推广实用性会更强。

（2）饲粮中添加沙葱及其提取物通过提高羊肉抗氧化酶活性的初始值并减缓其下降幅度，进而减少羊肉脂质氧化发生、抑制羊肉微生物生长，从而改善羊肉品质并延长其货架期为 7 d，其中沙葱组的作用效果优于脂提物组，但其与水提物组的作用效果差异不显著，而饲料成本一直是影响养殖业经济效益的主要因素，因此本试验中沙葱组的作用效果为最佳。

沙葱精油对肉羊肉品质、抗氧化性能和免疫机能的影响

随着人们生活水平的提高，对肉类的需求量不断增加，在如今集约化养殖背景下，往往通过添加抗生素等饲料添加剂来提高饲料的转化率，以达到促进动物生长的目的，然而长期应用此类添加剂，可导致动物产生抗药性，降低动物的免疫力，更重要的是，随着人们对食品安全的认识逐渐加深，开始认识到抗生素会增加细菌耐受性的问题，因此，寻找可靠的代替物已成为当务之急，开发出绿色的饲料添加剂显得尤为重要。所以，使用绿色添加剂代替抗生素已成为畜牧业发展的方向。酶制剂、中草药制剂、沙葱及其提取物等一系列绿色饲料添加剂的使用对减少环境污染、促进肉羊生长、改善羊肉品质和风味等方面起到了积极的作用。沙葱具有多种生物学活性，其不同类型的提取物已被证实具有改善羊肉品质的重要作用。研究发现，沙葱精油具有抑菌抗炎的作用，但其对羊肉品质的影响尚未见报道。因此，本研究拟通过在肉羊饲粮中添加沙葱精油，来探究沙葱精油对肉羊肉品质及免疫机能和抗氧化机能的影响，以期验证沙葱精油对肉羊的作用效果，为其替代抗生素推广应用提供理论依据。

1　沙葱精油对肉羊肉品质及屠宰性能的影响

1.1　试验材料与方法

本试验选取经检疫合格、身体健康、平均体重为（35.5±1.5）kg、4.5月龄左右的杜寒杂交母羔羊20只，随机分为2组，每组10只羊，每5只羊一圈。分别饲喂基础日粮（对照组）、基础日粮＋沙葱精油（40 mg/kg），沙葱精油的添加量以全混合日粮为基础，与精饲料混合饲喂。试验期共75 d，其中预试期15 d，正试期60 d。预试期让试验羊自由采食、饮水。试验期每天饲喂2次，分别于每天7：00和18：00进行饲喂，先饲喂添加部分混合沙葱精油的精饲料再饲喂粗饲料，最后饲喂剩余精饲料，自由饮水。

试验完全结束后，每圈选体况相近的3只羊进行屠宰，屠宰前空腹称重，屠宰后称其胴体重，测定屠宰性能、GR值、背膘厚度、眼肌面积，并立即取一侧背最长肌样品约30 g，装袋分组标记，于−80 ℃冰箱中保存，用于后续测定脂肪酸、氨基酸以及抗氧化酶活性和含量等；另再取大约100 g背最长肌样品立即检测羊肉的理化指标。

1.2　试验结果与分析

由表1可知，在屠宰指标中，对照组的宰前活重、胴体重及屠宰率与试验组相比虽然有增高的趋势，但差异并不显著（$P>0.05$）。在产肉指标中，试验组的背膘厚度虽然高于对照组，

但差异并不显著（$P>0.05$）；而试验组的GR值和眼肌面积均显著高于对照组（$P<0.05$）。

表1　沙葱精油对肉羊屠宰性能的影响

项目	试验处理		SEM	P 值
	对照	试验		
GR值（mm）	4.300 0[b]	6.600 0[a]	0.399 7	0.000 8
背膘厚度（mm）	4.433 3	5.066 7	0.190 9	0.115 3
眼肌面积（cm^2）	17.390 3[b]	25.761 2[a]	1.589 4	0.004 1
宰前活重（kg）	42.950 0	44.466 7	0.905 8	0.449 2
胴体重（kg）	19.283 3	20.316 7	0.451 4	0.294 2
屠宰率（%）	44.859 4	45.720 6	0.360 2	0.271 9

注：表中各值以均数表示（$\bar{x}$）；同行数据肩标小写字母相同表示差异不显著（$P>0.05$），不相同表示差异显著（$P<0.05$）。下同。

沙葱精油对肉羊背最长肌理化性质的影响见表2。由表可知，试验羊亮度和红度差异均不显著（$P>0.05$），而试验组黄度相较于对照组显著提高（$P<0.05$）。屠宰后1 h试验组背最长肌的pH稍高于对照组，且差异不显著（$P>0.05$）；24 h后试验组肉羊背最长肌的pH显著高于对照组（$P<0.05$）。对照组蒸煮损失均略高于试验组，但差异并不显著（$P>0.05$）。对照组剪切力均略低于试验组，但差异并不显著（$P>0.05$）。试验组的失水率要显著低于对照组的失水率（$P<0.05$）。

表2　沙葱精油对肉羊背最长肌理化性质的影响

项目	试验处理		SEM	P 值
	对照	试验		
亮度	31.062 9	32.201 3	0.575 3	0.389 2
红度	25.285 2	23.978 0	0.371 0	0.099 0
黄度	6.230 0[b]	9.018 0[a]	0.669 7	0.039 8
pH_{1h}	6.625 0	6.762 5	0.045 1	0.168 5
pH_{24h}	5.842 5[b]	6.190 0[a]	0.078 2	0.021 0
剪切力（N）	30.835 0	35.177 5	1.291 5	0.145 8
蒸煮损失（%）	39.228 8	38.441 4	0.470 3	0.491 4
失水率（%）	39.454 2[a]	34.200 5[b]	1.189 2	0.014 0

根据表3可知，试验组肉羊背最长肌中的水分、粗蛋白及灰分都高于对照组，但是差异并不显著（$P>0.05$）；对照组背最长肌中的粗脂肪含量要高于试验组（$P>0.05$）。

表3　沙葱精油对肉羊背最长肌中常规养分的影响（%）

项目	试验处理		SEM	P 值
	对照	试验		
水分（%）	74.871	74.891	0.349	0.981 2

（续）

项目	试验处理		SEM	*P* 值
	对照	试验		
粗蛋白（%）	18.832	19.667	0.277	0.173 5
粗脂肪（%）	5.179	4.490	0.345	0.384 2
灰分（%）	3.769	4.188	0.208	0.378 3

由表 4 可知，肉羊背最长肌脂肪酸组成中 C16：0、C18：0 和 C18：1n9c 含量比较多，占比大概相当于总脂肪酸的 84%，试验组肉羊背最长肌脂肪酸组成（以总脂肪酸为基础）与对照组相比，所有脂肪酸的差异均不显著（$P>0.05$）。在饱和脂肪酸中，对照组的含量均高于试验组（$P>0.05$）；试验组的单不饱和脂肪酸含量之和略高于对照组，其中在单不饱和脂肪酸中，对照组的 C18：1n9c 与试验组相差最大（$P>0.05$）；多不饱和脂肪酸中，对照组除 C18：2n6 的含量低于试验组外，其余均高于试验组（$P>0.05$）；对照组中所有不饱和脂肪酸之和相较于试验组略低（$P>0.05$）。

表 4 沙葱精油对肉羊背最长肌中脂肪酸组成的影响（%，以总脂肪酸为 1）

项目	试验处理		SEM	*P* 值
	对照	试验		
C10：0	0.202 4	0.197 3	0.013 8	0.878 8
C12：0	0.183 6	0.163 6	0.016 1	0.601 5
C14：0	3.095 8	2.941 5	0.195 9	0.742 3
C15：0	0.238 4	0.226 0	0.013 4	0.696 7
C16：0	26.978 4	26.765 9	0.361 3	0.806 4
C17：0	0.747 0	0.730 9	0.014 9	0.648 9
C18：0	16.211 7	15.076 3	0.499 5	0.323 8
C20：0	0.089 3	0.079 6	0.007 4	0.582 1
C21：0	0.183 3	0.188 3	0.010 3	0.840 6
饱和脂肪酸	47.929 9	46.369 4	0.459 0	0.115 0
C14：1	0.107 2	0.116 4	0.012 4	0.759 4
C15：1	1.031 8	1.002 1	0.101 9	0.903 6
C16：1	1.656 7	1.743 8	0.120 5	0.763 0
C17：1	0.385 1	0.420 5	0.028 7	0.602 6
C18：1n9c	42.321 4	44.056 8	0.669 4	0.253 4
C20：1	0.076 5	0.079 8	0.003 1	0.647 1
C22：1n9	1.369 9	1.335 2	0.140 7	0.918 2
单不饱和脂肪酸	46.948 5	48.754 6	0.519 1	0.104 7
C18：2n6	0.103 6	0.172 5	0.035 8	0.408 7
C18：2n6c	4.715 9	4.407 0	0.176 7	0.456 4

（续）

项目	试验处理		SEM	P 值
	对照	试验		
C18：3n6	0.130 3	0.122 5	0.004 2	0.427 5
C20：2	0.092 6	0.088 6	0.006 9	0.803 4
n-6 PUFA	5.042 4	4.790 6	0.197 9	0.592 4
C18：3n3	0.079 2	0.085 4	0.002 4	0.249 6
n-3 PUFA	0.079 2	0.085 4	0.002 4	0.249 6
多不饱和脂肪酸	5.121 5	4.876 0	0.198 4	0.602 7
不饱和脂肪酸	52.070 1	53.630 6	0.459 0	0.115 0

由表 5 可知，试验组肉羊背最长肌脂肪酸含量（以鲜肉为基础）与对照组相比，从饱和脂肪酸来看，试验组的饱和脂肪酸含量均有不同幅度的降低，其中 C18：0 降低幅度较大，但差异并不显著（$P>0.05$）；对照组的单不饱和脂肪酸含量之和高于试验组（$P>0.05$）；试验组的多不饱和脂肪酸之和低于对照组（$P>0.05$），但试验组中 C18：2n6 的含量稍高于对照组（$P>0.05$）；所有脂肪酸含量之和中对照组高于试验组，但差异不显著（$P>0.05$）；对照组中多不饱和脂肪酸在饱和脂肪酸中的占比高于试验组（$P>0.05$）。

表 5 沙葱精油对肉羊背最长肌中脂肪酸含量的影响（mg/g）

项目	试验处理		SEM	P 值
	对照	试验		
C10：0	0.061 5	0.051 1	0.004 7	0.336 4
C12：0	0.055 0	0.041 7	0.004 7	0.205 6
C14：0	0.926 6	0.763 3	0.059 6	0.223 6
C15：0	0.071 7	0.059 8	0.005 3	0.333 4
C16：0	8.147 9	7.161 4	0.536 3	0.431 9
C17：0	0.225 1	0.198 8	0.017 1	0.514 0
C18：0	4.897 6	4.073 5	0.390 0	0.362 0
C20：0	0.027 7	0.021 0	0.003 1	0.352 0
C21：0	0.054 8	0.048 8	0.002 8	0.351 1
饱和脂肪酸	14.468 0	12.419 3	0.958 3	0.355 9
C14：1	0.031 9	0.030 7	0.003 5	0.887 1
C15：1	0.303 5	0.250 4	0.018 4	0.195 4
C16：1	0.500 1	0.464 9	0.044 5	0.734 0
C17：1	0.115 9	0.113 9	0.011 1	0.942 3
C18：1n9c	12.774 6	11.989 9	1.017 6	0.747 6
C20：1	0.023 3	0.021 3	0.001 9	0.665 0
C22：1n9	0.405 3	0.335 6	0.031 5	0.337 8

（续）

项目	试验处理		SEM	P 值
	对照	试验		
单不饱和脂肪酸	14.154 6	13.206 7	1.048 6	0.705 4
C18：2n6	0.031 3	0.041 3	0.006 4	0.510 1
C18：2n6c	1.414 0	1.155 3	0.077 0	0.120 4
C18：3n6	0.039 6	0.032 4	0.002 8	0.265 7
C20：2	0.027 6	0.022 6	0.001 8	0.210 8
n-6 PUFA	1.512 5	1.251 6	0.079 1	0.129 5
C18：3n3	0.023 9	0.023 0	0.001 8	0.828 4
n-3 PUFA	0.023 9	0.023 0	0.001 8	0.828 4
多不饱和脂肪酸	1.536 4	1.274 5	0.080 6	0.136 2
不饱和脂肪酸	15.691 0	14.481 2	1.108 0	0.647 0
反式脂肪酸	30.158 9	26.900 5	2.046 2	0.499 4
多不饱和脂肪酸/饱和脂肪酸	0.107 0	0.105 2	0.004 3	0.862 5

由表 6 可知，试验组多不饱和脂肪酸（P）与饱和脂肪酸（S）的比值（P/S）值低于对照组（$P>0.05$），试验组致动脉粥样硬化指数（AI）值低于对照组（$P>0.05$），试验组血栓形成指数（TI）值低于对照组（$P>0.05$）。

表 6 沙葱精油对肉羊背最长肌中脂肪酸相关营养指数的影响

营养指数	试验处理		SEM	P 值
	对照	试验		
P/S	0.107 0	0.105 2	0.004 3	0.862 5
AI	0.760 0	0.722 4	0.023 0	0.487 9
TI	1.764 1	1.657 8	0.031 7	0.121 8

根据表 7 中数据显示，肉羊背最长肌中共有 17 种氨基酸，其中必需氨基酸有 6 种，非必需氨基酸有 11 种。对照组肉羊背最长肌中必需氨基酸含量均显著低于试验组（$P<0.05$），其中苏氨酸、缬氨酸、异亮氨酸、亮氨酸、苯丙氨酸和赖氨酸在试验组中都有显著的提高（$P<0.05$）；试验组肉羊背最长肌中非必需氨基酸含量高于对照组，但差异不显著（$P>0.05$），其中试验组中丙氨酸、胱氨酸、组氨酸和脯氨酸含量显著高于对照组（$P<0.05$），其余氨基酸试验组含量也都高于对照组，但差异并不显著（$P<0.05$）；总氨基酸含量中虽然试验组高于对照组，但是差异不显著（$P>0.05$）。

表 7 沙葱精油对肉羊背最长肌中氨基酸组成的含量的影响（g，按 100g 计）

项目	试验处理		SEM	P 值
	对照	试验		
天冬氨酸	1.748	1.896	0.042	0.093 9

（续）

项目	试验处理		SEM	P 值
	对照	试验		
苏氨酸	0.877[b]	0.978[a]	0.025	0.043 6
丝氨酸	0.725	0.790	0.017	0.056 8
谷氨酸	2.812	2.968	0.064	0.271 1
甘氨酸	0.797	0.844	0.017	0.187 7
丙氨酸	1.148[b]	1.284[a]	0.028	0.012 0
胱氨酸	0.168[b]	0.202[a]	0.008	0.035 6
缬氨酸	0.940[b]	1.036[a]	0.023	0.044 4
蛋氨酸	0.275	0.310	0.022	0.472 0
异亮氨酸	0.818[b]	0.920[a]	0.023	0.028 7
亮氨酸	1.587[b]	1.752[a]	0.040	0.044 2
酪氨酸	0.542	0.594	0.015	0.097 1
苯丙氨酸	0.762[b]	0.846[a]	0.020	0.035 0
赖氨酸	1.705[b]	1.882[a]	0.044	0.049 0
组氨酸	0.610[b]	0.708[a]	0.022	0.021 7
精氨酸	1.112	1.218	0.027	0.054 7
脯氨酸	0.665[b]	0.742[a]	0.018	0.027 9
必需氨基酸	6.688[b]	7.414[a]	0.174	0.039 9
非必需氨基酸	10.602	11.556	0.253	0.069 2
总氨基酸	17.290	18.970	0.426	0.055 1

1.3 小结

在肉羊的饲粮中添加沙葱精油能够提高肉羊的GR值和眼肌面积，进而提高肉羊的屠宰性能。在肉羊的饲粮中添加沙葱精油显著地提高了屠宰24 h后羊肉的pH，并降低了羊肉的失水率。在肉羊的饲粮中添加沙葱精油有效地提高了羊肉中粗蛋白含量，并且增加了羊肉中必需氨基酸的含量。

2 沙葱精油对肉羊体内抗氧化性能的影响

2.1 试验材料与方法

在正试期的第0、15、30、45、60天，每组6只羊，晨饲前颈静脉采血10 mL。静置40 min，2 500 r/min离心10 min。收集血清，于−20 ℃冰箱中保存待用。试验结束后，每圈选体况相近的3只羊进行屠宰，屠宰后采集背最长肌相同位置的组织样20 g，剔除筋膜及脂肪，使用预冷的生理盐水进行清洗，去除表面血液及残留物，用滤纸擦干，准确称重后放进真空袋中抽成真空，于−80 ℃贮藏备用。

本试验选用动物通用型商用试剂盒测定血清及肉羊背最长肌组织样总抗氧化能力、血清及肉羊背最长肌组织样总超氧化物歧化酶、血清及肉羊背最长肌组织样过氧化氢酶活力、血清及肉羊背最长肌组织样丙二醛含量、血清及肉羊背最长肌组织样谷胱甘肽过氧化物酶活力、蛋白定量测试盒测定组织蛋白，测定仪器使用多功能酶标仪（A-5082，AUSTRIA，TECAN 公司）。

2.2 试验结果与分析

由表 8 可知，对照组与试验组中肉羊血清的总抗氧化能力无显著差异（$P>0.05$），但饲喂沙葱精油 45 d 后，肉羊血清的总抗氧化能力相较于对照组有所提高，在第 15 天与第 30 天时，对照组肉羊血清的总抗氧化能力高于饲喂沙葱精油的试验组。饲喂沙葱精油的第 15 天至第 60 天，肉羊血清的总抗氧化能力逐渐升高，但是差异不显著（$P>0.05$），而对照组中肉羊血清的总抗氧化能力不稳定。

表 8 沙葱精油对肉羊血清总抗氧化能力的影响（mmol/L）

试验期	试验处理		SEM	P 值
	对照	试验		
第 0 天	0.962	1.025	0.021	0.1787
第 15 天	1.047	1.010	0.015	0.290 4
第 30 天	1.039	1.020	0.019	0.648 9
第 45 天	1.024	1.067	0.014	0.182 1
第 60 天	1.044	1.079	0.017	0.332 7

由表 9 可知，在第 0、15、45、60 天时，虽然饲喂沙葱精油使肉羊血清总超氧化物歧化酶活性高于对照组，但差异并不显著（$P>0.05$）。饲喂第 30 天时，试验组中肉羊血清总超氧化物歧化酶活性相较于对照组有显著提高（$P<0.05$），表明饲喂沙葱精油对于肉羊血清总超氧化物歧化酶活性起到了一定的作用。在试验组中，饲喂沙葱精油的第 30 天，肉羊血清总超氧化物歧化酶活性显著高于第 0、15 天（$P<0.05$）；饲喂沙葱精油第 45 天，肉羊血清总超氧化物歧化酶活性高于第 30 天，但差异不显著（$P>0.05$）；而当饲喂沙葱精油到达第 60 天时，肉羊血清总超氧化物歧化酶活性出现下降（$P>0.05$）。在对照组中，第 45 天时，肉羊血清总超氧化物歧化酶活性显著高于第 0、15、30 天（$P<0.05$），第 45 天与第 60 天相比，肉羊血清总超氧化物歧化酶活性也出现了下降（$P>0.05$）。

表 9 沙葱精油对肉羊血清总超氧化物歧化酶活性的影响（U/mL）

试验期	试验处理		SEM	P 值
	对照	试验		
第 0 天	84.392^{C}	87.110^{B}	0.781	0.096 3
第 15 天	85.430^{C}	87.110^{B}	1.178	0.521 0
第 30 天	86.418^{bBC}	89.877^{aA}	0.680	0.006 5

（续）

试验期	试验处理		SEM	P 值
	对照	试验		
第 45 天	90.717^{A}	91.853^{A}	0.445	0.238 8
第 60 天	89.482^{AB}	90.074^{A}	0.500	0.594 8

注：同行数据肩标不同字母表示差异显著（$P<0.05$）。下同。

由表 10 可知，在第 0、15、30、45、60 天时，对照组与试验组相比，肉羊血清过氧化氢酶活性均较低（$P>0.05$）。在对照组与试验组中，饲喂到第 30 天时，肉羊血清过氧化氢酶活性最高，在第 45、60 天肉羊血清 CAT 活性相较于第 30 天有所降低（$P>0.05$）。

表 10　沙葱精油对肉羊血清过氧化氢酶活性的影响（U/mL）

试验期	试验处理		SEM	P 值
	对照	试验		
第 0 天	1.502	1.572	0.116	0.797 4
第 15 天	1.518	1.536	0.179	0.967 6
第 30 天	1.603	1.660	0.150	0.875 4
第 45 天	1.502	1.545	0.091	0.842 4
第 60 天	1.366	1.389	0.180	0.958 6

由表 11 可知，在饲喂的第 15、30 天时，对照组肉羊血清丙二醛含量低于试验组，但差异不显著（$P>0.05$）；当饲喂到第 45 天时，对照组中肉羊血清丙二醛含量高于试验组，但差异不显著（$P>0.05$）；当饲喂到第 60 天时，对照组中肉羊血清丙二醛含量显著高于试验组（$P<0.05$）。在试验组中，从第 0 天饲喂沙葱精油开始至第 60 天饲喂结束，肉羊血清丙二醛含量呈下降趋势，其中第 60 天相较于第 0、15、30 天肉羊血清丙二醛含量显著降低（$P<0.05$）。在对照组中，从第 30 天开始至第 60 天结束，肉羊血清丙二醛含量呈上升趋势，但差异不显著（$P>0.05$）。因此，沙葱精油的饲喂对肉羊血清丙二醛含量能够起到一定的调节作用。

表 11　沙葱精油对肉羊血清丙二醛含量的影响（nmol/mL）

试验期	试验处理		SEM	P 值
	对照	试验		
第 0 天	3.146^{A}	3.007^{A}	0.055	0.246 9
第 15 天	2.917^{AB}	2.958^{A}	0.096	0.846 0
第 30 天	2.819^{B}	2.917^{A}	0.034	0.186 8
第 45 天	2.854^{B}	2.792^{AB}	0.059	0.633 9
第 60 天	2.875^{aAB}	2.625^{bB}	0.050	0.008 7

由表 12 可知，在饲喂沙葱精油后，试验组肉羊血清谷胱甘肽过氧化物酶活性在第 0、15、30、45、60 天均高于对照组，但差异并不显著（$P>0.05$）。在对照组中，第 0、15、

30、45、60天肉羊血清谷胱甘肽过氧化物酶活性存在差异变化，但差异不显著（$P>0.05$）。在试验组中，第30天到第60天肉羊血清谷胱甘肽过氧化物酶活性有增加的趋势，但差异不显著（$P>0.05$）。

表12 沙葱精油对肉羊血清谷胱甘肽过氧化物酶活性的影响（U/mL）

试验期	试验处理		SEM	P 值
	对照	试验		
第0天	153.939	157.576	15.372	0.917 4
第15天	154.343	157.172	9.612	0.895 7
第30天	128.687	128.788	13.523	0.997 5
第45天	113.939	145.051	11.865	0.225 1
第60天	123.232	171.919	12.868	0.066 2

由表13可知，与对照组相比，试验组肉羊背最长肌中谷胱甘肽过氧化物酶活性显著升高（$P<0.05$）。与对照组相比，试验组背最长肌中的总超氧化物歧化酶、谷胱甘肽过氧化物酶、过氧化氢酶活性和总抗氧化能力均有所提高，但差异不显著（$P>0.05$）。试验组肉羊背最长肌中的MDA含量相比对照组有所降低，但差异不显著（$P>0.05$）。

表13 沙葱精油对羊肉背最长肌抗氧化性能的影响

项目	试验处理		SEM	P 值
	对照	试验		
总抗氧化能力（nmol/g）	0.293	0.355	0.030	0.344 1
总超氧化物歧化酶（U/mg）	41.092	42.317	0.820	0.500 7
过氧化氢酶（U/mg）	0.944	1.267	0.200	0.471 9
谷胱甘肽过氧化物酶（U/mL）	52.756^{b}	56.254^{a}	0.822	0.038 1
丙二醛（nmol/mg）	4.280	3.995	0.114	0.250 4

2.3 小结

在肉羊的饲粮中添加沙葱精油能够不同程度地提高肉羊血清中超氧化物歧化酶活性，并且随着饲喂时间的延长，能够有效减少过氧化产物丙二醛（MDA）的含量。从而提高机体的抗氧化能力。

3 沙葱精油对肉羊免疫功能的影响

3.1 试验材料与方法

在正试期的第0、15、30、45、60天，每组6只羊，早晨饲喂前进行颈静脉采血10 mL。静置40 min，2 500 r/min离心10 min。收集血清保存于−20 ℃冰箱中待用。

本试验选用动物通用型商用试剂盒测定肉羊血清免疫球蛋白G、免疫球蛋白A、免疫球蛋白 M、白细胞介素-2、白细胞介素-6、肿瘤坏死因子-α，以及肉羊血清干扰素-α、干扰素-β、干扰素-γ，测定仪器使用多功能酶标仪（A-5082，AUSTRIA，TECAN 公司）。

3.2 试验结果与分析

由表 14 可知，试验组与对照组相比，在第 0、15、30、45、60 天肉羊血清免疫球蛋白 G 含量都有所提高，其中在第 60 天时，试验组肉羊血清免疫球蛋白 G 含量显著高于对照组（$P<0.05$）。在对照组中，第 0、15 天肉羊血清免疫球蛋白 G 含量显著低于第 30、45、60 天肉羊血清免疫球蛋白 G 含量（$P<0.05$）。在试验组中，随着饲喂沙葱精油时间的延长，肉羊血清免疫球蛋白 G 含量不断增加，第 60 天与第 0、15 天相比肉羊血清免疫球蛋白 G 含量有显著提高（$P<0.05$）；第 45 天与第 30 天相比虽然也有所提高，但差异不显著（$P>0.05$）。

表 14 沙葱精油对肉羊血清免疫球蛋白 G 含量的影响（g/L）

试验期	试验处理		SEM	P 值
	对照	试验		
第 0 天	29.055^{B}	42.451^{C}	3.435	0.064 3
第 15 天	27.934^{bB}	49.188^{aBC}	3.736	0.000 4
第 30 天	41.797^{A}	54.450^{AB}	3.174	0.050 7
第 45 天	43.854^{A}	55.781^{AB}	3.140	0.067 0
第 60 天	43.282^{bA}	63.932^{aA}	3.470	0.000 3

由表 15 可知，试验组在饲喂沙葱精油第 45 天时，肉羊血清免疫球蛋白 A 含量相较于对照组显著提高（$P<0.05$）；在第 0、15、30、60 天时，试验组与对照组相比，肉羊血清免疫球蛋白 A 含量均有所上升，但差异不显著（$P>0.05$）。在对照组中，第 0 天开始至第 60 天结束，肉羊血清免疫球蛋白 A 含量逐渐上升，但差异不显著（$P>0.05$）。在试验组中，第 30 天相较于第 0、15 天，肉羊血清免疫球蛋白 A 含量有显著提高（$P<0.05$）；从第 30 天至第 60 天，肉羊血清免疫球蛋白 A 含量虽有提高但差异不显著（$P>0.05$）。

表 15 沙葱精油对肉羊血清免疫球蛋白 A 含量的影响（g/L）

试验期	试验处理		SEM	P 值
	对照	试验		
第 0 天	0.146	0.165^{C}	0.006	0.152 2
第 15 天	0.156	0.186^{BC}	0.009	0.105 0
第 30 天	0.181	0.213^{AB}	0.011	0.187 6
第 45 天	0.184^{b}	0.228^{aA}	0.011	0.047 0
第 60 天	0.198	0.238^{A}	0.013	0.146 2

由表 16 可知，在第 15、30、45、60 天时，试验组与对照组相比肉羊血清免疫球蛋白 M 含量有显著提高（$P<0.05$）；在第 0 天时，试验组中肉羊血清免疫球蛋白 M 含量高于对照

组，但差异不显著（$P>0.05$）。在对照组中肉羊血清免疫球蛋白M含量呈升高趋势，其中第30、45、60天肉羊血清免疫球蛋白M含量均显著高于第0天肉羊血清免疫球蛋白M含量（$P<0.05$）；第60天与第15天相比，肉羊血清免疫球蛋白M含量有显著提高（$P<0.05$）。在试验组中，第30、45、60天肉羊血清免疫球蛋白M含量逐渐提高，但差异不显著（$P>0.05$）；第15天肉羊血清免疫球蛋白M含量较第0天肉羊血清免疫球蛋白M含量有显著提高（$P<0.05$）；第30、45、60天与第15天相比，肉羊血清免疫球蛋白M含量有显著提高（$P<0.05$）。

表16 沙葱精油对肉羊血清免疫球蛋白M含量的影响（g/L）

试验期	试验处理		SEM	*P* 值
	对照	试验		
第0天	1.782^{C}	1.925^{C}	0.038	0.070 9
第15天	1.918^{bBC}	2.228^{aB}	0.069	0.023 3
第30天	2.091^{bAB}	2.511^{aA}	0.090	0.014 8
第45天	2.123^{bAB}	2.479^{aA}	0.073	0.010 6
第60天	2.172^{bA}	2.663^{aA}	0.088	0.000 7

由表17可知，在第0、15、30天时，试验组与对照组相比肉羊血清白细胞介素-2含量有所提高，但差异不显著（$P>0.05$）；在第45、60天时试验组肉羊血清白细胞介素-2含量显著高于对照组肉羊血清白细胞介素-2含量（$P<0.05$）。在对照组中，第30、45、60天与第0天相比，肉羊血清白细胞介素-2含量有显著提高（$P<0.05$）。在试验组中，第30、45、60天肉羊血清白细胞介素-2含量较第0、15天有显著提高（$P<0.05$）；第60天与第30、45天相比，肉羊血清白细胞介素-2含量有所提高，但差异并不显著（$P>0.05$）。

表17 沙葱精油对肉羊血清白细胞介素-2含量的影响（ng/L）

试验期	试验处理		SEM	*P* 值
	对照	试验		
第0天	441.322^{B}	457.891^{C}	22.155	0.738 4
第15天	539.232^{AB}	551.573^{B}	15.495	0.722 0
第30天	580.424^{A}	705.565^{A}	31.726	0.053 3
第45天	600.702^{bA}	726.537^{aA}	26.863	0.002 8
第60天	573.009^{bA}	730.824^{aA}	38.992	0.042 7

由表18可知，第60天，试验组与对照组相比肉羊血清白细胞介素-6含量显著提高（$P<0.05$）。在对照组中，第15天与第0天相比，肉羊血清白细胞介素-6含量有所降低，但差异不显著（$P>0.05$）。在试验组中，第45天与第30天相比，肉羊血清白细胞介素-6含量降低，但差异不显著（$P>0.05$）；第60天与第0天相比，肉羊血清白细胞介素-6含量显著提高（$P<0.05$）。

表 18 沙葱精油对肉羊血清白细胞介素-6 含量的影响（ng/L）

试验期	试验处理		SEM	P 值
	对照	试验		
第 0 天	45.831	44.884^{B}	4.007	0.960 8
第 15 天	42.724	52.993^{AB}	2.979	0.099 7
第 30 天	48.641	64.381^{AB}	4.875	0.154 6
第 45 天	58.323	56.277^{AB}	4.031	0.839 6
第 60 天	49.646^{b}	72.718^{aA}	5.692	0.042 1

由表 19 可知，在第 0、15、30、60 天时，试验组与对照组相比，肉羊血清肿瘤坏死因子-α 含量均有提高，但差异不显著（$P>0.05$）；第 45 天时试验组与对照组相比，肉羊血清肿瘤坏死因子-α 含量显著提高（$P<0.05$）。在对照组中，第 30 天与第 0 天相比，肉羊血清肿瘤坏死因子-α 含量有显著提高（$P<0.05$），从第 0 天开始至第 30 天结束，肉羊血清肿瘤坏死因子-α 含量逐渐提高，第 60 天与第 45 天相比，肉羊血清肿瘤坏死因子-α 含量显著下降（$P<0.05$）。在试验组中，第 30、45 天肉羊血清肿瘤坏死因子-α 含量与第 0、15、60 天肉羊血清肿瘤坏死因子-α 含量相比有显著提高（$P<0.05$），第 0 天到第 45 天肉羊血清肿瘤坏死因子-α 含量呈上升趋势。

表 19 沙葱精油对肉羊血清肿瘤坏死因子-α 含量的影响（ng/L）

试验期	试验处理		SEM	P 值
	对照	试验		
第 0 天	80.757^{C}	90.829^{B}	4.059	0.253 0
第 15 天	91.809^{BC}	92.873^{B}	3.830	0.901 5
第 30 天	118.020^{A}	123.116^{A}	1.840	0.242 3
第 45 天	106.287^{bAB}	124.586^{aA}	3.799	0.007 3
第 60 天	96.009^{BC}	103.346^{B}	2.360	0.175 9

由表 20 可知，在第 0、15、30、45、60 天时，试验组肉羊血清干扰素-α 含量比对照组相肉羊血清干扰素-α 含量高，但差异不显著（$P>0.05$）。在对照组中，第 45、60 天与第 0 天相比，肉羊血清干扰素-α 含量有显著提高（$P<0.05$）。在试验组中，第 30、45、60 天与第 15 天相比，肉羊血清干扰素-α 含量有显著提高（$P<0.05$）。

表 20 沙葱精油对肉羊血清干扰素-α 含量的影响（ng/L）

试验期	试验处理		SEM	P 值
	对照	试验		
第 0 天	172.932^{B}	188.460^{BC}	7.057	0.314 4
第 15 天	193.101^{AB}	165.388^{C}	7.166	0.060 4
第 30 天	201.732^{AB}	225.639^{AB}	8.985	0.265 4
第 45 天	224.555^{A}	247.812^{A}	7.135	0.149 3
第 60 天	223.328^{A}	251.604^{A}	9.725	0.214 3

由表21可知，在第0、15、30、45、60天时，试验组与对照组相比，肉羊血清干扰素-β含量都有提高，但差异不显著（$P>0.05$）。在对照组中，第30、45、60天与第0、15天相比，肉羊血清干扰素-β含量有显著提高（$P<0.05$）。在试验组中，从第0、15天与第45、60天相比，肉羊血清干扰素-β含量显著提高（$P<0.05$）。

表21 沙葱精油对肉羊血清干扰素-β含量的影响（ng/L）

试验期	试验处理		SEM	P 值
	对照	试验		
第0天	216.775^{B}	222.583^{B}	8.881	0.770 4
第15天	193.488^{B}	219.948^{B}	7.191	0.085 3
第30天	249.954^{A}	252.844^{AB}	2.371	0.590 1
第45天	263.366^{A}	263.992^{A}	4.166	0.954 0
第60天	252.870^{A}	284.166^{A}	8.046	0.063 8

由表22可知，在第45天时，试验组肉羊血清干扰素-γ含量与照组相肉羊血清干扰素-γ相比含量显著提高（$P<0.05$）。在对照组中，从第0天至第45天肉羊血清干扰素-γ含量呈上升趋势，第45、60天与第0、15天相比，肉羊血清干扰素-γ含量有显著提高（$P<0.05$）。在试验组中，第60天与第0天相比，肉羊血清干扰素-γ含量有显著提高（$P<0.05$），从第15天至第45天肉羊血清干扰素-γ含量逐渐提高，但差异不显著（$P>0.05$）；第60天与第45天相比肉羊血清干扰素-γ含量有所降低，但差异不显著（$P>0.05$）。

表22 沙葱精油对肉羊血清干扰素-γ含量的影响（ng/L）

试验期	试验处理		SEM	P 值
	对照	试验		
第0天	226.079^{B}	231.003^{C}	20.125	0.913 2
第15天	269.931^{B}	285.287^{BC}	20.256	0.739 0
第30天	289.817^{AB}	325.744^{ABC}	17.066	0.395 1
第45天	363.246^{bA}	439.051^{aA}	16.276	0.003 6
第60天	362.478^{A}	356.865^{AB}	3.264	0.481 6

3.3 小结

在肉羊的饲粮中添加沙葱精油显著提高了血清中的免疫球蛋白的含量。在肉羊的饲粮中添加沙葱精油显著提高了肉羊血清中白细胞介素-2、白细胞介素-6、干扰素-γ的含量，进而提高了机体免疫机能。

4 结论

饲喂沙葱精油提高了肉羊的GR值、眼肌面积、pH_{24h}值，提高了羊肉中必需氨基酸的含量，降低了羊肉的失水率，从而提高了羊肉的肉品质。饲喂沙葱精油提高了血清及背最长肌中抗氧化酶的含量和活性，降低了体内丙二醛的含量，从而提高了机体的抗氧化能力。饲喂沙葱精油有效地提高了肉羊血清中免疫球蛋白的含量，表明沙葱精油能够提高机体免疫能力。

图书在版编目（CIP）数据

饲用天然活性物质在反刍动物上的应用研究进展/蒋林树，敖长金著．—北京：中国农业出版社，2023.3
ISBN 978-7-109-30618-9

Ⅰ.①饲…　Ⅱ.①蒋…②敖…　Ⅲ.①反刍动物—饲养管理—研究 Ⅳ.①S823

中国国家版本馆 CIP 数据核字（2023）第 068245 号

中国农业出版社出版
地址：北京市朝阳区麦子店街 18 号楼
邮编：100125
责任编辑：王森鹤　周晓艳
版式设计：杜　然　　责任校对：吴丽婷
印刷：北京通州皇家印刷厂
版次：2023 年 3 月第 1 版
印次：2023 年 3 月北京第 1 次印刷
发行：新华书店北京发行所
开本：787mm×1092mm　1/16
印张：19.5　　插页：10
字数：478 千字
定价：120.00 元

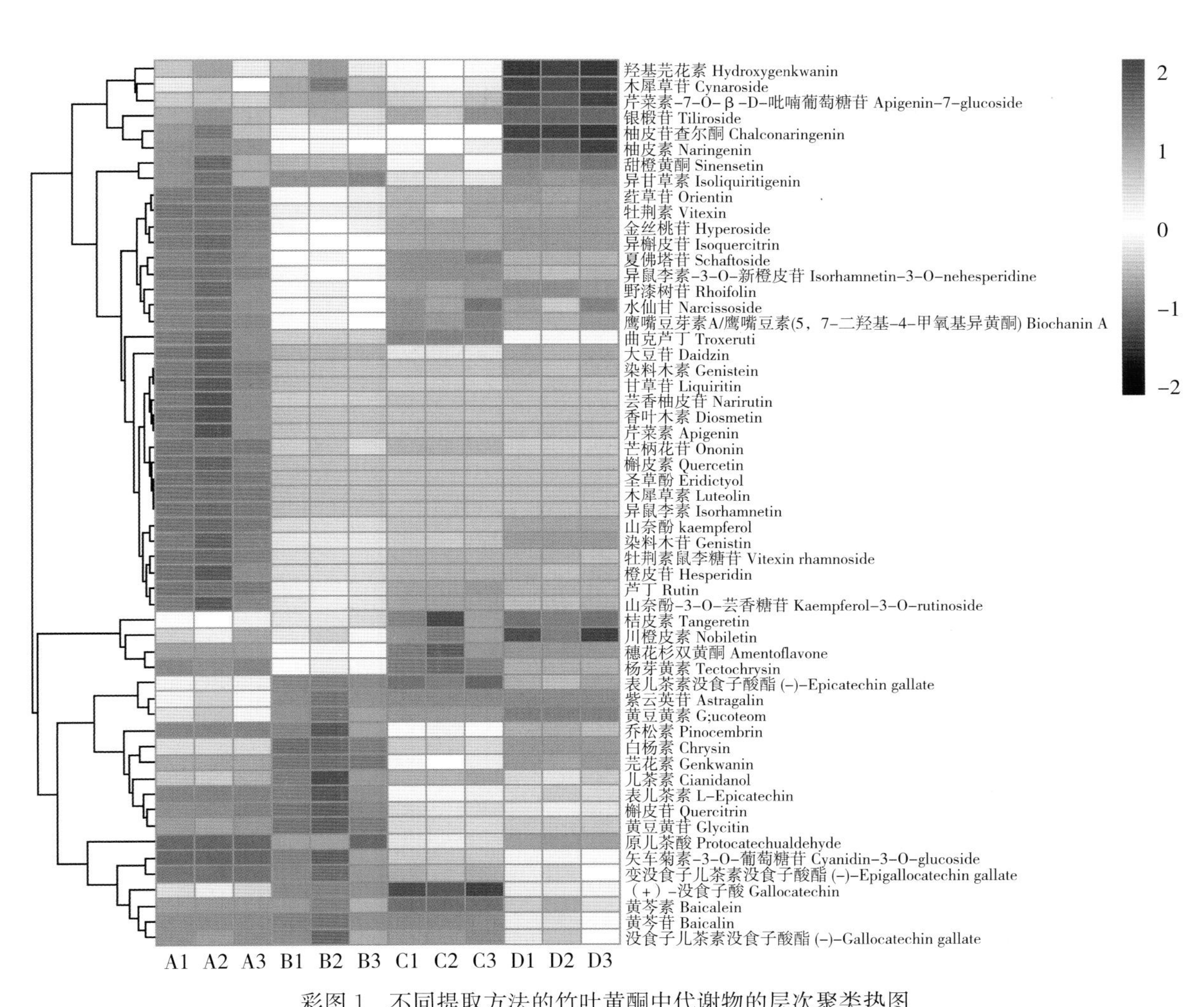

彩图1　不同提取方法的竹叶黄酮中代谢物的层次聚类热图

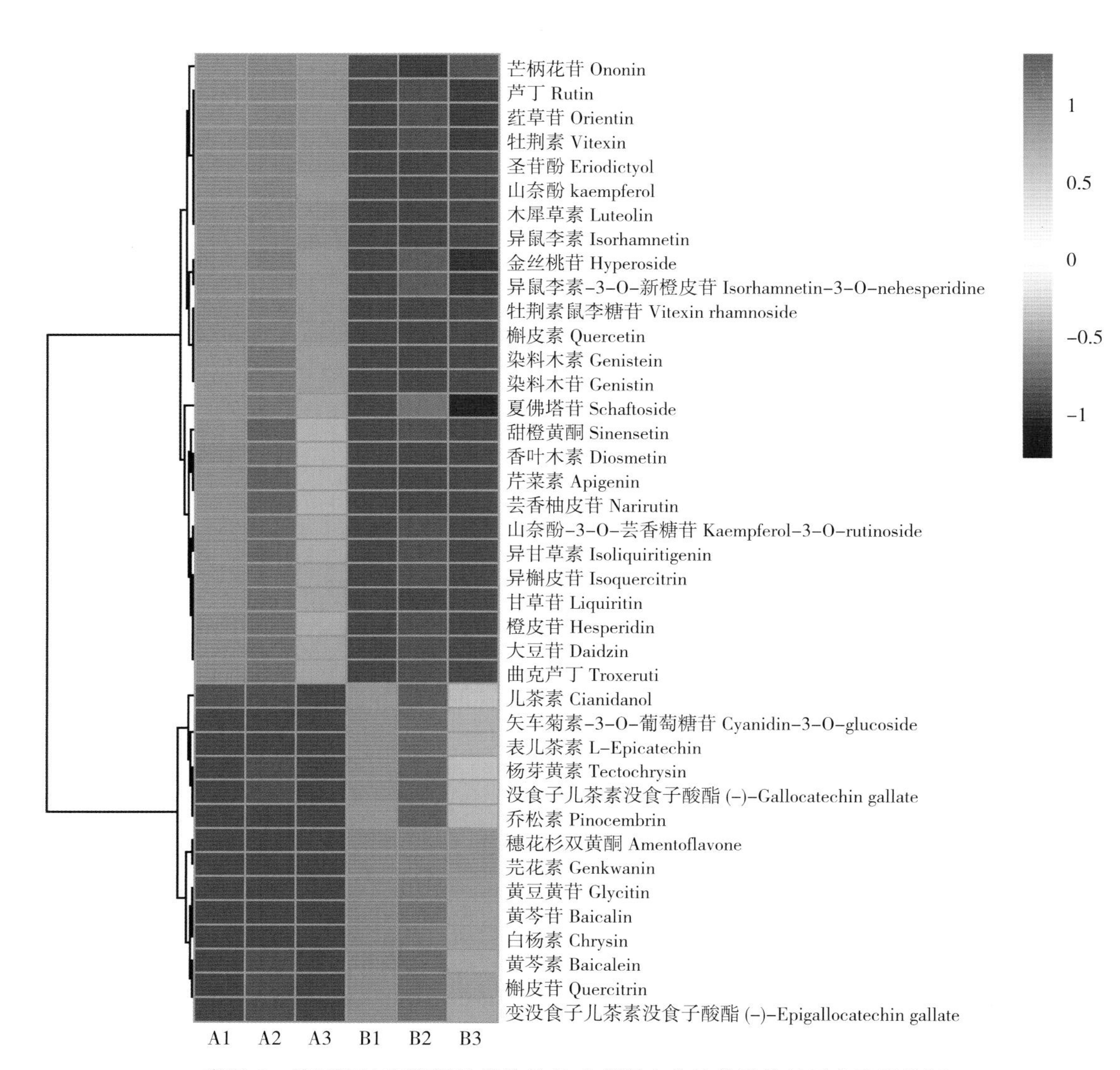

彩图 2　热回流法和醇提法提取的竹叶黄酮中差异代谢物的层次聚类热图

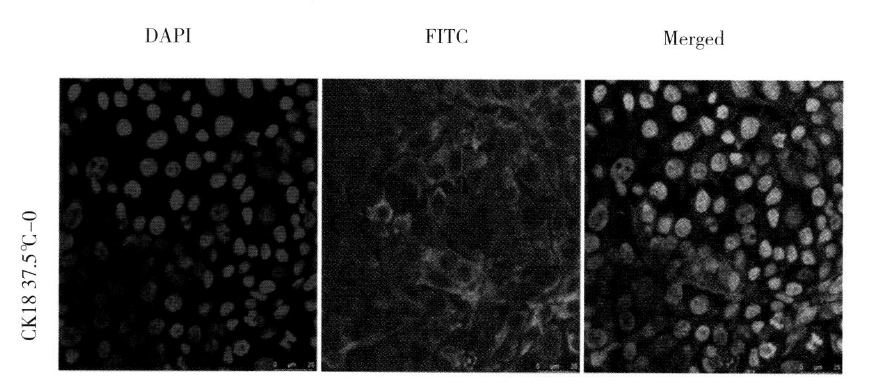

彩图 3　奶牛乳腺上皮细胞鉴定

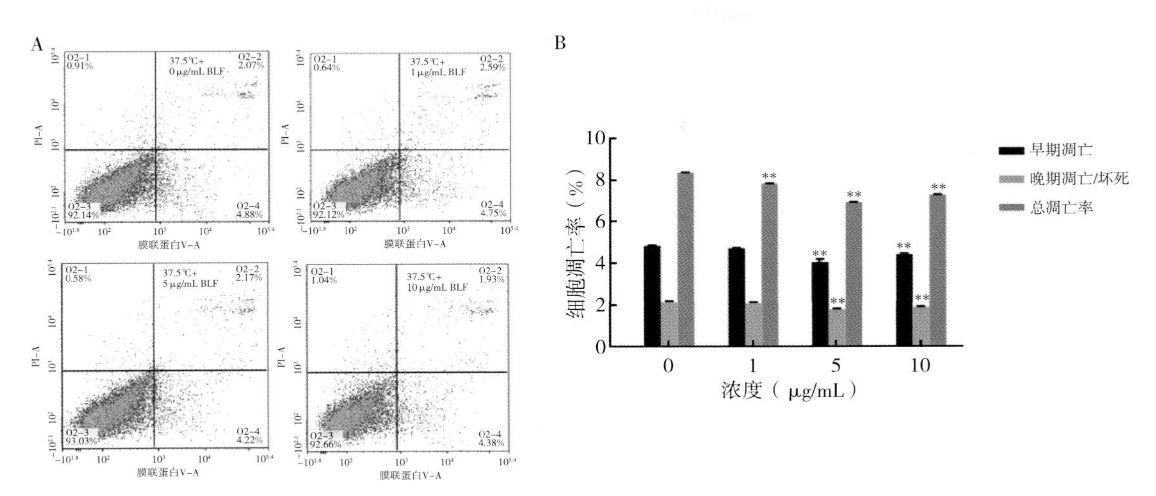

彩图 4　竹叶黄酮对奶牛乳腺上皮细胞凋亡的影响

A. 流式细胞图　B. 细胞凋亡率图

注：与 37.5℃，0 μg/mL 组的早期凋亡率比较，“**”表示差异极显著，$P<0.01$；与 37.5℃，0 μg/mL 组的晚期凋亡率比较，“**”表示差异极显著；$P<0.01$；与 37.5℃，0 μg/mL 组的总凋亡率比较，“**”表示差异极显著，$P<0.01$

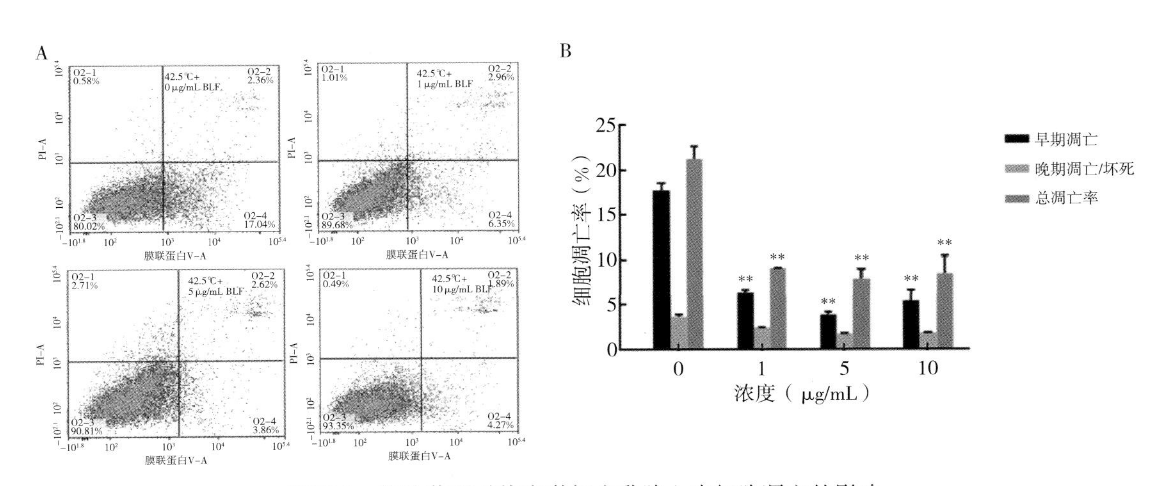

彩图 5　竹叶黄酮对热应激奶牛乳腺上皮细胞凋亡的影响

A. 流式细胞图　B. 细胞凋亡率图

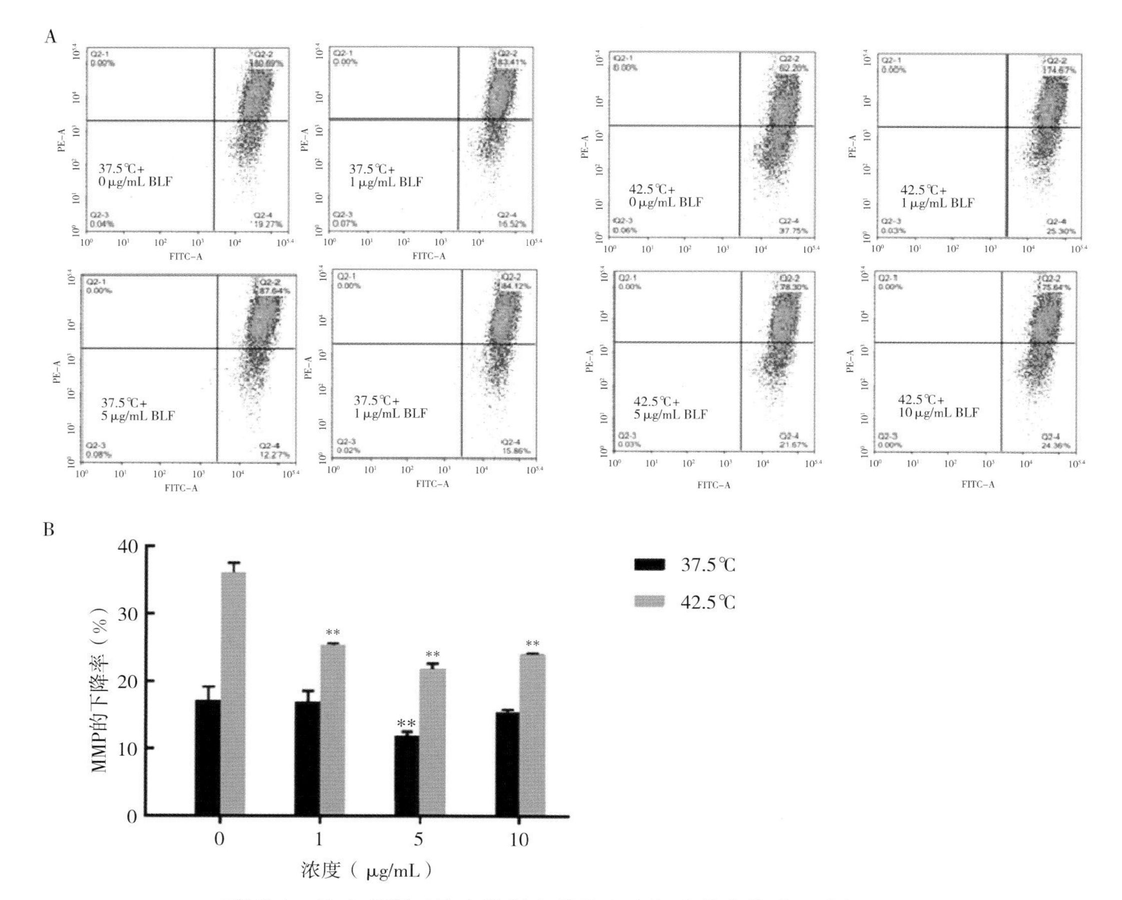

彩图 6　竹叶黄酮对热应激奶牛乳腺上皮细胞线粒体膜电位的影响

A. 流式细胞图　B. 线粒体膜电位柱状图

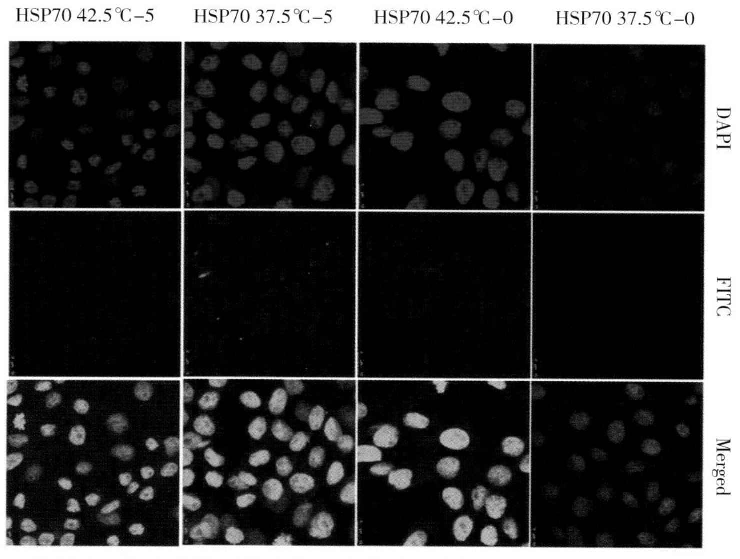

彩图 7　竹叶黄酮对热应激奶牛乳腺上皮细胞 HSP70 激活的影响

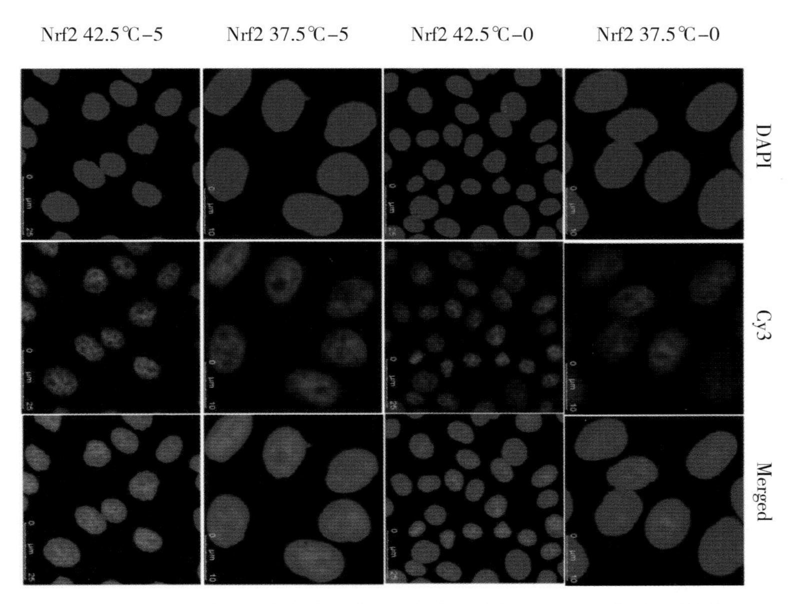

彩图 8　竹叶黄酮对热应激奶牛乳腺上皮细胞 Nrf2 激活的影响

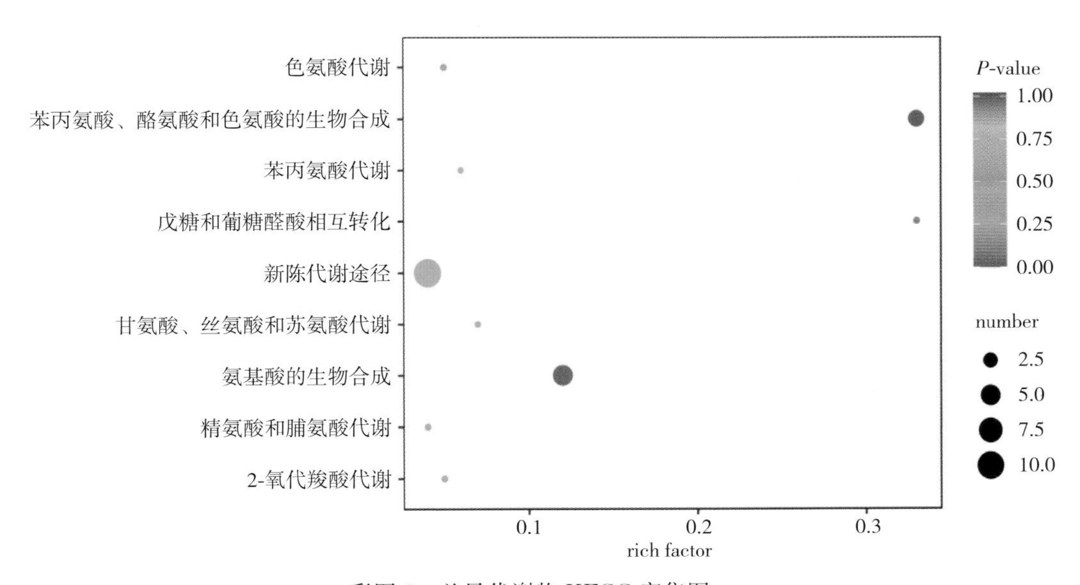

彩图 9　差异代谢物 KEGG 富集图

注：横坐标表示每个通路对应的 rich factor，纵坐标为通路名称；点的颜色为 P-value，越红表示富集越显著；点的大小为 number，代表富集到的差异代谢物的个数多少

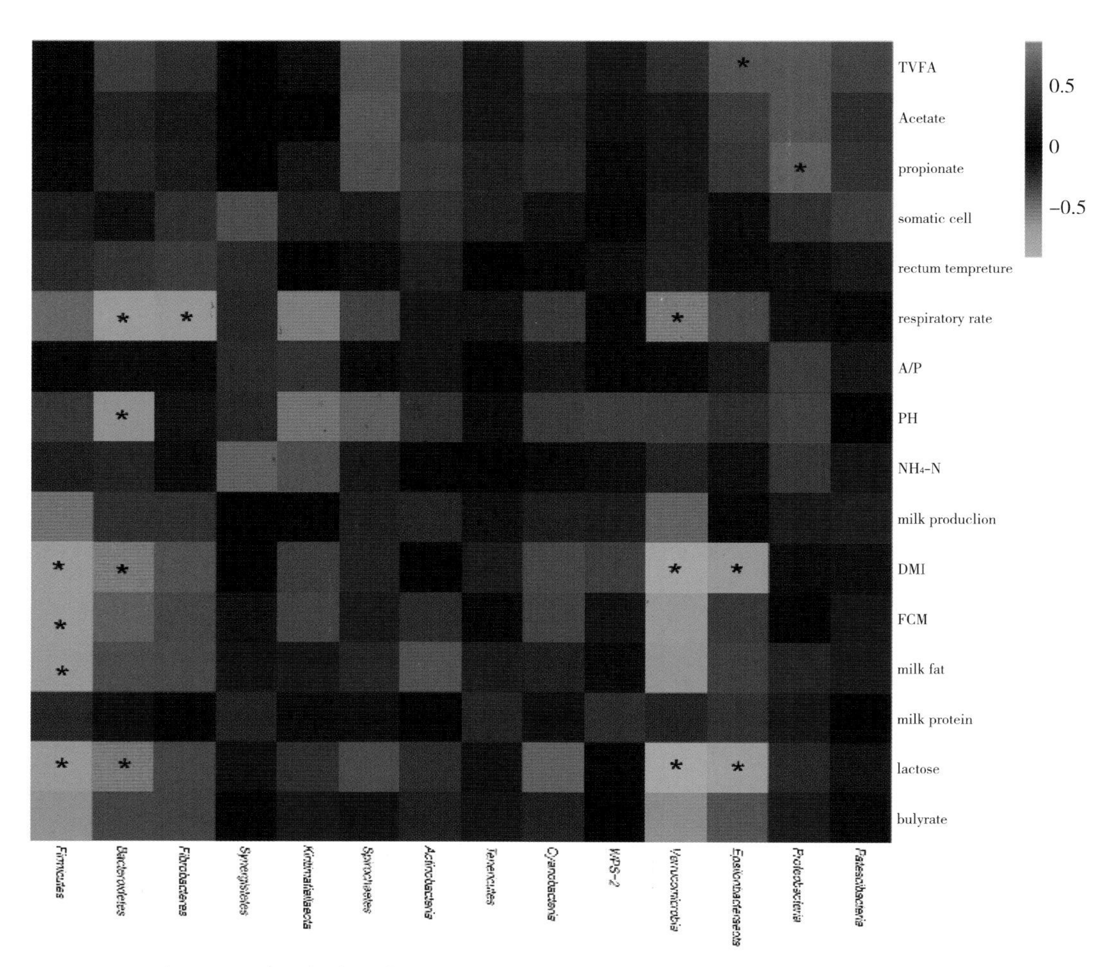

彩图 10 瘤胃门水平菌群丰度与奶牛生产性能和瘤胃发酵指标的相关性分析

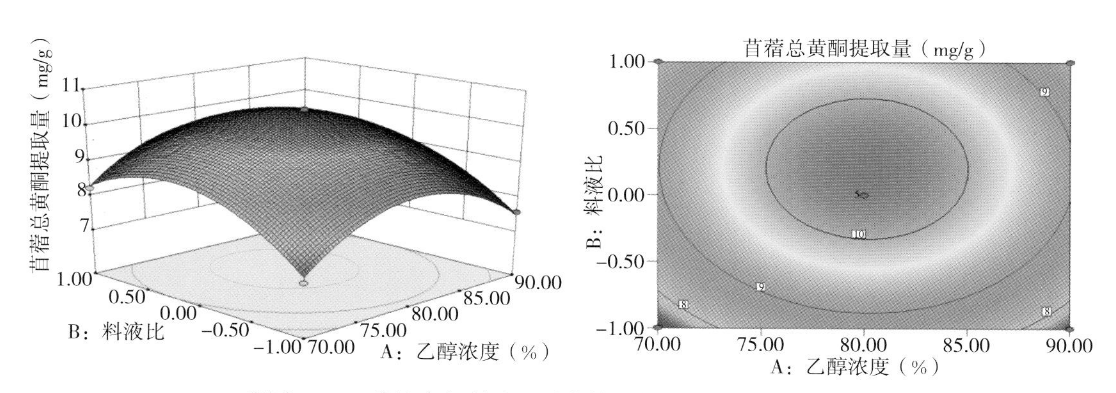

彩图 11 乙醇浓度与料液比对苜蓿总黄酮提取量的交互作用

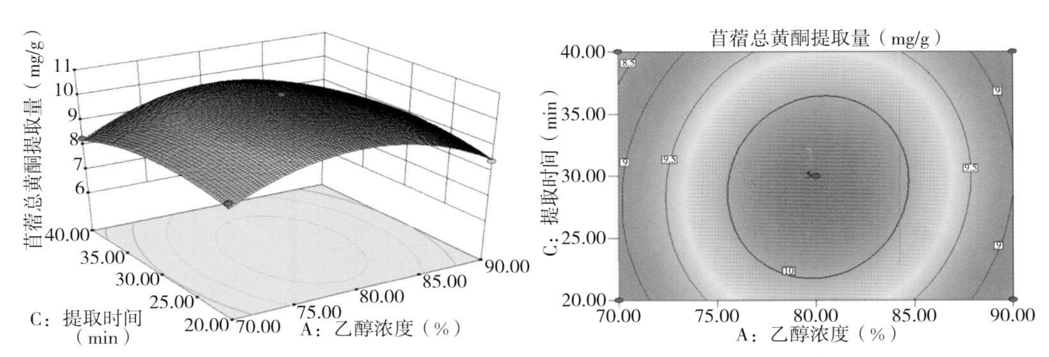

彩图 12　乙醇浓度与提取时间对苜蓿总黄酮提取量的交互作用

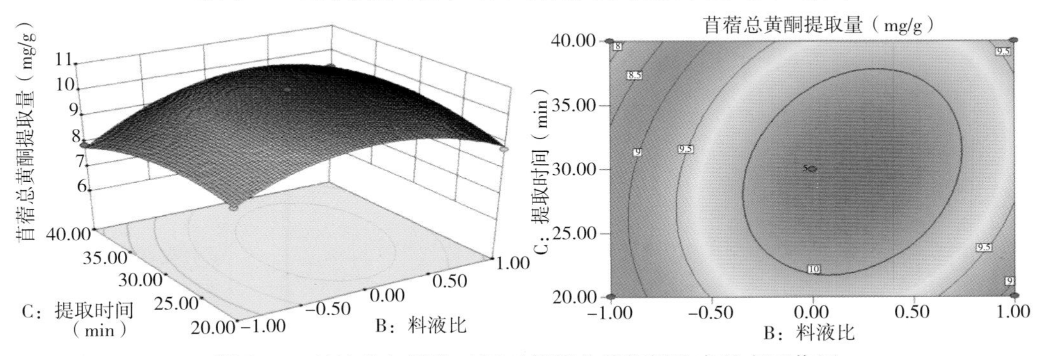

彩图 13　料液比与提取时间对苜蓿总黄酮提取率的交互作用

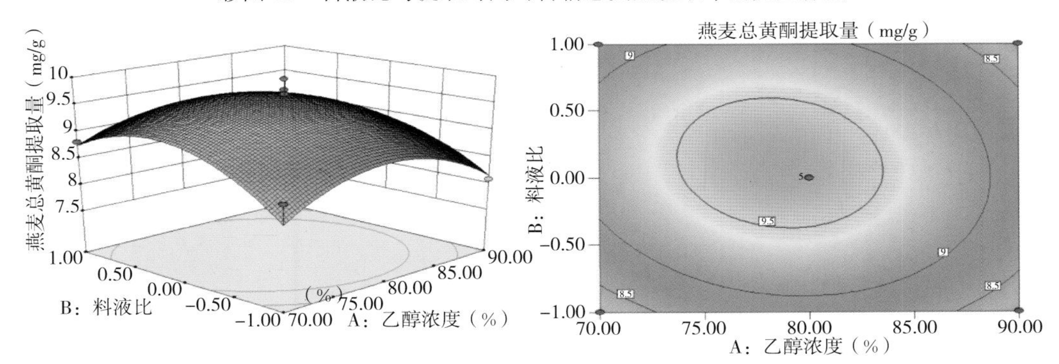

彩图 14　乙醇浓度与料液比对燕麦总黄酮提取量的交互作用

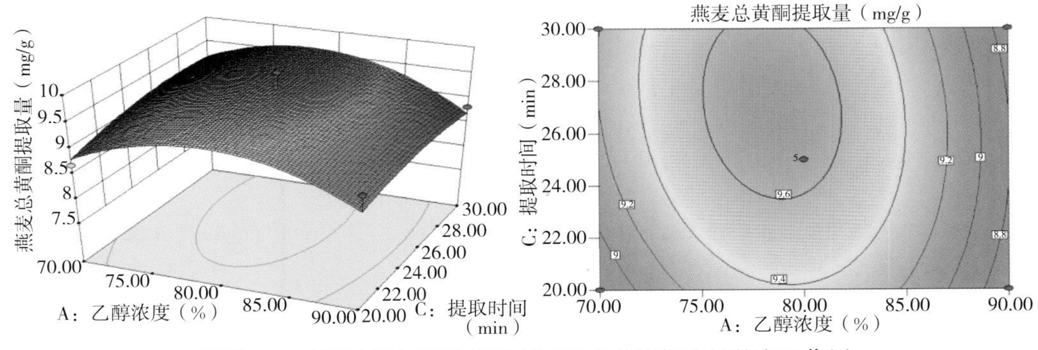

彩图 15　乙醇浓度与提取时间对燕麦总黄酮提取量的交互作用

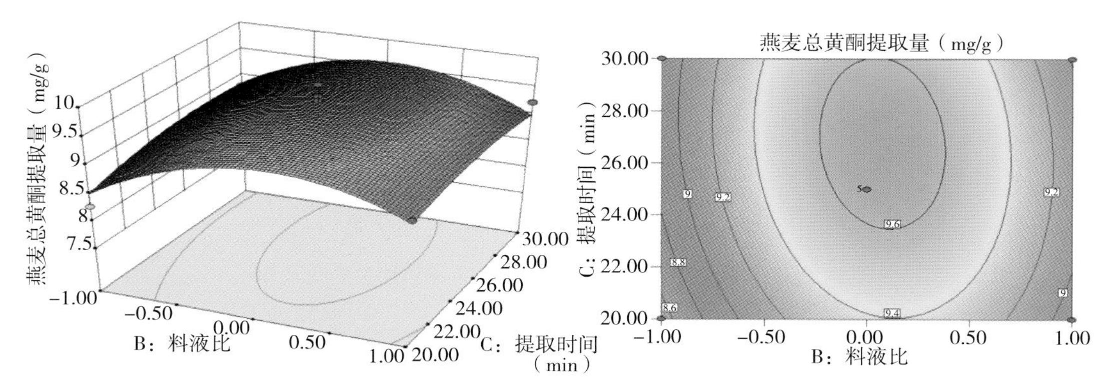

彩图 16　料液比与提取时间对燕麦总黄酮提取量的交互作用

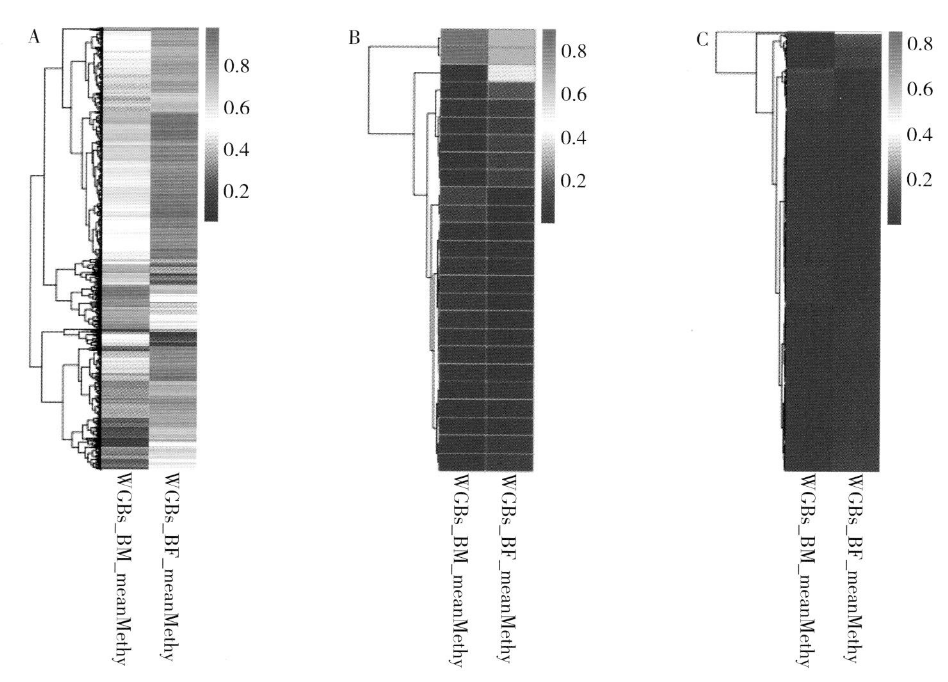

彩图 17　3 种序列环境(CG、CHG、CHH)DMR 甲基化水平聚类热图展示

A. WGBs_BM 和 WGBs_BF CG DMRs 热图　B. WGBs_BM 和 WGBs_BF CHG DMRs 热图

C. WGBs_BM 和 WGBs_BF CHH DMRs 热图

注：横向代表比较组合组别，纵向代表甲基化水平值聚类效果，由蓝色到红色表示甲基化水平由低到高

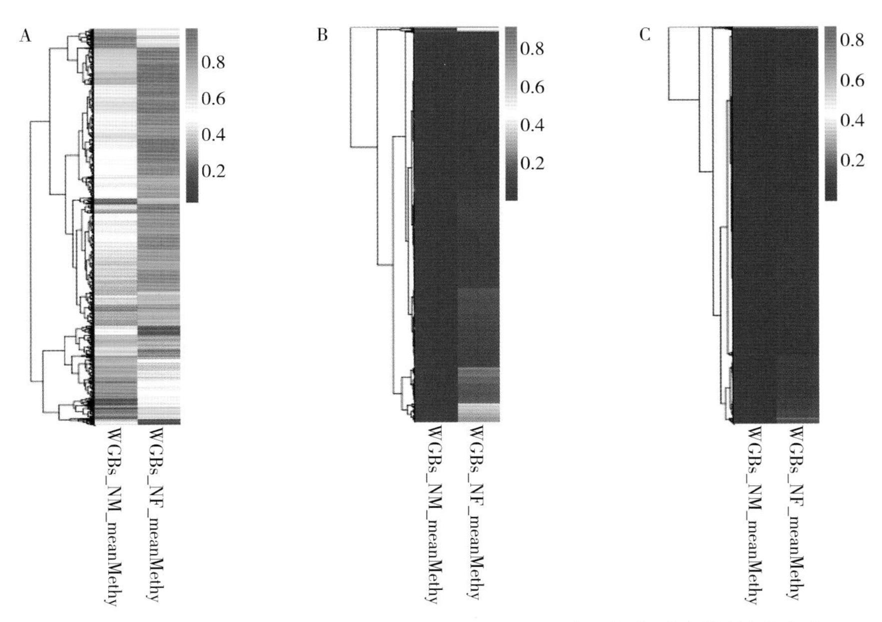

彩图 18　3 种序列环境(CG、CHG、CHH)DMR 甲基化水平聚类热图展示

A. WGBs_NM 和 WGBs_NF CG DMRs 热图　B. WGBs_NM 和 WGBs_NF CHG DMRs 热图

C. WGBs_NM 和 WGBs_NF CHH DMRs 热图

注:横向代表比较组合组别,纵向代表甲基化水平值聚类效果,由蓝色到红色表示甲基化水平由低到高

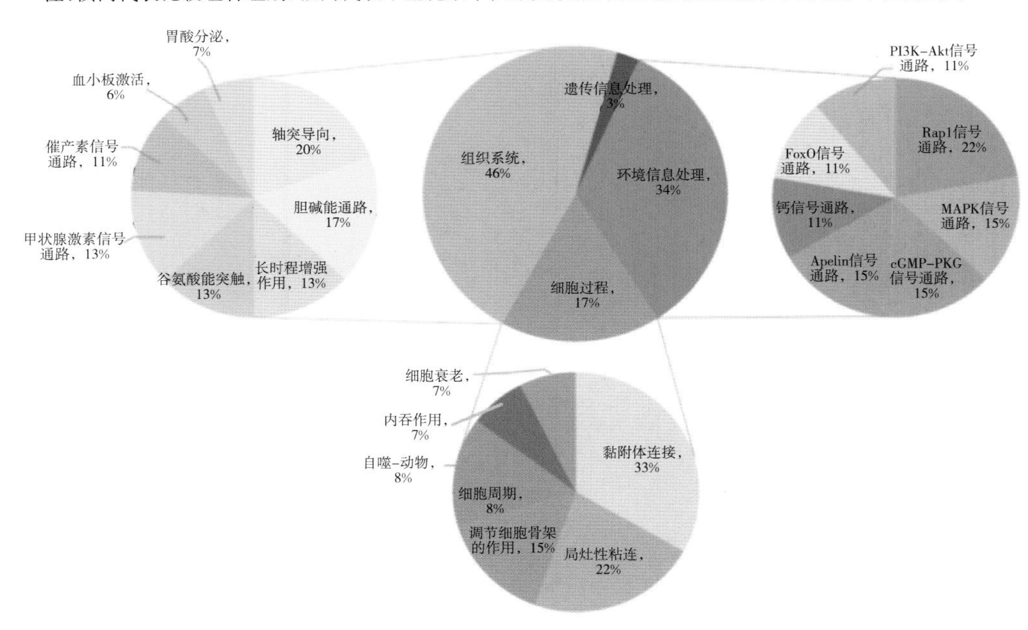

彩图 19　4 个比较组的 KEGG 富集通路总子母图

注:此子母图是将 4 个比较组(BM_vs_BF、NM_vs_NF、BM_vs_NM、BF_vs_NF)在低甲基化、高甲基化以及整体甲基化水平的 KEGG pathway 富集结果进行了统计,并按照 KEGG 的 7 个分类中占比较多的 4 个分类进行了分别列举。中上方最大的饼图展示了 4 个分类的占比情况,按占比大小依次为:有机系统 46%,环境信息处理 34%,细胞过程 17%以及遗传信息处理 3%。黄色系的饼图展示了有机系统类中各 pathway 的占比,橙色系的饼图展示了环境信息处理类中各 pathway 的占比,灰色系的饼图展示了细胞过程中各 pathway 的占比

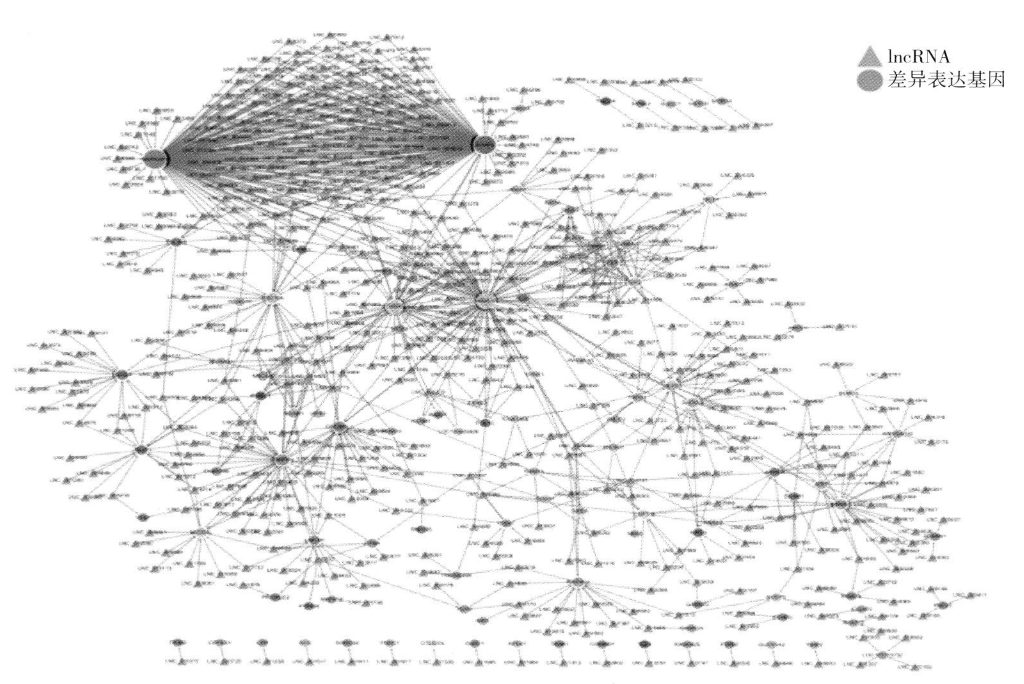

彩图 20　试验组肌肉组织产生的差异表达基因调控网络图

注:图中的三角形均代表 lncRNA,圆形均代表靶基因。三角形中的颜色深浅代表甲基化的程度大小,圆形中的深浅表示甲基化对靶基因抑制程度的大小。图中的 lncRNA 均为单向作用于靶基因,而且甲基化对靶基因的表达都是抑制性的

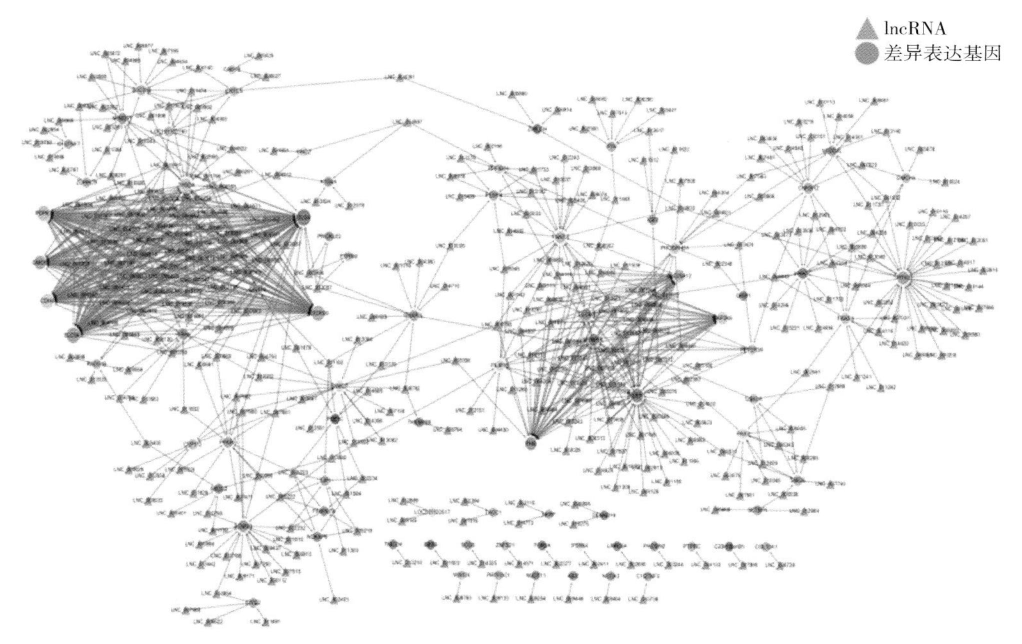

彩图 21　试验组脂肪组织产生的差异表达基因调控网络图

注:图中的三角形均代表 lncRNA,圆形均代表靶基因。三角形中的颜色深浅代表甲基化的程度大小,圆形中的深浅表示甲基化对靶基因抑制程度的大小。图中的 lncRNA 均为单向作用于靶基因,而且甲基化对靶基因的表达都是抑制性的

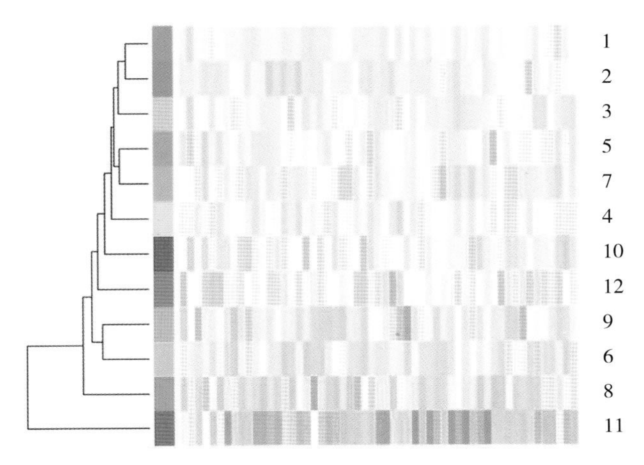

彩图 22　样品聚类分析热图

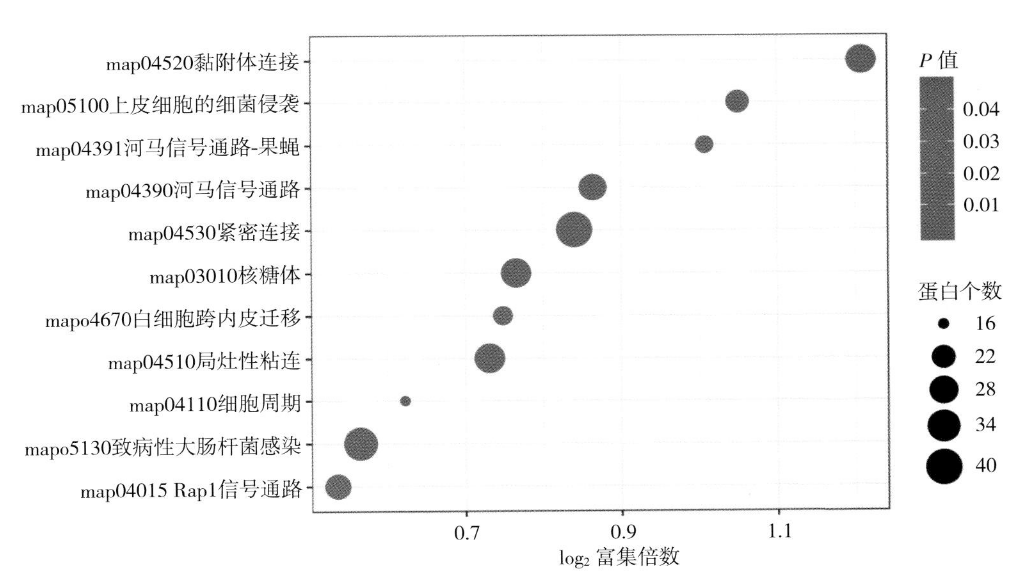

彩图 23　上调差异表达蛋白的 KEGG 通路富集分析

注：气泡图中纵轴为功能分类或通路，横轴数值为差异蛋白在该功能类型中所占比例相比于鉴定蛋白所占比例的变化倍数的 $\log_2$ 转换后的数值。圆圈颜色表示富集显著性 P 值，圆圈大小表示功能类或通路中差异蛋白个数

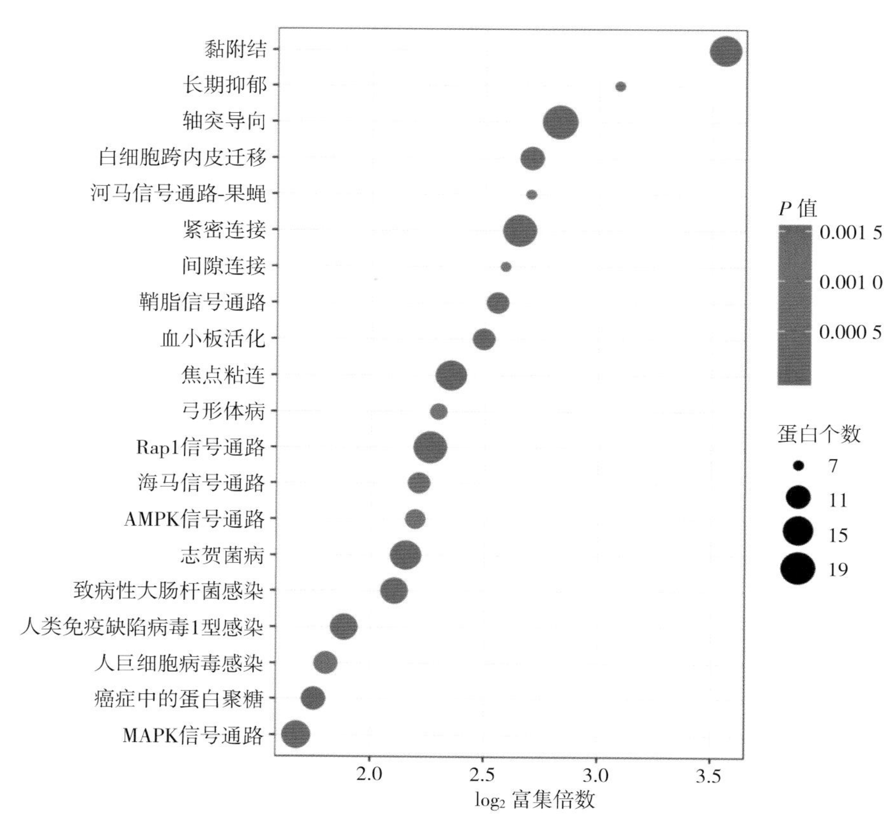

彩图 24　KEGG 通路富集分析

注：气泡图中纵轴为功能分类或通路，横轴数值为差异蛋白在该功能类型中所占比例相比于鉴定蛋白所占比例的变化倍数的 $\log_2$ 转换后的数值。圆圈颜色表示富集显著性 P 值，圆圈大小表示功能类或通路中差异蛋白个数

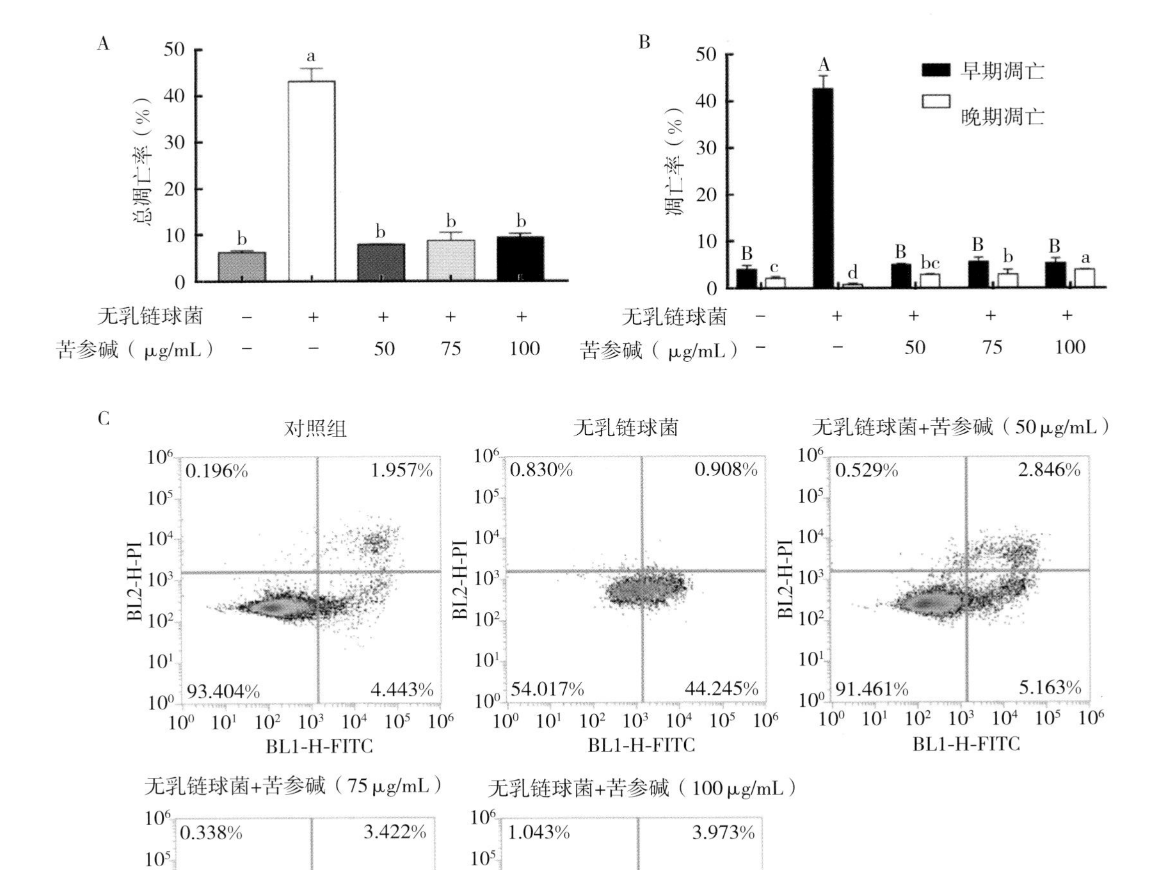

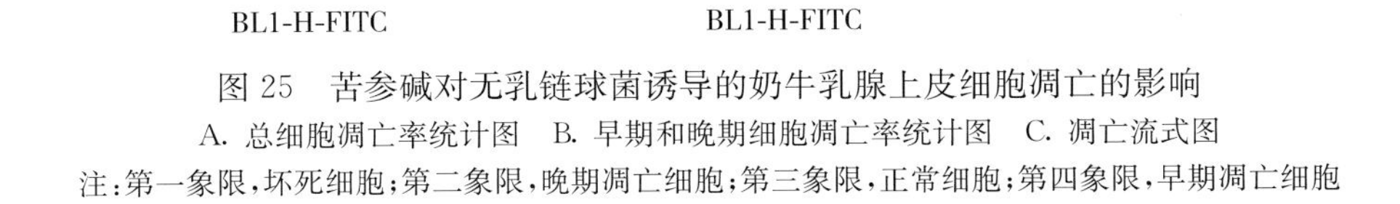

图 25　苦参碱对无乳链球菌诱导的奶牛乳腺上皮细胞凋亡的影响

A. 总细胞凋亡率统计图　B. 早期和晚期细胞凋亡率统计图　C. 凋亡流式图

注：第一象限，坏死细胞；第二象限，晚期凋亡细胞；第三象限，正常细胞；第四象限，早期凋亡细胞

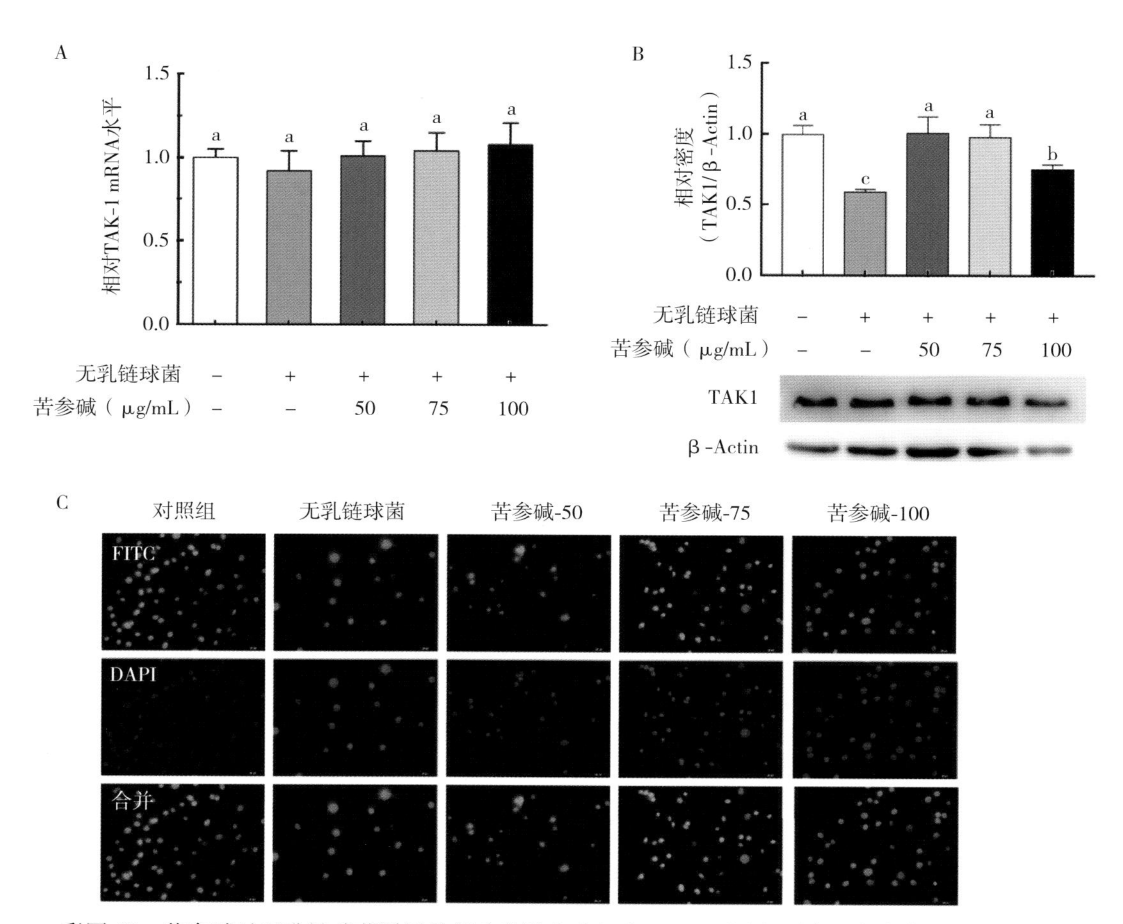

彩图 26　苦参碱对无乳链球菌诱导的奶牛乳腺上皮细胞 TAK1 基因、蛋白和免疫荧光表达的影响

A. TAK-1 的 mRNA 相对表达量　B. TAK1/β-Actin 的相对密度　C. TAK1 的免疫荧光表达

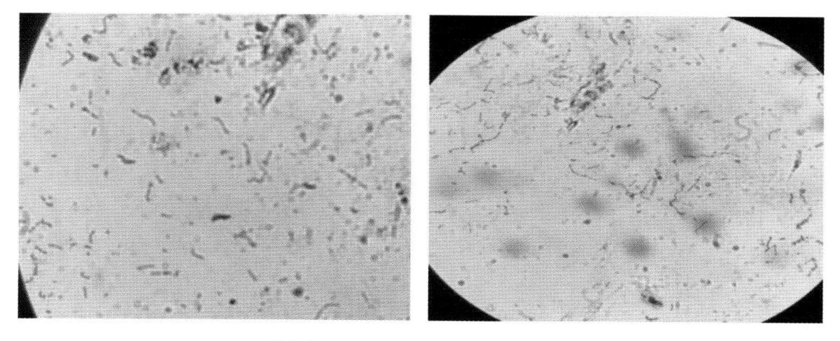

彩图 27　GBS 革兰氏染色图

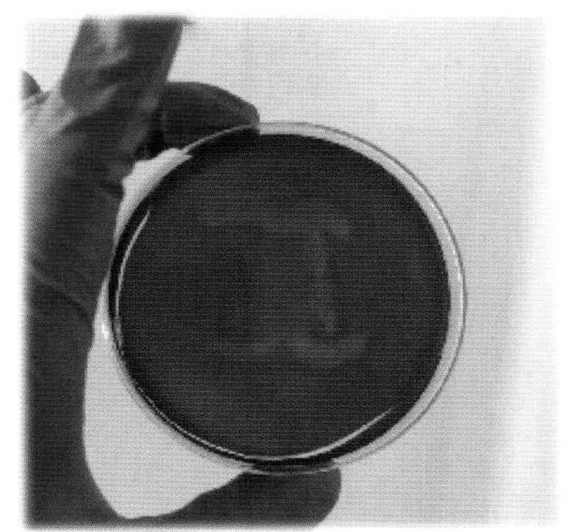
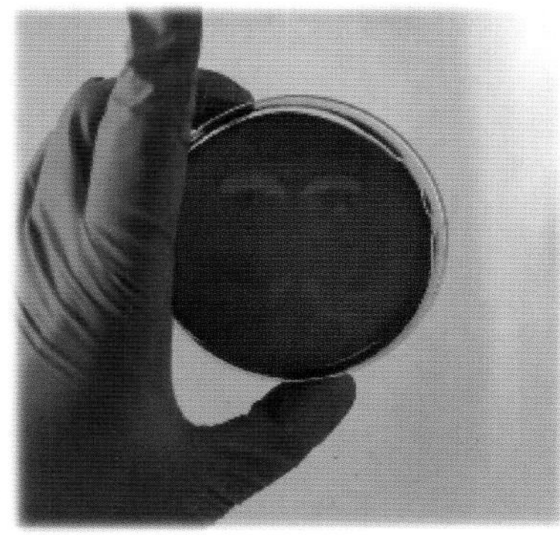

彩图 28　无乳链球菌 CAMP 阳性图

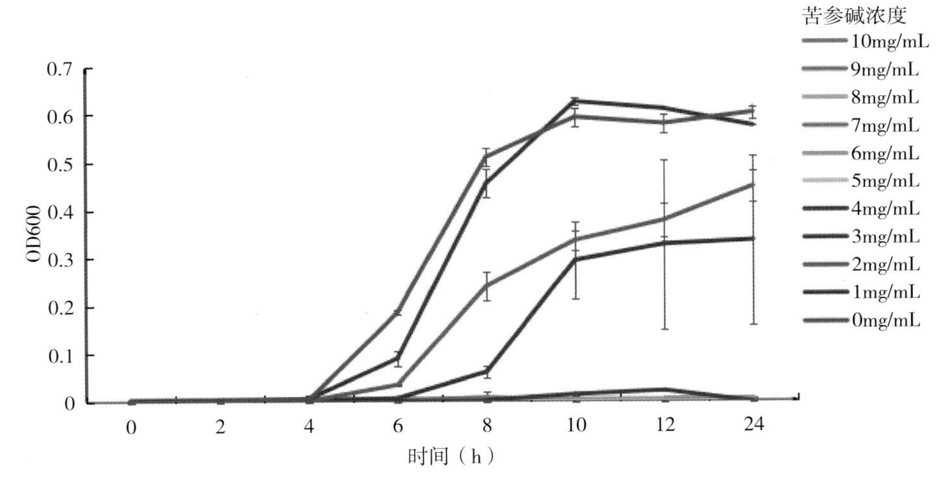

彩图 29　苦参碱抑菌的生长曲线

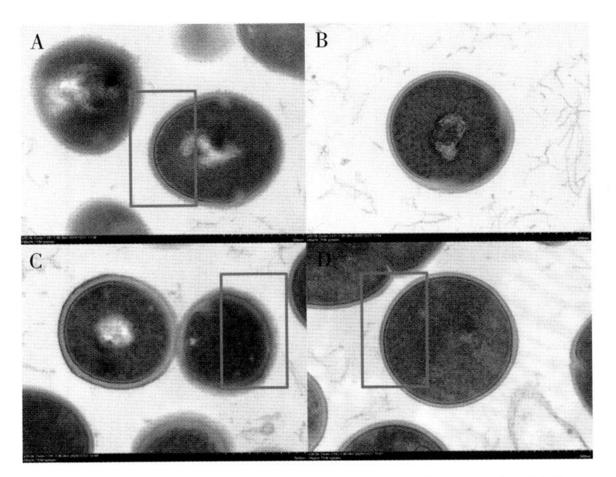

彩图 30　苦参碱对无乳链球菌菌株荚膜生成的影响

A. 标准菌株未加苦参碱　B. 标准菌株加 MIC 苦参碱

C. 临床分离型菌株未加苦参碱　D. 临床分离型菌株加 MIC 苦参碱

注：方框所示为加 MIC 苦参碱后多糖荚膜的变化

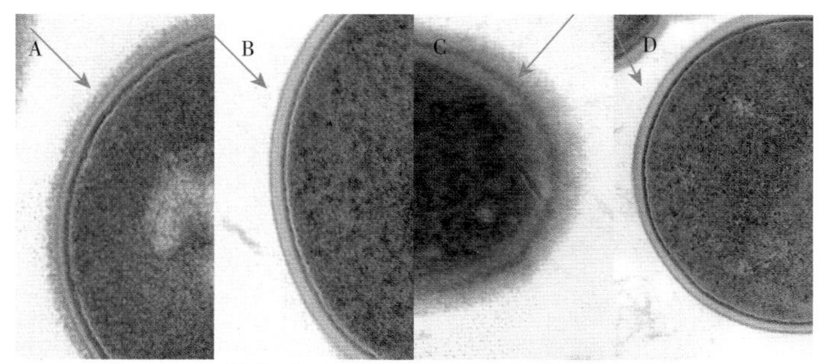

彩图 31　苦参碱对无乳链球菌菌株荚膜生成的影响

A. 标准菌株未加苦参碱　B. 标准菌株加 MIC 苦参碱

C. 临床分离型菌株未加苦参碱　D. 临床分离型菌株加 MIC 苦参碱

注：箭头所示为加 MIC 苦参碱后多糖荚膜的变化

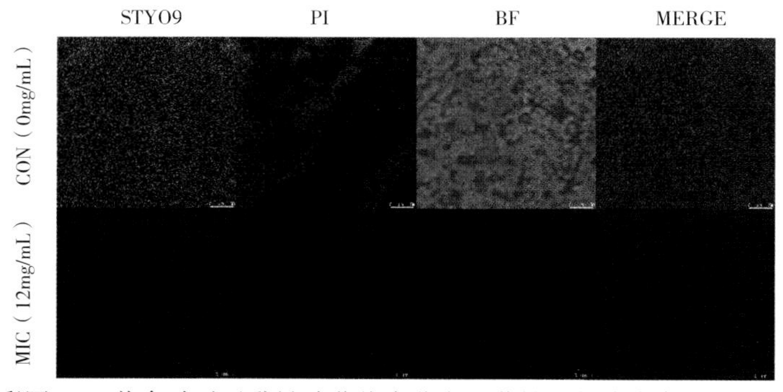

彩图 32　苦参碱对无乳链球菌临床分离型菌株生物膜内存活的影响

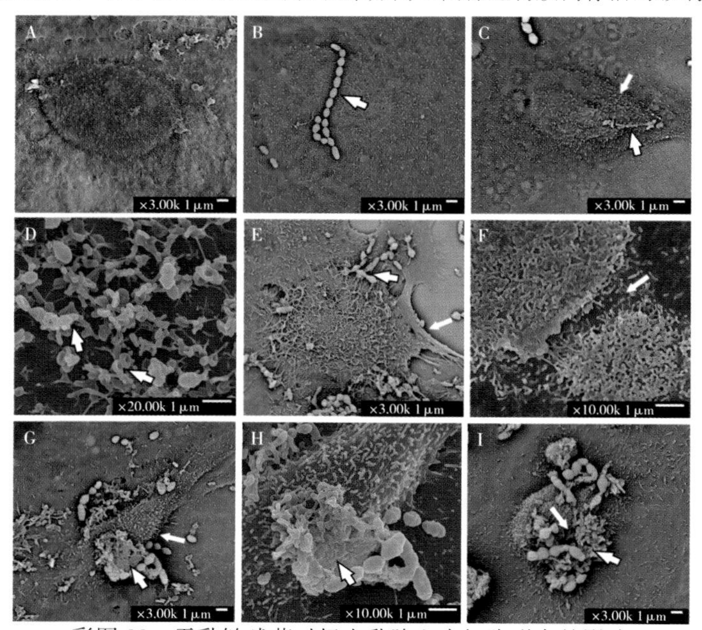

彩图 33　无乳链球菌对奶牛乳腺上皮细胞形态的影响

A. 未感染的奶牛乳腺上皮细胞　B. 无乳链球菌　C、D. 无乳链球菌感染2 h 后的奶牛乳腺上皮细胞

E、F. 无乳链球菌感染 4 h 后的奶牛乳腺上皮细胞　G、H. 无乳链球菌感染 6 h 后的奶牛乳腺上皮细胞

I. 无乳链球菌感染 8 h 后的奶牛乳腺上皮细胞

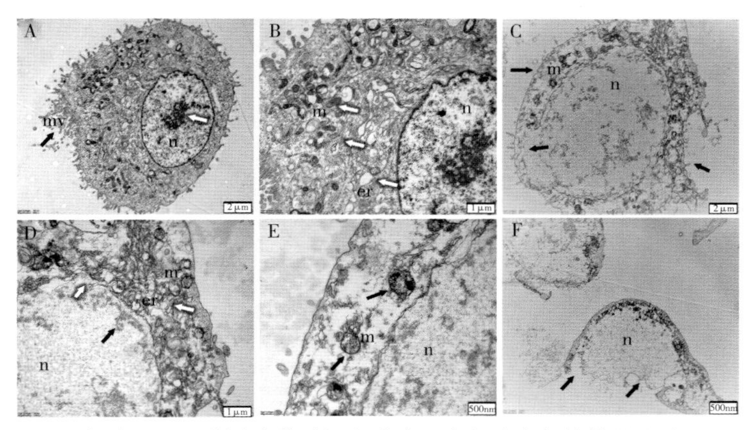

彩图 34　无乳链球菌对奶牛乳腺上皮细胞内部结构的影响

A、B. 未感染的奶牛乳腺上皮细胞　C～F. 无乳链球菌感染 6 h 后的奶牛乳腺上皮细胞

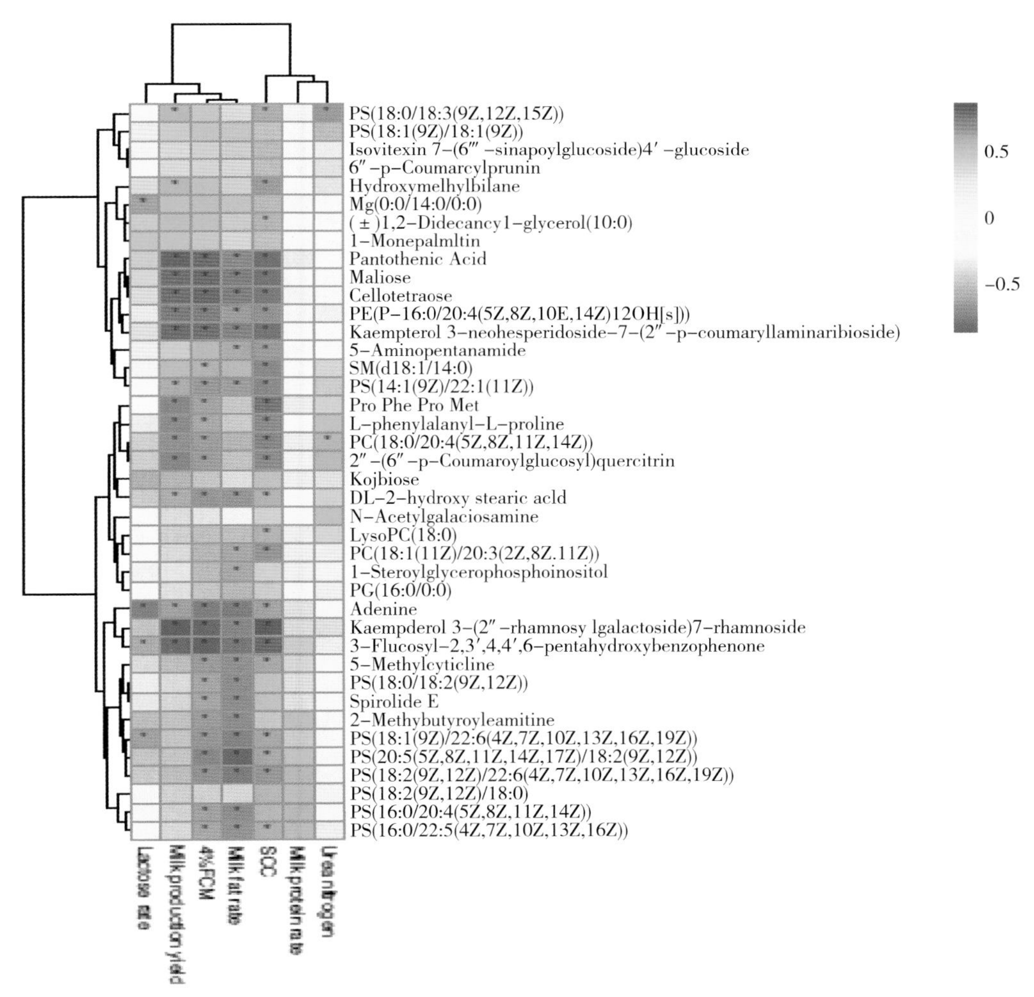

彩图 35　奶牛泌乳性能成与差异代谢物的相关性热图分析

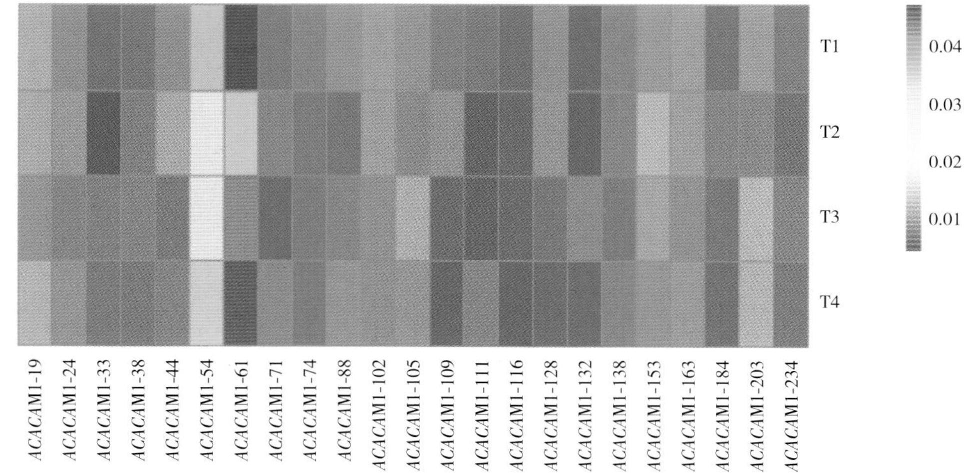

彩图 36　沙葱及其提取物对杜寒杂交羊背最长肌 *ACACA* M1 内各 CpG 位点甲基化水平的影响

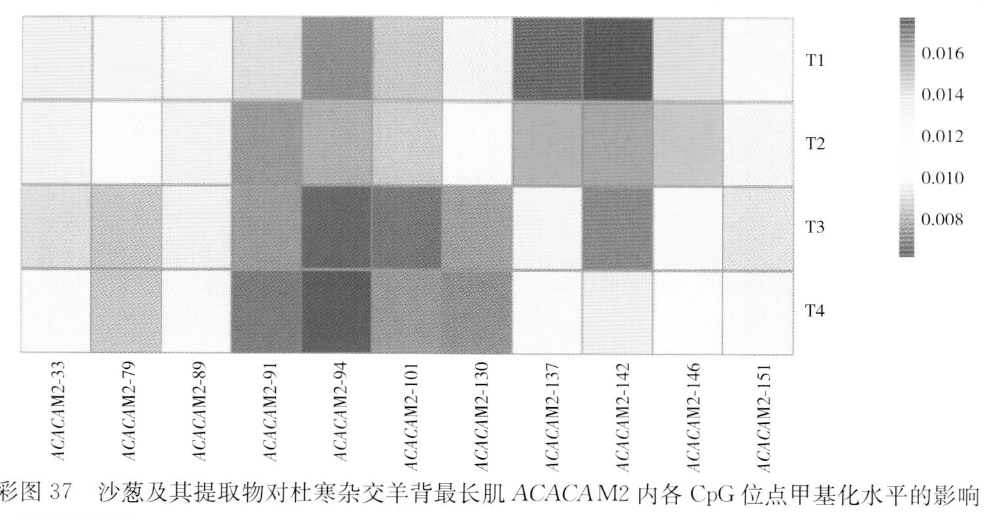

彩图 37　沙葱及其提取物对杜寒杂交羊背最长肌 *ACACA* M2 内各 CpG 位点甲基化水平的影响

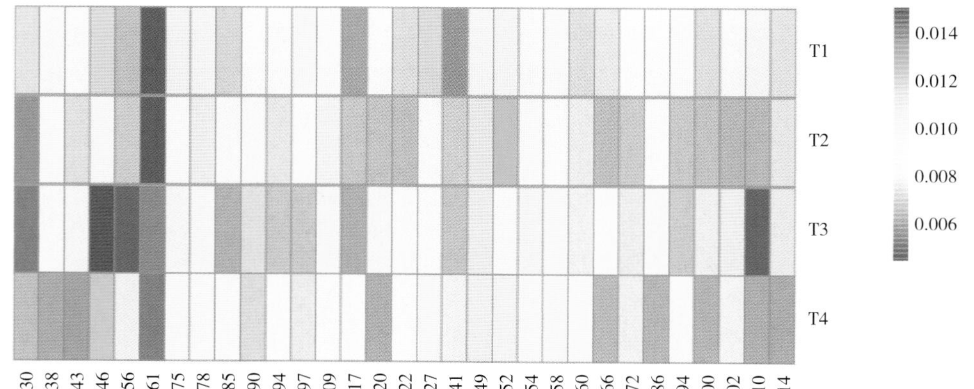

彩图 38　沙葱及其提取物对杜寒杂交羊背最长肌 *SCD* M1 内各 CpG 位点甲基化水平的影响

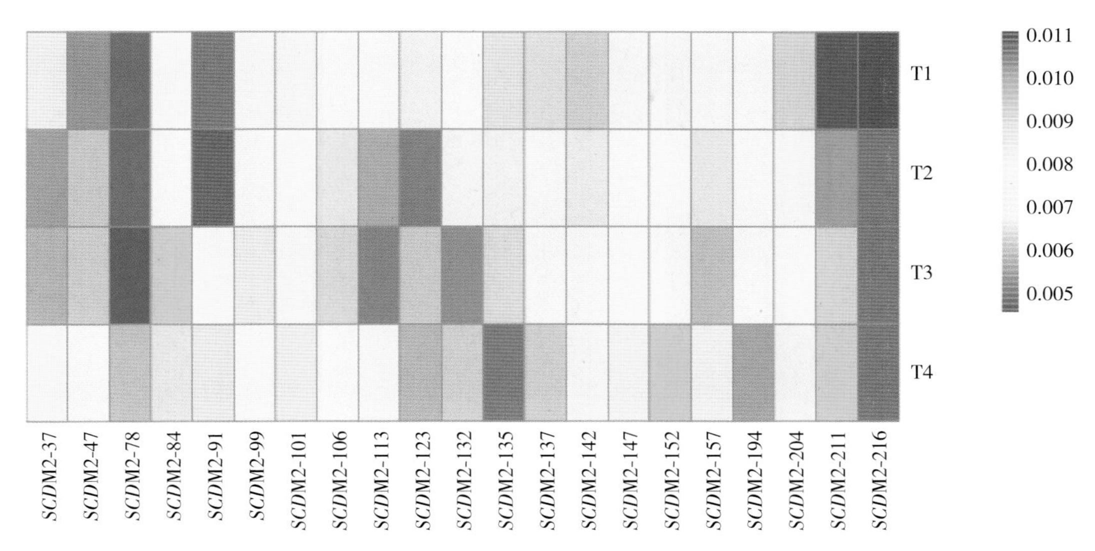

彩图39　沙葱及其提取物对杜寒杂交羊背最长肌*SCD*M2内各CpG位点甲基化水平的影响

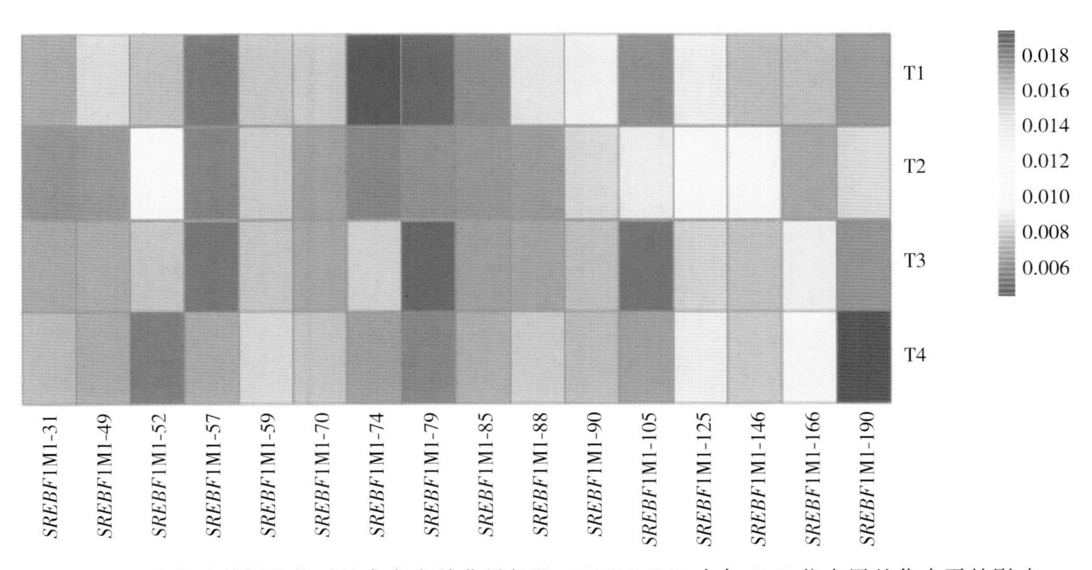

彩图40　沙葱及其提取物对杜寒杂交羊背最长肌*SREBF*1M1内各CpG位点甲基化水平的影响

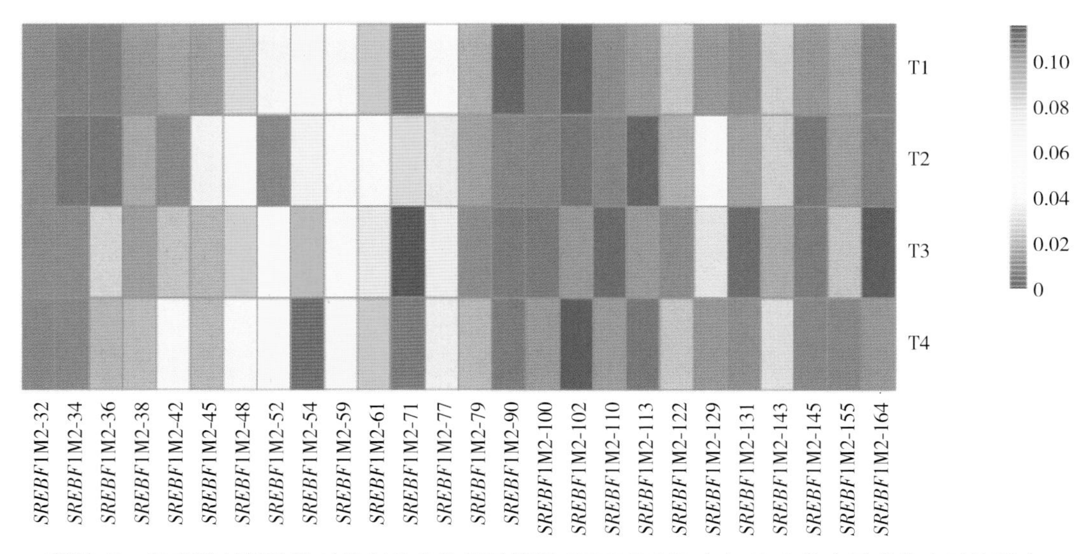

彩图 41　沙葱及其提取物对杜寒杂交羊背最长肌 *SREBF*1M2 内各 CpG 位点甲基化水平的影响

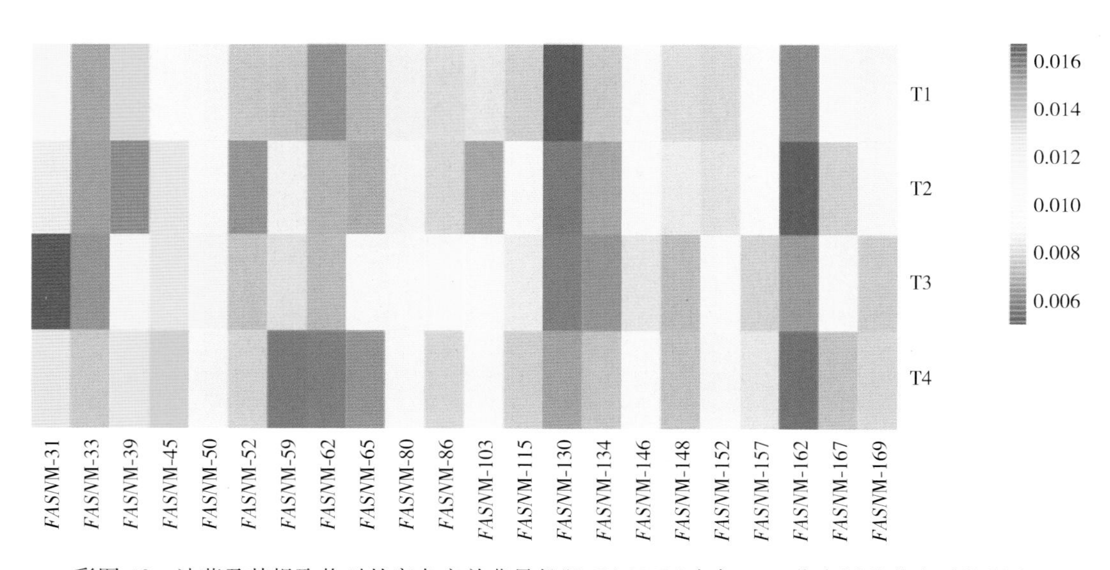

彩图 42　沙葱及其提取物对杜寒杂交羊背最长肌 *FASN*M 内各 CpG 位点甲基化水平的影响